U0269051

2014—2015

稀土科学技术

学科发展报告

REPORT ON ADVANCES IN
RARE EARTH SCIENCE AND TECHNOLOGY

中国科学技术协会　主编
中国稀土学会　编著

中国科学技术出版社
·北　京·

图书在版编目（CIP）数据

2014—2015稀土科学技术学科发展报告 / 中国科学技术协会主编；中国稀土学会编著 . —北京：中国科学技术出版社 , 2016.2

（中国科协学科发展研究系列报告）

ISBN 978-7-5046-7096-0

Ⅰ. ① 2… Ⅱ. ①中… ②中… Ⅲ. ①稀土族—学科发展—研究报告—中国— 2014 — 2015 Ⅳ. ① O614.33-12

中国版本图书馆 CIP 数据核字（2016）第 025817 号

策划编辑	吕建华　许　慧	
责任编辑	高立波	
装帧设计	中文天地	
责任校对	刘洪岩	
责任印制	张建农	

出　　版	中国科学技术出版社
发　　行	科学普及出版社发行部
地　　址	北京市海淀区中关村南大街16号
邮　　编	100081
发行电话	010-62103130
传　　真	010-62179148
网　　址	http://www.cspbooks.com.cn

开　　本	787mm×1092mm　1/16
字　　数	429千字
印　　张	19.75
版　　次	2016年4月第1版
印　　次	2016年4月第1次印刷
印　　刷	北京盛通印刷股份有限公司
书　　号	ISBN 978-7-5046-7096-0 / O·186
定　　价	80.00元

（凡购买本社图书，如有缺页、倒页、脱页者，本社发行部负责调换）

2014—2015
稀土科学技术学科发展报告

首席科学家　　李　卫

专　家　组

　　组　长　　林东鲁

　　成　员　　（按姓氏笔画排序）

干　勇	牛京考	卞祖强	方以坤	古宏伟
左铁镛	龙志奇	卢冠忠	朱明刚	任国浩
庄卫东	刘荣辉	闫阿儒	闫慧忠	严纯华
李　卫	李永绣	李发伸	李星国	李振民
李维民	杨金波	肖方明	吴晓东	沈保根
张安文	张志东	张志宏	张国成	张洪杰
岳　明	周　栋	孟　健	赵栋梁	胡凤霞
胡伯平	洪广言	都有为	徐怡庄	高学绪
郭　耘	黄小卫	黄焦宏	屠海令	蒋成保
蒋利军	潘裕柏			

学术秘书　　张　莉　　李振民　　刘一力　　方以坤

党的十八届五中全会提出要发挥科技创新在全面创新中的引领作用，推动战略前沿领域创新突破，为经济社会发展提供持久动力。国家"十三五"规划也对科技创新进行了战略部署。

要在科技创新中赢得先机，明确科技发展的重点领域和方向，培育具有竞争新优势的战略支点和突破口十分重要。从 2006 年开始，中国科协所属全国学会发挥自身优势，聚集全国高质量学术资源和优秀人才队伍，持续开展学科发展研究，通过对相关学科在发展态势、学术影响、代表性成果、国际合作、人才队伍建设等方面的最新进展的梳理和分析以及与国外相关学科的比较，总结学科研究热点与重要进展，提出各学科领域的发展趋势和发展策略，引导学科结构优化调整，推动完善学科布局，促进学科交叉融合和均衡发展。至 2013 年，共有 104 个全国学会开展了 186 项学科发展研究，编辑出版系列学科发展报告 186 卷，先后有 1.8 万名专家学者参与了学科发展研讨，有 7000 余位专家执笔撰写学科发展报告。学科发展研究逐步得到国内外科学界的广泛关注，得到国家有关决策部门的高度重视，为国家超前规划科技创新战略布局、抢占科技发展制高点提供了重要参考。

2014 年，中国科协组织 33 个全国学会，分别就其相关学科或领域的发展状况进行系统研究，编写了 33 卷学科发展报告（2014—2015）以及 1 卷学科发展报告综合卷。从本次出版的学科发展报告可以看出，近几年来，我国在基础研究、应用研究和交叉学科研究方面取得了突出性的科研成果，国家科研投入不断增加，科研队伍不断优化和成长，学科结构正在逐步改善，学科的国际合作与交流加强，科技实力和水平不断提升。同时本次学科发展报告也揭示出我国学科发展存在一些问题，包括基础研究薄弱，缺乏重大原创性科研成果；公众理解科学程度不够，给科学决策和学科建设带来负面影响；科研成果转化存在体制机制障碍，创新资源配置碎片化和效率不高；学科制度的设计不能很好地满足学科多样性发展的需求；等等。急切需要从人才、经费、制度、平台、机制等多方面采取措施加以改善，以推动学科建设和科学研究的持续发展。

中国科协所属全国学会是我国科技团体的中坚力量，学科类别齐全，学术资源丰富，汇聚了跨学科、跨行业、跨地域的高层次科技人才。近年来，中国科协通过组织全国学会开展学科发展研究，逐步形成了相对稳定的研究、编撰和服务管理团队，具有开展学科发展研究的组织和人才优势。2014—2015 学科发展研究报告凝聚着 1200 多位专家学者的心血。在这里我衷心感谢各有关学会的大力支持，衷心感谢各学科专家的积极参与，衷心感谢付出辛勤劳动的全体人员！同时希望中国科协及其所属全国学会紧紧围绕科技创新要求和国家经济社会发展需要，坚持不懈地开展学科研究，继续提高学科发展报告的质量，建立起我国学科发展研究的支撑体系、出成果、出思想、出人才，为我国科技创新夯实基础。

2016 年 3 月

>>>> 前言

稀土元素由于其原子结构的特殊性而具有优异的光、电、磁、热等特性，可用于制备许多高新技术新材料，被科学家称为"21世纪新材料的宝库"。稀土元素广泛应用于国民经济和国防工业的各个领域，对改造提升石化、冶金、玻璃、陶瓷、纺织等传统产业以及培育发展新能源、新材料、新能源汽车、节能环保、高端装备、高端新型电子信息等战略新兴产业起着重要的作用。

稀土产业是中国的优势产业。经过多年发展，中国在稀土开采、冶炼分离和应用技术研发等方面取得了很大进步，产业规模不断扩大。中国稀土产业已取得了"四个世界第一"：资源量世界第一、生产规模世界第一、消费量世界第一、出口量世界第一。中国稀土分离工艺取得了举世瞩目的成就，溶剂萃取分离技术达到国际领先水平。但是，中国稀土产业在核心专利拥有量、高端装备、高附加值产品、高新技术领域应用等方面与国外尚有差距。

为了全面了解和掌握稀土科学技术学科发展最新进展，提升中国稀土科技的原始创新能力，促进稀土科学技术学科与相关学科的交叉融合，在中国科学技术协会组织领导下，中国稀土学会承担了《2014—2015稀土科学技术学科发展报告》的撰写工作。

中国稀土学会成立了以钢铁研究总院李卫教授为首席科学家的专家组，组织各学科专业委员会专家，设立12个专题研究小组，在收集资料、调查研究和充分掌握信息的基础上，经过多次研讨和修改，并征求了行业内多位专家的意见，最终形成本报告。

在编写过程中，我们力图站在学科前沿和国家战略需求的高度，比较分析稀土科学技术学科的国内外研究动态、前沿和发展趋势；对近5年来产生的主要新观点、新理论、新方法和新技术进展及成果进行了评述；对未来发展的优先问题、发展方向和对策提出了展望和建议。

本书是中国稀土学会第一次组织编写的学科发展报告，由于稀土科学技术涉及面广，内容多，同时受到篇幅和时间的限制，很难涵盖稀土学科发展的全部内容，可能存在一些疏漏，研究深度和广度有待进一步提高，敬请广大读者批评指正。

中国稀土学会

2015年10月

前言

>>>> 目录

ABSTRACTS IN ENGLISH

综合报告

稀土科学技术学科研究进展和发展趋势

一、引言

化学元素周期表中镧系元素——镧（La）、铈（Ce）、镨（Pr）、钕（Nd）、钷（Pm）、钐（Sm）、铕（Eu）、钆（Gd）、铽（Tb）、镝（Dy）、钬（Ho）、铒（Er）、铥（Tm）、镱（Yb）、镥（Lu）以及与镧系的 15 个元素同族的元素——钇（Y）和钪（Sc）共 17 种元素，称为稀土元素（rare earth）。稀土元素因其自身独特的电子结构而赋予其优异的电、光、磁、热性能，可以与其他的材料形成性能各异、品种繁多的新型功能材料（图 1），并大幅度的提高其他产品的性能和质量，尤其是在稀土永磁材料中的应用已占到 30% 左右，已超出工业"黄金"和"维生素"的概念，被世界各国视为战略性资源。在中央和各级政府的持续支持下，经过全国稀土科技和产业界近 60 年的共同努力，中国稀土工业已实现了从资源大国到生产大国的第一次跨越，成为世界上稀土产品产量与消费量最多的国家，在国际稀土贸易中的份额占 95% 以上。伴随着稀土产业的发展，稀土科学技术得到了长足的进步，部分技术已达到或超过世界先进水平，引领相关行业或产业的进步。

本学科发展报告旨在回顾、总结和科学评价 2011—2015 年中国稀土科学技术学科的重要发展和成果，着重介绍中国学者在稀土冶炼分离技术、稀土永磁材料、特种稀土磁性材料、稀土催化材料、稀土储氢材料、稀土发光材料、稀土超导材料、稀土晶体材料、稀土在钢铁及有色金属中的应用、稀土助剂、稀土玻璃、稀土陶瓷材料等方面所获得的重要成果和进展，与国际相关领域发展水平的比较，以及对本学科发展的趋势及展望。

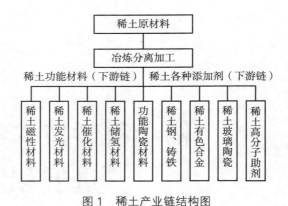

图 1　稀土产业链结构图

二、近些年的最新研究进展

（一）稀土冶炼分离技术

目前，中国稀土冶炼分离能力达到 400000t-REO/a 以上，稀土年产量为 100000t-REO 左右，占世界总产量的 90% 以上，其中 80% 左右的稀土产品在国内应用[1, 2]。由于稀土冶炼分离过程酸碱等化工原料消耗高，产生大量的"三废"，单纯通过末端治理将给企业带来沉重负担，加之部分生产企业环保设施不健全，稀土冶炼分离企业面临较大的环保压力。在稀土行业面临严峻挑战的国际和国内大背景下，稀土冶炼分离技术的发展又面临新的挑战，发展稀土绿色分离化学与冶炼分离工业应用技术是解决中国稀土资源高效利用和环境污染，巩固中国稀土国际地位的必经之路。

稀土冶炼分离技术主要有湿法冶炼分离技术和火法冶炼分离技术。在湿法冶金领域，丰富和发展了复杂体系串级萃取理论及其应用[3]，解决了复杂体系联动萃取最小萃取量计算方法，建立多组分体系杂质梯度解析方法，通过极限条件下取消进料级组成假设，得到了多组分复杂分离体系的最小萃取量与最小洗涤量公式；开发成功萃取法制备超高纯稀土氧化物新技术[4, 5]，实现了稀土杂质与非稀土杂质的有效控制，建成 100t/a 超纯稀土氧化物生产线，稳定生产出 5N 以上纯度的氧化镧、氧化钆、氧化铥、氧化镥和氧化钇等产品，其中非稀土杂质 $Fe_2O_3 < 1ppm$（$1ppm=1 \times 10^{-6}$），$CaO < 5ppm$，$SiO_2 < 5ppm$；开发了一种制备相对纯度大于 5N，绝对纯度达到 4N 的高纯氧化钪的方法[6]，将钍从 0.05% 降到了 0.95ppm，锆从 0.2% 降到了 1.25ppm。

针对稀土分离过程存在的氨氮废水污染问题，利用酸性磷类萃取剂协同萃取技术、萃取过程酸平衡技术、稀土浓度梯度调控技术等，成功开发了"非皂化萃取分离稀土新工艺"，从源头消除氨氮废水污染，降低了生产和环保成本，获得 2012 年度国家科学技术发明奖二等奖。针对高盐度废水排放问题，为进一步实现化工试剂的循环利用，开发了低碳低盐无氨氮萃取分离技术[7-9]，以自然界丰富的廉价钙镁碱性化合物处理冶炼分离过程产生的含镁废水，再利用回收的 CO_2 进行连续碳化制备高纯碳酸氢镁溶液，代替液铵、液碱和碳酸氢铵应用于稀土溶剂萃取分离提纯及沉淀富集稀土等，消除了氨氮废水产生；将稀土萃取和沉淀焙烧过程产生的 CO_2 气体进行有效回收，应用于碳化制备碳酸氢镁溶液，实现了 CO_2 循环利用和低碳排放；萃取分离和沉淀过程中产生的氯化镁废水循环用于制备碳酸氢镁溶液，实现镁的循环再利用和低盐排放，节省了高盐废水处理费用，运行成本大幅降低。

在火法冶炼分离技术方面，开展了超高纯稀土金属制备技术研究并取得重大突破，丰富和完善了工程化的稀土金属提纯手段；通过集成创新开发出 3 套超高纯稀土金属高效制备和提纯工艺技术，设计开发了多台套超高真空和高真空的稀土金属提纯装备，获得 10 多种绝对纯度大于 4N 的超高纯稀土金属（包括 C、S、N、O 气体在内的 70 多种杂质总含量小于 100ppm）。

（二）稀土永磁材料

稀土永磁材料已成为中国稀土应用领域中发展最快和最大产业，在高性能烧结磁体永磁材料的产业化关键技术突破方面取得了多项核心自主知识产权，材料的综合性能稳中有升，具备了生产高牌号烧结钕铁硼磁体的能力，产品的部分性能达到世界先进水平。近年来，稀土永磁在块体材料、纳米颗粒、磁性薄膜和稀土磁体回收技术方面取得了很大的进步。

在"十五"至"十二五"期间，针对千吨级高性能钕铁硼生产线中存在的共性问题，在企业的积极参与和不懈努力下，高性能烧结钕铁硼突破了"双合金"、细粉制备、"速凝工艺 + 双（永磁）主相"、自动成型、连续烧结、低氧工艺、晶界扩散、表面防护等关键工艺技术，使中国高性能烧结钕铁硼永磁材料的产业化水平基本与日本、德国相当，处于国际先进水平。

《稀土永磁产业技术升级与集成创新》获得国家科技进步奖二等奖。项目在高性能磁性机理和新型 Ce 永磁材料探索方面取得突破，新型 Ce 永磁材料的研究成功将重塑应用量最大的中、低端稀土永磁市场，已成为高丰度稀土元素在永磁材料中应用的成功范例。"钕铁硼晶界组织重构及低成本高性能磁体生产关键技术"获 2013 年度国家技术发明奖二等奖。该项目通过改变传统生产工艺中自然形成的晶界富钕相成分，研发出具有不同性能特点的新晶界相钕铁硼材料。

在低（无）重稀土永磁材料研究方面，中国在通过晶界扩散、细化晶粒、双液相、添加稀土氢化物和双永磁主相等工艺方面进行了大量工作，许多研究院所、大学和企业，采用不同技术方法，使镝进入主相和晶界相的界面层，通过取代钕的晶位，增强硬磁性，抑制反磁化畴形核。并通过对磁体微观组织结构的控制，降低磁体的不可逆损失，改善退磁曲线的方形度，获得低温度系数。实验室已经气流磨粉粒度降低至 2μm 左右，磁体晶粒度为 5 ~ 6μm，使重稀土含量降低，同时，明显降低矫顽力温度系数。最近日本发展出了无压处理（pressless process，PLP）的工艺[10, 11]，通过将气流磨制备的 2μm 左右的磁粉经过该工艺后，制备出矫顽力为 16.84kOe，而磁能积仍保持 50MGOe 的无镝钕铁硼磁体，相当于降低了同类磁体 20% ~ 30% 的重稀土用量。

在各向异性黏结稀土永磁材料研究方面，重点研究和开发了各向异性 R-Fe-N（R=Nd，Sm）和 R-Fe-B（R=Nd，Pr）黏结永磁材料，阐明了间隙原子效应提高 R-Fe 材料磁性的物理根源，提出了制备无缺陷单晶颗粒型各向异性永磁 R-Fe-N 磁粉的技术路线，开发出了高性能各向异性 R-Fe-N 磁性材料和磁体的产业化关键技术和设备，并建成了百吨级生产线。发现了织构型 HDDR（hydrogenation disproportionation desorption recombination）Nd-Fe-B 永磁粉形成的关键机制及其实现高矫顽力的方法，成功实现高性能 HDDR（Pr，Nd）$_2$Fe$_{14}$B 磁粉和高温度稳定性磁粉的稳定制备。研究了单相磁体和杂化磁体制备技术，制备了高性能的各向异性黏结磁体，为未来实现各向异性磁体大规模的生产进行了积极的探索。

在纳米晶永磁材料研制方面，研制出的各向异性纳米晶钕铁硼永磁经中国计量科学研究院测量，最大磁能积达到了 53.67MGOe[12]，这是经由第三方权威专业测试机构测试给出的纳米晶永磁体的最高性能。由国内多家单位共同承担的国家"863"重大项目课题"热压稀土永磁体规模化制备关键技术"，成功地解决了热变形磁体的均匀性和开裂问题，大幅提高了磁体的磁能积以及制备效率，建立了年产 10 万件辐射取向永磁环的产业化示范线。2011 年，首次采用大形变率（>85%）的热压 / 热流变方法，制备出具有强烈磁各向异性的 SmCo$_5$ 纳米晶永磁体，其磁能积较各向同性的热压磁体提高了 176%[13]。双相复合纳米晶稀土永磁块状磁体的研究在近年来也取得了较好进展，主要体现在一些新技术的应用。科研人员以贫 Nd 的钕铁硼非晶合金为原料，通过大形变率的热流变技术制备出全致密各向异性 α-Fe/Nd$_2$Fe$_{14}$B 双相复合纳米晶磁体[14]。

利用一种以"自上而下"方式将微米级的颗粒破碎至纳米颗粒的新制备技术。在优化的制备工艺下，制的纳米片材料兼具强磁各向异性和高矫顽力（最高 17.7kOe），显示出优异的永磁特性，还发展了低温（< -80℃）表面活性剂辅助球磨制备稀土永磁纳米颗粒的方法，发现低温有利于纳米颗粒形成量提高，所制备的颗粒矫顽力大幅度提高[15]。

作为磁性微机电系统的核心器件，永磁薄膜的研究受到广泛的关注。目前稀土永磁薄膜材料的研究中居于主导地位的是各向异性软硬磁双相复合纳米永磁薄膜。采用磁控溅射的方法制备了 Nd$_2$Fe$_{14}$B/Ta/Fe$_{67}$Co$_{33}$/Ta 多层膜，其磁能积达到 61MGOe，是目前报道的永磁材料的最高值[16]。稀土永磁薄膜研究的另一热点是针对单相（Nd$_2$Fe$_{14}$B、SmCo$_5$ 等）薄膜的矫顽力提升和磁硬化机理的研究。中科院金属所则研究了 Dy 的晶界扩散对于单相钕铁硼永磁薄膜矫顽力的影响，研究发现 Dy 扩散到晶粒边界层，形成（Nd，Dy）$_2$Fe$_{14}$B 相，磁体的矫顽力因此提高了 61%[17]。

在稀土永磁回收利用技术方面，回收方案的选择取决于磁体的组分和杂质的含量水平。采用短循环的话，磁体的性能会有所降低，化学提纯的方法可得到高品质的磁体，可是成本和周期会大大加长。而对于高氧含量的废旧 NdFeB，可行的办法是重新熔炼除氧。

（三）特种稀土磁性材料

1. 稀土磁致冷材料

磁热效应是磁性材料的内禀性能，通过磁场与磁次晶格的耦合而感生。研究磁熵变、磁热效应除了对基本磁学问题的研究有重要理论意义之外，对于利用大磁热材料作为制冷工质来获得磁制冷应用也具有重要的实际意义。由于具有优越的应用前景，磁制冷技术除了超低温区应用之外，中、低温乃至室温区磁制冷材料和技术的研究也已经引起人们的极大关注。磁热效应和材料已成为磁性物理、材料物理的研究热点。近些年来全球发现的几类室温区巨磁热材料大大推动了室温磁制冷技术的发展。2015 年 1 月，中国在美国举行的国际家电展（international consumer electronics show，CES，USA）上展出全球首台磁制冷酒柜，引起轰动，标志着磁制冷技术进入家庭、实现广普应用的可能性。

中、低温区是液氦、液氢和液氮制备的重要温区，在相关温区具有磁有序相变的材料一直是人们关注的研究对象。目前报道了多种在中、低温区具有巨磁热效应的重稀土金属间化合物，典型有：RAl_2（R=Er，Ho，Dy，Gd，Pd）；RCo_2、RNi_2（R=Gd，Dy，Ho，Er）；RNi（R=Gd，Ho，Er）；$RNiAl$、$RCoAl$、$RCuAl$（R=Tb，Dy，Ho）。其中，具有 Laves 相的 RCo_2，特别是 $ErCo_2$，由于费米能级附近特殊的能带结构表现出丰富的磁相互作用从而呈现显著的磁热效应，是低温区最受瞩目的磁制冷材料之一。

室温磁热效应材料由于广普的磁制冷应用受到人们更多的关注。过去 10 多年时间发现的几类新型室温巨磁热材料体系大大推动了室温磁制冷技术的进展。这些材料包括 Gd-Si-Ge[18]、LaCaMnO$_3$[19]、Ni-Mn-（Ga，In，Sn）[20]、La（Fe，Si）$_{13}$ 基化合物[21, 22]、FeRh 化合物[23]、MnAs 基化合物[24, 25] 等，其共同特点是磁热效应均大幅超过传统材料 Gd，相变性质为一级，并且多数呈现强烈的磁晶耦合和磁弹效应，磁相变伴随显著的晶体结构相变的发生和大的体积变化效应。在已发现的几类新型室温磁制冷材料中，La（Fe，Si）$_{13}$ 基化合物由于原材料价格低廉、无毒、易制备、对原材料纯度要求不高等特点[26] 受到人们更多关注，被国际同行公认为是最具应用前景的室温区磁制冷材料。La（Fe，Si）$_{13}$ 基化合物的相变性质、制冷温区随组分宽温区可调（50 ~ 450K），多数组分的熵变幅度大幅超过 Gd。

无论是室温或低温磁制冷材料，要制作成为主动或被动式磁制冷工作床，都需要经历规模化和稳定化制备、切割、加工成型、磁性与非磁性测试的这一流程。近年来，国内外学者在开发新材料体系的同时，也在加紧部署和实施磁制冷材料加工的战略路线，正是这个关键环节突破推进了磁制冷样机的发展。

2. 稀土微波磁性材料

在稀土微波磁性材料研究方面，中国科学工作者首先从理论上分析了通过超越斯诺克极限，可同时提高材料的微波磁导率和将材料的自然共振频率控制在 5 ~ 20GHz 范围；指出：具有易面（易平面，易锥面）各向异性的稀土磁性材料可以开发成为新型的稀土微波磁性材料。在此基础上，做了大量的实验工作，制备了几类不同晶体结构的易面型稀土微波磁性材料，并用于微波吸收和抗电磁干扰，取得了很好的效果。

阐述了描述磁性材料高频磁性的双各向异性模型，并指出：双各向异性模型可以指导我们开发在高频下具有高磁导率的新型磁性材料，例如平面型稀土 –3d 金属间化合物[27]。用第一性原理计算分析了 $NdCo_5$ 的磁晶各向异性。用轨道磁矩的各向异性及其与点阵几何的关联解释了 $NdCo_5$ 平面磁各向异性的微观起源[28,29]。$R_2Fe_{17}N_{3-\delta}$（R=Ce,Pr,Nd）的制备，电磁特性及微波吸收应用研究等[30-37]。

3. 稀土超磁致伸缩材料

磁致伸缩材料是智能材料的一种，其长度和体积会随磁化状态的改变而发生变化，从而实现电磁能和机械能的相互转换，在换能、致动、传感等领域有重要应用。新型稀土超磁致伸缩材料以其高磁致伸缩性能、转换效率高、响应速度快等优点而广受关注。有关稀土超磁致伸缩材料的研究，包括磁致伸缩机理[38]、材料制备技术[39]、新的合金体系[40]以及应用进展等，开展了大量的研究工作。例如，磁场凝固和磁场热处理对稀土超磁致伸缩合金块体的技术处理，以提高磁致伸缩性能；稀土超磁致伸缩薄膜材料是采用闪蒸、粒子束溅射、直流溅射、射频磁控溅射等方法在基片上进行镀膜，主要用于开发微型功能材料器件；用轻稀土 Nd 代替重稀土铽和镝来降低磁晶各向异性提高材料的磁致伸缩性能。

（四）稀土催化材料

国际上对稀土催化剂的研究始于 20 世纪 60 年代中期，经过 40 多年的积累，对稀土的催化作用有了较深入的认识。大量的研究表明，稀土与其他组分之间可产生协同作用，而显著提高催化剂的性能。目前稀土元素特别是镧、铈等，已在石油加工、天然气等的催化燃烧、机动车尾气和有毒有害气体的净化、碳一化工、燃料电池（固体氧化物燃料电池）、烯烃聚合等诸多重要过程中得到广泛的应用[41, 42]。催化裂化（fluid catalytic cracking, FCC）是石油炼制最关键的一步。在 60 年代初期，稀土交换的 Y 型分子筛（RE-Y）代替了无定型硅铝催化剂，使汽油产率提高超过 10%，被誉为石油工业的革命。研究表明，在分子筛中引入稀土不仅可通过调节酸性位酸量和酸强度的分布，来改善催化剂的活性，调节产物的分布，同时稀土的引入还可增强分子筛的骨架稳定性。目前催化裂化技术的发展趋势有催化裂化新工艺的开发；针对不同原料油开发裂化产品的精细化控制技术以满足市场多变、灵活的需要；高效、低污染物排放的裂化技术等以及与此相对应的多组元催化剂的设计与制备工艺、新型基质材料和助剂的制备和工业应用等。

中国催化裂化催化剂的发展经历了跟踪、模仿、二次创新、技术创新等阶段，1987—1990 年，国内开发的超稳 Y 型催化剂与国外催化剂处于同等水平，但从 1996—1997 年以后，国产新催化剂性能明显优于国外同时代的新产品。由于国产催化剂许多是根据各炼油厂原料和装置的实际情况"量体裁衣"设计制造的,因此在实际使用过程中某些性能指标优于国外催化剂。如在增产柴油重油裂化催化剂品种的开发方面国内占有领先地位。国内还开发了增产低碳烯烃的催化裂化家族技术,在增产低碳烯烃专用催化剂的品种开发方面也占有优势。从总体上看,国产裂化催化剂在使用性能上已达到国外同类催化剂的水平,在实际使用过程中某些性能指标已优于国外催化剂[43]。

机动车尾气净化是稀土催化材料应用最为广泛的另一领域,在机动车尾气催化剂的发展历程中,稀土材料始终扮演着至关重要的角色,在一定程度上可以说,尾气催化剂技术的发展与稀土材料技术的发展是一个密切联系、相互推动的过程[44]。由中国多所大学和企业合作完成的"稀土催化材料及在机动车尾气净化中应用",对尾气净化的关键反应、催化剂活性组分的设计、催化剂构成的关键材料、稀土与(非)贵金属组分的相互作用以及催化剂制备工艺等的研究基础上,通过自主创新,开发出超过国家排放标准要求的机动车尾气净化催化剂的关键材料及系统集成匹配技术,获得 2009 年度国家科技进步奖二等奖。

与汽油车催化剂相比,国内在柴油车催化剂的技术发展上起步更晚,研发基础相对薄弱,更缺乏实际应用经验。由中国多家研究院所和企业合作完成的"重型柴油车污染排放控制高效 SCR 技术研发及产业化",自主设计研发了具有国际先进水平的 SCR 催化剂及制备技术,研发并量产了大尺寸 SCR 催化剂载体,自主开发了高精度还原剂供给系统与车载故障诊断技术,形成了具有自主知识产权的国产化"大尺寸催化剂载体—催化剂生产与封装—匹配控制技术与集成"这一完备的技术产业链,打破了国外技术和产品垄断,并在国产重型柴油车上实现了规模化应用,获得 2014 年度国家科技进步奖二等奖。

催化燃烧技术具有高效、无二次污染、使用范围宽等特点,不仅在天然气发电、工业窑炉等方面有广阔的应用前景,同时也是工业源 VOCs 最有效的净化技术,高性能的催化剂是其关键,稀土氧化物可作为载体或者助剂,发挥着不可替代的重要作用。如对于贵金属催化剂,稀土的应用可显著改善高贵金属的分散状态,并起到稳定其化学状态的作用,从而提高了催化剂的活性和稳定性[45]。对于稀土复合氧化物,通过对制备方法的优化,也可获得与贵金属催化剂相当的活性。目前催化燃烧催化剂的发展方向主要有:①对于甲醛、CO 等,开发高环境适应性的低温催化氧化催化剂;②对于 VOCs、甲烷等的催化燃烧,发展方向主要是在提高催化剂低温活性的同时,提高其稳定性(包括热稳定性、抗中毒能力等)。同时因工业排放的 VOCs 组成较为复杂,因此还需要催化剂具有广谱、高效的特点。此外,抗中毒能力强、大空速和低起燃温度的非贵金属催化剂,也是研发的热点之一[46]。

除了在石油化工、机动车尾气净化、催化燃烧等传统领域外,国内在稀土催化材料应用的新领域也取得了长足的进步。如开发了千瓦级天然气重整制氢系统和 10kW 级甲醇重整制氢系统,并实现商业应用;基于高性能稀土复合电池材料,成功开发了千瓦级管式 SOFC 电池堆;突破了稀土氧化物一般只作为助催化剂的限制,开发了稀土作为主催化成分的催化反应体系,如用于含氯烃催化燃烧的 CeO_2 基催化剂;甲烷氯氧化或溴氧化经

CH_3Cl 或 CH_3Br 进一步转化制丙烯的反应过程中，通过调控 CeO_2 形貌和表面修饰显著提高了 CH_3Cl 和 CH_3Br 选择性等[46]。

在稀土催化作用的理论研究方面，目前集中在表面和体相氧的活化、氧空穴的形成和迁移、CeO_2 与负载金属之间的相互作用机制、小分子反应物（CO、O_2、NO_x 等）的吸附和反应路径等。在国家"973"计划等的支持下，深入认识了 4f 电子的高度局域化和表面弛豫对 CeO_2 表面电子结构和性质的影响规律，建立了理解铈锆固溶体储放氧性能本质的理论模型等，并发现了 CeO_2 的 4f 非键空轨道在催化过程中"电子储存器"的作用，深入理解了稀土元素的催化特性，为进一步提升和开发高性能的稀土复合催化材料奠定了理论基础。

（五）稀土储氢材料

储氢材料（也称为贮氢材料）从广义上讲是指能够吸收氢或含有氢元素的材料，目前具有实用价值的储氢材料是稀土储氢合金。稀土储氢合金在通常温度及压力条件下可大量吸氢和放氢且吸 / 放氢反应快、可逆性优良，一般由两类金属元素［强键合氢化物元素（一般用 A 表示）和弱键合氢化物（一般用 B 表示）］合理地组合而成。A 类元素一般为稀土、镁等元素，B 类元素一般为镍、锰、铝等过渡金属元素。目前商品稀土储氢合金有两类：$RENi_5$（AB_5）型和 RE-Mg-Ni（$AB_{3-3.8}$）型，主要用于金属氢化物 – 镍（MH-Ni）电池的负极活性材料及气相储氢装置的存贮氢介质。

近 5 年来，稀土储氢材料在基础研究、高新技术研发、关键技术研究方面取得了一定的进展[47-56]。

逐步深入的基础研究工作从理论上或微观角度了解材料的结构、性能及其相互关系，推动了材料应用开发工作。如基于固体与分子经验电子理论（EET）、密度泛函理论的第一性原理的研究；支持向量回归（SVR）与粒子群优化算法结合构建数学模型，研究各种元素组分对合金电化学特性的影响；应用 PCI 模型模拟研究合金的氢化 / 脱氢动力学；通过高分辨同步加速器粉末 X 射线和中子衍射研究合金及其氢化物 / 氘化物。

为满足 MH-Ni 电池发展的需求，进一步推进高功率、高容量、低自放电、长寿命、低温 / 高温 / 宽温型、低成本等稀土储氢材料的研发工作，同时兼顾材料的综合性能。通过优化和改进材料的组成或制造工艺调控结构、采用表面处理或引入催化活性相等改善材料的特定性能，总结具有普适性的科学规律和结论。为了解决多相结构的 $AB_{3-3.8}$ 型 La-Mg-Ni 稀土储氢合金电极的电化学循环稳定性和荷电保持率差的问题，系统地研究了合金组成相的特性和成相规律。大量的研究表明，La-Mg-Ni 合金中的 A_5B_{19}（Pr_5Co_{19}）型和 A_2B_7（Ce_2Ni_7）型相较 AB_5 型、AB_4 型和 AB_3 型相循环稳定性更好。适当的热处理工艺可显著提高 Pr_5Co_{19} 型主相的丰度，适量的 Gd，Sm，Y 等替代 La 都有利于 Ce_2Ni_7 型相的形成。

MH/Ni 电池的发展方向主要是进一步提高电池的能量密度及功率密度，改善放电特性以及提高电池的循环寿命等。储氢合金在充放电循环过程中易粉化、易氧化、不耐腐蚀等问题严重影响了电池的各项性能。为了减少这些现象的发生，对合金的表面处理研究，如氟化处理、碱处理、镀覆等，日益广泛和深入，其目的在于改变合金的表面状态，使合金的潜在性能得以发挥。研究结果证明，稀土储氢合金粉经过表面处理后某些性能显著改善。

在气固相储氢领域，应用稀土储氢材料的固态储氢技术已应用于仪器配套、燃料电池、半导体工业、保护气体、氢原子钟、氢气净化等领域。通过材料组成和结构的调控，调整材料的平衡氢压和储氢容量，开发具有实用价值的"合金对"用于金属氢化物压缩机。

为了开发新型稀土储氢材料，研究了 RE-Mg 系储氢合金，如 Mg_3RE、$LaMg_{12}$、La_2Mg_{17} 以及其他稀土镁合金；研究了 AB_2 型 RE-Mg-M（M 为某些过渡金属元素）系储氢合金和 AB_4 型 La_5MgNi_{24} 系储氢合金；研究了不含 Mg 元素的稀土系储氢合金，如 AB_3 型 LaY_2Ni_9、A_2B_7 型 $LaY_2Ni_{10.5}$ 和 A_5B_{19} 型 $LaY_2Ni_{11.4}$ 储氢合金以及 La-Fe-B（$La_8Fe_{28}B_{24}$，$La_{15}Fe_{77}B_8$，$La_{17}Fe_{76}B_7$）系储氢合金；研究了钙钛矿型（ABO_3）储氢氧化物等。这些新的稀土储氢材料体系经过进一步的开发研究，有望成为具有自主知识产权的稀土储氢材料产品。

为了减少熔炼合金的成分偏析，改善某些性能，快淬、磁场热处理等各种先进的材料制造技术逐步得到应用。为了解决含镁储氢合金高温熔炼制造工艺难以控制合金组成且镁挥发造成安全隐患的问题，一些新的制造技术，如各种烧结技术、高能球磨技术、电解共析合金化技术等被研究和应用。

（六）稀土发光材料

稀土发光是由稀土离子 4f 电子在不同能级间跃出而产生的，因激发方式不同，发光可区分为光致发光（包括红外、蓝光 LED、紫外线、真空紫外发光、X 射线发光、阴极射线发光、放射性发光等）、电致发光及化学发光等。稀土离子的发光具有吸收能力强，色纯度高、转换效率高等，可发射从紫外线到红外光的光谱，特别在可见光区有很强的发射能力等优点，已广泛应用于照明、显示、探测及通信等领域。

近年来，在稀土发光材料学科领域内的新技术成果、新制备工艺及新应用领域方面获得较快的发展[57-62]。在新型白光 LED 照明用氮化物/氮氧化物稀土发光材料设计与制备关键技术、量子剪裁、医疗及航空用闪烁晶体及陶瓷材料、稀土配合物发光材料（OLED）及生物荧光标记材料（上转化/长余辉）等方面取得较大进展，已成为稀土发光材料领域中的研究热点。与此同时，灯用三基色、阴极射线、高压汞灯、金卤灯等用稀土发光材料及显示用冷阴极 CCFL 荧光材料市场需求量及研究论文数量逐年降低。

目前，LED 荧光粉的研究热点是硅基氮化物和氮氧化物荧光粉。国内制备的系列高性能氮化物红色荧光粉，产品性能达到国际先进水平；开发出具有完全自主知识产权的氮氧化物绿色荧光粉，有望突破国外核心专利。在交流 LED 领域，发光余辉寿命可控稀土

LED 发光材料有效地改善了交流 LED 照明设备的频闪问题，使中国成为世界上唯一掌握通过稀土荧光粉生产低频闪交流 LED 产品的国家。

上转换发光，是指长波长的光辐射转换为短波长的光辐射的过程。激发光能量大于入射光的能量被称为上转换发光。故上转换发光也被称之为反斯托克斯荧光。目前，上转换用于红外探测、红外成像如夜视仪已经是非常成熟技术，而且随着学科发展上转换发光材料在激光器、光通信、显示领域如三维显示、生物医学显示都有良好应用前景，是一类重要的稀土功能材料。

稀土发光材料用于荧光探针技术具有灵敏度高、不破坏大分子的结构等特点，因而广泛用于生物大分子的研究。稀土温度敏感发光材料，并将该材料应用到磷光热图技术中，用于飞行器风洞测热试验。

在稀土发光材料的基础研究方面，针对稀土功能材料的结构复杂多变、合成控制难等问题，充分利用纳米材料表界面相对于体相材料活性高、易于受配位作用影响和调变，发展了基于配位化学作用准确控制功能纳米晶结构、性质和组装的方法。提出制备有机 / 无机杂化及纳米复合光电材料的新方法和技术，为材料的设计和性能预测提供科学依据。利用三体耦合系统的微扰波函数与离子间的电多极相互作用，建立了多离子合作的跃迁理论，并在 $CaF_2:Yb^{3+}$ 体系中进行了验证。

（七）稀土超导材料

零电阻现象和迈斯纳效应统称为超导体的两个基本性质。自发现超导现象以后，世界上众多研究单位投入了巨大的人力、物力、财力来寻找具有高的超导转变温度的材料。1986 年 4 月，瑞士苏黎世 IBM 实验室的 J. G. Bednorz 和 K. A. Müllerr 发现了稀土氧化物陶瓷物质 $La_{2-x}Ba_xCuO_4$ 超导体，其 T_c 值高达 35K。这种超导体的发现，开创了研究和探索高 T_c 超导体的新局面。Y–Ba–Cu–O（YBCO）超导体是人们发现的第一个临界温度超过液氮温度的氧化物超导体。

YBCO 超导材料除具有高的不可逆场外，还具有低微波表面电阻的优点。与直流情况不同，在高频交变电磁场中，超导体的电阻不等于零。在超导体中通以电流，在直流电流情况下，超导电子毫无阻力地通过超导体。此时超导体两端没有电压降，电场为零。当电流反向时，超导电子运动方向需要改变，而由于超导电子有惯性，必须有外力才能改变它的运动方向，所需要的外力是由外加的电场产生的。在高频情况下，超导电子不停地改变运动方向，就需要超导体内存在交变的电场。由于电场的存在，同样会使正常电子运动，从而产生损耗。

YBCO 以及其他铜氧化物超导体的层状结构导致了它们的正常态或超导态性质存在着强烈的各向异性。即 YBCO 沿 a-b 平面的性质与沿 c 轴方向的性质存在明显的差异。这种强烈的各向异性说明 YBCO 薄膜的生长取向对薄膜的性能有重要的影响。YBCO 薄膜在基片上主要有两种生长取向：YBCO 的 c 轴方向与基片表面垂直，称为 c 轴生长；YBCO 的

a 轴方向与基片垂直，称为 a 轴生长。由于超导电流主要在 a-b 平面传导，这就要求超导薄膜沿 c 轴外延生长。

YBCO 在所有高温超导材料中结构单一，易于获得结晶良好的单相薄膜，其临界转变温度达 92K，临界电流密度（Jc）在 $10^6 A/cm^2$ 以上，特别是 YBCO 薄膜具有优异的微波性能，在液氮温度、10GHz 下，其微波表面电阻（Rs）比 Cu 低两个数量级。用其制作的微波器件可以做到极窄的带宽、极低的插损、高的带外抑制、高的 Q 值等，可广泛用于星载、机载和地面通信系统中，市场前景良好。YBCO 薄膜的应用在很大程度上取决于薄膜的制备技术。YBCO 薄膜制备技术大致可以分为物理方法和化学方法两大类。

基于高温超导薄膜的应用主要包括两个方面：①高温超导滤波器；②高温超导 SQIUD。前者已经在移动通信基站开展应用，并已开发出针对 3G 和 4G 移动通信用的超导滤波器系统，带外抑制度 > 90dB，单通道噪声系数 < 1.0dB；后者除了在矿物探测方面开展了一些研究工作之外，主要集中在医学方面，即心磁的测量。

高温氧化物超导体是一种陶瓷材料，用常规陶瓷烧结工艺制备的氧化物超导体是由许多细小的晶粒组成，在整体上表现为弱连接的颗粒超导性行为，而氧化物超导体又是一种各向异性材料，结晶取向无规则的烧结体不可能具有高临界电流密度（Jc），而且 Jc 在磁场下急剧下降，无法达到实际应用的要求。一系列改进的熔化生长工艺相继被报道，生长"单畴"超导块材成为发展方向。YBCO 熔融织构块材作为一种产品，除了必须有好的超导性能和机械性能以外，工艺的重复性和实现批量化生产也是至关重要的。

除薄膜和块体之外，还有稀土高温超导带材。以 $YBa_2Cu_3O_{7-x}$ 为代表的第二代高温超导带材由于其优异的综合性能（77K 下不可逆场到达 7T、自场下的临界电流密度达到 $106A/cm^2$），突破了第一代高温超导带材（Bi 系带材）只能用于弱磁场的限制，可全面满足高温区（液氮温区）、强磁场的强电领域应用，大大推动超导电力技术实用化进程。因此高温超导材料及其制备技术被《国家中长期科学和技术发展规划纲要（2006—2020年）》列为前沿技术，近 10 年来也一直是美、日、韩和欧洲全力发展的主要高温超导材料，其长度乘临界电流值（$L \times IC$）甚至成为衡量一个国家高温超导技术发展水平的标志。在 YBCO 带材的研制中，如何得到具有双轴织构特性的 YBCO 超导层是关键技术之一。2009 年，美国 SuperPower 公司制备出长度达 1065m 的 YBCO 超导带材，最小临界电流 IC 为 282A，整根带材的 $L \times IC$ 值达到 300330A·m。2013 年，韩国 SuNAM 公司制备出 IC 达 421.7A、长度为 1000m，$L \times IC$ 值为 421700A·m 的第二代高温超导带材。2014 年，日本 Fujikura 公司研制出长度为 1000m，平均电流高于 600A 的 YBCO 涂层导体，其 $IC \times L$ 值超过 600000A·m。国内制备出长度超过 1000m，IC 接近 300A 的第二代高温超导带材，在缓冲层和超导层的制备方法、金属基带轧制等方面也取得了不同程度的进展。并且随着第二代高温超导带材的快速发展，国内外机构已经开始对基于 YBCO 高温超导带材的超导电缆、超导限流器、超导电机和超导磁体等电力装置进行研制。然而，YBCO 超导带材在实用化过程中还存在两个方面的瓶颈。一方面，目前 YBCO 高温超导带材每千安米的价格在 250 ~ 400$ 之间、仍远高于超导技术规模应用可接受的价格（50$/kA·m），须进一步提高 YBCO 超导带材的性价比。另一方面，YBCO 高温超导带材随着磁场强度的增大超导性能急剧下降。因此，提高 YBCO 涂层导体磁场下的超导性能成为当前 YBCO 超导带材应用过程中亟待解决的关键问题。

（八）稀土晶体材料

由于具有特殊的原子核外电子排布，稀土元素在人工晶体材料中的应用日益广泛和重要。特别是在光功能材料如激光晶体、闪烁晶体、电光晶体、磁光晶体、非线性光学晶体以及复合光功能晶体中，稀土元素的作用十分显著，已成为新型激光晶体和闪烁晶体中不可或缺的元素。稀土激光晶体和稀土闪烁晶体显示出无与伦比的优越性，新型晶体的出现正有力地推动着相关行业的发展。

激光材料是激光技术发展的核心和基础，稀土激光晶体是指稀土离子掺杂到晶体基质中形成的激光材料。根据实际应用需求和重要性，重要的激光晶体主要有如下五大类：高功率激光晶体、中低功率激光晶体、中红外激光晶体、可见光激光晶体和自拉曼激光晶体。稀土闪烁晶体是指以稀土元素为基本组成或者以稀土离子为发光中心的人工晶体，在吸收伽马射线、X射线或其他高能粒子后能够发出快衰减紫外或可见光的光功能晶体。

高功率激光晶体又分为高平均功率激光晶体和高峰值功率激光晶体。前者主要是应用于激光加工、激光武器等；后者主要是应用于超快激光器件、超强超短激光大工程、激光聚变点火工程等。中低功率激光晶体的代表是掺钕的钒酸钇晶体（Nd^{3+}:YVO_4），其激光发射截面大，是 Nd^{3+}:YAG 的 4 倍多，有利于获得高效率低阈值的激光输出，可实现 1340nm 和 1060nm 激光连续运转。目前 LD 泵浦的 Nd^{3+}:YVO_4 激光器效率已达到 50% 以上；吸收系数大，使得较小尺寸的晶体就能充分吸收泵浦光，有利于器件的小型化；基质 YVO_4 是单轴晶体，它的吸收及发射光谱具有强烈的偏振性，这与 LD 泵浦源的偏振性相一致，为设计高效率激光器提供了有利条件，是制作 LD 泵浦小型全固化激光器的好材料[63]。目前，中红外激光材料和相关器件研究方面仍然主要集中在以下两个方面：①激光运转在 1.9 ~ 3.0μm 附近的 Tm、Ho 和 Er 等稀土离子掺杂的 YAG（钇铝石榴石）、YAP（铝酸钇）、YLF（氟化钇锂）、LLF（氟化镥锂）等激光晶体材料及其激光器件；② Cr、Fe 等掺杂 ZnSe 等 II-VI 族半导体材料及其激光器，其激光波段主要在 2 ~ 5μm。

稀土闪烁晶体近 10 多年来先后有数十个品种被发现、研究和开发，其中多个 Ce^{3+} 激活的闪烁晶体品种已进入规模化生产和实用阶段。比较典型的代表为 Ce^{3+} 激活的 Ln_2SiO_5 类晶体，其中 LSO 和 LYSO 已经成为成熟的产品，先后被德国西门子、美国 GE 和荷兰 Philips 公司选作正电子断层扫描仪（PET）的核心探测材料，但围绕其性能优化的工作仍在继续。2012 年乌克兰闪烁材料研究所报道了掺 Gd 和调节 Lu/Gd 比可调制 LSO 晶体的能带结构，并进而获得最优的光输出及能量分辨率[64]（Gd/La=2/3）。此外，西门子公司还发现通过共掺杂 Ca 或 Yb 离子可以提高 LSO 晶体的光输出、改善能量分辨率、缩短衰减时间、降低余辉强度。中国有多家单位相继开展了 LSO 晶体的生长技术研究，制备出了尺寸为 Φ80mm×240mm 的晶体，以 LYSO 为探测器的 PET 样机也在研究中[65]。2013 年日本东北大学发现共掺杂 La^{3+}，不仅有利于克服 $Gd_2Si_2O_7$ 晶体的不抑制熔融问题，而且可以显著提高其光输出和能量分辨率，最高可到 40000 光子/MeV 和 4.4%[66]，目前正在被日本 C&A 公司推向市场。Ce^{3+} 激活的 $Ln_3Al_5O_{12}$ 类闪烁晶体正成为氧化物闪烁晶体中的后起之秀。由于该晶体结构中存在多个阳离子格位，为这类闪烁材料的掺杂改性提供了广阔的空间，已经发现用 Gd^{3+}、Ga^{3+} 分别替代 $Lu_3Al_5O_{12}$ 基质中的适量 Lu^{3+} 和 Al^{3+} 而生成的 Ce：（Gd，Lu）$_3$（Ga，Al）$_5O_{12}$（GGAG）晶体，其光输出可到 56000ph./MeV，能量分辨率为 5.3%。进一步，通过共掺杂 Mg^{2+}，GGAG：Ce 中的 Ce^{3+} 被转化成 Ce^{4+}，可大大加快光衰减速度，衰减时间和时间分辨率分别达到 40ns 和 200ps。

稀土卤化物闪烁晶体近几年来成为了研发的热点之一。这类材料的特点是光输出很高，能量分辨率高，衰减时间短，因而在核辐射探测和应用方面具有非常强的竞争优势，不过它们的吸湿性都很强，制作难度较大。其中，Ce^{3+} 激活的 LnX_3（X ≠ F）类闪烁晶体开发较为成熟，最典型代表是 $LaBr_3$:Ce 晶体。2010 年以来，法国 Saint Gobain 公司等围绕 $LaBr_3$:Ce 开展了一系列的共掺杂实验，发现共掺杂 Sr^{2+} 后能量分辨率提高到 2%，刷新了无机闪烁晶体能量分辨率的最好纪录。中国多家单位也在对该晶体进行开发，已生长出 Φ76mm×76mm 晶体毛坯，相关探测器件也在研制中。不过，$LaBr_3$:Ce 晶体存在放射性本底辐射，应用领域受到一定的限制。为此，美国 RMD 公司开发了具有本征闪烁特性的 $CeBr_3$ 晶体，放射性本底辐射比 $LaBr_3$:Ce 低 1 ~ 2 个量级，并且发光均匀性好，2014 年其尺寸达 Φ75mm×75mm[67]。Ce^{3+} 激活的 $A_2^6LiLnX_6$ 类（A=Na，K，Cs；Ln=Y，La，Gd，Lu）钾冰晶石晶体，是一类新的伽玛 – 中子双探测材料，其中，CLYC、CLLC 和 CLLB 较受关注。美国 RMD 公司已经生长出 Φ152mm 的 CLYC 晶体，能量分辨率可达 3.6%。此外，继 SrI_2：Eu^{2+} 晶体之后 Eu^{2+} 激活的卤化物闪烁晶体最近也不断有新品种问世。2010 年美国 LBNL 实验室首次报道了 Eu^{2+} 激活的 $CsBa_2I_5$，Cs（Sr，Ba）I_3 和 BaBrI 晶体，其中 $CsBa_2I_5$：Eu^{2+} 晶体具有高达 97000 光子/MeV 的光产额和 3.9% 的能量分辨率[68]。其密度（5 ~ 5.3g/cm^3）、衰减时间和抗潮解性均优于 SrI_2：Eu^{2+} 晶体。当前，新型稀土闪烁晶体的开发正在由晶体生长向晶体器件和闪烁探测器研制的方向快速推进。

（九）稀土在钢铁及有色金属中应用

从总体上看，中国稀土在钢铁及有色金属中应用处于世界前列，为中国的航天发展、国民经济和社会发展做出了应有的贡献，为增强中国的综合国力发挥了积极作用[69-72]。

目前，中国已开发成功 VD 精炼炉稀土加入工艺，基本解决了大方坯、大圆坯稀土加入方法问题，使稀土重轨和稀土无缝钢管能够顺利生产。2014 年在宽厚板坯连铸结晶器在线加稀土丝取得重大成功，稀土加入工艺平稳，钢坯中夹杂物尺寸均小于 5μm，钢坯各点稀土含量在 0.016% ~ 0.018% 范围内，稀土收率达 80% 以上。尤其在汽车车轮钢中加稀土效果显著，年产量已达 20 万 ~ 30 万 t。中国开发的稀土铬重轨钢，成功出口巴西、美国、墨西哥等计 5.7 万 t，并已成功用于中国高速铁路上；成功开发了高强度稀土微合金热采井专用套管 BT100H，产品的延伸率及横、纵向冲击韧性达到国内领先水平。

近年来，随着对铸铁材料高性能化、高可靠性的追求，稀土已经成为生产高品质铸铁不可或缺的元素，特别是在大型、复杂、特殊铸件的生产中。采用钇基重稀土复合球化剂，相应的强制冷却、顺序凝固、延后孕育等生产工艺措施，解决了大断面（壁厚 ≥ 120mm）球铁件中心部位的石墨畸变和组织疏松等问题，成功地制作了各种重、大、特型球铁件。利用钇基稀土复合球化剂制备的多种球墨铸铁制作的重 85t，壁厚为 440mm，能承受 800℃供运输和储存核燃料的储运器，获得由德国材料试验协会和物理技术协会颁发的最高级安全证书；采用钇基重稀土制作断面为 805mm 的球墨铸铁薄板轧辊，可以提高使用寿命 50%，显著降低了轧辊的折断率。

研究成功具有高强度（$\sigma_b \geq$ 1000MPa，最高可达 $\geq$ 1600MPa）、高韧性（A $\geq$ 11%）的奥铁体球铁（ADI），已在汽车、柴油机、拖拉机和工程机械的齿轮、曲轴和各种结构件中应用。

AE44 合金是含 Al 镁合金中最典型的耐热型稀土镁合金，该合金具有优异的室温力学性能、高温力学性能和抗蠕变性能，以及抗腐蚀性能、减震性能等，是目前最有潜力的可以广泛应用到高温使役条件下的镁合金之一。由于 Mg-RE 合金具有较好的综合机械性能和耐蚀性能，Mg-Y、Mg-Gd、Mg-Dy、Mg-Y-Zn、Mg-Nd-Y-Zr、Mg-Nd-Zn-Zr、Mg-Zn-Y-Nd、WE43（4wt.%Y，3wt.%RE）和 LAE422（4wt.%Li，4wt.%Al，2wt.%RE）被作为生物医用材料进行研究，其中 WE43 系列合金已经开始应用于临床实验研究。

AE44 合金是含 Al 镁合金中最典型的耐热型稀土镁合金，该合金具有优异的室温力学性能、高温力学性能和抗蠕变性能，以及抗腐蚀性能、减震性能等，是目前最有潜力的可以广泛应用到高温使役条件下的镁合金之一。向 Mg-4Al-4La-0.4Mn 合金中加入微量的 B 元素，合金的微观组织发生了显著的改变，加入 0.03% 的 B 时，合金的抗拉强度也提高了 30 多 MPa，延伸率提高了 70% 左右；另外，合金的抗盐雾腐蚀性能也提高了将近 50 倍。新型稀土镁压铸合金（AZ91X）、AM-SCI 和 AE44 分别被应用于大马力发动机汽缸罩盖、试制 3 缸发动机缸体和轿车发动机托架上。

对 Mg-Gd-Y 系合金 d 的研究发现，在 Mg-10Gd-5.7Y-1.6Zn-0.7Zr 合金，其显著的时效硬化效应主要来自于微观组织上极密分布的析出相，在 Gd 含量不太高的 Mg-Gd 合金体系上加入（1-2）wt.% 的 Zn 可以有效提高合金的固溶强化效果，并产生一个相对较强的时效硬化效应。Mg-Gd-Y 系合金经过变形，其抗拉强度和屈服强度分别可达到 460MPa 和 420MPa 以上，延伸率在 4% 左右，经过 T5 处理，其抗拉强度和屈服强度高达 550MPa 和 475MPa 左右，延伸率也提高到 8% 左右。最新开发的 MB26、NZ30k 和 WE43 分别应用于汽车保险杠、航太产品部件上。

镁合金成为生物医用可降解金属植入材料领域的研究热点，其原因有：①良好的生物相容性。镁是人体骨生长的必需元素。②良好的力学相容性。镁合金弹性模量更接近于人骨的弹性模量，促进骨的生长和愈合并防止发生二次骨折；③完全可降解性。在人体体液环境中易生成镁离子被周围机体组织吸收或通过体液排出体外。由于 Mg-RE 合金具有较好的综合机械性能和耐蚀性能，Mg-Y、Mg-Gd、Mg-Dy、Mg-Y-Zn、Mg-Nd-Y-Zr、Mg-Nd-Zn-Zr、Mg-Zn-Y-Nd、WE43 被作为生物医用材料进行研究，其中 WE43 系列合金已经开始应用于临床实验研究。

（十）稀土高分子助剂

通过添加各种功能助剂，是实现高分子材料高性能化的重要途径，稀土在高分子材料中作为功能助剂的应用是一个新领域，它在改进高分子的加工和应用性能、赋予高分子新功能等方面具有独特功效。近年来，稀土助剂无论是基础研究还是应用开发研究均取得很大发展，已在聚氯乙烯多功能助剂、合成橡胶防老剂、聚丙烯 β 晶成核剂、聚酰胺纤维纺织助剂等领域获得了成功的应用[73-77]。

环保型聚氯乙烯（PVC）助剂：PVC 作为重要的塑料建材基础树脂，改善其加工应用性能十分重要。①稀土稳定剂是研究最早、用量最大的一类稀土助剂。近年来，经过设计、制造新的稀土化合物、优化配方和应用技术，稀土稳定剂在种类、效果和性价比等方面有明显提高，形成稀土／钙／锌多功能热稳定剂等多种新品，较好解决了无铅化热稳定剂开发过程中存在的初期着色—锌烧—长期高温耐热差—易析出等共性难题，实现了热稳定剂替代铅／镉等有毒有害元素技术突破，减缓 PVC 的变色速度优于国内外钙／锌产品，成为重要的无铅／镉、环保 PVC 热稳定剂。②稀土多功能发泡－稳定助剂同时具有稳定－润滑、促进塑化、增韧、发泡、整泡等功能，解决现有 UPVC／碳酸钙发泡复合体系助剂毒性高、功能单一、制品加工周期短、发泡密度偏高的问题。在年产 4 万 t 级自动化连续生产无铅化窗型材及万吨级发泡 PVC 化学建材的示范生产中，使其制品 190℃静态老化变黑时间大于 70min，200℃刚果红变黑时间大于 20min，高速挤出连续加工周期达到 8 ～ 12d，发泡制品密度在 0.45 ～ 0.75g/cm³ 可控生产，性价比优于传统配方制品，在硬 PVC 制品加工中全面实现了替铅／镉技术[45-47]。

聚烯烃助剂：聚丙烯（PP）是近年来增长最快的通用塑料，如果将 PP 中结晶成分完全转变为 β 晶或提高 β 晶的含量，则可以克服 PP 韧性差、耐热等级不高的"瓶颈"问题，添加"β 成核剂"是目前工业制备高含量 β-PP 的唯一途径。①稀土 β 成核剂是一类基于富镧轻稀土元素和其他金属元素的混配型异核配合物开发成功的聚丙烯（PP）新型 β 晶型成核剂，是目前世界上为数不多可产业化生产应用的原创性 β 成核剂产品，在正常加工条件下可诱导聚丙烯形成 90% 以上的 β 晶型，具有成核效率高、性能稳定、改性效果显著等特点。相比国外类似功能的芳酰胺类 β 晶型成核剂产品，具有更好的成核稳定性和 β 晶型选择性，特别是在提高聚丙烯制品热变形温度方面有明显优势，售价仅为国外产品的 60%。利用稀土 β 成核剂的这些特点，可克服传统增韧 PP 时材料韧性提高而刚性、耐热性能大幅下降的矛盾，成为 PP 低成本高性能化的重要途径。②稀土表面处理剂与无机粒子耦合能力强，可大幅度增强基体树脂与无机填料或颜料表面的作用。与目前广泛使用的耦联剂相比，对改善无机粒子在聚烯烃中的分散，提高复合物的加工流动性及使用性能等方面优势明显，具有更高的性价比。目前已实现了 10 万 t 级聚丙烯合成生产线"釜外"添加直接制备 β–PP 的成功应用，将聚丙烯结晶结构 α–β 转变的增韧、高耐热及弯曲模量基本不变等特性有机结合，实现了同时提高，促进了通用塑料高性能化，具有显著经济效益。

橡胶用稀土助剂：除橡胶合成用稀土催化剂外，在橡胶防老化、硫化促进、补强、耐疲劳、填料表面处理等方面均有独特的功效。新型稀土橡胶防老剂应用于天然橡胶和丁苯橡胶硫化胶中，结果表明添加稀土防老剂的天然橡胶硫化胶在 100℃热空气老化 72h 后的拉伸强度保持率和扯断伸长率保持率分别为 83.9% 和 82.6%，而添加市售防老剂 4010NA 和 RD 的相应的对比性能指标分别为 72.3%、75.8% 和 79.5%、78.0%。说明稀土橡胶防老剂对天然橡胶的热氧老化防护效果较市售防老剂更为明显。此外少量的稀土配合物能与其他常用防老剂发生协同作用，显著提高硫化胶的耐热氧老化、耐紫外老化性能和耐臭氧老化性能，发挥超过工业防老剂单独使用时的作用。一种多功能稀土橡胶助剂，可明显改善橡胶的压缩疲劳性能，使 SBR 硫化胶的压缩疲劳温升降低 20% 左右。此外，多功能稀土助剂的加入使 SBR 在 60℃时的 Tan δ 值明显下降，表明稀土配合物能有效地降低轮胎轮动阻力，提高耐磨性和耐老化性，提高轮胎的使用寿命。

纺织行业是中国的支柱产业之一，中国也是世界上纤维生产和消费第一大国。但是中国纤维行业存在同质化、规模化、低端化的问题，也严重影响中国纺织产品的国际竞争力。聚酰胺纤维因其强度高，质地柔软，穿着舒适，易染色等优异特点而受到青睐，但是中国的聚酰胺纤维也存在同质化严重、产品附加值低的问题。聚酰胺纤维细旦化是改善纤维品质，提高纤维附加值的必要手段。但由于存在技术瓶颈，聚酰胺纤维细旦化长期以来一直未能实现。

聚酰胺中的酰胺基团与金属离子特别是稀土离子具有一定的配位能力，这为突破细旦超细旦聚酰胺纤维的技术瓶颈提供了机会。稀土离子与酰胺基团之间的络合配位使不同的聚酰胺链段交联起来，可提高聚酰胺熔体强度；同时，稀土与酰胺基团间的相互作用可降低如聚酰胺 6 熔体的结晶速率，提高丝束的无定型区比例，从而使聚酰胺 6 纤维在纺丝线上有机会被拉得更细。基于上述想法，中国的工作者通过大量实验工作，筛选出含镧、铈、钇的高活性的稀土配合物，以之制备聚酰胺纺丝用的专用稀土助剂，并将稀土助剂引入到聚酰胺 6 熔体中，开展聚酰胺 6 纤维的纺丝实验工作。小试、中试和工业实验都取得了成功。这为实现细旦 / 超细旦聚酰胺 6 纤维工业生产打开了大门。目前国内已建成富镧稀土助剂生产线和年产 100t 细旦 / 超细旦聚酰胺纤维中试示范线，成功生产出 50t 细旦 / 超细旦聚酰胺 6 纤维，实现规律化生产。在此基础上建立生产细旦 / 超细旦聚酰胺 6 纤维的技术标准和能够满足下游纺织产品加工要求的质量标准，为细旦 / 超细旦聚酰胺纤维工业化生产提供技术支撑。

目前，国内稀土功能助剂的研究、开发、生产、应用已初步有机集成，形成新兴产业，暂处于国际领先地位。具有自主知识产权、高附加值的高性能、多功能的稀土助剂，虽然创造性地形成了中国特色的稀土有机化学、助剂研究的新方向，但毕竟起步较晚，在整个助剂行业中所占比例仍然很低，关键技术整体仍处于有待全面突破的局面。因此必须加强稀土功能助剂这一新兴产业的基础研究与应用开发研究，建立支撑产业发展的技术创新服务平台和成果转化基地，以形成有利于国计民生的大产业，提升中国高分子材料产业的发展水平，有效推动高丰度稀土元素的平衡应用发展。

（十一）稀土玻璃

近十年来是稀土玻璃应用技术研究的高速发展时期，无色光学玻璃、有色玻璃以及其他稀土元素在玻璃中的掺杂应用，在品种开发、性能指标、制备工艺、应用领域等方面均有了极大提高[78-80]。

由于稀土氧化物离子半径较大，电场强度大，有较高的配位数。在硼氧四面体中，配位要求也较高，导致在结构中近程有序范围增加，容易产生局部聚集，使玻璃易分相或析晶。因此，研制稀土光学玻璃组分的主旨在于在保证稀土添加量和保证其光学性能的基础上，合理配置其他组分，降低稀土在玻璃中的析晶趋势，用较为简易的工艺就能获得各项指标合理的稀土光学玻璃产品。

近年来，为了满足非球面光学元件精密压型的需求，低软化点光学玻璃得到了较大的发展。其中低软化点稀土光学玻璃是在环保稀土光学玻璃的基础上，添加碱金属氧化物 Li_2O、二价氧化物 ZnO 等，使玻璃软化温度（Tg）可显著地下降。选择合适的碱金属氧化物种类和含量，对实现熔炼工艺、玻璃黏度、化学稳定性、抗析晶性能、玻璃的 Tg 温度、玻璃的膨胀系数等方面的平衡可以起到非常重要的作用。

由于稀土氧化物具备高折射的特点，必然是制备特高折射率光学玻璃的理想材料，但是由于过去原料、工艺的限制，特高折射率稀土光学玻璃发展较慢。高折射率光学玻璃为了达到较高的折射率，会加入大量的 La_2O_3、Y_2O_3、Gd_2O_3 等稀土高折射氧化物。与较低折射率玻璃相比，特高折射光学玻璃网络形成体如 SiO_2、B_2O_3 等含量就相对较小，玻璃析晶性能较一般低折射率光学玻璃更要差一些，配方调整难度更大，条件更苛刻。这就要求玻璃组分配比必须合理、准确，以使得在熔炼生产过程和后期二次压型过程中玻璃不产生析晶。

稀土滤光玻璃是一种光学材料，在光电信息、科学研究和国防等方面有广泛的应用。目前，在最大可能的光谱范围内开发了许多浓度不同的着色剂以及许多不同类型的基础玻璃，促进滤光片的分类研发，获得了极好的滤波特性。钕玻璃在紫外、可见和近红外波段都具有一系列吸收峰。吸收峰的位置稳定，温度的变化仅仅改变吸收峰值的光度值而不改变波长的位置，使用和保存都较方便，这些条件使钕玻璃成为在紫外、可见和近红外波段比较理想的基准物质。

有色玻璃的优良性能，如坚固耐用，不燃烧，对微生物、水和各种溶液作用稳定等优点，使其可以作为高级器皿和工艺美术品的最佳材料，也是提高玻璃制品艺术价值的重要方法之一。在制造高级器皿和艺术品时，所利用的是玻璃的透明度、光泽、颜色和成型性能，颜色的选择取决于技术要求，以及玻璃艺术家们对美学和艺术的鉴赏能力。

彩色乳浊玻璃是在基础玻璃成分中同时加入乳浊剂和着色剂而制成，但着色剂用量要比透明彩色玻璃多，因为乳浊玻璃中除了玻璃相外，还有乳浊的晶相，可见光入射到彩色乳浊玻璃时，在玻璃相处产生光线的选择性吸收，而在晶粒处产生光的散射，这样综合作用的结果，使着色剂的作用大为减弱，彩色乳浊玻璃呈现的颜色不是该着色剂在透明玻璃中着成的色彩，而是朦朦胧胧的色彩，仿佛是玉色的效果。该种效果往往是可贵的，利用它可以制造仿碧玉、仿孔雀石、仿玛瑙等制品。

（十二）稀土陶瓷材料

稀土在陶瓷中的应用本质上源于稀土元素的金属性、离子性、4f电子衍生的光学和磁学性能，这四种基本属性是贯穿稀土陶瓷材料发展的主线[81-90]。与稀土有关的透明陶瓷主要有稀土倍半氧化物和石榴石结构，前者有 Y_2O_3、Lu_2O_3；而后者主要是 $Y_3Al_5O_{12}$ 和 $Lu_3Al_5O_{12}$ 及其各种混合金属元素乃至掺杂的衍生物。当前已经商业化以及正在大量研究的稀土基透明陶瓷都是立方晶系为主。

稀土基透明陶瓷可以分为光学应用和非光学应用两大类。前者主要包括激光、闪烁和白光 LED 用透明陶瓷。其中激光透明陶瓷的基质主要是石榴石 $RE_3Al_5O_{12}$ 以及倍半氧化物 RE_2O_3（RE= 稀土）立方体系，发光中心是 Nd、Er 和 Yb 为主，目前在透明度、热物性、光致发光效率和发光寿命等已经和单晶持平，在光散射等涉及介观—宏观结构的性质综合相比仍存在着改善的空间，近期的研究表明在激光输出功率和效率上突出、已与单晶基本一致，同时与单晶相比陶瓷具有相对较高的机械性能，在抗热损伤方面体现出良好的前景。近期闪烁透明陶瓷的快速发展与激光透明陶瓷相类似，也是以石榴石 $RE_3Al_5O_{12}$ 以及倍半氧化物 RE_2O_3（RE= 稀土）立方体系为主。目前发光已经持平甚至优于单晶。另外，新出现的白光 LED 透明陶瓷主要是将黄粉 Ce∶YAG 透明陶瓷化，从而与芯片组合成白光 LED，由于陶瓷内部的光路传输与粉末内部是不一样的，因此，这种组合结构实现了全立体发光。非光学应用透明陶瓷主要有电光透明陶瓷和磁光透明陶瓷两大类，分别用于电场和磁场下光传输性质，比如传输方向（折射和散射）等的改变，从而用于光闸、光存储、偏光器和光调制器件等。稀土在电光陶瓷中主要是作为添加剂。在透明陶瓷研究方面，紧随国际潮流并且自主创新，在石榴石体系和倍半氧化物体系透明陶瓷领域均取得了进展，研制的透明氧化铝陶瓷已经成功应用在商业高压钠灯上，Nd∶YAG 陶瓷板条可实现的 1064nm 激光输出与目前日美等制备的激光陶瓷处于同一数量级。

稀土纳米陶瓷是传统陶瓷领域与新兴纳米技术相结合的产物。根据最终用途，纳米陶瓷主要分为烧结前驱和功能陶瓷两大类。纳米稀土粉末作为添加剂一般是基于稀土大离子半径等与电子作用无关的性质，相关研究主要是面向工业化，提高产品性能的工艺探索和具体技术数据的积累。功能性稀土纳米陶瓷主要体现为发光粉，其中稀土元素既可以作为基质组分也可以仅作为发光添加剂，目前国内外的研究方向主要包括各类形貌控制合成技术以及面向生物荧光示踪、各种照明显示（尤其是 LED）乃至高发光快衰减应用的材料。国内在功能性稀土纳米陶瓷方面以基础研究为主；利用稀土掺杂钨酸盐纳米晶体自组装而实现单一基质白光发射，通过 Eu 掺杂纳米晶的相变和形貌提高了红光强度等技术，已经达到国际领先水平。

稀土玻璃陶瓷的发展主要是两个方向：分相化理论及工艺以及光学材料研究，前者除了利用玻璃原料直接产生第二相（晶相），也出现了将纳米陶瓷与玻璃原料混熔的技术，目前仍处于工艺摸索和经验规律总结阶段。在光学材料应用方面，主要是红外波段的光通信材料、激光材料、闪烁材料和照明显示发光材料为主，大多数研究主要处于光致发光表征或者初步的动力学机制研究阶段。目前国内研究主要是紧跟国际发展前沿的基础性工作，面向红外上转换和传统照明是主流。另外，稀土玻璃陶瓷研究同荧光粉研究类似，国内拥有雄厚的研究力量，有助于相关产业的发展。

三、国内外研究进展比较

稀土由于其不可替代性，受到世界的广泛关注，特别是近几年来，中国政府对稀土行业进行整顿和管控，稀土价格大幅度提升，国际上掀起了稀土资源开发热潮，停产的国外企业纷纷恢复或扩大生产，并启动一大批稀土资源勘探、开采项目。但 21 世纪以来，国外在冶炼分离工艺方面的研究投入相应很少，缺乏冶炼分离方面的人才队伍和开发能力，相关技术主要从中国寻求。国外对环保的要求普遍高于中国，其特征污染物氨氮、氟化物等的排放限值远低于中国标准。而且，国外稀土冶炼分离企业主要以末端治理为主，环保投资比中国高 10 倍以上，因此，国外的稀土冶炼分离企业生产运行成本高，短期内不具有竞争优势。

中国在稀土化合物材料制备领域的研究有所加强，在绿色合成技术方面取得较大进展，形成多项绿色合成的核心专利。目前与国外发达国家的主要差距体现在材料的基础研究和创新能力、规模化稳定合成工艺、生产装备和应用性能测试等方面，一是关键化合物材料的原始配方专利主要由国外掌握；二是高端稀土化合物材料制备工艺和设备控制水平低，产品批量稳定差。

中国在"十二五"期间，通过采用组织调控技术，优化生产工艺，改变了过去单纯靠成分调控磁体性能的技术方法，进而提高了磁体的矫顽力、温度特性等主要磁性能，制备出综合磁性能（BH）$_{max}$（MGOe）$+H_{cj}$（kOe）$\geq$ 75 的高性能钕铁硼磁体（实验室水平）。日本的研究小组利用降低粉末颗粒度的办法获得磁体晶粒的显著细化，从而使磁体矫顽力大幅增加,他们采用粒度 1μm 左右的磁粉制备的磁体晶粒尺寸可达到 1.5μm 左右,降低了晶粒尺寸,制备的无重稀土钕铁硼磁体的矫顽力达到 20kOe,达到了节省重稀土的目的。

除烧结磁体之外,各向异性黏结稀土磁体是一个亟待开发的重要分支,过去几年中国和日本投入大量人力物力开发磁粉生产技术,改善磁粉温度耐受性,但在磁体成形技术方面除日本爱知制钢以外都远未成熟,严重阻碍了该类磁体的推广应用。未来的发展也将围绕高性能、低价格磁粉和高性价比成形技术来展开。对于黏结磁体,中国与国外的最大差距在磁粉制备方面,近年来在 Sm-Fe-N 合金快淬和氮化技术等方面已取得较大进展。

对热压/热流变稀土永磁体的研究,美国、欧洲和日本早在 1985 年前后就已经开始,主要从事前期的基础研究工作和产业化技术与装备的研制,并在基础研究方面从磁体成分、材料体系、磁性能、微观结构、各向异性形成机制等方面进行了深入而系统的研究。中国的热压磁体的产业化关键技术研究始于 21 世纪初,在国家科技计划支持下,取得多项重大关键技术突破,如高薄壁辐射取向环形磁体的制备技术、连续热压/热流变工艺技术。

国内虽然在新材料体系开发上几乎与国外研究同步,尤其是低温磁制冷材料处于国际领先地位,但过去几年在磁制冷材料加工方向上认识不足、起步较晚、差距明显、与材料物理和器件配合度不够,在一定程度上造成了国内磁制冷领域的整体滞后。近年来,通过国内外科研人员的跨学科互访、交流、研讨和互补以及国家高层次人才政策出台,都大大增强了国内在磁制冷材料制备和加工实力。

稀土催化材料方面:对于催化裂化催化剂,中国催化裂化催化剂和国外产品相比,在经过跟踪、模仿、二次创新、技术创新等阶段,目前国产催化裂化催化剂的活性、选择性、水热稳定性等性质均在同一水平,并结合中国的实际情况形成了自己的特点。从总体上看,国产裂化催化剂在使用性能上已达到国外同类催化剂的水平。但由于国外环保法规较严格并有较长的历史,因此在环保型裂化催化剂品种的开发方面国外占有明显优势。国内在降低催化裂化汽油硫含量催化剂和助剂、减少 SO_x 和 NO_x 排放助剂品种的开发方面与国外仍有较大差距。

对于机动车尾气净化,由于排放法规的滞后,导致中国机动车尾气净化催化剂的自主创新能力与国外相比有较大差距,基本还是跟踪国外技术的发展,缺少具有自主知识产权的新产品,在机动车尾气净化催化剂的关键材料、制备工艺以及整车匹配技术等方面,与国外还存在差距。其中对于汽油车尾气净化用三效催化剂(TWC),威孚力达、昆贵研等国内催化剂企业,在与 BASF、Johnson Matthey 等国际催化剂公司的国内市场正面竞争中表现出的技术水平经受了市场的验证并获得了认可。与汽油车催化剂相比,国内在柴油车催化剂的技术发展上起步更晚,研发基础相对薄弱,更缺乏实际应用经验。经过研究单位和产业化单位的共同努力,国内已形成了具有自主知识产权的国产化"大尺寸催化剂载体—催化剂生产与封装—匹配控制技术与集成"这一完备的技术产业链。

同样由于国内环保执行不够严格,直接影响了国内 VOCs 催化净化技术的创新。与德国 Sud Chemie 公司和英国 Johnson Matthey 公司相比，国内生产的催化剂与国外产品并无显著的差别。但从催化剂制备所需的关键材料（如高性能的氧化铝等）、催化剂制备装置的自动化程度和精确控制等方面，国内与国外存在较大的差距。同时，国内 VOCs 催化燃烧催化剂的应用分类、抗杂质稳定性的评价、特殊有机物（如二噁英等）的催化燃烧等方面也存在较大的差距。对于天然气/甲烷的催化燃烧技术，国内虽已开展了大量的基础和应用基础研究，并在个别单位开展了应用示范，但由于政策和技术等方面原因，尚未获得大规模工业应用，但具有巨大的市场前景。

对于碳一化工、燃料电池等，国内虽有较大的进展，如在大尺寸固体氧化燃料电池的制备技术已取得了重大突破，但距离工业应用尚有较大的距离。

近几年，稀土储氢材料的研究主要集中在改善稀土储氢合金的性能及降低生产成本方面，研究手段主要是优化材料的组成、调控材料结构、采用表面处理技术、改进材料制造工艺等。国内外规模型企业的传统 LaNi$_5$ 储氢合金的生产技术、工艺水平和产品性能没有明显的差距。国内电动汽车动力电池用储氢合金粉的某些性能还有待改进，低自放电镍氢电池用 La—Mg—Ni 系储氢合金仍处于开发试验阶段。国外储氢合金技术的领先之处主要在于通过快速冷凝熔炼铸造工艺及热处理工艺控制相结构均一稳定性，通过合金粉后期表面处理得到低内阻、高活性表面的储氢合金负极材料。经过多年的发展，中国的研究机构和研究人员队伍不断壮大，已经具备研制各种稀土储氢材料的条件，研究范围明显大于国外，几乎把材料组成元素或有可能加入材料的元素以及元素的作用和含量都进行了不同程度的研究，发表研究论文数量遥遥领先，专利申请量也在稳步增加，但与国外相比仍然存在一定的差距，主要体现在以下几个方面：①科研和产品开发的独创性相对较少，缺乏稀土储氢材料产品的核心技术，多种类型的储氢合金产品成分处于日本、美国等发达国家的专利范围内；②储氢材料专利的主要申请人集中在高校和科研院所，而全球排名前十的专利主要申请人都来自日本的企业，表明中国专利技术产业化程度和集中化程度较低；③科研机构和企业之间的实质性合作研究工作较少，企业研发力量相对薄弱，科研成果的应用和产业化开发工作相对较弱。

目前，稀土发光材料的研究集中在高光效、高显色性照明用发光材料，新型显示用发光材料、生物荧光标记、荧光探测等领域。

在高显色白光 LED 用的红色氮化物发光材料中，美国专利（NO.7253446）报道的氮化物红色荧光粉 MAlSiN$_3$：Eu^{2+} [M=（Ca,Sr）] 发光效率是 YAG：Ce 的 155%，且温度特性好，150℃时亮度是室温的 86%；日本专利（2003—273409）报道了（Ca，Sr，Ba）$_2$Si$_5$N$_8$：Eu^{2+} 荧光材料，随着 Eu^{2+} 掺杂浓度的增加，该荧光粉的发光由橙光向红光转变。中国已能生产相关产品，但产品性能稍有差距。

在新型显示技术——有机电致发光（OLED）的二大技术体系中，低分子 OLED 技术为日本掌握，而高分子的 PLEDLG 手机的所谓 OEL 就是这个体系，技术及专利则由英国的科技公司 CDT 掌握，两者相比 PLED 产品的彩色化上仍有困难。低分子 OLED 则较易彩色化，目前三星等公司已经将其应用在手机等小型显示领域。中国也积极开展相关研究，已拥有一系列自主知识产权及相关生产制造工艺技术，在国内处于领先水平，目前已经在积极推动 OLED 关键技术自主创新及产业化工作，努力占据下一代平板显示技术的制高点。

早在 20 世纪 40 年代，美国的 Weissman 开始涉足稀土离子与有机配体的荧光性能及其分子内能量传递。在这 20 年后由于激光光谱的出现，人们对有关稀土化合物的光谱和光物理行为相继开展研究工作。Crosby 在 1966 年发表了有关稀土有机配合物发光现象的综述；1984 年，Horrock 和 Albin 发表了关于配位化学和生物化学领域的稀土发光现象的综述，并阐述了其在生物分子领域中的应用。目前，生物大分子的荧光标记技术在国际上（如芬兰 LKB 公司）已实用化，中国还在研发阶段。

与半导体激光器比上转换激光器具有转换效率高，激光阈值低，性能可靠。上转换激光器和光纤是这类材料研究热点。最早的激光输出是 1971 年在 Yb^{3+}/Ho^{3+} 和 Yb^{3+}/Er^{3+} 共掺的 BaY_2F_8 晶体中于 77K 低温下的绿光和红光。现在光纤激光器绝大多数可以在室温下输出，以氟化物光纤为主。德国的 Linos 公司于 2003 年推出了第一台商业蓝光氟化物光纤上转换激光器，其后多家公司如德国 Lumics 公司及美国 National laser 公司相继推出了蓝绿光上转换激光器。另外，上转换技术属静态体成像三维显示，最早由美国斯坦福大学和 IBM 公司 1994 年在 Pr^{3+} 激活的氟化物玻璃中共同研究成功，1996 年美国斯坦福大学研制成功第一台三维立体显示仪。这种显示方法肉眼就可以看到 360° 全方位可视的三维立体图像，可以显示经计算机处理的高速运动立体图像。目前还在研究阶段，在上转换材料选择制备，泵浦方案优化，扫描系统选择等方面做工作。

在大面积 YBCO 薄膜的研制上已经开展了较多的研究。德国慕尼黑技术大学采用多元共蒸发方法被公认为是目前最成功的制备方法。该方法已用于批量生产（Theva 公司）YBCO 双面薄膜。德国莱比锡（LeiPzig）大学采用 PLD 可翻面沉积 4 英寸双面 YBCO 薄膜，德国 FZK 采用对靶分别对两面同时沉积 3 英寸双面 YBCO 薄膜，美国杜邦采用离轴溅射（Off-axis）沉积、PLD 法可制备 3 英寸双面 YBCO 薄膜。中国北京有色金属研究总院和中科院物理所也都实现了 3 英寸双面薄膜的小批量制备，但重复性和稳定性都存在一定的问题。

国外近年来超导研究的主要经费都放在了第二代高温超导带材上面。美国国会在 2001 年批准了"加速涂层导体创新工程"（ACCI）计划，该计划主要强调了 Y 系高温超导带材的重要性，并制订了相应的电力工业长远规划，旨在推动高温超导在强电领域的发展、应用及产业化。美国第二代高温超导带材研发及产业化发展迅速，并成为世界领头羊。其中美国 SuperPower 公司截至 2009 年一直就是 Ic×L 值世界纪录的保持着，也是 IBAD+MOCVD 技术路线的代表；而美国超导公司（AMSC）成为 RABiTS+MOD 技术路线的代表，直到现在，也一直是世界上第二代高温超导带材出货量最大的公司。

国际上 2004 年即制备出百米级二代超导带材，而中国在 2011 年才有百米带材出现，在长带方面和国际上的差距甚大。但近几年，由于企业的介入和投入的加强，中国在二代带材方面的研发取得了重大进展。通过产学研结合，目前，国内已有多家研究所和公司制备出千米级第二代高温超导带材，临界电流都超过 200A/cm。绕制出第一个基于中国自己的二代带材的超导线圈，77K 下中心场强达到 0.5T。

从 21 世纪初至今，国际激光晶体发展的特征是：①生产规模迅速扩大，晶体尺寸不断增大，质量不断提高；②晶体元件由单一介质走向了复合结构；③激光晶体的研究由"人工合成晶体"转变到"晶体结构设计与性能调控"。在国内，多种激光晶体均实现了产品化，基于提拉法的中、小尺寸的 Nd：YAG 晶体和 Nd：YVO$_4$ 晶体更是实现了规模化生产。在新型激光晶体材料研发领域方面，开展了稀土掺杂碱土氟化物激光晶体的结构设计与性能调控，形成了以 Yb，Na：CaF$_2$、Nd，Y：CaF$_2$ 和 Nd，Y：SrF$_2$ 为代表的新型激光晶体，并在国内外重点大型激光工程中得到了应用。国内研制的 LYSO 晶体在尺寸和性能上已经达到国际先进水平，并研制出小动物 PET 用晶体阵列成像仪。研制出直径 98mm 和 Φ30mm×（30～45）μm 的超薄 Ce：YAG 闪烁晶体，并进一步研制出基于超薄 Ce：YAG 晶体的高分辨 X 射线探测器实现高分辨成像，图像质量与 CRYTUR 公司相比具有更好的对比度和更高的分辨率。国产 Yb：YAG 和 Yb：YAP 晶体中测得 400ps 左右的超快闪烁光，这是目前强脉冲辐射探测领域获得的最快闪烁信号。以 Yb 离子为掺杂剂生长出了余辉强度最低、发光效率最高的 CsI（Tl）闪烁晶体。CeCl$_3$ 和 CeF$_3$ 掺杂 LaBr$_3$ 晶体在降低晶体潮解性方面取得了积极的效果，且晶体尺寸和晶体性能达到了国际先进水平。用自行研制的微下拉法晶体生长炉生长出直径 3mm、长达 300mm 的 Nd：YAG 单晶光纤，填补了国内空白。

以综合改善强韧性为目标的稀土高强度钢方面，中国在关于稀土在钢中的作用机理研究取得了很大成绩，如稀土在钢液中的物理化学行为，存在形式，特别是晶界偏聚特征，稀土在钢中的微合金化作用等，达到国际先进水平。但近几年，中国稀土高强度钢的研究，严重落后于国外。以改善抗高温氧化性能为主要目标的稀土耐热钢方面，欧洲、美国、日本、澳大利亚都实现了稳定批量生产。代表性钢号是瑞典的 253MA 钢，稀土含量较高，为 0.03%～0.08%，稀土加入方法是保密的，西方国家年产量是 15 万 t。

国外成功地解决了大断面（壁厚≥120mm）球铁件中心部位的石墨畸变和组织疏松等问题，成功地制作了包括重达百吨的大型球墨铸铁核燃料储运器在内的各种重、大、特型球铁件。国外奥铁体球铁产量和应用领域迅速增加和扩大，它已广泛地应用于汽车、柴油机、拖拉机和工程机械的齿轮、曲轴和各种结构件。国外已采用先进的 ADI 专业热处理装备，组成专业热处理生产线（中心），使 ADI 生产控制更加精确方便、稳定可靠，产量迅速增加。中国应用高强度、高韧性的等温淬火球铁（ADI）的整体水平还是相对落后。国外为改善镁合金的耐热性，拓宽其在汽车上的应用范围，将稀土元素作为镁合金的添加剂，开发了稀土镁合金，特别是加入稀土元素后，镁合金可在 150℃下长时间使用。

20 世纪 80 年代，中国最先开发了 PVC 稀土热稳定剂，由于具有无毒、高效、多功能、价格适宜等优点，适用于软、硬质及透明与不透明的 PVC 制品，近年来已成为国内热稳定剂行业研究和发展的主流热点之一。稀土类热稳定剂主要包括资源丰富的轻稀土镧、铈、钕的有机弱酸盐和无机盐，可逐步取代传统热稳定剂及有机锡。通过红外线光谱分析证明，稀土元素具有形成配位络合物的能力，可大量吸收在 PVC 加工中放出的 HCl，能使 PVC 中大部分 Cl⁻（特别是使不稳定的烯丙基氯、叔氯原子）趋于稳定，从而起到对 PVC 的稳定作用。可能由于资源问题，至今尚未见国外有商品化稀土稳定剂问世。新型高效无害化稀土多功能稳定剂作为中国独具特色的无毒稳定剂，其市场需求前景十分广阔。

通过稀土配位、层孔吸附、酸碱中和等多种理念相结合可以构筑具有多元协同作用的新型稀土—水滑石类多功能复合稳定剂，通过主—客体稀土功能助剂的设计，实现助剂的多功能化特征，实现含铅（镉）稳定剂的全面替代，为中国 PVC 产业的绿色化提供技术支撑。

在稀土光学玻璃这个领域中，国内研究方向和研究水平与国际水平已经十分接近，专利申请量、科技成果和市场份额等差距在迅速缩小。国外企业对稀土光学玻璃的研究工作主要集中在配方、熔炼工艺方法及装置等领域，并申请了大量稀土（镧系）光学玻璃制造技术方面的专利，从提高玻璃性能、降低稀土原料引入量等稀土光学玻璃配方优化技术及配套工艺改进等方面入手开展深入研究，从而提高玻璃熔炼过程中稀土原材料有效利用率，以满足不同光学系统对折射率、阿贝数以及透过率等光学性能指标的要求；而国内企业则主要采取跟踪研发策略，通过积极开展专利引证分析、专利同族分析等研究工作，梳理出本领域的核心专利技术，开展专利侵权分析与绕道专利设计等工作，规避国外专利技术，在稀土光学玻璃核心制造领域打破国外专利技术壁垒，促进国内企业积极创建核心技术，开发更多拥有自主知识产权和较强竞争力的稀土光学玻璃产品。具体研究采取的方法包括对国际上光电材料著名制造商 SCHOTT、HOYA、OHARA 等公司的专利进行深入研究，找出不同的技术解决方案与路线，通过降低稀土元素引入量等方法，设计各种系列的稀土光学玻璃配方，提高稀土资源的有效利用；其次，对稀土光学玻璃关键技术如配方、工艺、熔炼及检测设备等，进行分题专利检索、分析、对比，形成专题数据库和分析报告，突破部分关键瓶颈技术，全方位提升国内研究与制造稀土光学玻璃的综合能力。

在稀土陶瓷领域，国内高等院校与研究所在基础研究方面取得了很大的进步，达到了国际领先水平，在各专业期刊上发表的学术论文数量和质量不断增长，但是在成品化和实用化方面仍然与国外存在着差距。以激光透明陶瓷为例，2006 年，国内刚刚实现了瓦级激光输出，而美国利弗莫尔国家实验室已经利用日本神岛化学公司提供的透明陶瓷板条进行热容激光实验，获得了 25kW 的激光输出，然后进一步获得了 37kW 的激光输出。另外，在倍半氧化物闪烁透明陶瓷方面，东芝公司已经在 CT 成像机开始了商业应用，而国内仍处于实验室研究阶段。因此国内在稀土陶瓷领域一方面仍需持续加大投入，维持乃至进一步提高当前基础研究与国际同步甚至部分领先的发展势头，另一方面必须鼓励并且更多支持产业化方面的研发工作，而这一方面的衡量标志就是自有知识产权，即专利和标准的建立，另外还必须重视生产工艺以及器件制造。总之，今后国内在稀土陶瓷领域，除了提倡搞好基础研究，以国际领先为目标，还必须提倡新材料和新生产工艺的研发，强调建立自有的知识产权，从而切实服务于中国的稀土经济战略规划。

四、发展趋势及展望

资源与环境问题是制约稀土行业发展的重大难题，提高稀土资源综合利用率、减少环境污染仍是中国稀土工业未来发展的永恒目标。本领域的重点将是利用在稀土冶炼分离领域中的优势地位，重点研发经济型的稀土资源高效清洁冶炼分离技术，注重从源头减少消耗和三废排放，化工原料和水资源的循环利用，实现污染物近零排放。中国稀土化合物材料下一步发展的重点是粉体材料的物理性能控制，解决产品粒度及分布、形貌、分散流动性能、比表面积、松装比重、晶型、晶相结构等可量化指标和不可量化指标的稳定控制问题。稀土火法冶炼研究发展趋势主要仍为低耗、高效、环境友好的新型冶炼工艺、短流程的生产技术和满足研发高性能稀土功能材料所需的超高纯稀土金属的低成本、智能化、规模化制备技术。

提高自主创新能力，重视知识产权保护，从稀土磁性材料制备的速凝工艺、低氧控制工艺、微结构调控工艺、低重稀土工艺、高丰度稀土平衡利用工艺以及相应的合金熔炼、破碎制粉及取向成型装备、成套检测及加工设备、新材料开发及产业应用等方面有计划的建立知识产权整体战略布局；国家的新一代永磁材料方案应包括：用于制造过程的新型永磁材料，提高稀土永磁材料性能和降低制造成本的新复合材料系统，用于预测空间和时间变化的建模和仿真工具等。重视稀土永磁材料的循环利用和可持续发展，形成相对完善的稀土永磁材料回收利用产业，更合理的利用好我们的稀土资源。将中国的稀土永磁材料的发展推上一个新的高度，从稀土永磁材料大国向具有国际影响力的稀土永磁材料强国迈进。

发展磁、力、电等多场制冷和耦合热效应研究，从多物理场下磁畴、相界面、晶界等尺度研究相变形核和长大机制。开展多激励条件下磁热材料的绝热温变动力学研究。从电子结构、应变层畸变能、体积效应、外延参数调控等方面理解和控制滞后。加强磁制冷材料粉末冶金（烧结和热压）研究，尤其是金属基复合材料和聚合物粘接等特殊工艺。积极开展适合磁热材料成型新技术，如注射成型、粉末轧制、3D打印等。

平面型稀土微波磁性材料相较于铁氧体材料的劣势是块体材料的电阻率太小（约 $1 \sim 10^2 \Omega \cdot cm$），解决这个困难的方法是采用近年来蓬勃发展的微粉（纳米）制备技术和粉末冶金技术，制备微米和亚微米量级磁粉复合材料，可以在保持其优异内禀磁性及高频微波磁性的前提下，极大地提升复合材料的电阻率，替代已经使用多年的铁氧体微波磁性材料，减少微波器件的体积和重量，同时使其性能得到提升。

稀土超磁致伸缩材料以其大磁致伸缩应变、高磁机械耦合系数、能量密度高、承载压力大、响应速度快、可靠性好、驱动方式简单等特点受到器件开发设计者的青睐，为精密驱动、重载驱动等驱动方式的实现提供了新的解决方案。目前该材料已经广泛应用于国防以及国民经济发展的诸多领域。今后，需要从器件设计的角度进行材料研发，改善稀土超磁致伸缩材料的非线性滞后、温度稳定性、多场耦合条件下的作用特性等性能，以期提高器件性能，进一步推广材料的使用。

随着对环境保护和新能源技术的日益重视，对以催化材料为核心的催化技术提出了更高的要求。如在原油日益重质化的前提下，如何生产出低烯烃和低硫含量的清洁汽油；开发可替代石油的能源利用新技术，以摆脱或减少对传统石油的依赖；煤层气和油田伴生气等轻质烷烃的高质利用；为机动车日益严格的排放法规提供高活性、高稳定性、低成本的尾气净化催化剂；大风量的挥发性有机物（VOCs）的净化技术，特别是含氯等杂原子的难降解、高毒性污染物的净化等；生物质的高效利用；CO_2 的利用等。而这些过程的突破，必须依靠高性能催化剂体系的开发。

同时由于在环境保护和能源化工领域所涉及的反应过程的复杂性，如在汽车尾气净化过程中同时涉及氧化、还原、重整等多个反应过程，在柴油车尾气净化中涉及固－气－固的多相催化反应；在 VOCs 净化过程中涉及大空速、低浓度、变工况等情况；生产清洁燃油的高效"分子炼油"技术；在发展非石油路线的碳一化工及生物质生产燃油过程中，涉及的多个化学反应和气－液－固三相催化反应等，对催化剂及应用技术也提出了更高的要求。这就需要进一步认识在复杂反应条件下，明确稀土对催化活性中心的修饰和调控机制，针对应用过程，充分发挥稀土的催化作用，开发多组分复合的、多种功能集成的催化剂体系，促进稀土催化材料和相关领域的技术创新和技术进步，并积极开拓稀土催化材料的应用领域。

稀土储氢材料是重要的能源储运和转换新材料，也是中国高丰度 La、Ce 稀土资源的主要应用领域之一。因此，继续推进稀土储氢材料的研究开发工作，提升技术水平，拓宽应用范围，对于促进中国能源结构的合理调整和资源平衡高效利用具有重要的现实意义。未来 5 年，稀土储氢材料应从以下几个方面发展：①进一步从理论方面探索材料组成、结构和性能之间的关系，系统总结试验结果和规律，研究材料应用中存在的主要问题并提出解决方案，指导和引领材料的开发应用工作；②突破电动汽车动力镍氢电池和低自放电镍氢电池用稀土储氢材料的关键技术，赶上发达国家的技术水平；③重点开发具有自主知识产权的稀土储氢材料新体系并实现产业化，积极开发材料制造的新技术、新工艺、新装备。为保障稀土储氢材料研发和产业化工作的顺利发展，应按照市场规则，结合体制、机制的改革，加强政、产、学、研、用的实质性合作工作。

近年来，蓝紫光 LED（405nm，395nm）及长波紫外光 LED 已取得长足的进展，成为白光 LED 另一种先进方案。今后，蓝紫光或长波紫外光 LED 的效率一旦突破，更先进的三基色白光 LED 可以实现。因为有许多高效的荧光粉可供选择，它们的发光效率比发黄光的 YAG:Ce 荧光粉高许多。

自从有机电致发光（OELD）成功地可实现新一代的平板显示器后，大大刺激人们的兴趣。国际上 OLED 显示器的发展在近两年来势迅猛，大有与液晶显示器（LCD）一争高低之势。

高效的有机或无机紫外 EL 材料，它可作为某些新技术发展的一个源头。新的高效荧光体将会出现新进展，使这些器件性能发展到新水平。

稀土上转换纳米发光材料、稀土有机和络合物荧光材料在太阳能的利用、生物成像、探测和传感器等领域中将获得广泛应用。

通过稀土发光材料在 30 多年所走过的道路不难看出，稀土发光材料已成为中国信息显示、照明工程、光电子等产业中的支柱材料。我们完全相信，它的发展以及它和其他领域高技术有机结合，可以创新和孕育出一些有知识产权的新技术和新产业。中国已有良好的科研和产业基础以及原材料保证，在国家大力支持下，总结成绩，找出差距，抓住历史机遇，无论从深度还是广度，稀土发光材料的发展进入一个新时期，它将为中国经济发展作出更大贡献。

由于 YBCO 薄膜的某些应用中需要将基片双面成膜以提高器件性能（如某些滤波器用 YBCO 作接地面，可降低 30% 的插损，所以 YBCO 双面薄膜当前成为了超导薄膜研究中的重点和热点。第二代高温超导带材未来能否真是实现产业化关键在于成本能否大幅降低，而降低成本的途径只有提高性价比和成品率以及新的低成本制备技术路线。自从 1986 年稀土氧化物超导体被发现，经过近 30 年来深入广泛的研究，其所制备的薄膜、带材、块体等都逐步走上了实际应用的阶段。近年来，随着稀土高温超导材料制备技术的进步和材料性能的提高以及成本的下降，将会极大地推动超导技术的应用。如果中国输电线路全部采用超导电缆，则每年可节约 400 亿元。超导线圈磁体可以将电机的磁场强度提高至 5T，这样超导发电机的单机发电容量比常规发电机提高 5 ~ 10 倍，而体积却减小 1/2，整机重量减轻 1/3，发电效率提高百分之五十。高场超导磁体在磁悬浮列车、磁分离装置、高能加速器、核聚变装置、磁性扫雷技术、磁共振成像、磁共振和磁流体推进等方面具有重要的应用价值。已证明具有超导滤波器子系统的 3G 移动通信系统可以在覆盖面积、容量、误码率、抗干扰能力及接受机功率等方面大幅度地改善 3G 系统原有的性能。未来，在移动通信领域具有潜在的应用前景。

稀土闪烁晶体的发展趋势是，稀土卤化物闪烁晶体与稀土氧化物闪烁晶体并驾齐驱向前发展；材料的结构正从单晶块体材料向多晶、薄膜、阵列和闪烁纤维方向发展；所探测的射线种类也从伽马射线和 X 射线扩展到对中子、质子和其他多种粒子共存的混合场探测；核医学和安全检测等新兴民用技术将取代高能物理成为驱动闪烁晶体材料发展的主要推动力。特别值得强调的是，许多世界一流的研发单位正从单一的材料制备扩展到探测器设计、加工、集成一体化的方向，这必将大大提高材料研发的针对性、有效性和先导性。

稀土作为特殊的炉外精炼剂，在特种钢生产中有重要作用。目前各钢铁公司充分发挥稀土既是优良的夹杂物变质剂，又具有强效的微合金元素的特点，来代替硅钙是最有前途的合金化方法。在稀土球墨铸铁领域，随着球化技术的进步，中国将越来越多地采用转包法、盖包法、喷镁法、喂丝法等新的球化处理工艺；重点加强钇基重稀土在厚大断面球铁中的应用技术研究。大力发展ADI和CADI在中国的应用；而超大型、大断面、复杂结构、高性能铸铁件的发展以及炉料的复杂化对稀土在铸铁中的应用提出了越来越高的要求，与其对应，高质量、成分稳定的铁水的熔炼、检测和控制技术、先进稳定的球化技术、蠕化和孕育技术是基础保障条件，应大力加强研究和配备。

目前镁合金的发展更加趋向于发展高温耐热高强镁合金，而稀土镁合金一般都具有较好的高温耐热性能，很多稀土镁合金也具有较高的强度，但是对于铸态镁合金，一般情况下其强度都在400MPa以下，而铸态稀土镁合金在很多领域内都有很大的潜在利用价值，因此，高强度高韧性镁合金的设计和开发已经成为当前乃至未来的一个重要研究发展方向。未来的发展主要集中在：①进一步研究稀土元素对镁合金的强韧化、耐腐蚀和抗蠕变的作用机制；②优化稀土镁合金系，研究多组元稀土元素对镁合金的复合强韧化作用，开发高强韧稀土镁合金系；③采用先进的合金制备工艺，通过改变压铸、快速凝固、深度塑性变形工艺以及形变热处理等手段，进一步提高稀土镁合金的性能；④开展稀土镁合金在氢动力汽车的储氢载体应用，急需解决循环稳定性差、吸放氢温度高、吸放氢速度慢等缺点；⑤开展医用稀土镁合金的研究，重点解决稀土镁合金作为生物医用材料的毒性评价，提高其强韧性和耐腐蚀性，提高其可控降解的能力。

目前光电产品正向着高像素、高清晰、微型化或大型化、高对比度、高亮度的方向发展，因此对光学成像材料提出了着色度、内透过率等许多新的要求。镧系光学玻璃尤其是 n_d1.95 以上的重镧火石系列玻璃，对光学一致性（2×10^{-5}），着色度（低于 390/410），条纹度（B级）等指标要求不断提高，重视降低制造成本（减少贵稀土原料用量）工作等。熔炼生产工艺不断革新。全铂连熔、二次熔炼、精密模压等新工艺迅速提升镧系玻璃产量与质量，产品性能极限不断被刷新。

发光透明陶瓷既是当前国内外瞩目的先进材料，也是今后高新稀土陶瓷材料的发展方向之一，比如激光透明陶瓷是发展固体激光器以及大功率激光光源/武器的关键，而闪烁透明陶瓷同安检反恐、医疗诊断和高能物理等应用密切相关；LED 透明陶瓷服务的白光 LED 是 21 世纪的绿色照明光源，已经被世界各国列入了国家发展战略规划，因此，稀土基发光透明陶瓷产业是当前及今后高新稀土材料产业以及新型稀土陶瓷材料发展的主流方向。

—— **参考文献** ——

［1］黄小卫. 中国稀土资源的高效提取与循环利用［R］. 北京：香山科学会议第 377 次学术讨论会，2012.

［2］中华人民共和国科学技术部. 稀土材料科技发展战略研究［R］. 2014.

［3］Liao C S, Wu S, Cheng F X, Wang S L, Liu Y, Zhang B, Yan C H. Clean separation technologies of rare earth resources in China［J］. Journal of Rare Earths, 31（4）:331–336.

［4］ 吴声，廖春生，严纯华. 含不同价态的多组份体系萃取平衡算法研究［J］. 中国稀土学报，2012, 30（2）：163-167.

［5］ Cheng F X,Wu S，Liao C S，et al. Adjacent stage impurity ratio in rare earth countercurrent extraction process ［J］. Journal of Rare Earths, 2013, 31（2）:169-173.

［6］ 王志坚，樊玉川，吴希桃，等. 从富集钪的原料中分离锆的方法及氧化钪的制备方法：中国，ZL201110099856.5［P］. 2013-04-17.

［7］ Huang X W，Long Z Q，Peng X L，et al. Use of Mg（HCO₃）₂ and/or Ca（HCO₃）₂ aqueous solution in metal extractive separation and purification: United States Patent，US 13/143772［P］.2011.

［8］ Feng Z Y，Huang X W，Liu H J，et al. Study on preparation and application of novel saponification agent for organic phase of rare earths extraction［J］. Journal of Rare Earths，2012，30（9）：903-908.

［9］ 甘肃稀土新材料股份有限公司. 甘肃稀土非皂化联动萃取项目通过鉴定［J］. 稀土信息，2012，（10）：24.

［10］ Sagawa M. Development and Prospect of the Nd-Fe-B Sintered Magnets, REPM'10 – Proceedings of the 21st Workshop on Rare-Earth Permanent Magnets and their Applications. 2010:183-186.

［11］ Une Y, Sagawa M. Enhancement of Coercivity of Nd-Fe-B Sintered Magnets by Grain Size Reducion［J］. Journal of the Japan Institute of Metals, 2012,76: 12-16.

［12］ 朱明刚，方以坤，李卫. 高性能 NdFeB 复合永磁材料微磁结构与矫顽力机制［J］. 中国材料进展，2013, 32：65-73.

［13］ Yue M, Zuo J H, Liu W Q, et al. Magnetic anisotropy in bulk nanocrystalline SmCo₅ permanent magnet prepared by hot deformation［J］. Jounal of Applied Physics, 2011, 109: 07A711.

［14］ Li H L, Lou L, et al. Simultaneously increasing the magnetization and coercivity of bulk nanocomposite magnets via severe plastic deformation［J］. Applied Physics Letters, 2013, 103: 142406.

［15］ Liu L D, Zhang S L, Zhang J, et al. Highly anisotropic SmCo₅ nanoflakes by surfactant-assisted ball milling at low temperature［J］. Journal of Magnetism and Magnetic Materials, 2015, 374:108-115.

［16］ Cui W B, Takahashi Y K, Hono K. Nd₂Fe₁₄B/FeCo Anisotropic Nanocomposite Films with a Large Maximum Energy Product［J］. Advanced Materials, 2012, 24: 6530.

［17］ Cui W B, Takahashi Y K, Hono K, Microstructure optimization to achieve high coercivity in anisotropic Nd-Fe-B thin films［J］. Acta Materialia, 2011, 59: 7768-7775.

［18］ Pecharsky V K, Gschneidner K A.Giant Magnetocaloriceffectin Gd5（Si2Ge2）［J］.Physical Review Letters,1997, 4494: 78.

［19］ Guo Z B, Du Y W, et al. Large magnetic entropy change in perovskite-type manganeseoxides［J］. Physical Review Letters,1997,1142: 78.

［20］ Hu F X, Shen B G, Sun J R. Magnetic entropy change in Ni51.5Mn22.7Ga25.8 Alloy［J］.AppliedPhysics Letters, 2000, 3460: 76.

［21］ Hu F X, Shen B G, et al. Influence of negative lattice expansion and metamagnetic transition on magnetic entropy change in the compound LaFe11.4Si1.6［J］. Applied Physics Letters, 2001, 3675: 78.

［22］ Shen B G, Sun J R, et al. Recent progress in exploring magnetocaloric materials［J］. Advanced Materials, 2009, 21: 4545-4564.

［23］ Nikitin S, et al. Giant elastocaloric effect in FeRh alloy［J］. PhysicsLetters A,1992（171）: 234.

［24］ Wada H and Tanabe Y, Giant magnetocaloric effect of MnAs₁₋ₓSbₓ［J］. Applied Physics Letters, 2001, 79: 3302.

［25］ Tegus O, Bruck E, et al. Transition-metal-based magnetic refrigerants for room-temperature application ［J］. Nature, 2002, 415: 150.

［26］ Bao L F, Hu F X, Chen L, et al.Magnetocaloric properties of La（Fe,Si）13-based material and its hydride prepared by industrial mischmetal［J］.Applied Physics Letters, 2012, 101: 162406.

［27］ Xue D S, Li F S, Fan X L, et al. Bianisotropy picture of higher permeability at higher frequencies［J］. Chinese Physics Letters, 2008, 25: 4120 .

［28］ Pang H, Qiao L, Li F S. Calculation of magnetocrystalline anisotropy energy in $NdCo_5$［J］. Physical Status Solidi B, 2009, 246: 1345 .

［29］ 张莎. Hcp-Co 基软磁材料磁晶各向异性的第一性原理计算及其高频磁性［D］. 兰州：兰州大学，2014.

［30］ Zuo W L, Qiao L, Chi X, et al. Complex permeability and microwave absorption properties of planar anisotropy Ce2Fe17N3-delta particles［J］. Journal of Alloys Compounds, 2011, 509: 6359.

［31］ Han R, Yi H B, Zuo W L, et al. Greatly enhanced permeability for planar anisotropy Ce2Fe17N3-deltacompound with rotational orientation in various external magnetic fields［J］. Journal of Magnetism and Magnetic Materials, 2012, 324: 2488.

［32］ Zuo W L, Ying L, Qiao L A, et al. High frequency magnetic properties of $Pr_2Fe_{17}N_3$-delta particles with planar anisotropy［J］. Physica B: Condensed Matter, 2010, 405: 4397 .

［33］ Li F S, Wen F S, Zhou D, et al, Microwave Magneic Propertiesof $Nd_2Fe_{17}N_{3-\delta}$ with Planar Anisotropy［J］.Chinese Physics Letters, 2008, 25: 1068 .

［34］ 伊海波. 平面型稀土金属间化合物微粉 / 石蜡复合材料的微波吸收性质［D］. 兰州：兰州大学，2010.

［35］ 左文亮，平面各向异性稀土铁基化合物微粉复合材料的微波磁性及微波吸收性质［D］. 兰州：兰州大学，2011.

［36］ 韩瑞. 易面各向异性磁粉复合材料微波吸收性能的研究［D］. 兰州：兰州大学，2013.

［37］ 池啸. 易面各向异性稀土金属间化合物磁粉的微波磁性研究.［D］. 兰州：兰州大学，2013.

［38］ Pascarelli S, Ruffoni M P, Trapananti A, et al. 4 f charge-density deformation and magnetostrictive bond strain observed in amorphous $TbFe_2$ by x-ray absorption spectroscopy［J］. Physical review B. 2010, 81（2）：020406.

［39］ Liu Y, Wang Q, Kazuhiko I, et al. Magnetic-field-dependent microstructure evolution and magnetic properties of $Tb_{0.27}Dy_{0.73}Fe_{1.95}$ alloy during solidification［J］. Journal of Magnetism and Magnetic Materials, 2014, 357: 18-23.

［40］ 江丽萍，赵增祺，吴双霞，等. 稀土中间合金制备稀土磁致伸缩材料的方法：中国，CN 1296505C［P］.2007-1-24.

［41］ 郭耘，卢冠忠. 稀土催化材料的研究及应用进展［J］. 中国稀土学报，2007, 25（1）：1-15.

［42］ 詹望成，郭耘，郭杨龙，龚学庆，王艳芹，卢冠忠. 稀土催化材料的制备、结构及催化性能［J］. 中国科学（化学），2012, 42（9）：1289-1307.

［43］ 于善青，田辉平，龙军. 国外低稀土含量流化催化裂化催化剂的研究进展［J］. 石油炼制与化工，2013, 44（8）：1-7.

［44］ 王斌，吴晓东，冉锐，司知蠢，翁端. 稀土在机动车尾气催化净化中的应用与研究进展［J］. 中国科学（化学），2012, 42（1）：1-13.

［45］ Cargnello M, Delgado Jaén J J, Hernández Garrido J C, et al. Exceptional Activity for Methane Combustion over Modular Pd@CeO₂ Subunits on Functionalized Al_2O_3［J］. Science, 2012, 337: 713-717.

［46］ Zhan W C, Guo Y, Gong X Q, et al. Current status and perspectives of rare earth catalytic materials and catalysis［J］. Chinese Journal of Catalysis, 35（8）,2014, 1238-1250.

［47］ 孙泰，肖方明，唐仁衡，等. 一种镍氢动力电池用含钐无错钕储氢合金：中国，CN201310702699.1［P］.2013-05-15.

［48］ Young K, Huang B, Ouchi T. Studies of Co, Al, and Mn Substitutions in $NdNi_5$ Metal Hydride Alloys［J］. Journal of Alloys Compounds, 2012, 543: 90-98.

［49］ Liu J J, Han S M, Li Y, et al. Effect of Crystal Transformation on Electrochemical Characteristics of La-Mg-Ni-based Alloys with A_2B_7-type Super-stacking Structures［J］. International Journal of Hydrogen Energy, 2013, 38（34）：14903-14911.

［50］ Takasaki T, Nishimura K, Saito M, et al. Cobalt-free Nickel-metal Hydride Battery for Industrial Applications［J］.

Journal of Alloys Compounds, 2013, 580（Suppl 1）：S378–S381.

［51］ 韩树民，沈文卓，刘晶晶，等．一种应用镍/聚吡咯改善储氢合金电化学性能的方法：中国，CN201410079958.4［P］．2014–07–02.

［52］ Kuang G Z, Li Y G, Ren F, et al. The Effect of Surface Modification of LaNi₅ Hydrogen Storage Alloy with CuCl on its Electrochemical Performances［J］. Journal of Alloys Compounds, 2014, 605: 51–55.

［53］ 张书成，罗永春，曾书平，等．镁含量对稀土–镁–镍系 A_2B_7 型储氢合金电极自放电性能的影响［J］．稀有金属，2013，37（4）：511–520.

［54］ 尚宏伟．稀土镁基 AB_2 型 $LaMgNi_4$ 系储氢合金电化学性能及气态储氢性能的研究［D］．包头：内蒙古科技大学，2013.

［55］ 简良．无镨钕 A_2B_7 型稀土镁基储氢合金的研究［D］．北京：北京有色金属研究总院，2014.

［56］ Tian X, Yun G H, Wang H Y. Preparation and Electrochemical Properties of La–Mg–Ni–based $La_{0.75}Mg_{0.25}Ni_{3.3}Co_{0.5}$ Multiphase Hydrogen Storage Alloy as Negative Material of Ni/MH Battery［J］. International Journal of Hydrogen Energy, 2014, 39（16）：8474–8481.

［57］ 洪广言．稀土发光材料——基础与应用［M］．北京：科学出版社，2011.

［58］ 刘荣辉，黄小卫，何华强，等．稀土发光材料技术和市场现状及展望［J］．中国稀土学报，2012，30（3）：265。

［59］ Hu Y S, Zhuang W D, He H Q, et al. High temperature stability of Eu^{2+}–activated nitride red phosphors［J］. Journal of Rare Earths, 2014, 32（1）：12–15.

［60］ Wei H B, Yu G, Zhao Z F, et al. Constructing lanthanide［Nd（III），Er（III）and Yb（III）］complexes using a tridentate N, N, O–ligand for near–infrared organic light–emitting diodes［J］. Dalton Transactions, 2013, 42（24）：8951–8960.

［61］ Anatoly P. Pushkarev, Vasily A. Ilichev, Alexander A. Maleev, et al. Electroluminescent properties of lanthanide pentafluorophenolates［J］. Journal of Materials Chemistry, 2014, 2（8）：1532–1538.

［62］ Ye H Q, Li Z, Peng Y, et al. Organo–erbium systems for optical amplification at telecommunications wavelengths［J］. Nature Materials, 2014, 13（4）：382–386.

［63］ Yu H H, Liu J H, Zhang H J, et al. Advances in Vanadate laser crystals at a lasing wavelength of 1 micrometer［J］. Laser & Photonics Review, 2014, 8（6）：847–864.

［64］ Sidletskiy O, Belsky A, Gektin A, et al. Structure–Property Correlations in a Ce–Doped（Lu,Gd）₂SiO₅:Ce Scintillator［J］. Crystal Growth & Design, 2012, 12: 4411–4416

［65］ 尹红，徐扬，李德辉，等．小动物 PET 成像用 LYSO 闪烁晶体阵列研究［J］．压电与声光，2014，36（3）：406.

［66］ Gerasymov I, Sidletskiy O, Neicheva S, et al., Growth of bulk gadolinium pyrosilicate, single crystals for scintillators［J］. Journal of Crystal Growth, 2011, 318（1）：805–808.

［67］ Wei H, Martin V, Lindsey A, et al. The scintillation properties of $CeBr_{3-x}Cl_x$ single crystals［J］. Journal of Luminescence, 2014, 156: 175–179.

［68］ Bizarri G, Bourret–Courchesne E D, Yan Z, et al. Scintillation and optical properties of $BaBrI:Eu^{2+}$ and $CsBa_2I_5:Eu$［J］. IEEE Transactions on Nuclear Science, 2011, 58:3403–3410.

［69］ 李春龙．稀土在钢中应用与研究新进展［J］．稀土，2013，34（3）：78–85.

［70］ 李言栋，刘承军，姜茂发．不同洁净度条件下253MA钢中夹杂物的析出行为［J］．东北大学学报，2014，35（11）：1552–1555.

［71］ Yang Q, Liu X J, Bu F Q, et al. First–principles phase stability and elastic properties of Al–La binary system intermetallic compounds［J］. Intermetallics，60, 92–97，2015

［72］ Yu Z J, Huang Y D, Qiu X, et al. Fabrication of magnesium alloy with high strength and heat–resistance by hot extrusion and ageing［J］. Materials Science and Engineering: A, 578, 346–353, 2015

［73］ 刘俊，刘少轩，高云龙，等. 聚乙烯吡咯烷酮与苯磺酸铈相互作用研究［J］. 光谱学与光谱分析，2013，33：1487–90.

［74］ Liu S X, Zhang C F, Liu Y H, et. al. Coordination between yttrium ions and amide groups of polyamide 6 and the crystalline behavior of polyamide 6/yttrium composites［J］. Journal of Molecular Structure［J］. 2012, 1021:63–69.

［75］ Li X P, Fan X K, Huang K, et al. Characterization of intermolecular interaction between two substances when one substance does not possess any characteristic peak［J］. Journal of Molecular Structure. 2014, 1069: 127–132.

［76］ Liu S X, Zhang C F, Proniewicz E, et al. Crystalline transition and morphology variation of polyamide 6/CaCl$_2$ composite during the decomplexation process［J］. Spectrochimica Acta Part A: Molecular and Biomolecular Spectroscopy 2013, 115: 783–788.

［77］ 贾志欣，郑德，周健，等，一种稀土配合物橡胶防老剂及其制备方法与应用：中国，CN201410217360.7［P］. 2014–05–21.

［78］ 根岸智明. 光学玻璃、压制成型用玻璃料和光学元件及其制造方法：中国，CN102745900A［P］. 2012–10–24.

［79］ 匡波. 光学玻璃：中国，CN103771706A［P］. 2014–05–07.

［80］ Fujiwara Y, Suu G, Zou X, Zou X L. Method for manufacturing optical glass elemen: 美国，US8826695B2［P］, 2014–09–09.

［81］ 潘裕柏，李江，姜本学. 先进光功能透明陶瓷［M］. 北京：科学出版社，2013.

［82］ Qin H, Jiang J, Jiang H, et al. Effect of composition deviation on the microstructure and luminescence properties of Nd:YAG ceramics［J］. CrystEngComm, 2014, 16（47）:10856–10862.

［83］ Fan J, Chen S, Jiang B, et al. Improvement of optical properties and suppression of second phase exsolution by doping fluorides in Y$_3$Al$_5$O$_{12}$ transparent ceramics［J］. Optical Materials Express, 2014, 4（9）:1800–1806.

［84］ Zhang L, Huang Z C, Pan W. High Transparency Nd: Y$_2$O$_3$ Ceramics Prepared with La$_2$O$_3$ and ZrO$_2$ Additives［J］. Journal of the American Ceramic Society, 2015, 98（3）:824–828.

［85］ Kuretake S, Tanaka N, Kintaka Y, et al. Nd–doped Ba（Zr, Mg,Ta）O$_3$ ceramics as laser materials［J］. Optical Materials, 2014, 36（3）:645–649.

［86］ Kallel T, Hassairi M A, Dammak M, et al. Spectra and energy levels of Yb^{3+} ions in CaF$_2$ transparent ceramics［J］. Journal of Alloys and Compounds, 2014, 584:261–268.

［87］ Lu B, Li J G, Suzuki T S, et al. Effects of Gd Substitution on Sintering and Optical Properties of Highly Transparent （Y$_{0.95-x}$Gd$_x$Eu$_{0.05}$）$_2$O$_3$ Ceramics［J］. Journal of the American Ceramic Society, 2015, 98（8）:2480–2487.

［88］ Hu C, Liu S, Fasoli M, et al. ESR and TSL study of hole and electron traps in LuAG:Ce, Mg ceramic scintillator［J］. Optical Materials, 2015, 45:252–257.

［89］ Zhang W J, Zhang J P, Wang Z, et al. Spectroscopic and structural characterization of transparent fluorogermanate glass ceramics with LaF$_3$:Tm^{3+} nanocrystals for optical amplifications［J］. Journal of Alloys and Compounds, 2015, 634:122–129.

［90］ Chen D Q, Wan Z Y, Zhou Y, et al. Tuning into blue and red luminescence in dual–phase nano–glass–ceramics［J］. Journal of Alloys and Compounds, 2015, 645:38–44.

撰稿人：赵栋梁　张志宏　肖方明　李永绣　黄小卫　朱明刚　胡凤霞

郭　耘　闫慧忠　洪广言　古宏伟　任国浩　孟　健　徐怡庄

李维民　潘裕柏　李　卫

专题报告

稀土冶炼分离技术研究

一、引言

稀土化学与冶金学科主要研究从稀土矿物原料到稀土化合物及金属材料整个过程中的化学与分离提纯的科学技术问题。经过几十年的不懈努力，中国稀土资源开发、稀土冶炼分离和超高纯稀土制备技术已居国际领先水平。针对中国稀土资源特点，中国的科技工作者研究开发了一系列具有自主知识产权的稀土资源高效冶炼分离工艺，并广泛应用于稀土工业生产，建立了较完整的工业体系，实现了从稀土资源大国到生产大国、出口大国及应用大国的跨越[1, 2]，为国民经济发展做出了重要的贡献。目前，中国稀土冶炼分离能力达到400000t-REO/a以上，稀土年产量为100000t-REO/a左右，占世界总产量的90%以上，其中80%左右的稀土产品在国内应用[3, 4]。

但近年来，稀土资源过度开采和环境污染等也成为阻碍行业发展的问题。2011年10月1日，由国家环保部颁布的《稀土工业污染物排放标准》（GB 26451–2011）正式开始实施，对稀土采选冶过程共提出了12项主要污染物排放限值，大部分均为一级排放限值。由于稀土冶炼分离过程酸碱等化工原料消耗高，产生大量的"三废"，单纯通过末端治理将给企业带来沉重负担，加之部分生产企业环保设施不健全，稀土冶炼分离企业面临较大的环保压力。同时，由于中国从2010年开始限制稀土出口，导致国际稀土开发和利用的竞争加剧，对稀土产品的国际市场产生一定的影响，正在挑战中国稀土的垄断地位，如日本科学家发现在太平洋深海底淤泥中含有大量的稀土资源，浓度为400 ~ 2230ppm，可开采量约是陆地的1000倍[5]，美国Molycorp公司，澳大利亚Lynas公司、Arafura资源公司等近年来相继重启了多个稀土分离项目。在稀土行业面临严峻的国际和国内大背景下，稀土冶炼分离技术的发展面临新的挑战，发展稀土绿色分离化学与冶炼分离工业应用技术是解决中国稀土资源高效利用和环境污染，巩固中国稀土国际地位的必经之路。

二、本学科领域近年的最新研究进展

（一）湿法冶炼分离技术

近5年来，在"973"计划、"863"计划、国家科技支撑计划和国家自然基金等项目支持下，稀土化学与湿法冶金学科得到了长足发展，取得了一些重要研究成果。

1. 新型萃取和分离体系基础研究

中科院上海有机所肖吉昌团队探索了微波合成二（2-乙基己基）磷酸的方法[6]，开发了原料廉价易得、反应效率高、具有规模化制备前景的新合成路线，为发展优于P_{507}和Cyanex272的新萃取剂分离重稀土新工艺打下了良好基础。

中科院长春应化所陈继团队系统研究了［A_{336}］［P_{507}］、［A_{336}］［P_{204}］和［A_{336}］［Cyanex272］类离子液体萃取剂从硫磷混酸中对Ce（IV）的萃取，有效与三价稀土和钍的分离[7]，发现该类离子液体萃取Ce（IV）的机理为内协同中性络合萃取机理，而不是阳离子交换机理，有望提供性能优良的四价铈萃取剂。

中科院长春应化所廖伍平和李德谦等系统研究和比较了Cyanex923添加P_{507}、P_{204}或Cyanex272混合萃取剂体系对Ce（IV）的萃取分离[8]，发现添加酸性磷萃取剂不仅提高了Ce（IV）的萃取效率，而且提高了Ce（IV）和Th（IV）的分离选择性，使Cyanex923萃取剂的用量降低了1/3，体系的萃取能力提升了25%以上，增强了基于四价铈萃取分离的氟碳铈矿清洁分离工艺的可操作性和经济性。系统研究了环芳烃磷酸衍生物和杂原子桥连衍生物对钍和稀土的分离及萃取的机理[9, 10]，指出该类萃取剂都对钍具有优异的萃取选择性，且能在较低的酸度下实现钍的高效萃取分离，具有较好的应用前景。

2. 萃取分离技术和工艺计算与优化实践

北京大学严纯华团队丰富和发展了复杂体系串级萃取理论及其应用[11]，解决了复杂体系联动萃取最小萃取量计算方法，建立多组分体系杂质梯度解析方法，通过极限条件下取消进料级组成假设，得到了多组分复杂分离体系的最小萃取量与最小洗涤量公式。通过对各段最小萃取量的分析，发现Pr/Nd、Ho/Y、Y/Er分离是南方离子吸附型稀土矿分离中决定化工试剂消耗的关键工段，P_{507}体系联动萃取超高纯全分离南方矿流程的最优萃取量为1.38（理论最小总萃取量1.2）。经模拟测算，新的原则流程酸碱消耗水平可较现行流程降低50%以上。联动萃取以及物料联动循环利用技术，有效地推动了南方矿绿色分离工艺的发展。

五矿（北京）稀土研究院廖春生等开发成功萃取法制备超高纯稀土氧化物新技术[12, 13]，将串级萃取理论应用于含不同价态的多组分体系，提出了联动萃取高纯化的工艺新思想，建立了联动萃取高纯化的工艺方程；针对超纯稀土，开发了高效混合和澄清萃取槽设备，在相同的澄清时间条件下，有机相中夹带水相的比例由0.1%～1%降低至0.01%～0.05%水平，大大提高设备的传质效率，减少稀土杂质的夹带干扰；开发了适用于超高纯稀土分离工艺的仿真与优化设计的软件程序，以提高工艺设计的效率和精确性；通过自动控制系统实现萃取分离过程的精确控制。最终实现了稀土杂质与非稀土杂质的有效控制，获得了5 种纯度达到 5N 以上的超高纯稀土氧化物，并在江西五矿稀土大华有限公司建成 100t/a 超纯稀土氧化物生产线，稳定生产出 5N 以上纯度的氧化镧、氧化钇、氧化铽、氧化镝和氧化钇等产品，其中非稀土杂质 $Fe_2O_3 < 1ppm$，$CaO < 5ppm$，$SiO_2 < 5ppm$。

湖南稀土金属材料研究院开发了一种制备相对纯度大于 5N，绝对纯度达到 4N 的高纯氧化钪的方法[14]，将钍从 0.05% 降到了 0.95ppm，锆从 0.2% 降到了 1.25ppm，目前已与美国 Bloom Energy 公司合作建立了高纯氧化钪生产线，并实现规模生产。

3. 稀土清洁分离技术开发

北京有色金属研究总院稀土材料国家工程研究中心黄小卫团队完成的"非皂化萃取分离稀土新工艺"获得 2012 年度国家科学技术发明奖二等奖。该成果利用酸性磷类萃取剂协同萃取技术、萃取过程酸平衡技术、稀土浓度梯度调控技术等，解决了稀土分离过程存在的氨氮废水污染问题，降低了生产和环保成本。

甘肃稀土新材料股份有限公司与北京有色金属研究总院、北京大学、五矿（北京）稀土研究院有限公司合作，将非皂化分组技术与联动萃取分离技术进行优化组合与创新，实现了跨 P_{507}/P_{204} 和硫酸—盐酸分离体系的非皂化联动萃取分离[15]，显著增强了工艺的技术经济性，同时从源头解决氨氮废水污染问题，大幅降低了化工原辅材料消耗，建成了 4000t/a 非皂化联动萃取分离生产线，可同时产出纯度大于 99.99% 的 $LaCl_3$、99.99% 的 $CeCl_3$、99.95% 的 $NdCl_3$ 等稀土产品，并实现达标排放。该项目获得 2013 年度中国有色金属工业科学技术奖一等奖。

北京有色金属研究总院黄小卫团队开发成功具有原创性低碳低盐无氨氮萃取分离技术[16-18]，以自然界丰富的廉价钙镁矿物为原料，利用稀土提取过程回收的 CO_2 进行连续碳化制备高纯碳酸氢镁溶液；开发成功碳酸氢镁溶液应用于稀土溶剂萃取分离提纯技术，消除了氨氮废水产生；将稀土萃取和沉淀焙烧过程产生的 CO_2 气体进行有效回收，应用于碳化制备碳酸氢镁溶液，实现了 CO_2 循环利用和低碳排放；萃取过程中产生的氯化镁废水有效转化为氢氧化镁，通过碳化制备成为碳酸氢镁溶液，实现镁的循环再利用和低盐排放，节省了高盐废水处理费用，运行成本大幅降低。该技术在江苏省国盛稀土有限公司改建 1 条年产 2000t 稀土氧化物萃取分离示范线，实现规模应用，稀土分离过程完全消除了氨氮废水污染，镁和二氧化碳回收利用率大于 90%，稀土萃取回收率达到 99.5% 以上，有机相负载稀土浓度大于 0.17mol/L；材料成本比氨皂化工艺降低 35% 左右，比液碱皂化工艺降低 50% 左右。开发的系列关键技术在美国、澳大利亚、越南、马来西亚等国家已经申请发明专利 8 项（已授权 3 项），申请国内发明专利 8 项（已授权 4 项）。该技术已被列入工信部《稀土行业清洁生产技术推行方案》加快推广技术和发改委《国家重点推广的低碳技术目录（第二批）》。目前正在中铝广西有色稀土开发有限公司、甘肃稀土新材料股份有限公司等企业实施。

东北大学吴文远团队开发了氯化稀土溶液直接热分解制备稀土氧化物关键技术[19, 20]，2013年，建立了10kg/h规模的氯化稀土溶液直接热分解稀土氧化物制备和盐酸回收中试装置，氧化铈收率＞99%，氯根含量＜0.5%，灼减率＜1.5%，水回用率90%，回收盐酸浓度达7.0mol/L。相比常规的湿法沉淀、煅烧方法，该工艺简单、制备过程无废水排放，并将盐酸回收利用。

南昌大学稀土与微纳功能材料研究中心李永绣团队测试和评估了龙南、安远和寻乌等地的典型尾矿（堆浸和原地浸矿）中铵和稀土残留量，掌握了原地浸矿工艺中的液体流向规律及其制约稀土浸出效率的机制[21]，提出了从尾矿中富集回收残余稀土和生态吸附尾矿的技术方案[22, 23]，并在赣州全南某矿山实施应用。开发了碳酸稀土连续皂化有机相技术[24, 25]，用于全南包钢晶环稀土的南北稀土组合萃取分离线，实现了工业化应用，分别降低酸、碱消耗30%和13%。提出草酸稀土沉淀废水高值化循环利用技术[26]，并实现了高盐废水（皂化和碳沉废水）转化制酸[27]和废水耦合处理等技术的工业化，实现草酸稀土沉淀废水中的酸、稀土、水循环利用；高盐废水转化成高纯盐酸和硫酸盐浸矿剂，实现了物质循环利用与节水减排目标，水循环率达到75%以上，盐循环利用率在85%以上，吨产品排水量降低到20t以下。

包头稀土矿冶炼分离方法研究始终是中国稀土工作者的关注焦点之一。发展基于碱法的冶炼分离技术是解决包头矿处理工艺污染的有效方法之一。包头稀土研究院许延辉等[28]发展的液碱连续焙烧分解综合提取技术，中科院长春应用化学研究所（以下简称长春应化所）陈继、邹丹和李德谦等[29]的氧化焙烧－碱法两步分解和Ce（Ⅲ）空气氧化新方法，以及过程工程研究所赵君梅和刘会洲等在碱法焙烧新设备等研究取得较大进展[30]。上述新技术提高了包头矿分解率，并综合回收稀土、钍、氟和磷资源。同时，对包头矿目前冶炼产生的放射性废渣无害化减量化处理技术开发也取得了较大的进展。包头稀土研究院崔建国和马莹等[31]针对包头稀土精矿浓硫酸高温焙烧工艺产生的放射性水浸渣进行研究，分离出水浸渣中的稀土、钍等有价元素。江苏丽港稀土实业有限公司与长春应化所合作开展稀土资源冶炼过程中的尾渣治理及综合利用，分离回收尾渣中的钍以及稀土，解决尾渣的放射性污染。长春应化所李德谦、王艳良和廖伍平等[32]发展了一种特效的钍萃取剂N501，制得了纯度＞99.99%钍样品，为中国的钍基熔盐堆（TMSR）建设所需的核纯钍制备提供优质的原材料。源头防治与末端治理方法的结合是目前全面解决稀土资源综合利用和环境污染的有效办法，为稀土冶炼分离产业升级提供了重要的技术支撑。

4. 新型稀土冶炼分离装备开发

稀土萃取分离核心设备萃取装备对分离工业操作具有重大作用，中国科研工作者对萃取槽混合室、澄清室以及密闭萃取系统进行了研究和工业化验证，取得了显著成效，其中：

大型混合澄清萃取装备开发。甘肃稀土新材料股份有限公司在稀土行业内首次研制成功混合室体积达8m³的PVC材质大型混合澄清萃取槽，有机相和水相搅拌混合均匀、槽体设备结构稳定、运行过程槽体无共振以及澄清室两相快速分相，从关键装备方面支持了工艺的稳定运行。

双搅拌新型高效澄清分离萃取槽开发。针对传统混合澄清萃取槽澄清室中分离速率慢而导致的室体积大、效率低的问题，东北大学张廷安团队设计开发出搅拌混合 – 搅拌强化澄清的双搅拌新型高效澄清分离萃取槽[33、34]，利用搅拌对水油相间包裹的破碎作用以及连续相和分散相在离心 – 重力场耦合作用下的取向差异，提高萃取过程水相与有机相的分离效率，达到高效分离、减小萃取槽体积的目的。研究发现，双搅拌萃取槽具有良好的澄清分离效果，澄清室与混合室体积比小于 1.5 的情况下，油中水含量平均值 0.62%、水中油含量平均值 0.06%，远低于传统混合澄清萃取槽的对应值。该技术在稀土工业中的推广应用，可以有效减少澄清室体积和稀土存槽量，提高生产效率。

新型离心萃取装备研发。包头市世博稀土冶金有限责任公司将自主知识产权的离心萃取器成功应用于包头矿轻稀土萃取分离，实现产业化[35]。该离心萃取生产线与箱式槽生产线相比，主要特点是：大幅提高搅拌强度，因而传质效率高、处理能力大、生产效率高；同等生产量的前提下，萃取剂用量减少、产品压槽量小；设备结构紧凑，占地面积小；萃取剂的水溶损失与常规比较显著减小；萃取平衡时间短，开停车对生产影响小；生产体系全封闭，无稀释剂挥发损失，减少消耗，生产环境大为改善；易于实现自动化。

（二）火法冶炼分离技术

稀土金属及其合金是制备高性能稀土磁性功能材料、储氢材料以及国防军工等高技术材料必不可少的基础原料[36]。中国单一稀土金属及合金年产量达到 3 万吨（t）以上，供应量占世界总量的 90% 以上。近 5 年的研究进展主要体现在高附加值金属制备和绿色高效冶金技术研发领域，装备水平均获较大提升。

1.超高纯稀土金属制备装备及提纯技术

超高纯稀土金属是揭示材料本征性质、开发高端功能材料的关键原料，巨磁熵变室温磁制冷材料、特殊性能超导材料、激光晶体、闪烁晶体材料的出现等均与稀土金属纯度关联密切。"十二五"期间，中国在稀土金属提纯领域已取得长足进步。

北京有色金属研究总院和北京大学结合 EMBA 和 LiBS–OPA 等检测手段，对纯化过程中敏感杂质去除迁移规律、不同纯化阶段下的存在形式和分布进行了深入研究，为高纯度稀土金属高效制备开发提供了基础理论依据，特别是基于对 Gd 中气体杂质迁移规律的研究，成功开发了外吸气法，获得了氧含量低于 20ppm 的金属 Gd。

北京有色金属研究总院开展了超高纯稀土金属制备技术研究并取得重大突破，丰富和完善了工程化的稀土金属提纯手段；通过集成创新开发出 3 条超高纯稀土金属高效制备和提纯工程化技术，设计开发了多台套超高真空和高真空的稀土金属提纯装备，其中真空度好于 10^{-7}Pa 的超高真空装备有超高真空蒸馏炉、区域熔炼和复合磁场固态电迁移炉（最大磁感应强度为 1T）等专用提纯装备，获得 13 种以上绝对纯度大于 4N 的超高纯稀土金属[37-42]（包括 C、S、N、O 气体在内的 70 多种杂质总含量小于 100ppm）。

2. 新型节能环保熔盐电解制备稀土金属及合金技术及装备

氟盐体系氧化物熔盐电解是最主要的火法冶炼技术，每年超过 90% 的稀土金属及合金产量采用熔盐电解工艺生产，中国现有的上插式阴极电解技术槽压远高于理论值，电能利用率低、氟化物单耗高、污染大，自动化水平低，技术提升空间很大。

北京有色金属研究总院、江西南方稀土高技术股份有限公司和东北大学，成功地将下阴极电解技术引入到稀土熔盐电解，建立了计算机数值模拟、水力学物理模拟与电解试验相结合开发电解槽的新方法[43]，有效缩短电解槽槽型结构的设计时间，成功开发出 10kA 新型节能环保下阴极稀土熔盐电解槽[44]，并开发了新焙烧启动工艺、SiC 自焙烧结防渗技术、侧壁结壳技术[45]等配套技术，以及稀土电解智能控制系统及自动加料装置，实现氧化物自动加料，打破了经验式手工加料的模式。运行表明：新型下电解槽的节能减排效果显著，稀土金属电耗降至 5.89kW·h/kg-REM，降低了 46.45%，能量利用率由传统电解槽的 14% 提高到 33.79%；氟化物消耗由 100kg/t-REM 降低至 49.63kg/t-REM，降低了 50.37%；阳极消耗由 250kg/t-REM 降至 166.58kg/t-REM，降低 33.37%，电效和金属收率分别达到 80.15% 和 95.14%。

三、国内外研究进展比较

（一）湿法冶炼分离技术

1. 传统稀土冶炼分离和污染治理技术

目前，中国在稀土湿法冶炼分离工艺技术优势明显，围绕包头混合型稀土矿、氟碳铈矿、南方离子吸附型稀土矿和伴生独居石矿，形成了特色湿法冶炼分离生产工艺[46]。稀土产品目前年产量占世界稀土生产总量的 90% 以上，单一稀土产品纯度也从 2 ~ 3N 为主发展到以 2 ~ 5N 为主，可以根据市场的需求生产 2 ~ 5N 的单一稀土氧化物和稀土盐类，而稀土盐类则包括碳酸稀土、氯化稀土、氟化稀土、硝酸稀土以及其他稀土盐类等。

由于稀土元素化学性质相近，相邻元素分离系数小，分离提纯难度大，萃取分离过程中酸碱消耗量大，产生大量含氨氮、高盐废水等，处理难度大。部分企业采用蒸发结晶、气提法等末端处理均存在能耗高、运行费用高、一次性投资大、处理效果不佳等问题。为此，近年中国重点主要开展了大量从源头解决为主的绿色分离提纯技术研究，如模糊萃取技术[47]、联动萃取技术[48]、钙皂化[49]、非皂化萃取分离技术等[50-54]，使酸碱材料消耗，氨氮和盐排放量大幅度减少，而稀土萃取分离效率、产品纯度和回收率得到提高。

近年来，为了保护稀土资源，减少环境污染，中国出台了一系列政策和管理规定，稀土价格大幅度提升，引起了美国和日本等主要稀土消费国的"恐慌"，国际上掀起了稀土资源开发热潮，停产的国外企业纷纷恢复或扩大生产，并启动一大批稀土资源勘探、开采项目。美国 TMR 公司的研究报告显示：在中国之外在建和规划建设的稀土项目主要集中在美洲（包括南、北美洲）、欧洲和非洲，共有 37 个国家和地区总计 261 家公司的 429 个稀土项目；其中，美国、澳大利亚、巴西等 13 个国家的 38 个项目进展较快，比较有代表性的项目包括美国 Molycorp 公司在凤凰城冶炼项目和澳大利亚 Lynas 公司在马来西亚的冶炼项目。

其中：美国 Molycorp 公司于 2011 年开始扩建稀土生产线，第一阶段产能将达到 19050t-REO/a，其中废水引入零排放概念，只使用盐酸和液碱进行稀土冶炼分离，同时配套建立一个回收 NaCl 废水的工厂，通过电解氯化钠获取生产所需的盐酸和液碱，但含放射性废渣依然采用集中堆放；澳大利亚 Lynas 公司将从澳大利亚韦尔德山稀土矿选矿获得稀土精矿出口至马来西亚关丹市的新材料厂进行冶炼分离，2012 年 10 月年产 1.1 万 t 稀土氧化物的一期工程投产。该厂采用的是高温硫酸化焙烧工艺，是中国硫酸法处理包头混合型稀土矿工艺的翻版。

总体来看，近 10 多年来，国外在冶炼分离工艺方面的研究投入相应很少，缺乏冶炼分离方面的人才队伍和开发能力，相关技术主要从中国寻求。国外对环保的要求普遍高于中国，其特征污染物氨氮、氟化物等的排放限值远低于中国标准。而且，国外稀土冶炼分离企业主要以末端治理为主。环保投资比中国高 10 倍以上，因此，国外的稀土冶炼分离企业生产运行成本高，短期内不具有竞争优势。

2. 稀土化合物制备技术

20 世纪 80 年代末开始，国外稀土企业将大量的研究投入放在特殊稀土化合物材料上，掌握着大量稀土化合物材料高端市场的核心知识产权，主要针对稀土下游应用（重点包括稀土发光、催化、陶瓷、抛光等领域），开发出多品种、小批量的高纯及特殊物性稀土化合物产品。

日本是全球第二大的稀土消费国，稀土原料全部依赖进口，日本的稀土应用技术水平高，开展包括荧光粉前驱体钇铕共淀物、高性能液晶抛光粉以及电子所需的小粒度或大比表面稀土氧化物等产品的研究、开发和生产，以赚取高额利润，在这些领域一直处于领先地位。

法国国内没有稀土资源，全部依靠进口，但拥有世界上最大的稀土分离加工企业之一——罗地亚电子与催化材料公司（现归属比利时索尔维公司）。近年来，拉罗歇尔厂的主要稀土分离已转移到中国生产，其经营重点转向汽车催化剂、荧光粉、抛光粉、MLCC 多层陶瓷电容器及特种颜料用稀土氧化物。

近年来，中国在稀土化合物材料制备领域的研究有所加强，在绿色合成技术方面取得较大进展，形成多项绿色合成的核心专利。目前与国外发达国家的主要差距体现在材料的基础研究和创新能力、规模化稳定合成工艺、生产装备和应用性能测试等方面，一是关键化合物材料的原始配方专利主要由国外掌握；二是高端稀土化合物材料制备工艺和设备控制水平低，产品批量稳定差。

（二）火法冶炼分离技术

1.超高纯稀土金属制备装备及提纯技术

国外在超高纯稀土金属制备方面的研究始于20世纪60年代，主要研究机构有美国的Ames实验室、英国的伯明翰大学、俄罗斯科学院的固体物理研究所、日本东京大学等，其中Ames实验室的研究最具代表性，该实验室在90年代已掌握了大部分4N级稀土金属的制备技术，其组建的材料制备中心（MPC），现阶段更侧重于利用超纯稀土金属作为原料开发高性能功能材料。

与国外相比，中国的稀土金属的提纯技术起步较晚，主要研究单位有北京有色金属研究院、湖南稀土金属材料研究院、包头稀土研究院和内蒙古大学等，经过"十五"和"十二五"两个关键5年计划，超高纯稀土金属制备技术取得重大突破，成功获得10多种4N级稀土金属，装备水平也得到了较大提升，正迅速赶超国外水平。但目前开发的设备生产规模小，工艺流程长，一种金属要经过多次或多种方法进行提纯，能耗及成本高，有待于进一步开发高效低成本规模制备技术和专用提纯装备。

2.熔盐电解稀土金属及合金制备技术

稀土金属的熔盐电解研究始于1875年。20世纪40～60年代末，美国矿物局Ames实验室开发了氟盐体系氧化物电解法，奠定了熔盐电解工艺方法的产业化基础。1975年，美国在氟盐体系进行了20kA槽型制备混合稀土金属的工业试验；70年代末，日本三德金属也用同规模槽型实现了混合稀土金属和金属钕的规模生产。

20世纪80年代以来，中国逐渐成为世界稀土金属及其合金最大的生产国，引领了稀土熔盐电解产业化技术进步，主要经历了从氯化物体系电解到氟化物体系电解，3kA小规模电解槽到25kA电解槽的转变，产品质量也在不断提升，而国外在此领域的生产和研发上基本处于停滞。

四、学科发展趋势与展望

（一）高效清洁稀土冶炼分离技术开发

近10多年来，随着对环境保护的重视，中国主要针对原有稀土冶炼分离中存在的化工材料消耗高、资源综合利用率低、三废污染严重等问题，开发了一系列高效、清洁环保的冶炼分离工艺，强调从源头降低三废污染，提高资源综合利用率，通过从生产过程和末端治理相结合，减少消耗和排放、降低成本。主要包括：模糊萃取/联动萃取新工艺，非皂化或镁（钙）皂化清洁萃取分离技术，包头混合型稀土精矿硫酸焙烧尾气资源化利用技术，氟碳铈矿稀土、钍、氟综合回收绿色冶炼分离技术[55-57]。重点体现为国内相关专利申请数量大幅度增加，特别是在稀土资源绿色高效提取、清洁生产技术方面获得了一些原创性专利，并同时申报了PCT国际专利，保证了中国稀土分离技术在世界上居于领先地位。

离子吸附型稀土矿原地浸出技术受地质条件的制约存在不可控性，已经产生了严重的资源浪费和环境污染问题。针对原地浸矿存在的问题开展系统的基础及工程化应用研究日趋迫切，尤其是从地质地球化学的角度来研究资源勘探和开采技术设计新方法；以环境工程模式要求研究堆浸技术、开发新型浸取剂及低浓度稀土高效富集技术。未来的生产应该是在环境工程模式下的原地浸出和堆浸联用绿色开采技术。

近几年，稀土行业开展环保整顿和核查，对于促进企业环保技术进步起到了很好的作用，但大部分企业采用末端治理方式，三废处理成本高，有些企业仍存在不达标现象。另外，环保标准污染物限值不尽合理，例如，氨氮指标太严而钠钙镁等盐含量没有限制，氨氮难以达标，而盐对环境的影响没有引起重视。因此，建议对废水中氨氮和总盐含量进行合理限定。

资源与环境问题是制约稀土行业发展的重大难题，提高稀土资源综合利用率、减少环境污染仍是中国稀土工业未来发展的永恒目标。本领域的重点将是利用在稀土冶炼分离领域中的优势地位，重点研发经济型的稀土资源高效清洁冶炼分离技术，注重从源头减少消耗和三废排放，化工原料和水资源的循环利用，实现污染物近零排放。

（二）高价值特殊物性稀土化合物功能材料开发

稀土化合物材料下一步发展的重点是粉体材料的物理性能控制，解决产品粒度及分布、形貌、分散流动性能、比表面积、松装比重、晶型、晶相结构等可量化指标和不可量化指标的稳定在线控制问题，重点突破关键化合物材料的原始配方专利，实现高端稀土化合物材料批量稳定制备，主要将开展稀土化合物材料的高值化、功能化，以及制备技术的绿色化、智能化以及材料制备与分离提纯一体化技术研究。

（三）稀土金属及其合金节能环保制备技术

氟化物稀土熔盐电解是当今稀土火法冶炼的主流工艺，国外重启稀土金属冶炼生产，将更加注重环境保护要求，着重改进和优化现有工艺；国内生产规模发展至万安级，甚至个别企业单槽容量已达到 25kA，在规模上和技术上都已较为成熟，研究发展趋势主要仍为低耗、高效、环境友好的新型冶炼工艺、短流程的生产技术和满足研发高性能稀土功能材料所需的高纯稀土金属制备技术，具体主要包括：大型节能环保、高度自动化型的稀土熔盐电解技术（包括中重稀土合金、变价稀土金属及其合金制备技术），稀土熔盐相关物化性质的研究，高纯稀土金属本特征性质研究及稀土杂质元素对新材料功能的影响，低温熔盐（如离子液体）电解制备稀土金属及合金新技术，稀土金属的高效、低成本和深度提纯技术（复合磁场固态电迁移技术、悬浮区域熔炼技术、电解精炼技术等），熔盐电解废弃物、稀土资源回收利用技术和直接熔盐电解固态稀土氧化物工艺等。

—— 参考文献 ——

[1] 黄小卫，李红卫，王彩凤，等. 中国稀土工业发展现状及进展［J］. 稀有金属，2007，31（3）：279-288.

[2] 黄小卫，张永奇，李红卫. 中国稀土资源的开发利用现状与发展趋势［J］. 中国科学基金，2011，（3）：134-137.

[3] 黄小卫. 中国稀土资源的高效提取与循环利用［R］. 北京：香山科学会议第 377 次学术讨论会，2012.

[4] 中华人民共和国科学技术部. 稀土材料科技发展战略研究［R］. 2014.

[5] Kato Y, Fujinaga K, Nakamura K. Deep-sea mud in the Pacific Ocean as a potential resource for rare-earth elements［J］. Nature Geoscience, 2011, 4（8）：535-539.

[6] 肖吉昌，马恒励，毛婷婷，等. 一种烃基膦酸单烷基酯的合成方法. 中国，201310046778.1［P］. 2013.

[7] Zhang L，Chen J，Jin W Q，et al. Extraction mechanism of cerium（IV）in H_2SO_4/H_3PO_4 system using bifunctional ionic liquid extractants［J］. Journal of Rare Earths，2013，31（12）：1195-1120.

[8] Tong H，Wang Y L，Liao W P，Li D Q. Synergistic extraction of Ce（IV）and Th（IV）with mixtures of Cyanex 923 and organophosphorus acids in sulfuric acid media［J］. Separation And Purification Technology，2013，118：487-491.

[9] Lu Y C，Bi Y F，Bai Y，Liao W P. Extraction and separation of thorium and rare earths from nitrate medium with p-phosphorylated calixarene［J］. Journal of Chemical Technology and Biotechnology，2013，88（10）：1836-1840.

[10] 孙玉丽，尚庆坤，王小飞，等. 磺酰基桥连杯［4］芳烃萃取分离钍与稀土［J］. 中国稀土学报，2013，31（5）：582-587.

[11] Liao C S，Wu S，Cheng F X，Wang S L，Liu Y，Zhang B，Yan C H. Clean separation technologies of rare earth resources in China［J］. Journal of Rare Earths，31（4）：331-336.

[12] 吴声，廖春生，严纯华. 含不同价态的多组份体系萃取平衡算法研究［J］. 中国稀土学报，2012，30（2）：163-167.

[13] Cheng F X,Wu S,Liao C S,Yan C H. Adjacent stage impurity ratio in rare earth countercurrent extraction process［J］. Journal of Rare Earths, 2013, 31（2）：169-173.

[14] 王志坚，樊玉川，吴希桃，李孝良，刘荣丽. 从富集钪的原料中分离锆的方法及氧化钪的制备方法. 中国，201110099856.5［P］，2011.

[15] 黄小卫，龙志奇，彭新林，等. 碳酸氢镁或/和碳酸氢钙水溶液在金属萃取分离提纯过程中的应用：中国，201080000551.8［P］，2010.

[16] Huang X W，Long Z Q，Peng X L，et al. Use of Mg（HCO_3）$_2$ and/or Ca（HCO_3）$_2$ aqueous solution in metal extractive separation and purification：United States Patent，US 13/143772［P］. 2011.

[17] Feng Z Y，Huang X W，Liu H J，et al. Study on preparation and application of novel saponification agent for organic phase of rare earths extraction［J］. Journal of Rare Earths，2012，30（9）：903-908.

[18] 甘肃稀土新材料股份有限公司. 甘肃稀土非皂化联动萃取项目通过鉴定［J］. 稀土信息，2012，（10）：24.

[19] 吴文远，边雪. 一种含助剂稀土氯化物溶液喷雾热解的方法：中国，201210190297.3［P］. 2012.

[20] 吴文远，边雪. 一步喷雾热分解制备实心球状稀土氧化物的方法：中国，201310244647.4［P］. 2013.

[21] 李永绣，侯潇，许秋华，等. 离子吸附型稀土矿层渗透性和稀土收率的确定方法：中国，201410837124.5［P］. 2014.

[22] 蔡奇英，刘以珍，管毕财，等. 南方离子型稀土矿的环境问题及生态重建途径［J］. 国土与自然资源研

究，2013，（5）：52-54.

［23］陈熙，蔡奇英，余祥单，等. 赣南离子型稀土矿山环境因子垂直分布 - 以龙南矿山为例［J］. 稀土，2015，36（1）：23-28.

［24］宋丽莎，符裕，王悦，等. 稀土皂化 P507 - 煤油有机相的制备及相关反应［J］. 稀土，2014，35（4）：6-12.

［25］李永绣，宋丽莎，刘艳珠，等. 酸性络合萃取有机相的稀土皂化方法. 中国，ZL 201210552467.8［P］. 2012.

［26］李永绣，谢爱玲，王悦，等. 草酸稀土沉淀母液处理回收方法. 中国，ZL 201210532309.6［P］. 2012.

［27］周新木，张丽，李青强，李永绣. 稀土分离高铵氮废水综合回收与利用研究［J］. 稀土，2014，35（5）：7-11.

［28］许延辉，孟志军，刘海娇，等. 一种混合稀土精矿液碱焙烧分解提取工艺. 中国，201010145840.9［P］. 2010-03-12.

［29］陈继，邹丹，李德谦，等. 一种分解包头稀土矿的工艺方法. 中国，201310018072.4［P］. 2013-01-17.

［30］邢慧芳，赵君梅，杨良嵘，等. 一种防结圈焙烧回转炉及焙烧方法. 中国，201110397763.0［P］. 2011-12-02.

［31］崔建国，马莹，张春新，等. 一种对稀土酸法工艺废渣中稀土、钍和铁的回收方法. 中国，201310074514.7［P］. 2013-03-08.

［32］李德谦，王艳良，廖伍平. 一种钍的纯化方法：中国，201110074345.8［P］. 2011-03-25.

［33］张廷安，刘燕，赵秋月，等. 一种澄清分离萃取槽：中国，201210363200.4［P］. 2012-09-26.

［34］刘燕，张廷安，赵秋月，等. 双搅拌高效澄清萃取槽的因次分析［J］. 东北大学学报，2013，34（3）：395-398.

［35］包头"世博稀土"自主研发新型离心萃取机［J］. 稀土信息，2010，（1）：21.

［36］颜世宏，李宗安，赵斌，等. 中国稀土金属产业现状及其发展前景［J］. 稀土，2005，26（2）：81-86.

［37］Zhang Z Q, Wang Z Q, Chen D H, et al. Purification of praseodymium to 4N5+ purity［J］. Vacuum, 2014,（102）：67-71.

［38］Zhang X W, Miao R Y, Chen D H, et al. Numerical simulation of temperature field in vacuum sublimation of rare earth metals Tm（I）：model foundation and validation［J］. Journal of Rare Earths, 2013, 31（2）：180-185.

［39］成维，黄美松，王志坚，等. 钙热还原法制备高纯金属镧的研究［J］. 矿冶工程，2013，33（3）：104-109.

［40］庞思明，陈德宏，李宗安，等. 真空蒸馏法制备高纯金属钕的理论和工艺研究［J］. 中国稀土学报，2013，31（1）：14-19.

［41］Zhang Z Q, Wang Z Q, Miao R Y, et al. Purification of yttrium to 4N5+ purity［J］. Vacuum, 2014,（107）：77-82.

［42］黄美松，成维，杨露辉，等. 高纯金属镱的制备工艺研究［J］. 矿冶工程，2013，33（6）：94-96.

［43］王军，孙树臣，张作良，等. 10 kA 底部阴极稀土熔盐电解槽温度场的模拟［J］. 稀土，2013，34（6）：35-38.

［44］李宗安，颜世宏，陈德宏，等. 侧插潜没式下阴极稀土熔盐电解槽：中国，201120285758.6［P］. 2011-08-08.

［45］陈德宏，李宗安，王志强，等. 稀土熔盐电解用干式防渗料的研究［J］. 有色金属（冶炼部分），2014，（2）：43-46.

［46］徐光宪. 稀土［M］. 北京：冶金工业出版社. 1995.

［47］邓佐国，徐廷华. 离子型稀土萃取分离工艺技术现状及发展方向［J］. 有色金属科学与工程，2012，3（4）:20-23.

［48］严纯华，吴声，廖春生，等. 稀土分离理论及其实践的新进展［J］. 无机化学学报，2008，24（8）：1200-1205.

［49］ 杨新华，陈冬英，刘柏禄，等．一种稀土分离用萃取剂的在线皂化与除 Ca²⁺ 的方法：中国，201010617820.7［P］. 2010-12-31.

［50］ 黄小卫，李红卫，龙志奇，等．一种有机萃取剂的预萃取方法、产品及其应用．中国，200710187954.8［P］. 2007-11-16.

［51］ Huang X W, Li J N, Long Z Q, et al. Synergistic extraction of rare earth by mixtures of 2-ethylhexyl phosphoric acid mono-2-ethylhexyl ester and di-（2-ethylhexyl）phosphoric acid from sulfuric acid medium［J］. Journal of Rare Earths, 2008, 26（3）: 410-413.

［52］ Wang L S, Huang X W, Yu Y, et al. Kinetics of rare earth pre-loading with 2-ethylhexyl phosphoric acid mono 2-ethylhexyl ester［HEH（EHP）］using rare earth carbonates［J］. Separation and Purification Technology, 2014, 122: 490-494.

［53］ Wang L S, Huang X W, Yu Y, et al. Eliminating ammonia emissions during rare earth separation through control of equilibrium acidity in a HEH（EHP）-Cl system［J］.Green Chemistry, 2013, 15（7）: 1889-1894.

［54］ Xiao Y F, Long Z Q, Huang X W, et al. Study on non-saponification extraction process for rare earth separation［J］. Journal of Rare Earths, 2013, 31（5）: 512-516.

［55］ Wang L S, Yu Y, Huang X W, et al. Toward greener comprehensive utilization of bastnaesite: Simultaneous recovery of cerium, fluorine, and thorium from bastnaesite leach liquor using HEH（EHP）［J］. Chemical Engineering Journal, 2013, 215-216: 162-167.

［56］ Wang L S, Wang C M, Yu Y, et al. Recovery of fluorine from bastnasite as synthetic cryolite by product［J］. Journal of Hazardous Materials, 2012, 209-210: 77-83.

［57］ Zhang Z F, Guo F Q, Meng S L, et al. Simultaneous recovery of cerium and fluorine from bastnaesite leach liquor by mixtures of Cyanex 923 and HEH（EHP）［J］. Industrial & Engineering Chemistry Research, 2010, 49（13）: 6184-6188.

撰稿人：黄小卫　龙志奇　王良士　李宗安　王志强　冯宗玉　徐　旸

稀土永磁材料研究

一、引言

稀土永磁材料已成为中国稀土应用领域中发展最快和最大产业，2014 年中国烧结钕铁硼磁体的产量达到 13.5 万 t，约为全球的 4/5，中国已成为全球最大的稀土永磁生产基地，同时也是重要的稀土永磁应用市场。稀土永磁材料在应用基础研究方面完成了多项国家级项目，在高性能烧结磁体永磁材料的产业化关键技术突破方面取得了多项核心自主知识产权，材料的综合性能稳中有升，具备了生产高牌号烧结钕铁硼磁体的能力，产品的部分性能达到世界先进水平。近年来，稀土永磁在块体材料、纳米颗粒、磁性薄膜和稀土磁体回收技术方面取得了很大的进步。在稀土永磁产业技术的发展方面，将紧密围绕低碳经济产业需求及"稀土永磁材料及应用器件"整个产业链的均衡发展，以稀土资源的高效平衡利用和引领中国稀土永磁产业关键技术升级为核心，通过产业规划及政策引导，完善技术开发和风险投资机制，加快新型稀土永磁材料产业培育及发展，促进产学研用一条龙的产业发展模式。

二、本学科领域近年的最新研究进展

（一）稀土永磁磁体

1. 高性能稀土永磁开发技术

从 20 世纪 60 年代发现第一代稀土永磁材料以来，已经先后经历了 $SmCo_5$、Sm_2Co_{17} 以及 $Nd_2Fe_{14}B$ 三代稀土永磁体的发展，代表磁体性能的最大磁能积（BH）$_{max}$ 从 20MGOe 提升到报道的（日本）最高达 59.6MGOe。并逐渐发展出制备烧结稀土永磁体的传统粉末冶金工艺，以及制备粘结稀土永磁体的熔体快淬工艺。前者具有优异的磁性能以及接近全密度的磁体结构在永磁电机领域获得了广泛的应用，而后者以其近终成型的特性也具有重要的应用。

在"十五"至"十二五"期间，通过国家"863"项目的实施，中国钢研科技集团有限公司、北京中科三环高技术股份有限公司、宁波韵升股份有限公司、烟台正海磁性材料股份有限公司等多家企业和研究院所，针对千吨级高性能钕铁硼生产线中存在的共性问题，在企业的积极参与和不懈努力下，高性能烧结钕铁硼突破了"双合金""速凝工艺＋双（永磁）主相"、细粉制备、自动成型、连续烧结、低氧工艺、晶界扩散、表面防护等关键工艺技术，使中国高性能烧结钕铁硼永磁材料的产业化水平基本与日本、德国相当，处于国际先进水平。在这期间中国钢研科技集团有限公司研究并获得了稀土永磁母合金速凝带的单织构控制和磁体的微观组织控制技术，改善速凝带的织构和取向度。提出了"SC（速凝铸带）+HD"、"双合金+HD"、非平衡偏析结晶控制、双（永磁）主相以及合金颗粒大小与织构控制、超细粉利用等系统生产技术，和国内稀土永磁优势单位一起，推动了中国产业整体水平的提升。目前，多家企业新建或改建的烧结钕铁硼生产线批量产品性能已达到（BH）$_{max}$（$MGOe$）+ H_{cj}（kOe）> 70，与国外处于同一水平；高性能、低重稀土镝铽添加技术，使 N50、45M、38H 等高牌号磁体的镝添加量降低 50% 以上，大大降低了生产成本，更重要的是节约了稀土矿产资源。中国稀土永磁材料产品已开始进入新的高端应用领域，如风电、变频家电、永磁电机等。

为获得高本征抗蚀性以及低重稀土高矫顽力钕铁硼新材料，浙江大学、浙江英洛华磁业有限公司和宁波科宁达工业有限公司等提出了"钕铁硼晶界组织重构及低成本高性能磁体生产关键技术"，设计并合成新晶界相，取代传统生产工艺中自然形成的晶界富钕相，为获得具有不同性能特点的钕铁硼晶界相提供了技术途径，该项目获 2013 年度国家技术发明奖二等奖。研发的新材料蚀性大幅提高，韧性明显改善，实现了钕铁硼磁体边界类型的多样性。

2013 年，由中国钢研科技集团有限公司主持、由北京中科三环高技术股份有限公司、宁波永久磁业有限公司等单位参加的国家科技部"863"计划新材料技术领域重大项目"先进稀土材料制备及应用技术"中课题"高性能烧结稀土永磁体产业化制备及应用技术"在北京顺利通过验收。课题通过速凝带组织控制、低氧控制、微结构调控以及压型和烧结等关键技术的集成应用，新改建 6 条烧结稀土永磁材料生产线，年产能超过 6000t；研究了超高性能的钕铁硼磁体的制备技术；提出并成功开发了双（硬磁）主相磁体制备的专利技术，以产业化推广应用。另外，通过工艺技术的改进，完成了钐钴磁体设计、合成、制备和后处理一体化研究，建立了钐钴磁体的中试生产线。课题的实施提升了高磁能积、高矫顽力、高服役稳定性烧结钕铁硼稀土永磁体产业的整体技术水平，实现了在新能源汽车、风力发电、节能家电等方面的广泛应用[1]。

同年，由中国钢研科技集团有限公司主持，北京中科三环高技术股份有限公司、宁波韵升股份有限公司、烟台正海磁性材料股份有限公司、中国科学院宁波材料技术与工程研究所参加的"组织调控超强稀土永磁材料工程化技术及应用"项目，获得了中国钢铁工业协会、中国金属学会冶金科学技术奖一等奖和"北京市科学技术奖一等奖"。2014年12月"稀土永磁产业技术升级与集成创新"项目获得国家科技进步奖二等奖。项目针对信息、能源、空间、生物、环保等高技术领域的关键材料－超强稀土永磁材料的总体水平和影响其长远发展的技术难题，自主创新，开发了"双主相合金"工艺、组织调控和热压／热流变纳米晶磁体制备技术等 28 项发明专利，已授权的 16 项发明专利在"组织调控超高性能稀土永磁材料、工程化制备及应用技术"中起到关键作用。掌握了综合性能（BH）$_{max}$（MGOe）+H$_{cj}$（kOe）大于 70、高使用温度磁体、热压纳米晶磁体以及特殊用途稀土永磁体工程化的核心技术，实验室水平综合性能（BH）$_{max}$+H$_{cj}$ 大于 75。自主创新技术不低于总体技术的 90%。产品在"神舟"飞船、"天宫一号"工程等高技术领域成功使用，受到航天科技集团公司及相关部门的感谢和表彰。项目在高性能磁性机理和新型 Ce 永磁材料探索方面也取得突破，新型 Ce 永磁材料的研究成功将重塑应用量最大的中、低端稀土永磁市场。

在各向异性粘结稀土永磁材料研究方面，北京大学、北京有色金属研究总院等单位，重点研究和开发了各向异性 R-Fe-N（R=Nd，Sm）和 R-Fe-B（R=Nd，Pr）粘结永磁材料，阐明了间隙原子效应提高 R-Fe 材料磁性的物理根源，提出了制备无缺陷单晶颗粒型各向异性永磁 R-Fe-N 磁粉的技术路线，开发出了高性能各向异性 R-Fe-N 磁性材料和磁体的产业化关键技术和设备，并建成了百吨级生产线。发现了织构型 HDDR（Hydrogenation-Disproportionation-Desorption- Recombination）Nd-Fe-B 永磁粉形成的关键机制及其实现高矫顽力的方法，成功实现高性能 HDDR（Pr，Nd）$_2$Fe$_{14}$B 磁粉和高温度稳定性磁粉的稳定制备。研究了单相磁体和杂化磁体制备技术，制备了高性能的各向异性粘结磁体，为未来实现各向异性磁体大规模的生产进行了积极的探索。

2. 低（无）重稀土永磁材料

由于 NdFeB 磁体的居里温度只有 315℃，这极大地限制了其在高温环境（如作为电动汽车的永磁电机则要求其矫顽力大于 30kOe 中的应用，因此国内外的研究机构均致力于提高 NdFeB 磁体的高温稳定性。其中一个非常重要的手段就是通过添加重稀土 Dy、Tb 等，但一方面重稀土 Dy、Tb 等元素的 4f 原子磁矩与 Fe 元素的 3d 电子自旋磁矩是反向平行排列，属亚铁磁性耦合，导致磁能积降低；另一方面自然界中重稀土的丰度远低于轻稀土，价格昂贵，必然引起永磁电机成本的提高，因此如何降低重稀土含量或者制备无重稀土高温磁体引起了研究人员的重视。

中国在通过晶界扩散、细化晶粒、双液相和添加稀土氢化物等工艺方面进行了大量研究工作，许多研究院所、大学和企业，采用不同技术方法，使镝进入主相和晶界相的界面层，通过取代钕的晶位，增强硬磁性，抑制反磁化畴形核。并通过对磁体微观组织结构的控制，降低磁体的不可逆损失，改善退磁曲线的方形度，获得低温度系数。实验室已经气流磨粉粒度降低至 2μm 左右，磁体晶粒度为 5 ~ 6μm，使重稀土含量降低，同时，明显降低矫顽力温度系数。

　　日本的 Sagawa 等[2, 3]最近发展出了无压处理（pressless process，PLP）的工艺，通过将气流磨制备的 1μm 左右的磁粉经过该工艺后，制备出矫顽力为 16.84kOe，而磁能积仍保持 50MGOe 的无 Dy 钕铁硼磁体，相当于降低了同类磁体 20%～30% 的重稀土用量。最近日本的学者提出了渗 Dy 工艺[4-6]，通过在烧结 NdFeB 磁体表面溅射、包覆或者真空蒸镀 Dy 元素，以及通过双合金工艺中加入 1.5μm 的 Dy-Fe 合金等方法作为 Dy 源，来控制 Dy 在 NdFeB 磁体表面晶界的扩散，从而在不显著影响剩磁的情况下，将磁体的矫顽力提高了 3700～6300Oe。在 Dy 用量只有 8% 左右时，可得到矫顽力达 30kOe 的 NdFeB 磁体。

3. 高强韧稀土永磁材料

　　在不明显降低磁体磁性能的前提下，为改善磁体的强韧性，采用了双相合金工艺。通过大量实验，发现微量添加晶界合金，并适当调整 B 含量，可大幅度提高烧结 NdFeB 的抗弯强度，而不降低其磁性能。烧结 Nd-Fe-B 磁体的抗弯强度和断裂韧性在平行和垂直于取向方向存在较强各向异性。研究发现烧结 Nd-Fe-B 磁体在烧结过程中存在较强的收缩各向异性，阐明烧结 Nd-Fe-B 材料的断裂行为各向异性及其机理。

　　我们系统研究了永磁材料力学特性，通过改变回火工艺控制富稀土相分布，研制出高强韧性 NdFeB 磁体，具有优异的抗过载性能，其力学强度大于 400MPa，认为富钕相择优分布是导致磁体力学强度各向异性的原因之一。

　　研究发现，当 Nd 含量在（14.65～22.07）at% 内，烧结钕铁硼磁体抗冲击性能随 Nd 含量的增加而线性增加，说明磁体抗冲击性能与塑性相含量线性相关。轻稀土元素 Pr 取代降低了烧结 R-Fe-B 的抗冲击性能，重稀土元素 Dy 取代提高了烧结 R-Fe-B 的抗冲击性能。维氏硬度和抗冲击性能对比表明：二者间存在较好的相关性。

4. 稀土钴基永磁材料

　　在航天航空器件的应用中，对永磁材料的使用温度和温度稳定性的性能指针要求不断提高，如要求 NdFeB 和 SmCo 磁体的最高使用温度分别大于 200℃ 和 450℃，现有材料均无法满足这一使用要求。长期以来，美国、德国等一些发达国家投入了大量资金对提高磁体的使用高温以及稀土永磁材料的稳定性、可靠性进行了深入的研究。

　　研究了钐钴合金在高温时间时效处理后，磁性能和微观组织结构的变化情况[7]。在高温条件下长时间时效，钐钴合金的矫顽力由最初的 29kOe 降低到 10kOe 左右。微观组织结构分析表明：钐钴合金经常长时间高温时效后，胞状组织结构并未破坏，矫顽力的降低与胞壁 1:5 相和胞内 2:17 相的界面结构变化有关。此外，通过透射电镜观察，研究了钐钴合金中孪晶的形成机制，高温磁体选用 $Sm(Co_{bal}Fe_yCu_xZr_y)_z$ 合金系统，通过改变材料的 Fe 含金量来控制材料的矫顽力温度系数，通过探讨固溶热处理工艺对 $Sm_{0.76}Dy_{0.1}Er_{0.14}(Co_{bal}Fe_{0.22}Cu_{0.08}Zr_{0.025})_{7.22}$ 合金结构和磁性能的影响，认为合金固溶中间态具有的准单相 1:7 结构是磁体获得高矫顽力的主要原因。

　　近年来，研究者对于高 Fe 含量 $Sm(Co, Fe, Cu, Zr)_z$ 磁体的微结构及其所导致的不良影响的研究显示，通过热处理工艺的优化和额外增加热处理环节可以优化磁体的磁性能。Yosuke Horiuchi 等人[8]对 Sm（$Co_{bal}Fe_{0.35}Cu_{0.06}Zr_{0.018}$）$_{7.8}$ 磁体的固溶工艺进行了研究，认为适当的固溶温度能优化淬火态合金的相组成，从而提高磁体的剩磁和内禀矫顽力。Yosuke Horiuchi 的报道中采用的制粉工艺为湿法球磨工艺，由于湿法球磨工艺，为一种开放式的制粉方式，不利于控制磁粉中的氧含量。而对于高速气流粉碎技术（气流磨）（气流是在管道内循环使用，其氧含量可控）已被广泛用于高性能 NdFeB 磁体的研制和量产。钢铁研究总院早在 2007 年即开展了钐钴磁体的高速气流粉碎技术研究，在气流磨制备钐钴磁粉具备了一定的研究经验和取得了系列成果，制得了综合磁性能 [$(BH)_{max}+H_{cj}$] 达到 63.23 的 Sm_2Co_{17} 基烧结永磁体[9, 10]。

美国 EEC 公司开发了一种具有低成本的方法，从钐钴磁体的工业废料中研制实用的磁体，经过表面清洁后的钐钴废料经过感应熔炼、破碎、球磨或气流磨得到 3 ~ 4μm 的磁粉，为补偿废料中的 Sm 含量，添加一定比例的富 Sm 磁粉，混合后的磁粉经过成型、烧结、热处理后的磁体的剩磁 B_r = 10.52–10.61kG，内禀矫顽力 $H_{ci} \geq 28.52$kOe，H_k = 15.79–17.59kOe，最大磁能积（BH）$_{max}$ = 26.25–26.54MGOe，磁体具有较好的机械性能和温度特性。

（二）纳米晶稀土永磁块体

从应用的角度讲，纳米结构永磁材料需要实现致密化（即制备成大块磁体）才能具有更为广泛的实用价值。然而其亚稳态的微结构（高温晶粒尺寸迅速长大）对此提出了挑战。令人欣慰的是，近年来出现的多种纳米材料快速致密化新技术使全致密纳米晶稀土永磁块状磁体的制备成为可能。与此同时，研究者开发了通过热形变和自组装等方法实现纳米晶磁体的磁各向异性化。从而使纳米晶稀土永磁块状磁体的研发和应用取得了显著的进步。

熔体快淬法以及由此发展起来的热压 / 热流变工艺，被认为是实现高性能各向异性纳米晶 Nd–Fe–B 磁体的有效手段之一，近来也引起了研究者的重视。钢铁研究总院提出了不同于传统"扩散 – 蠕变模型"的热流变磁体各向异性形成机理，认为，由于 $Nd_2Fe_{14}B$ 晶体弹性模量与晶体生长的各向异性，$Nd_2Fe_{14}B$ 快淬磁粉经过热压 / 热流变工艺，在强烈剪切变形的作用下，使 $Nd_2Fe_{14}B$ 晶体通过晶面滑移、晶粒的转动和择优生长，使热压磁体形成了各向异性织构。最近，他们通过合金成分调整、制备关键工艺参数优化，制备出了磁性能优异的纳米晶 $Nd_2Fe_{14}B$ 永磁体及磁性器件[11-15]。其中，研制的各向异性纳米晶钕铁硼永磁经中国计量科学研究院测量，最大磁能积达到了 53.67MGOe，这是经由第三方权威专业测试机构测试给出的纳米晶永磁体的最高性能。在此基础上开发的高性能纳米晶永磁辐射取向磁环已经成功应用于中国航天工程及国防领域，显著提高了相应器件的性能水平。在产业化方面，国外方面，日本大同电子公司采用相同方法开发的商用钕铁硼纳米晶辐射磁环的商用产品的磁能积最高达到 43MGOe[16]。

科技部组织专家组到宁波金鸡钕铁硼强磁材料有限公司，对中科院宁波材料技术与工程研究所等单位承担的国家"863"重大项目课题"热压稀土永磁体规模化制备关键技术"进行了现场技术验收。"热压稀土永磁体规模化制备关键技术"课题是由中科院宁波材料所主持，中科院宁波材料所、钢铁研究总院、宁波金鸡强磁有限公司、中科院沈阳金属所、浙江大学、北京工业大学等6家单位共同承担的国家"863"重大项目课题。课题组成功地解决了热流变磁体的均匀性和开裂问题，大幅提高了磁体的磁能积以及制备效率，在此基础上完成了合同规定的四大类磁体的17项性能指标，建立了年产10万件辐射取向永磁环的产业化示范线。

关于纳米晶钐钴永磁各向异性化和高性能化的研究也在近期取得突破性进展。2011年，北京工业大学首次采用大形变率（＞85%）的热压/热流变方法，制备出具有强烈磁各向异性的$SmCo_5$纳米晶永磁体，其磁能积较各向同性的热压磁体提高了176%[17]。随后，美国特拉华大学也获得了类似的结果，从而验证了该方法的有效性[18]。此后北京工业大学采用EBSD技术和五参数法研究了热流变$SmCo_5$纳米晶永磁体的显微组织和晶体织构，发现磁体内部的$SmCo_5$纳米晶粒及其晶界均具有择优取向，从而为揭示磁体热流变织构的形成机理提供了关键支撑[19]。

（软、硬磁）双相复合纳米晶稀土永磁块状磁体的研究在近年来也取得了较好进展，主要体现在一些新技术的应用。燕山大学以贫Nd的钕铁硼非晶合金为原料，通过大形变率的热流变技术制备出全致密各向异性 $\alpha-Fe/Nd_2Fe_{14}B$ 双相复合纳米晶磁体[20]。美国得克萨斯大学采用高能球磨和温压工艺，制备出各向同性的纳米晶 $Nd_2Fe_{14}B/\alpha-$（Fe，Co）和 $SmCo_5/\alpha-Fe$ 复合磁体，其室温下的磁能积分别达到21MGOe和19MGOe，明显高于相同条件下制备的单相磁体[21, 22]。北京工业大学基于放电等离子烧结技术，开发出两种制备全致密各向异性双相复合 $SmCo_5/\alpha-Fe$ 纳米晶磁体的新技术。第一种是以高能球磨的 $SmCo_5$ 非晶粉末和超声化学的Fe纳米颗粒为原料，通过热压/热流变方法制备磁体[23]。第二种是首先采用表面活性剂辅助球磨法制备各向异性 $SmCo_5$ 纳米片，然后将超声化学制备的Fe纳米颗粒均匀包覆在 $SmCo_5$ 纳米片表面，将复合粉末在磁场下取向、压型，并通过快速热压的方法将之致密化[24]。采用上述两种方法制备的纳米晶磁体中硬磁相 $SmCo_5$ 均形成一定程度的磁单易轴织构，磁体因此具有明显的磁各向异性。上述新方法为研制磁能积超过 $Nd_2Fe_{14}B$、$SmCo_5$ 等单相稀土永磁的新磁体提供了有益的探索和思路。

（三）稀土永磁颗粒

2007年，美国得克萨斯大学提出了"表面活性剂辅助高能球磨技术"，并借此制备出粒度可调的 $SmCo_5$ 纳米颗粒[25]。这是一种以"自上而下"方式将微米级的颗粒破碎至纳米颗粒的纳米颗粒制备新技术。随后，多个研究组采用这种方法制备了多种成分体系的稀土永磁纳米颗粒，开辟了一条制备稀土永磁纳米颗粒的有效途径。此后，美国特

拉华大学以 $SmCo_5$[26-28] 和 $Nd_2Fe_{14}B$[29, 30] 合金的铸锭为原料，采用上述方法制备出了厚度为 10～100nm，直径为亚微米到微米的片状颗粒，并将之命名为纳米片。在优化的制备工艺下，这种纳米片材料兼具强烈磁各向异性和高矫顽力（最高 17.7kOe），显示出优异的永磁特性。北京工业大学针对多种成分的稀土铁基和钴基永磁纳米片及纳米颗粒开展了制备与表征研究[24, 31-35]，不仅制备出磁性能优异的纳米片材料，还在 30nm 左右的 TbFeB 纳米颗粒中获得了超过 10kOe 的矫顽力，为目前该尺寸范围稀土永磁纳米颗粒的最高值。中科院宁波材料所发展了低温（＜ –80℃）表面活性剂辅助球磨制备稀土永磁纳米颗粒，发现低温有利于纳米颗粒形成量提高，所制备颗粒的矫顽力也有大幅度提高[36]。

另外，采用"自下而上"的化学合成方式制备纳米颗粒是一种常用的方法。但是稀土合金的化学活性高，易氧化，因此采用这种方法制备稀土永磁纳米颗粒的研究报道较少。近期，北京大学采用 $Sm[Co(CN)_6]\cdot 4H_2O@GO$ 核壳结构作为反应前驱体，通过 Ca 辅助的高温热还原反应，得到单畴 $SmCo_5@Co$ 复合型纳米颗粒，其平均粒径为 200nm，该复合颗粒具有 20.7kOe 的矫顽力，82emu/g（1emu/g=10A）的饱和磁化强度及 62emu/g 的剩磁，磁体的最大磁能积达到 10MGOe，显示出一定的应用前景。该方法还可以制备单畴 $SmCo_5@Sm_2Co_{17}$ 复合颗粒，并调控 Sm_2Co_{17} 在磁体中的含量，进而控制其磁性能。上述研究开辟了稀土永磁纳米颗粒制备的新途径[37]。

（四）稀土永磁薄膜

近年来，微机电系统（micro-electro-mechanical system，MEMS）在军工及医学、电子和航空航天等民用高技术领域得到广泛的应用。作为磁性微机电系统的核心器件，永磁薄膜的研究受到广泛的关注。出于提高薄膜的磁性能以实现减少其厚度的原因，国内外研究者普遍把具有优异磁性能的稀土永磁薄膜作为研究目标，通过各种方法提高稀土永磁薄膜的磁性能关键指标如矫顽力和磁能积，以期优化其实用性。

目前稀土永磁薄膜材料的研究中居于主导地位的是各向异性双相复合纳米永磁薄膜。这类材料由于具有超过单相稀土永磁薄膜的磁能积而受到关注。2012 年，中科院金属所首次提出在双相复合永磁薄膜的硬磁相和软磁相之间插入一层非磁性金属隔层如钼、铬等。隔层不仅有效抑制了两个磁性相层之间的互扩散，而且可以通过后续的退火达到抑制两相晶粒长大，修饰晶粒边界的效果[38, 39]。通过调整非磁层的厚度，不仅可以保持两相之间的交换耦合作用，而且可以大幅提高磁体的矫顽力。在此工作的基础上，日本国立材料研究所采用磁控溅射的方法制备了 $Nd_2Fe_{14}B/Ta/Fe_{67}Co_{33}/Ta$ 多层膜，其磁能积达到 61MGOe，是目前报道的永磁材料的最高值[40]。另一方面，在 2011 年，德国德累斯顿 IFW 金属材料研究所采用脉冲激光沉积法制备出 $SmCo_5/Fe/SmCo_5$ 三层膜，通过调整软磁层厚度，获得了 39MGOe 的磁能积，远远超过了单相 $SmCo_5$ 永磁的磁能积[41]。随后，他们将薄膜的层数提高，制备出磁能积达到 50MGOe 的 $[SmCo_5/Fe]_n/SmCo_5$ 多层膜[42]。上述研究工作有力地证明了早期关于双相复合纳米永磁材料具有超高磁能积的理论研究结果，同时也为相关研究的后续发展提供了有价值的思路和经验。

稀土永磁薄膜研究的另一热点是针对单相（$Nd_2Fe_{14}B$、$SmCo_5$ 等）薄膜的矫顽力提升和磁硬化机理的研究。在钕铁硼永磁薄膜研究方面，法国奈尔研究所等单位研究了（Nd，Cu）$_2Fe_{14}B$ 薄膜中 Nd 和 Cu 的含量对薄膜矫顽力的影响，发现薄膜在适当的 Nd、Cu 含量下，矫顽力可以达到 2.75T，而过高的 Nd、Cu 含量反而会导致薄膜的矫顽力下降[43]。日本国立材料研究所通过对 NdFeB 薄膜进行 Nd-Ag 合金的晶界扩散，获得了不含重稀土的矫顽力高达 29.5kOe 的钕铁硼永磁薄膜。其研究认为如果能够在钕铁硼晶粒边界形成理想的磁隔绝相，可以大幅提升磁体的矫顽力[44]。中科院金属研究所则研究了 Dy 的晶界扩散对于单相钕铁硼永磁薄膜矫顽力的影响，研究发现 Dy 扩散到晶粒边界层，形成（Nd，Dy）$_2Fe_{14}B$ 相，磁体的矫顽力因此提高了 61%[45]。此外，在钐钴永磁薄膜研究方面，北京科技大学通过控制钐钴薄膜的成分、厚度及制备过程中的相变，制备出矫顽力超过 3000kA/m 的 $SmCo_5$ 薄膜[46-48]。瑞典乌普萨拉大学等单位采用磁控溅射的方法制备了非晶态的钐钴薄膜材料，发现通过调整成分不仅可以调控薄膜的巨大磁各向异性，而且薄膜在磁化、反磁化过程中存在厘米级的超大磁畴结构。通过调整非晶薄膜的尺寸，有望获得从纳米级到厘米级的磁畴，从而有效调控材料的磁畴结构和技术磁化过程[49, 50]。

（五）稀土永磁的回收技术

目前只有非常有限的从"城市矿"（urban mine）回收稀土磁铁[51-60]，这是由于含稀土磁体的电气产品的收集率不高，稀土价格偏低，以及相关的稀土提纯或再处理的技术难度。大量回收利用稀土磁体的第一步是识别产品是否包含重要的和足够的稀土磁铁。可是稀土永磁的应用领域很广，许多不同的应用，特别是在电子行业，大量使用黏结和烧结钕铁硼，还有铁氧体等，因此回收利用难度较大。目前，可行的方案是对废旧钕铁硼进行分类，如扬声器，空调压缩机，电动汽车，硬磁盘驱动器等。日立金属透露，他们使用机械的技术从硬盘驱动器和空调电机部件中去除含有的磁铁，可未在公开的文献中披露更多的技术细节。在 REPM2012 会议上，Walton 等人提出采用氢破的方式从 HDDs 中分离 NdFeB 磁体，随后，此技术在 University of Birmingham 的一个 300 升的氢破炉中进行试验，从 250HDDs 中分离出 4 ～ 5kg 的 NdFeB，经过处理后的磁粉中的 Ni 含量小于 400ppm（1×10^{-6}）。

NdFeB 磁体的可能回收途径很多，如图 1 所示。回收方案的选择取决于磁体的组分和杂质的含量水平。采用短循环的话，磁体的性能会有所降低，化学提纯的方法可得到高品质的磁体，可是成本和周期会大大加长。而对于高氧含量的废旧 NdFeB，可行的办法是重新熔炼除氧。

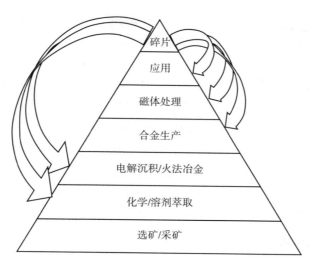

图1 NdFeB 磁体的可能回收途径

（六）稀土永磁产业国内外进展[61]

国外方面，从产业分布方面看，在欧洲，目前只有一家烧结钕铁硼企业——德国的真空冶炼公司（VAC），它的两个生产基地一个位于德国的 Hanau（VAC 总部），另一个位于芬兰的 Pori（VAC 子公司 Neorem 公司）。在日本，除日立金属外，日本还有两家稀土永磁企业，一家是日本老牌的磁性材料生产企业 TDK，另一家是信越化工。2011 年 11 月，美国钼公司（Molycorp）、日本大同制钢（Daido Steel）与日本三菱商社（Mitsubishi Corp）宣布成立合资企业，建设地点在日本本州岛中部日本岐阜县中津川市。钼公司股份为 30.0%，大同制钢股份为 35.5%，三菱商社股份为 34.5%。合资企业将利用佐川真人（Masato Sagaw）领导的公司 Intermetallics，Inc. 所提供的低重稀土或无重稀土烧结钕铁硼新工艺，年生产能力可达到 500t。

2011 年 12 月，日立金属宣布计划在美国建立一个新工厂，地点在美国北卡罗来纳州（North Carolina）日立金属铁氧体生产基地。新工厂拟投资 20 亿日元，生产能力为 40 吨 / 月，并可以根据需求扩大产能。新工厂将为混合动力汽车和电动汽车生产烧结钕铁硼磁体，以保证日立金属在美国烧结钕铁硼磁体的稳定供应。

在粘结钕铁硼领域，目前全球粘结钕铁硼磁体生产能力大部分集中在东南亚，其中代表性企业有上海爱普生磁性器件有限公司（中科三环控股子公司）、日本大同电子公司、成都银河、北京安泰深圳海美格、日本美培亚、台湾天越和等。

虽然粘结钕铁硼产业与烧结钕铁硼同时起步，但相比而言发展较为缓慢。从产量上看，粘结钕铁硼磁体的产量不足烧结钕铁硼磁体产量的 1/10。究其原因，主要有两个：一是麦格昆磁（Magnequench）独家拥有钕铁硼磁快淬磁粉的成分及制备工艺专利，并不向其他制造商授予专利许可，对粘结钕铁硼用的磁粉拥有绝对控制权，独家生产，垄断定价；二是粘结钕铁硼磁体的磁性能和机械强度较低，应用上受到较大制约，应用范围没有烧结钕铁硼磁体广泛。

烧结钐钴方面，国外生产企业主要有日本 TDK 公司、美国电子能源公司（EEC）、美国阿诺德公司（ALNORD），德国真空熔炼公司（VAC）和俄罗斯托尼公司等；2011 年，全球烧结钐钴磁体的产量约 1100t，其中中国产量超过 60%。

国内方面，从产品性能和技术发展趋势上看，在中央及地方政府的支持和引导下，在全国稀土永磁行业的共同努力及烧结钕铁硼装备企业的大力配合下，中国烧结钕铁硼产品的性能逐年提高，目前高端产品 $(BH)_{max}$（MGOe）+ H_{cJ}（kOe）可达到 70。

凭借着资源优势和低成本，国内烧结钕铁硼磁体产业得到了快速的发展，2003—2013 年中国烧结钕铁硼磁体的产量和相对增长率如图 2 和图 3 所示。

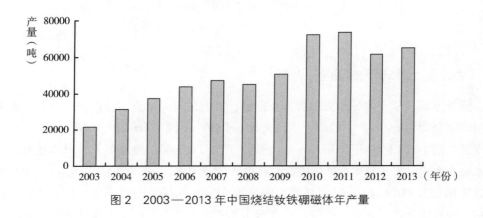

图 2　2003—2013 年中国烧结钕铁硼磁体年产量

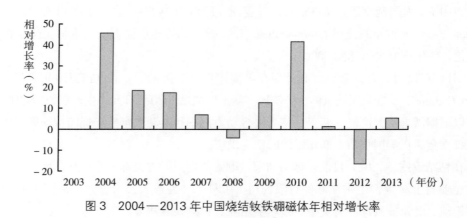

图 3　2004—2013 年中国烧结钕铁硼磁体年相对增长率

2013 年，全球的烧结钕铁硼产量达到 92500t，其中约 80% 来自中国，18% 来自日本，1.8% 来自欧洲，其余占 0.4%，如图 4 所示。

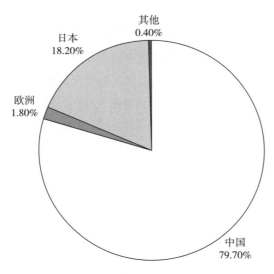

图 4　2013 年全球烧结钕铁硼磁体产量分布情况

目前，全国有稀土永磁生产企业 200 家左右，其中一些正在建设中。年产量超过 3000t 的企业不到 10%，年产量 1000 ~ 3000t 的企业约 30%，主要分布在沪浙地区、京津地区和山西地区，近几年赣州地区和包头地区也形成了相当的规模。全国烧结钕铁硼磁体产业规模达到每年 20 万吨的水平，而 2013 年实际产量只有 7.3 万多吨，因此，目前国内产能严重过剩，大多厂家的开工率只有 30% ~ 60%。

目前国内共有 8 家烧结钕铁硼专利授权企业，分别是中科三环、安泰科技、宁波韵升、北京京磁、银钠金科、烟台正海磁材、安徽大地熊和宁波金鸡。其中后 3 家企业是在日立金属在美国的专利诉讼案中，于 2013 年 5 月 14 日与日立金属达成和解协议，取得了钕铁硼专利授权。

2012 年年底，包钢稀土磁性材料公司二期年产 15000t 钕铁硼速凝薄带合金项目完工，项目达产后可实现产值 79 亿元，利税 3.4 亿元。至此，包钢稀土"十二五"期间建设 3 万吨（t）磁性材料生产能力自建部分已经建设完成。

除了在产业化关键技术方面取得关键性突破外，中国稀土永磁的生产装备也有了长足的进步，特别是在满足一些新生产工艺方面的装备有了突破，例如国产速凝薄片炉、氢破碎炉和自动压机已在一些磁体生产厂使用。经过多年的探索和实践，中国自主开发出全自动密封磁场压机，完成了从手动开放式压机向全自动密封磁场压机的转变，具有保护脱模、定尺压制、比例控制等功能；压坯精度 ≤ ±0.1mm；重量精度 ≤ ±1.5g；节拍约 30 秒。配有高精度导向模架；将施加脱模剂、称料、布料、机器手压坯等动作自动完成。

粘结磁体方面，中国粘结钕铁硼企业有 20 余家，代表企业有上海爱普生磁性器件有限公司、成都银河磁体股份有限公司、深圳海美格磁石技术公司、浙江英洛华磁业有限公司、宁波韵升高科磁业有限公司、平湖乔智电子有限公司、广东江粉磁材股份有限公司等。

由于国内市场的需求带动（无钕铁硼专利限制），近年来国内用于粘结磁体的快淬钕铁硼磁粉生产能力已超过1000t，代表性厂家有浙江朝日科磁业有限公司、夹江县园通稀土永磁厂、绵阳西磁新材料有限公司和沈阳新橡树磁性材料有限公司等。

2003—2013年，中国粘结钕铁硼磁体的年增长率在11%左右，而全球的粘结钕铁硼磁体的平均年增长率在5%左右（图5），目前中国提供全球67%的粘结磁体，另外，17%由东南亚国家或地区生产，10%由日本生产。

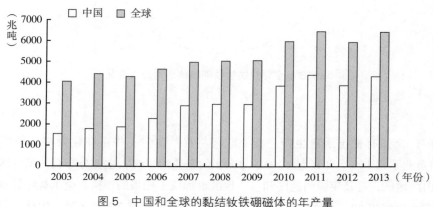

图5　中国和全球的黏结钕铁硼磁体的年产量

除了烧结磁体、粘结磁体之外，还有热压/热流变钕铁硼磁体。钕铁硼快淬磁粉可以通过缓慢而大幅度的热压热流变诱发类似的晶体择优取向，制成优异的全密度各向异性磁体（即热流变磁体），而且很适合制造辐射取向薄壁磁环。热压和热流变磁体的制造需要从快淬钕铁硼薄带或磁粉开始，原因是热压过程并不能形成类似液相烧结那样的金相结构和矫顽力机制，而必须预先在合金颗粒内建立足够高的矫顽力。在实际生产中由于$Nd_2Fe_{14}B$相的硬度和脆性不适合用来做塑性加工，还是需要引入少量富Nd相，在热流变中形成液相起到取向润滑的作用，批量生产热压钕铁硼磁体为40MGOe左右。更有特点的热流变压制方法是背挤压，由于磁体的压力来自于阴模和冲头间的侧向压力，主要的压缩变形发生在环形磁体的径向，压延各向异性的易磁化轴正好在圆环径向，所以这是制造辐射取向薄壁圆环较为理想的方法。

三、国内外研究进展比较

中国在"十二五"期间，通过采用组织调控技术，优化生产工艺，改变了过去单纯靠成分调控磁体性能的技术方法，进而提高了磁体的矫顽力、温度特性等主要磁性能，制备出综合磁性能（BH）$_{max}$（MGOe）+ H$_{cj}$（kOe）≥ 75 的高性能钕铁硼磁体（实验室水平）。日本的研究小组利用降低粉末颗粒度的办法获得磁体晶粒的显著细化，从而使磁体矫顽力大幅增加，他们采用粒度 1μm 左右的磁粉制备的磁体晶粒尺寸可达到 1.5μm 左右，极大地降低了晶粒尺寸，制备的无重稀土钕铁硼磁体的矫顽力达到 20kOe，达到了节省重稀土的目的。

粘结稀土永磁材料包括各向异性磁体和各向同性磁体两种。目前实现商品化的粘结稀土永磁材料主要是各向同性永磁材料，各向异性粘结永磁材料由于制备工艺复杂，产品一致性差、取向成型技术复杂等原因，未能实现大规模生产。粘结稀土永磁材料是采用稀土粘结磁粉与粘结剂混合后，经过模压、注射、压延、挤出等工艺制备而成，具有制备工艺简单，易于制备结构复杂，薄壁产品，材料利用率高，一致性好等优点，被广泛应用于计算机、办公自动化、汽车、节能家电等领域。进一步提升粘结稀土磁体的性价比成为主要的挑战，高性能、低价格国产磁粉将扮演重要的角色，粘结磁体成形技术的发展也至关重要。各向异性粘结稀土磁体是一个亟待开发的重要分支，过去几年中国和日本投入大量人力物力开发磁粉生产技术，改善磁粉温度耐受性，但在磁体成形技术方面除日本爱知制钢以外都远未成熟，严重阻碍了该类磁体的推广应用。未来的发展也将围绕高性能、低价格磁粉和高性价比成形技术来展开。对于粘结磁体，中国与国外的最大差距是在磁粉制备方面，近年来北京大学、有研稀土在 Sm-Fe-N 合金快淬和氮化技术等方面已取得较大进展。在粘结磁体的四种成型技术方面，压缩成型是应用最广、发展最为成熟的成型技术，国内各向同性粘结磁体的技术水平与国外十分接近；国内注射成形、压延成形、挤出成形与国外相比存在一定差距，但差距在缩小。中科三环、成都银河、中国钢研等企业在粘结磁体的成型技术进步方面起了主导促进作用。

对热压/热流变稀土永磁体的研究，美国、欧洲和日本早在 1985 年前后就已经开始，主要从事前期的基础研究工作，日本较早开展了产业化中试技术与装备的研制，并在基础研究方面从磁体成分、材料体系、磁性能、微观结构、各向异性形成机制等方面进行了深入而系统的研究。日本大同公司磁能积为 43MGOe 的热流变磁环产品，已应用于汽车助力转向系统的电机中。目前在汽车电子助力转向装置和变频家电伺服电机等部件方面，热变形磁体已经占有相当的比重，并且其市场份额仍在迅速扩大。

中国的热压磁体产业化研究起步于钢铁研究总院，随后扩展到中科院宁波材料所和宁波金鸡强磁有限公司，在国家科技计划支持下，热压磁体的关键技术已取得了突破，如高薄壁辐射取向环形磁体的制备技术、连续热压/热流变工艺技术。由于目前热压（热流变）钕铁硼磁体的生产有采用 MQ 粉，也有自己制粉的（像钢铁研究总院等），磁体具有纳米晶（微晶）织构，在不含 Tb、Dy 或少含 Tb、Dy 的情况下仍有较高的矫顽力。所以在 Tb、Dy 价格较高的情况下，对于性能相同的高性能磁体，热压（热流变）钕铁硼磁体在成本上比烧结钕铁硼磁体具有一定优势。近年稀土、特别是 Tb、Dy 的价格大幅上涨，也带动了热压（热流变）钕铁硼磁体的发展。在中国，钢铁研究总院、中科院宁波材料所、宁波金鸡强磁有限公司等单位已有小批量生产。

在欧洲，目前大约200多个研究机构和企业单位开展有关稀土永磁材料的研究。表1示出了部分主要的稀土永磁材料方面的研究项目，涉及的研究技术有，晶界扩散技术、细化晶粒、降低重稀土和无稀土以及稀土永磁的回收利用技术等，与国内开展的研究方向相近，可见这些方向也是目前稀土永磁材料研究的主要内容和突破口。

表1　部分与稀土永磁材料有关的科研项目列表

项目缩写	主　题	单　位
EURARE	欧洲稀土矿的开发计划	希腊雅典科技大学，德国亚琛工业大学，芬兰 NEOREM，……
PerEMot	晶界扩散技术	德国西门子，德国真空熔炼公司，德国达姆施塔特工业大学
MAG-DRIVE	稀土永磁的晶粒细化	法国法雷奥，英国伯明翰大学，卢布尔雅那磁材公司，……
ROMEO	无稀土或少量稀土永磁材料开发	爱尔兰都柏林圣三一学院，法国格勒诺布尔国家科学研究中心，德国真空熔炼公司，德累斯顿固体和材料研究所，……
NANOPYME	无稀土交换耦合磁体	西班牙马德里高等研究中心，丹麦科技大学，……
REFREEPERMAG	无稀土磁体	希腊国家科学院，维也纳工业大学，德国达姆施塔特工业大学，……
REMANENCE	稀土永磁回收	英国伯明翰大学，德国科莱特，卢布尔雅那磁材公司，……
MORE	稀土永磁回收	西门子，戴姆勒股份公司，德国真空熔炼公司，柏林生态研究所，德国埃朗根大学，德国克劳斯塔尔工业大学

四、本学科发展趋势与展望

最近西方主要经济和科技强国对中国稀土政策的诟病，恰恰源于他们对稀土永磁材料重要性的重新认识，源于稀土永磁材料在航空航天、卫星、计算机、通信系统、雷达系统、激光、航空电子设备、夜视设备、石油开采、电动汽车等高科技领域的广泛应用和不可替代性，专家预测，在未来的15～20年难以出现一种实用的非稀土永磁材料替代目前的稀土永磁材料。但稀土原材料的价格的剧烈波动，将制约稀土产业链下游应用产品的发展，特别是电动汽车和风电等行业的发展，任其发展下去，将毁掉如今稀土产业的大好形势。稀土是宝贵的战略资源，是"新材料之母"，我们认为今后稀土烧结钕铁硼材料的研究方向将充分体现按需定制的技术构思，通过稀土永磁材料精细组织结构及成分相的控制，来赋予稀土永磁材料新的性能。稀土在先进永磁材料中的平衡利用和高质化利用关键技术是中国稀土永磁产业技术发展趋势。研究开发高性能、高服役特性的低 Nd、低重稀土、混合稀土烧结钕铁硼材料，是中国烧结钕铁硼磁体行业赶超世界领先水平的绝佳切入点。

在稀土永磁材料研究方面，存在的另一主要问题是如何提高磁体的矫顽力和温度稳定性，通常需要添加过多重稀土 Tb、Dy 含量，如混合动力汽车用磁钢，重稀土使用量占稀土总量的 25% ~ 30%。然而，Tb、Dy 的添加带来了两个严重的问题：① Tb、Dy 进入晶粒内部会大幅降低材料的剩磁和磁能积；② Tb、Dy 等重稀土元素价格昂贵，属于稀缺资源，在中国稀土储量中，Tb 储藏量仅为 Nd 的 1/400、Dy 储藏量仅为 Nd 的 1/60，对资源的安全利用造成极大的危险。稀土供应紧缺的状况已经引起了相关企业的担心和不安，寻找替代稀土磁体的工作已经开始并取得了很快的进展，这对国际化共同开发下一代稀土磁体和开拓稀土磁体新应用将有大的负面影响。因此，如何保持稀土原料价格及产量的相对合理和稳定，平衡产业链上各个环节的利益，对于烧结 NdFeB 永磁产业的良性发展至关重要，也是相关部门和稀土产业链企业要考虑的一个重要问题。

钕铁硼永磁体的主要专利分别属于日本住友特殊金属公司、美国 MQ 公司和美国海军手中。钕铁硼永磁体产品要进入这些国家的市场，必须购买其专利。据预测，如拥有其有效专利，出口欧洲产品的售价可增长 20%，出口美国产品的售价可增长 60%。由于中国很多产品不能进入被其专利覆盖的全球主流市场，只能挤在非专利覆盖区狭窄的市场内，相互倾轧。国内已经有中科三环、宁波韵升、烟台正海、安徽大地熊、清华银纳等 8 家公司获得了专利许可，很多企业尚无此专利。在这种情况下，解决专利限制、取得角逐全球主流市场"入场券"已是发展中国稀土磁体产业当务之急，也是相关企业经营的风险所在。

提高自主创新能力，重视知识产权保护，从新型稀土磁性材料、新技术基础科学问题研究入手，结合互"联网 +"，优化速凝工艺、低氧控制工艺、微结构调控工艺、低重稀土工艺、高丰度稀土平衡利用工艺以及相应的合金熔炼、破碎制粉及取向成型装备、成套检测及加工设备，在永磁新材料开发及产业应用等方面有计划地建立知识产权整体战略布局；国家的新一代永磁材料方案应包括：用于制造过程的新型永磁材料，提高稀土永磁材料性能和降低制造成本的新复合材料系统，用于预测空间和时间变化的建模和仿真工具等。重视稀土永磁材料的循环利用和可持续发展，形成相对完善的稀土永磁材料回收利用产业，更合理地利用好我们的稀土资源。结合"中国制造 2025""一带一路"和"互联网 +"等国家战略，将中国的稀土永磁材料科技的发展推上一个新的高度，从稀土永磁材料生产大国向具有国际影响力的稀土永磁材料科技强国迈进。

—— 参考文献 ——

［1］朱明刚，方以坤，李卫. 高性能 NdFeB 复合永磁材料微磁结构与矫顽力机制［J］. 中国材料进展，2013，32：65-73.

［2］Sagawa M. Development and Prospect of the Nd-Fe-B Sintered Magnets, REPM'10 – Proceedings of the 21st Workshop on Rare-Earth Permanent Magnets and their Applications. 2010:183-186.

［3］ Une Y, Sagawa M. Enhancement of Coercivity of Nd–Fe–B Sintered Magnets by Grain Size Reducion［J］. Journal of The Japan Institute of Metals, 2012,76: 12–16.

［4］ Hioki K, Hattori A, Iriyama T. Abstracts of 58th Annual Conference on Magnetism and Magnetic Materials（C）. 2013, 645.

［5］ Seelam U M R, Ohkubo T, Nakamura H, et al. Microstructure and Coercivity of Tb_4O_7 Grain Boundary Diffusion Processed Sintered Nd–Fe–B Magnets. REPM'14– Proceedings of the 23rd international workshop on rare–earth permanent magnets and their applications ［C］. MARYLAND: 2014, 55–56.

［6］ Samardzija Z, McGuiness P, Soderznik M, et al. Microstructural and compositional characterization of terbium–doped Nd–Fe–B sintered magnets［J］. Materials Characterization, 2012, 67: 27–33.

［7］ Feng H B , Chen H S, Guo Z H, et al. Investigation on microstructure and magnetic properties of Sm_2Co_{17} magnets aged at high temperature［J］, Journal of Applied Physics, 2011, 109: 07A763.

［8］ Horiuchi Y, Hagiwara M, Okamoto K, et al. Effects of Solution Treated Temperature on the Structural and Magnetic Properties of Iron–Rich Sm（CoFeCuZr）$_z$ Sintered Magnet ［J］. IEEE Transactions on Magnetics, 2013, 49（7）: 3221–3224.

［9］ 孙威，朱明刚，方以坤，等. 高剩磁钐钴合金等温退火过程的组织演化和磁性能的关联［J］. 稀有金属，2014，38（6）：1017–1021.

［10］ Sun W, Zhu M G, Fang Y K, et al. Magnetic properties and microstructures of high–performance Sm_2Co_{17} based alloy ［J］. Journal of Magnetism and Magnetic Materials, 2015, 378: 214–216.

［11］ Song J, Yue M, Zuo J H, et al. Structure and magnetic properties of bulk nanocrystalline Nd–Fe–B permanent magnets prepared by hot pressing and hot deformation［J］. Journal of Rare Earths, 2013, 31（7）: 674–678.

［12］ Lai B, Li Y, Wang H J, Li A H, Zhu M G, Li W, Quasi–periodic layer structure of die–upset NdFeB magnets［J］. Journal of Rare Earths, 2013, 31（7）: 679–684.

［13］ Tang X, Chen R J, Yin W Z, et al. Efficiently recyclable magnetic core–shell photocatalyst for photocatalytic oxidation of chlorophenol in water［J］. Journal of Applied Physics, 2012, 111: 07B540.

［14］ Yin W Z, Chen R J, Tang X, et al. Origins of axial inhomogeneity of magnetic performance in hot deformed Nd–Fe–B ring magnets［J］. Journal of Applied Physics, 2012, 111: 07A727 .

［15］ Li W, Wang H J, Lin M, et al. Effect of Hot–compaction Temperature on the Magnetic Properties of Anisotropic Nanocrystalline Magnets［J］. Journal of Magnetism and Magnetic Materials, 2011,16:300.

［16］ 网络参考文献［EB/OL］.http://www.daido–electronics.co.jp/chinese/info/detail.php?id=14, 2010–07–13.

［17］ Yue M, Zuo J H, Liu W Q, et al. Magnetic anisotropy in bulk nanocrystalline $SmCo_5$ permanent magnet prepared by hot deformation［J］. Journal of Applied Physics, 2011, 109: 07A711.

［18］ Gabay A M, Li W F, Hadjipanayis G C. Effect of hot deformation on texture and magnetic properties of Sm–Co and Pr–Co alloys［J］. Journal of Magnetism and Magnetic Materials, 2011, 323: 2470–2473.

［19］ Yuan X K, Yue M, Zhang D T, et al. Orientation textures of grains and boundary planes in a hot deformed $SmCo_5$ permanent magnet［J］. Cryst Eng Comm, 2014, 16: 1669–1674.

［20］ Li H L, Lou L, et al. Simultaneously increasing the magnetization and coercivity of bulk nanocomposite magnets via severe plastic deformation［J］. Applied Physics Letters, 2013, 103: 142406.

［21］ Rong C B, Poudyal N, Liu X B, et al. High temperature magnetic properties of $SmCo_5$/α–Fe（Co）bulk nanocomposite magnets［J］. Applied Physics Letters, 2012, 101: 152401.

［22］ Rong C B, Wang D P, Nguyen V Van, et al. Effect of selective Co addition on magnetic properties of Nd_2（FeCo）$_{14}B$/α–Fe nanocomposite magnets ［J］. Journal of Physics D: Applied Physics, 2013, 46:045001.

［23］ Liu W Q, Zuo J H, Yue M, et al. Structure and magnetic properties of bulk anisotropic $SmCo_5$/α–Fe nanocomposite permanent magnets with different α–Fe content［J］. Journal of Applied Physics, 2011, 109: 07A741 .

［24］ Hu D W, Yue M, Zuo J H, et al. Structure and magnetic properties of bulk anisotropic $SmCo_5$/α–Fe nanocomposite permanent magnets prepared via a bottom up approach ［J］. Journal of Alloys and Compounds, 2012, 538: 173–176.

［25］Wang Y, Li Y, Rong C B, Liu J P. Sm–Co hard magnetic nanoparticles prepared by surfactant–assisted ball milling［J］. Nanotechnology, 2007, 18: 465701.

［26］Cui B Z, Li W F and Hadjipanayis G C. Formation of SmCo$_5$ single–crystal submicron flakes and textured polycrystalline nanoflakes［J］. Acta Materialia, 2011, 59: 563–571.

［27］Zheng L Y, Cui B Z and Hadjipanayis G C. Effect of different surfactants on the formation and morphology of SmCo$_5$ nanoflakes［J］. Acta Materialia, 2011, 59: 6772–6782.

［28］Cui B Z, Zheng L Y, Waryoba D, et al. Anisotropic SmCo$_5$ flakes and nanocrystalline particles by high energy ball milling［J］. Journal of Applied Physics, 2011, 109: 07A728 .

［29］Cui B Z, Zheng L Y, Marinescu M, et al. Textured Nd$_2$Fe$_{14}$B flakes with enhanced coercivity［J］. Journal of Applied Physics, 2012, 111: 07A735 .

［30］Cui B Z, Marinescu M and Liu J F. Anisotropic Nd$_2$Fe$_{14}$B Submicron Flakes by Non–Surfactant–Assisted High Energy Ball Milling［J］. IEEE Transactions on Magnetics, 2012, 48: 2800–2803.

［31］Yue M, Pan R, Liu R M, et al. Crystallographic alignment evolution and magnetic properties of Nd–Fe–B nanoflakes prepared by surfactant–assisted ball milling［J］. Journal of Applied Physics, 2012, 111: 07A732.

［32］Liu R M, Yue M, Liu W Q and et al. Structure and magnetic properties of ternary Tb–Fe–B nanoparticles and nanoflakes ［J］. Applied Physics Letters, 2011, 99: 162510.

［33］Yue M, Liu R M, Liu W Q, et al. Ternary DyFeB Nanoparticles and Nanoflakes With High Coercivity and Magnetic Anisotropy［J］. IEEE Transaction on Nanotechnology, 2012, 11: 651–653.

［34］Pan R, Yue M, Zhang D T, et al. Crystal structure and magnetic properties of SmCo$_{6.6}$Nb$_{0.4}$ nanoflakes prepared by surfactant–assisted ball milling［J］. Journal of Rare Earths, 2013，31: 975–978.

［35］Li Y Q, Yue M, Wu Q, et al. Magnetic hardening mechanism of SmCo$_{6.6}$Nb$_{0.4}$ nanoflakes prepared by surfactant–assisted ball milling method［J］. Journal of Applied Physics, 2014, 115: 17A713.

［36］Liu L D, Zhang S L, Zhang J, et al. Highly anisotropic SmCo$_5$ nanoflakes by surfactant–assisted ball milling at low temperature［J］. Journal of Magnetism and Magnetic Materials, 2015, 374:108–115.

［37］Yang C, Jia L H, Wang S G, et al. Single domain SmCo$_5$@Co exchange–coupled magnets prepared from core/shell Sm ［Co（CN）$_6$］·4H$_2$O@GO particles: a novel chemical approach ［J］. Scientific Reports, 2013, 3: 3542.

［38］Cui W B, Liu W, Yang F, et al. Magnetic properties of exchange–coupled PtFe/Fe films with spacer layers［J］. Journal of Applied Physics, 2011,109: 07A717.

［39］Cui W B, Liu W, Gong W J, et al. Exchange coupling in hard/soft–magnetic multilayer films with non–magnetic spacer layers［J］. Journal of Applied Physics, 2012, 111: 07B503.

［40］Cui W B, Takahashi Y K, Hono K. Nd$_2$Fe$_{14}$B/FeCo Anisotropic Nanocomposite Films with a Large Maximum Energy Product［J］. Advanced Materials, 2012, 24: 6530.

［41］Neu V, Sawatzki S, Kopte M, et al. Fully Epitaxial, Exchange Coupled SmCo$_5$/Fe Multilayers With Energy Densities above 400 kJ/m^3［J］. IEEE Transactions on Magnetics, 2012, 48: 3599–3602.

［42］Sawatzki S, Heller R, Mickel Ch, et al. Largely enhanced energy density in epitaxial SmCo$_5$/Fe/SmCo$_5$ exchange spring trilayers［J］. Journal of Applied Physics, 2011,109: 123922.

［43］Akdogan N G, Dempsey N M, Givord D, et al. Influence of Nd and Cu content on the microstructural and magnetic properties of NdFeB thick films［J］. Journal of Applied Physics, 2014, 115: 17A722.

［44］Cui W B, Takahashi Y K, Hono K, Microstructure optimization to achieve high coercivity in anisotropic Nd–Fe–B thin films ［J］, Acta Materialia, 2011, 59: 7768–7775.

［45］Gong W J, Wang X, Liu W, et al. Enhancing the perpendicular anisotropy of NdDyFeB films by Dy diffusion process ［J］. Journal of Applied Physics, 2012, 111: 07A729.

［46］ Li N, Li B H, Feng C, et al, Effect of film thickness on magnetic properties of Cr/SmCo/Cr films［J］. Journal of Rare Earths, 2012, 30（5）: 446-449.

［47］ Feng C, Li N, Li S, Huo Q M, et al. Modification of magnetic properties in SmCo films by controlling crystallization and phase transition［J］. Science China-physics Mechanics & Astronomy, 2012, 55: 1798.

［48］ Feng C, Li N, Li S, et al. Manipulation of the magnetic exchange interaction in SmCo films with high thermal stability by controlling phase transformation［J］. Applied Physics A, 2012, 106: 125.

［49］ Magnus F, Moubah R, Arnalds U B, et al. Erratum: Long-lived selective spin echoes in dipolar solids under periodic and aperiodic π -pulse trains［J］. Physics Review B, 2014, 89: 224420.

［50］ Magnus F, Moubah R, Roos A H, et al. Tunable giant magnetic anisotropy in amorphous SmCo thin films［J］. Applied Physics Letters, 2013, 102: 162402.

［51］ Walton A, Campbell A, Sheridan R S, et al. Recycling of Rare Earth Magnets, REPM'14- Proceedings of the 23rd international workshop on rare-earth permanent magnets and their applications［C］. MARYLAND: 2014, 26-30

［52］ Binnemans K, et al. Recycling of rare earths: a critical review［J］. Journal of Cleaner Production, 2013, 51: 1-22.

［53］ Walton A, Yi H, Mann V S J, et al. The use of Hydrogen to separate and recycle NdFeB magnets from electronic waste［A］. REPM'12 - Proceedings of the 22nd international workshop on rare-earth permanent magnets and their applications［C］. Nagasaki: 2012.

［54］ Du X, Graedel T E, et al. Global rare earth in-use stocks in NdFeB permanent magnets［J］. Journal of Industrial Ecology, 2011, 15: 836-843.

［55］ Zakotnik M, et al. Multiple recycling of NdFeB-type sintered magnets［J］. Journal of Alloys and Compounds, 2009, 469: 314.

［56］ Sheridan R S, et al. Improved HDDR processing route for production of anisotropic powder from sintered NdFeB type magnets［J］. Journal of Magnetism and Magnetic Materials, 2014, 350: 114.

［57］ Gutfleisch O, et al. Recycling Used Nd-Fe-B Sintered Magnets via a Hydrogen-Based Route to Produce Anisotropic, Resin Bonded Magnets［J］. Advanced Energy Materials, 2013, 3: 151.

［58］ Itoh M, et al. Recycling of rare earth sintered magnets as isotropic bonded magnets by melt-spinning［J］. Journal of Alloys and Compounds, 2004, 374: 393.

［59］ Périgo E A, Silva S C da, Martin R V, et al. Properties of hydrogenation-disproportionation- desorption-recombination NdFeB powders prepared from recycled sintered magnets［J］. Journal of Applied Physics, 2012, 111: 7A725.

［60］ Sheridan R S, Sillitoe R, Zakotnik M, et al. Anisotropic powder from sintered NdFeB magnets by the HDDR processing route［J］. Journal of Magnetism and Magnetic Materials, 2012, 324: 63-67.

［61］ 胡伯平. 稀土永磁材料的现状与发展趋势［J］. 磁性材料及器件, 2014, 45（2）: 66-80.

撰稿人：朱明刚　李　卫　胡伯平　岳　明　李　达　闫阿儒　陈仁杰　方以坤

特种稀土磁性材料研究

一、引言

稀土磁性材料除了稀土永磁材料外，还有磁制冷材料，微波磁性材料和磁致伸缩材料。本专题将重点介绍这三种特种稀土磁性材料的最新研究进展、国内外比较以及发展趋势和展望。

1881 年，Warburg 发现了磁热效应（magnetocaloric effect）。磁性材料在磁化和退磁过程中磁有序改变伴随的热效应称为磁热效应。磁热效应是磁性材料的内禀性能，通过磁场与磁次晶格的耦合而感生。历史上人们通过研究铁磁性物质相变点附近的磁热效应来研究自发磁化及临近行为。磁热效应可通过计算或直接测量磁化和退磁过程的绝热温度变化而得到，也可通过计算等温磁熵变来量度。研究磁熵变、磁热效应除了对基本磁学问题的研究有重要理论意义之外，对于利用大磁热材料作为制冷工质来获得磁制冷应用也具有重要的实际意义。

微波磁性材料可简单地描述为工作频率在 500MHz ~ 100GHz 的高电阻率磁性材料。在这个频率范围内，磁性材料的磁化过程为磁矩围绕着一个固定磁场按外加微波场频率的进动，其磁导率虚部在自然共振频率出现共振峰。自然共振频率即为微波工程与技术中所说的截止频率。一般认为，当微波器件作为电磁波吸收器或电磁屏蔽时，该材料工作在出现共振峰的频段，而在低损耗，高磁导率的微波无源器件如环形器、隔离器、相移器、滤波器、电感磁芯及天线衬底中，该材料的工作频段高于或低于自然共振频率。理想的微波磁性材料除了要有高饱和磁化强度，高磁导率，低介电常数，高电阻率之外，还应当有尽可能高的自然共振频率。

磁致伸缩材料是智能材料的一种，其长度和体积会随磁化状态的改变而发生变化，从而实现电磁能和机械能的相互转换，在换能、致动、传感等领域有重要应用。传统磁致伸缩材料的磁致伸缩性能不高，不能满足器件技术指标提高的需求。新型稀土超磁致伸缩材料以其高磁致伸缩性能（伸缩量可达 0.1% 以上）、转换效率高、响应速度快等优点而广受关注。经过多年的发展，稀土超磁致伸缩材料的生产制备、器件应用已经全面展开，并在制造业、航空航天及国防领域得到应用。

二、本学科领域近年的最新研究进展

（一）稀土磁制冷材料

众所周知，常规的气制冷技术排放的氟利昂破坏大气臭氧层，磁制冷技术与之相比具有制冷效率高、不污染环境等优点。磁制冷技术是磁性材料在节能减排中的典型应用之一。全球自 2010 年以来开始禁止生产和使用氟利昂和氢氟烃等气体制冷化合物，开发和使用无毒无挥发的固体制冷技术符合环保潮流。磁制冷机的制冷效率比传统制冷机提高了 30% ~ 40%，是一种高效制冷方式。认识多场调控下的固态相变热效应特点和物理机理，开发新型不同工作温区的磁制冷材料，以及研究高性能磁制冷型材的规模化制备技术具有推动制冷界绿色革命的重大意义，符合《国家中长期科技发展规划纲要（2006—2020）》提出的十项重点节能工程要求。

利用绝热退磁技术获得超低温已有 80 多年的历史。美国科学家 Giauque 利用顺磁盐的绝热去磁技术获得了毫 K 级温度，从而获得 1949 年诺贝尔化学奖。由于具有优越的应用前景，磁制冷技术除了超低温区应用之外，中、低温乃至室温区磁制冷材料和技术的研究也已经引起人们的极大关注。磁热效应和材料已成为磁性物理、材料物理的研究热点。近些年来全球发现的几类室温区巨磁热材料大大推动了室温磁制冷技术的发展。2015年 1 月，海尔集团在美国举行的国际家电展（international consumer electronics show，CES，USA）上展出全球首台磁制冷酒柜，引起轰动，标志着磁制冷技术进入家庭、实现广普应用的可能性。

1. 中、低温区磁热材料和相关科学问题研究

中、低温区是液氦、液氢和液氮制备的重要温区，在相关温区具有磁有序相变的材料一直是人们关注的研究对象。理论上，磁性材料的最大磁熵变为 $\Delta S_M = Nk_B\ln(2J+1)$，$J$ 为总角动量量子数。由于重稀土元素通常具有大的 J 值，长期以来大磁热效应材料尤其是中、低温区的大磁热效应材料的探索主要集中于重稀土及其合金。重稀土金属间化合物的显著特点之一是低温区表现出丰富的磁性和磁结构，如非线性磁结构、自旋重取向、磁各向异性、有序 – 有序相变、铁磁/反铁磁共存等，并且自旋重取向、有序 – 有序相变、有序 – 无序相变往往伴随晶体结构的改变。目前，中国科学院物理所等国内外多个单位报道了多种在中、低温区具有巨磁热效应的重稀土金属间化合物，典型有：RAl_2（R=Er，Ho，Dy，GdPd）；RCo_2、RNi_2（R=Gd，Dy，Ho，Er）；RNi（R=Gd，Ho，Er）；RNiAl、RCoAl、RCuAl（R=Tb，Dy，Ho）。其中，具有 Laves 相的 RCo_2，特别是 $ErCo_2$，由于费

米能级附近特殊的能带结构表现出丰富的磁相互作用从而呈现显著的磁热效应，是低温区最受瞩目的磁制冷材料之一。然而，目前人们对于重稀土金属间化合物丰富的磁交换作用、磁相变规律及其根源、与晶格弹性的关联及其对磁热效应的影响规律并没有全面的认识，因此深入研究重稀土金属间化合物丰富磁特性及其与磁热效应的关系不仅可丰富磁热效应理论，而且是探索获得中、低温区新型磁制冷材料的理想选择。

2. 室温区磁热材料和相关科学问题研究

室温磁热效应材料由于广普的磁制冷应用受到人们更多的关注。重稀土元素 Gd 具有大的总角动量量子数 J 值，并且基态呈现铁磁性、居里温度位于室温附近，很长时间以来被认为是室温区唯一可被利用的磁制冷工质材料。然而由于其单质稀土特性，居里温度 T_C 无法调节，价格昂贵，磁热效应不足够高（T_C 约 293K，5T 磁场下 9.7J/kg K）等特点无法实现广泛的磁制冷应用。世界各国投入众多人力、物力来寻找 Gd 的替代品，过去 10 多年时间发现的几类新型室温巨磁热材料体系大大推动了室温磁制冷技术的进展。这些材料包括 Gd-Si-Ge[1]、LaCaMnO₃[2]、Ni-Mn-（Ga, In, Sn）[3,4,5]、La（Fe，Si）₁₃基化合物[6,7]、FeRh 化合物[8]、MnAs 基化合物[9,10]等，其共同特点是磁热效应均大幅超过传统材料 Gd，相变性质为一级，并且多数呈现强烈的磁晶耦合和磁弹效应，磁相变伴随显著的晶体结构相变的发生和大的体积变化效应。例如，1997 年，美国艾姆斯实验室（Ames Laboratory）报道的 GdSiGe 材料的巨磁热效应来源于一级磁相变伴随的 Sm_5Ge_4 型正交到 $Gd_5(Si_2Ge_2)$ 型单斜的结构相变[1]。同年南京大学都有为小组报道的稀土钙钛矿氧化物 LaCaMnO₃ 的大磁热效应来源于居里温度处晶格反常热膨胀[2]。2000 年，中科院物理所沈保根团队相继报道了 Heusler 合金 Ni-Mn-Ga 和具有 $NaZn_{13}$ 型结构 La（Fe，Si）₁₃基化合物的大磁热效应。Ni-Mn-Ga 的磁热效应来源于马氏体结构相变伴随的磁性改变[3,5]。La（Fe，Si）₁₃ 的磁热效应来源于一级磁相变伴随的晶格巨大负膨胀和居里温度以上磁场引起的巡游电子变磁转变行为[6,7]。2001 年，日本京都大学报道的 $MnAs_{1-x}Sb_x$ 的磁热效应来源于居里温度处磁相变伴随的六角 NiAs 型至正交 MnP 型结构相变[8]。2002 年，荷兰阿姆斯特丹大学报道的 $MnFeP_yAs_{1-y}$ 系列化合物的室温区巨大磁熵变来源于磁相变伴随的 Fe_2P 型六角结构的晶格参数 c/a 的突变[10]。可以看出，一级磁相变伴随弹性 / 结构相变是这些新型巨磁热效应材料的显著特点，其所具有的巨大磁熵变不仅来源于磁性部分（自旋有序改变导致的熵变），还包含了晶格熵的贡献。因为磁相变与结构相变交织在一起，产生巨磁热效应的同时也伴随有结构相变导致的巨弹性热效应 / 压热效应，并且复合场（磁场和应力场）的引入可带来不一样的巨热效应。

在已发现的几类新型室温磁制冷材料中，La（Fe，Si）₁₃基化合物由于原材料价格低廉、无毒、易制备、对原材料纯度要求不高等特点[11]受到人们更多关注，被国际同行公认为是最具应用前景的室温区磁制冷材料。La（Fe，Si）₁₃基化合物的相变性质、制冷温区随组分宽温区可调（50 ~ 450K），多数组分的熵变幅度大幅超过 Gd，如图 1 所示。

另一方面，新型室温巨磁热材料由于相变性质为一级多数表现出大的滞后损耗特性，

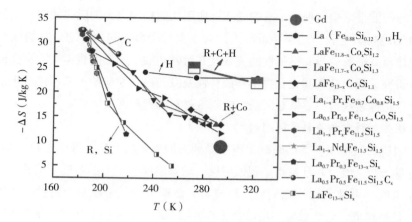

图 1 La（Fe,Si）$_{13}$ 基化合物的磁熵变和 Gd 的对比

显著的滞后损耗将大大降低循环制冷效率，在制冷循环中表现为漏热。因此，针对不同体系深入研究影响滞后损耗的可能因素、研究滞后损耗与相变动力学及激活能势垒与能带结构的关系，找到降低滞后损耗的调控手段是新型巨磁热材料获得应用、实现高温乃至室温磁制冷的必由之路。已有研究表明，一级相变 La（Fe，Si）$_{13}$ 基化合物的滞后损耗随颗粒度减小大幅下降[12]，如图 2 所示。

通常地，一级相变过程滞后损耗的大小受多种因素影响，包括本征和非本征因素。本征因素一般指：磁 / 结构相变过程中的应力效应、畴壁间的摩擦力、杂质和成核因素、能带结构等。通过对新型巨磁热效应材料一级磁相变的相变动力学研究将有助于澄清滞后损耗的来源，进而找到抑制滞后损耗的有效手段。目前一级相变巨磁热体系的滞后损耗及其与相界、内应力分布、能带结构特点等关系的研究已有一些初步报道，然而对于综合分析影响滞后损耗的本征和非本征因素的研究还有待深入。例如，样品几何尺寸、相界、内应力分布影响相变过程，考虑到这些因素的热激活模型进行相变动力学分析，可能得到不一样的激活能势垒和临界成核尺寸，通过改变样品尺寸调节相界、内应力等对相变过程的影响，可进一步认识影响一级相变过程的成核机理。深入研究影响相变过程的多方面因素和本征内涵可期望找到滞后损耗的多自由度调控手段，指导材料应用。

3. 磁热、弹热、电热等多卡效应及相关机理研究

磁、力、电等多场诱导的多卡效应研究已成为固态热效应研究的新方向[13, 14]。正是由于新型室温巨磁热材料所具有的独特相变特点，力、应变场的引入也是调控、获得巨磁热效应的有效手段，力可驱动相变带来弹热效应（压热效应）。我们知道，通过压力、薄膜技术引入的应变场可以改变晶格参数、原子占位、相变，这必然会影响到交换作用和磁化过程，由于巨磁热效应材料中强烈的磁晶耦合作用，巨压热效应与巨磁热效应之间必然存在某种耦合，进而相互影响。因此，施加磁场、压力等不同外场所引起的磁热、压热效应不仅仅是磁有序、晶格序的改变所引起的热效应，还将表现出一种耦合热效应。研究外

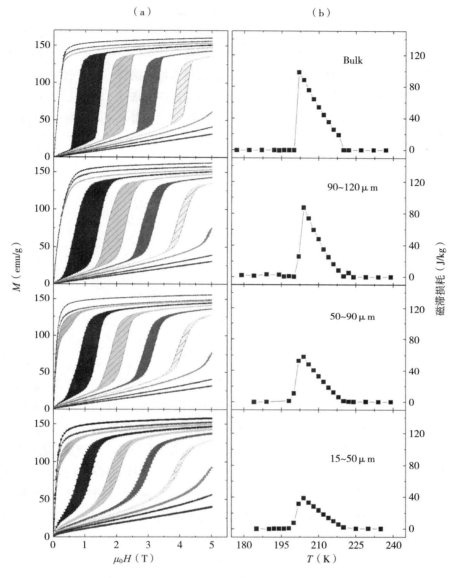

图 2　$La_{0.7}Ce_{0.3}Fe1_{1.6}Si_{1.4}C_{0.2}$ 化合物的滞后损耗随颗粒度的改变

场对耦合热效应的调控不仅可期望获得增强的热效应，而且对于深入理解各类有序参数之间的耦合以及热效应背后的物理根源具有重要基础意义。

多卡效应的另一重要成员是：电场诱导的电热效应。和磁－结构耦合体系类似，具有显著电极化－结构耦合的铁电体系表现出巨大电热效应。压力在影响原子占位、晶格的同时也影响电极化过程，电场和压力场的耦合作用也将诱导产生多卡效应和耦合热效应。但是，目前理论和实验上均少见有电场、压力同时作用下电热效应、压热效应以及伴随的耦合热效应的报道。

为清楚起见，图3给出多场耦合示意图。外圈的磁场、应力和电场是广义力，内圈的磁矩、应变和电极化对应广义应变，任一广义应变的变化都会引起熵的变化，在未耦合系统中会有单个的磁热、电热和压热效应，在磁结构耦合系统中会存在磁热/压热多卡效应，另外磁和结构的耦合效应会引起熵的附加变化，即耦合热。同样，在铁电结构耦合系统中存在电热/压热多卡效应和耦合热效应，磁电耦合系统中有磁热/电热多卡效应和耦合热效应，更复杂的三参数耦合系统中则存在电热、压热、磁热多卡效应和耦合热效应。

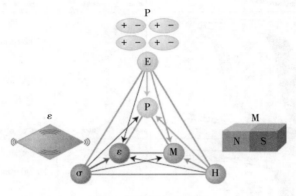

图3　多场耦合示意图

人们概念中摩尔磁熵变的表达式 $\Delta S_M^{max}=R\ln(2J+1)$。然而，当熵的变化主要取决于一级相变过程的相变潜热时，总熵变有可能大幅度超过摩尔熵变的上限 $\Delta S_M^{max}=R\ln(2J+1)$。因此，深入研究一级磁/铁电相变体系中的电声耦合、磁晶/电极化–结构耦合、弹性效应、晶格熵的贡献，开发利用多卡效应、多场耦合热效应可望进一步增强固态磁热、电热效应，提高制冷效率，降低巨热效应所需的工作磁场、电场，对现有新型室温巨磁热、巨电热材料的实用化乃至探索获得新型固态磁/电、压力混合致冷材料均具有重要意义。同时，研究压力下磁化/电极化过程、磁场/电场下的压力过程以及磁场/电场、压力耦合作用伴随的耦合热效应也有助于澄清不同热效应之间的关联及耦合关系，进而深入理解巨磁热效应、巨电热效应、巨压热效应背后的物理机制。

4. 磁制冷材料的加工、成型和应用

磁制冷材料特别是新型室温磁制冷材料，由于相变性质为一级，多数表现出易碎、难加工成型等特点。

无论是室温或低温磁制冷材料，要制作成为主动或被动式磁制冷工作床，都需要经历规模化和稳定化制备、切割、加工成型、磁性与非磁性测试的这一流程。近年来，国内外学者在开发新材料体系的同时，也在加紧部署和实施磁制冷材料加工的战略路线，正是这个关键环节突破推进了磁制冷样机的发展。以 La-Fe-Si 基合金为例，人们用共析分解、聚合物或金属粘接、引入多孔概念等新工艺尝试解决其加工脆性和循环疲劳问题，并取得良好效果；采用低温合金化再充氢的调节居里点的有效方法，避免了半充氢材料时效后

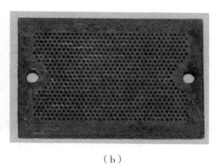

（a）　　　　　　　　　　　　　　　　　（b）

图 4　磁制冷材料的加工

（a）德国 IFW-Dresden 研究所用粉末激光烧结制备的 La（Fe,Co,Si）$_{13}$ 多孔体材料［J. Appl. Phys. 114（2013）043907］；（b）德国 BASF 公司用粉末冶金制备的 MnFePSi 多孔散热板［The future of cool: Magnetocaloric materials reveal their magnetic charm, http://www.rsc.org/chemistryworld/restricted/2012/February/refrigeration-future-of-cool.asp］

相分离问题；采用选择性激光烧结（SML）的 3D 打印技术，实现了规则微通道的近终型加工［图 4（a）］。类似地，Mn 基 Fe$_2$P 型多孔磁制冷散热板也是采用粉末冶金工艺制成，如图 4（b）。

5. 磁制冷样机设计与研制

为了解决目前商用制冷机还存在污染并破坏大气臭氧层和产生 CO$_2$ 温室效应等问题，人们一直在积极寻找比气体压缩／膨胀更好的制冷技术。利用磁制冷原理制作的磁制冷机具有效率高、节省能源、无污染等特点。由于世界节能和环保的迫切需要，各国对磁制冷机的研究有了很大的进展。

1976 年美国国家航空航天局的 G.V.Brow[15] 等人以金属 Gd 为工质，首次完成了磁制冷机，得到无负荷高温端和低温端分别达到了 319K 和 272K，无负荷温差 47K；后经改进获得了 80K 温差，6W 制冷量，高温端和低温端分别为 328K 和 248K，实现了室温磁制冷，是室温磁制冷的里程碑。在这之后，世界众多实验室建立了大量磁制冷样机试验系统，以期获得突破进展。近期，2014 年美国航天技术中心的 Jacob 等报道了一台旋转式室温磁制冷样机[16]，该机采用 NdFeB 永磁体提供最大 1.44T 的磁场，试验获得了 3042W 的无温跨制冷量，在 11K 温跨下获得了 2502W 的制冷量。同期丹麦技术大学的 Bahl 报道了一台旋转磁制冷装置[17]，将 2.8kg 钆球填充在 24 个容器内装入回热器中，实验获得了 1010W 无温差制冷量，18.9K 温跨下 200W 制冷量和 13.8K 温跨下 400W 的制冷量。2014 年 Rowe 等人报道了一台旋转制冷样机[18]，用 650g 钆作为磁热材料，在 1.54T 的永磁场下，获得了无负荷温跨为 33K，在温跨为 15K 下获得了 50W 的制冷量。

中科院理化技术研究所在十几年前就开展了室温磁制冷的各种工作循环的理论分析研究工作，对室温磁制冷的工作和规律已有较深入的理解。从 2001 年又开展了室温区磁制冷样机的研究，理化所于 2006 年研制了一台永磁体室温磁制冷样机[19]，样机采用 NdFeB 永磁体提供 1.5T 磁场，获得了最低 270.3K 无负荷制冷温度，最大 42.3K 无负荷高低温端温跨，以及 18.2K 高低温端温跨时 51.3W 最大制冷量。2012 年理化所提出复合式磁制冷新概念，研制了一台斯特林耦合磁制冷机[20]，氦气作为换热流体，Gd 片作为磁回热器材料，在 1MPa，1.5Hz 条件下，低温端最低温度达到 276.5K，在温差为 14.9K 和 7.9K 下制冷量分别为 6W 和 10W。随后又研制了一台复合高压斯特林磁制冷机在以氦气作为换热流体，LaFeSi 基材料作为磁回热器材料，在压力 4.5MPa，2.5Hz，相位角 $\varphi=60°$ 的工况下，开机运行了 9min，低温端即达到了 266K，高温端为 306K，得到了 40K 的高低温温跨，在 30K 的高低温温跨下测得制冷量为 41W，显示了良好的制冷性能，为室温磁制冷技术的真正应用奠定了良好的基础。

自 2000 年以来，包头稀土研究院设计、研制了十二台室温磁制冷机。2012—2013 年，对第八台磁制冷机进行了工艺改进，冰箱容积增大到 68L，工质材料为直径 0.3 ~ 0.5mm 的 Gd 和 GdEr 小球，室温为 21.8℃时，最大制冷温差为 21.7℃，低温端 1.7℃，制冷室（冰箱）的温度为 5.9℃，制冷功率达到 100W。

2013—2014 年，该院为海尔公司设计、研制了两台复合式室温磁制冷机，并在海尔技术研发院进行了测试，测试结果如图 5。室温为 26.5℃时，最大制冷温差为 24.5℃，低温端 5.0℃，制冷室（冰箱）的温度为 7.9℃。最新的室温磁制冷机最大制冷温差达到 28℃，最大制冷功率为 100W。近期设计研制的室温磁制冷机的制冷室突破 100L，能够从室温（25℃）冷却到 5℃，该磁制冷机已经达到实用化的程度。

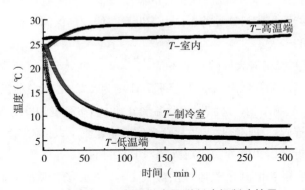

图 5　在海尔公司测量的室温磁制冷机制冷效果

（二）稀土微波磁性材料进展

从 20 世纪 50 年代开始到现在应用最广泛的微波磁性材料是铁氧体材料，其主要性能为表 1 所示。而作为吸波材料和抗电磁干扰（EMC）材料，也主要是铁氧体，只是最近才开始用以羰基铁为代表的金属或合金磁粉复合材料。

表 1 三种铁氧体材料的主要性能（μ_0' 是静态磁导率，f_R 是共振频率，ρ 为电阻率）

结构类型	铁氧体分类	静态磁导率	共振频率	电阻率 （Ωcm）	应用
尖晶石	锰系列	10^4	$< 1MHz$	10	电力、电子技术
	镍系列	$10^2 \sim 10^3$	$< 300MHz$	$10^6 \sim 10^8$	低频电磁材料
石榴石	钇石榴石	10^2	$1 \sim 100MHz$	10^{10}	微波器件
六角		$2 \sim 40$	$1 \sim 40GHz$	约 10^6	永磁体，磁记录，微波器件，电磁材料

近些年来，通信和计算机技术迅猛发展，日新月异。其发展创新的一个主要特征就是整机的工作频率不断提高，这就要求整机中的器件，及器件中的磁性材料也必须同步的发展，即微波磁性材料应当有更高的自然共振频率。遗憾的是，微波磁性材料从 20 世纪 50 年代诞生至今，其主要材料仍为铁氧体，其中平面型铁氧体的自然共振频率为 1.6 ~ 3.0GHz，不能满足通信和计算机技术发展的要求。

针对这种情况，兰州大学研究组首先从理论上分析了通过超越斯诺克极限，可同时提高材料的微波磁导率和将材料的自然共振频率控制在 5 ~ 20GHz 范围；并指出：具有易面（易平面，易锥面）各向异性的稀土磁性材料可以开发成为新型的稀土微波磁性材料。在此基础上，做了大量的实验工作，制备了几类不同晶体结构的易面型稀土微波磁性材料，并用于微波吸收和抗电磁干扰，取得了很好的效果。

1. 理论分析

（1）阐述了描述磁性材料高频磁性的双各向异性模型，并指出：双各向异性模型可以指导我们开发在高频下具有高磁导率的新型磁性材料，例如，平面型稀土 –3d 金属间化合物[21]。

（2）用第一性原理计算分析了 $NdCo_5$ 的磁晶各向异性。用轨道磁矩的各向异性及其与点阵几何的关联解释了 $NdCo_5$ 平面磁各向异性的微观起源[22, 23]。

2. $R_2Fe_{17}N_{3-\delta}$（R＝Ce，Pr，Nd）的制备，电磁特性及微波吸收应用[24-36]

$R_2Fe_{17}N_{3-\delta}$（R＝Ce，Pr，Nd）化合物为菱形的 Th_2Zn_{17} 型结构，其晶体结构，本征磁性都已经进行过系统地研究和报道[37]，根据这些研究数据，可以确认它们在室温区为平面各向异性材料。我们用电弧熔炼—均匀化热处理—球磨粉碎—黏结剂混合制成各向同性（或各向异性）的稀土磁粉复合材料，测量了它们的晶体结构，形貌，静态磁性，微波磁性，测量或拟合了它们的微波吸收性能，其结果远优于以前采用的吸收剂。

（1）$Ce_2Fe_{17}N_{3-\delta}$ 微粉复合材料。

1）制备体积比为 29.0%，46.2%，53.9% 和 61.3% 的 $Ce_2Fe_{17}N_{3-\delta}$ 微粉 / 石蜡复合材料，测量样品在 0 ~ 15GHz 的微波电磁特性。发现材料的自然共振频率为 7.3GHz，远高于平面型铁氧体材料（Co_2Z）的自然共振频率。

2）平面型稀土微波磁性材料在经过旋转磁场取向后可以制得各向异性的样品，理论上可以获得较各向同性样品大 1.5 倍的微波磁导率，我们对 $Ce_2Fe_{17}N_{3-\delta}$ 微粉 / 石蜡复合材料进行了系统的磁场取向实验（图 6）。发现，随着取向磁场强度的增加，其磁矩取向度逐渐增加，微波磁导率由 μ' =3.2（2GHz）增加到 μ' =4.8（2GHz），使材料的吸波性能得到很大改善。

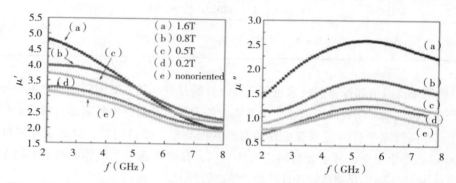

图 6　不同磁场大小取向的 $Ce_2Fe_{17}N_{3-\delta}$ 微粉 / 石蜡复合材料复数磁导率随频率的变化

（2）$Pr_2Fe_{17}N_{3-\delta}$ 微粉复合材料。

研究了氮化温度对 $Pr_2Fe_{17}N_{3-\delta}$ 微粉复合材料电磁性能的影响，发现其最佳氮化温度为 T_N=500℃，材料的饱和磁化强度 M_s=150emu/g，自然共振频率为 7.4GHz。

对 V_c=0.3 的复合材料样品，其吸波性能在 f=2.6GHz，t=2.89mm，RL=−42.5dB（见图 7）

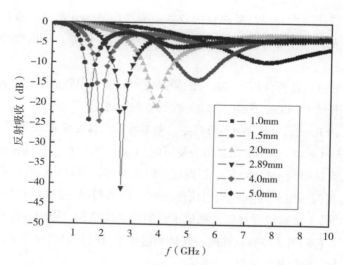

图 7　不同厚度下 $Pr_2Fe_{17}N_{3-\delta}$ 微粉复合材料（V_c=0.3）反射吸收随频率的变化

（3）$Nd_2Fe_{17}N_{3-\delta}$ 微粉复合材料。

制备了 $Nd_2Fe_{17}N_{3-\delta}$ 微粉 / 环氧复合材料的取向样品（V_c=0.3），测量了静态磁性，用

LLG 方程对磁谱进行拟合，得到了相关的微波磁性，并与 Co_2Z 和 $Nd_2Fe_{14}B$（轴各向异性材料）进行了比较（表2）。

表2　Co_2Z，$Nd_2Fe_{14}B$ 和 $Nd_2Fe_{17}N_{3-\delta}$ 本征磁性参量，f_r 为测量得到的自然共振频率，f_R 为计算得到的自然共振频率

试样	$4\pi M_s$（T）	H_θ（Oe）	H_Φ（Oe）	μ_s	f_r（GHz）	f_R（GHz）	T_c（K）
Co_2Z	0.27	13000	112	12	1.4	3.4	683
$Nd_2Fe_{14}B$	1.57	151200	—	1	—	210	585
$Nd_2Fe_{17}N_{3-\delta}$	1.60	107000	80	133	1.71	8.80	725

3. $Sm_2Fe_{14}B$ 微粉复合材料

与 $R_2Fe_{17}N_{3-\delta}$ 家族大多数在室温下为平面各向异性不同，$R_2Fe_{14}B$ 家族中，只有 $Sm_2Fe_{14}B$ 在 0 ~ 600K 范围中为平面各向异性，适合于作为微波磁性材料来进行开发。我们用熔炼—甩带工艺及球磨法制得了 $Sm_2Fe_{14}B$ 微粉 / 环氧复合材料。材料的饱和磁化强度 M_s=115.7emu/g，矫顽力 H_c=493Oe，对于体积浓度 V_c=0.5 的复合材料样品，当厚度 t=3.1mm 时，可在 f=3.0GHz 达到完全匹配，RL=−42.0dB（图8）

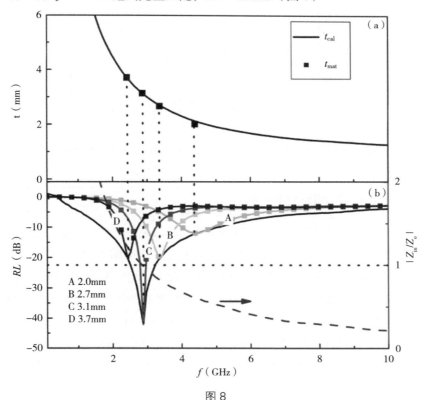

图8
（a）1/4 波长匹配厚度随频率的变化；（b）不同厚度下的反射吸收及相对阻抗随频率的变化

4. Nd（Fe$_{1-x}$Co$_x$）V$_2$稀土微粉复合材料[38]

在稀土-3d磁性化合物大家族中，还有一类四方ThMn$_{12}$型结构的1：12化合物。对于R（Fe$_{11}$M$_1$）化合物而言，几乎室温下全部是易轴各向异性材料，只适合于开发为永磁材料。但若分别用稀土替代或Co替代R（Fe$_{11}$T$_1$）中的铁，则可观察到其磁晶各向异性随替代量而出现十分丰富的变化，从而获得作为微波磁性材料需要的室温范围的平面各向异性。

我们制备了Nd（Fe$_{1-x}$Co$_x$）V$_2$（$0 \leqslant x \leqslant 0.5$）系列样品，X射线衍射和静态磁性测量表明，随Co替代量的变化，其易磁化方向从x轴（$x=0$）到x平面（$x=0.2$，0.3）进而又回到x轴（$x=0.5$）。其微波磁导率和自然共振频率随样品的饱和磁化强度和磁各向异性而变化，与轴各向异性样品相比，平面各向异性样品具有较高的微波磁导率，因而有更强的微波吸收，如图9所示。

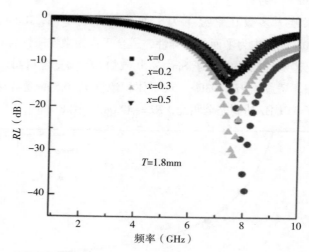

图9　Nd（Fe$_{1-x}$Co$_x$）V$_2$微粉复合材料（V_c=0.35）反射吸收随频率的变化

（三）稀土超磁致伸缩材料进展

稀土超磁致伸缩材料已经成为水声领域不可或缺的关键材料，并且在大功率超声、驱动器以及传感器等领域得到广泛应用。大功率稀土超磁致伸缩超声换能器可用于废旧轮胎脱硫、石油探测、输油管道堵塞定位和油田二次开发等。用稀土超磁致伸缩材料作为驱动材料开发的驱动器可以用于机器人、自动控制、超精密机加工、激光束扫描控制、阀门等领域。利用稀土超磁致伸缩材料逆磁致伸缩效应可用于制作位移、液位、力、加速度等传感器，实现无接触、高精度检测。几十年来，国内在稀土超磁致伸缩材料的生产制备、器件设计开发等方面紧跟世界先进水平，为提高中国国防及相关行业的技术水平提供材料支持。

1. 磁致伸缩机理研究

稀土超磁致伸缩材料的大磁致伸缩起源于4f电子云分布具有高的各向异性，其中包括有自旋－轨道耦合以及晶体场的作用。由于缺乏合适的测量原子尺度应变的方法，一直没有直接的实验证据表明 4f 电子云密度的改变和周围原子键长变化之间的关系。Pascarelli 等[39]采用扩展 X 射线吸收精细结构谱（extended x-ray absorption fine structure spectroscopy，EXAFS）对非晶态 TbFe$_2$ 合金在原子尺度上的应变进行研究发现，非晶态 TbFe$_2$ 合金的 Tb-Tb 键应变（bond strain）导致的伸长是 8×10^{-3}Å，而 Tb-Fe 和 Fe-Fe 的键应变则分别收缩 6（1）$\times 10^{-4}$Å 和 9（2）$\times 10^{-4}$Å。Tb-Tb 键应变结果同 Cullen 和 Clark 的结果相吻合，而 Fe-Fe 键负应变可能是为降低 Tb-Tb 键正应变引起的弹性能增加。通过 EXAFS 的方法观察到非晶材料当中最小的原子位移，为研究磁性和弹性在原子尺度上的耦合提供了新的方法，为磁致伸缩材料的研究提供原子尺度的实验手段。

实验发现形状记忆、磁致伸缩和压电 3 类智能材料不仅在序参量上平行，在畴结构到宏观性能等各个层次上互相平行。基于这一观点，杨森等人从压电体系中准同型相界（MPB）处可以得到高压电性能出发研究了磁致伸缩材料体系[40]。采用同步辐射 X 射线技术研究了 TbCo$_2$-DyCo$_2$ 合金体系的结构和性能，在 TbCo$_2$-DyCo$_2$ 合金体系中发现了具有不同晶体对称性的两个磁性相的准同型相界，结果如图 10 所示。同步辐射 X 射线的原位观察表明准同型相界区域是四方相和菱形相共存的区域并且具有热力学条件下的双稳态，而准同型相界附近材料具有优异的磁性能和磁致伸缩性能。

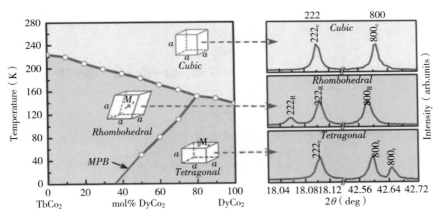

图 10　TbCo$_2$-DyCo$_2$ 合金相图及不同相区的同步辐射 X 射线衍射图

Richard 等人用同步辐射 XRD 研究了 Tb$_{1-x}$Dy$_x$Fe$_2$ 合金体系的准同型相界，发现其准同型相界区域随着温度的升高逐渐扩大[41]。其磁机械耦合的最佳成分点并不在准同型相界的中心而是位于菱形相的边界区域。将其结果同单离子晶体模型和铁电材料的准同型相界模型比较，Richard 认为铁磁材料中发现的随温度升高其准同型相界扩大的原因是磁晶各向异性能的消失以及相应熵的变化导致。准同型相界的发现对于开发新型磁致伸缩材料具有重要的指导意义。

对稀土超磁致伸缩材料施加适当的预应力将显著提高其磁致伸缩应变性能，这是初始磁化方向在单轴预应力作用下重新分布的结果；此外，还可以通过磁场热处理调整磁畴的初始分布状态。Zhang等人对〈110〉取向的稀土超磁致伸缩材料进行垂直和离轴磁场退火，增大特定易磁化方向的磁畴体积分数，能够显著提高磁致伸缩性能[42]。如图11所示，感生各向异性对磁致伸缩"跳跃效应"的影响归因于其与压应力的协同作用。当初始磁畴都是90°畴时，磁致伸缩"跳跃效应"就不明显，但无预应力时的饱和磁致伸缩显著提高。无感生各向异性时，获得初始90°畴所需要的预应力就高达30MPa（如图11a区域），引入感生各向异性就可以显著降低这一应力值（如图11b区域）。这一研究表明，通过预应力或磁场热处理获得理想的初始磁畴可以进一步改善稀土超磁致伸缩材料的性能。

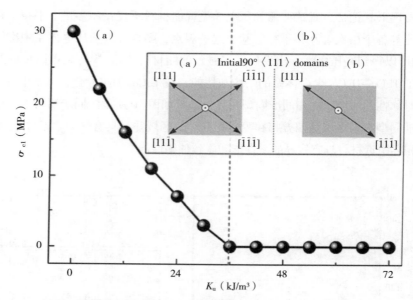

图11　感生各向异性 K_u 对获得理想 90°磁畴状态所需临界预压应力 σ_{cl} 的影响
（插图是 90°初始磁畴的构成示意图）
（a）无感生各向异性；（b）存在感生各向异性

2. 制备技术

目前，稀土超磁致伸缩材料 90% 以上的产品采用定向凝固法制造单晶或取向多晶材料，生产流程：原材料→母合金熔炼→定向凝固→热处理→机加工→表面处理→检测→包装出厂。所采用的定向凝固方法有布里奇曼法（Bridgman）、晶体提拉法（Czochralski）和区熔法（Zone melting）等[43]。

布里奇曼法（Bridgeman）的原理图如图12所示。将炉料或母合金装在坩埚内熔化后，水冷座与熔体接触，因水冷座顶端表面温度与水温相同，而使熔体形核结晶生长。由于热流是单方向流动，造成一个单方向凝固条件，从而获得取向晶体。J. D. Verhoeven 等人改进了布里奇曼法，在感应炉内的坩埚底部设有可开闭的料孔，可使均匀熔化的合金液由底部料口注入放在冷却器上的石英模管中。E.D .Gibson 等在以上研究的基础上开发出一套可连续熔铸结晶、制备出高质量稀土超磁致伸缩材料的系统（ECG），并被美国 Etrema 公司用于规模化生产，产品直径 10 ~ 68mm，长度 25 ~ 280mm。

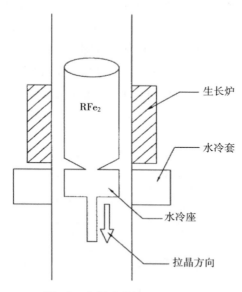

图 12　布里奇曼法原理示意图

晶体提拉法（Czochralski）的原理如图 13 所示。待坩埚内的原材料在感应炉内熔化后，熔池上方可旋转和可垂直升降的拉杆降下与熔体接触。拉杆内部通水冷却形成单方向

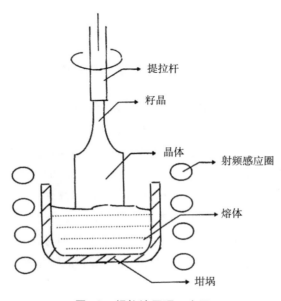

图 13　提拉法原理示意图

温度梯度，杆的下端夹头裹有籽晶。调整拉杆的高度，使籽晶与熔体接触，以籽晶为结晶核心，使熔体定向结晶凝固生长，然后拉杆以一定速度提升，以获得单晶或取向多晶材料。此方法多用于制造研究样品，不适于工业化规模生产。

区熔法是将预先冶炼的母合金棒置于坩埚（如石英管）内，利用高频加热原理将母合金棒区域熔化，使熔区下端形成单向热流，以致单向定向结晶凝固，产品直径 5～7mm，长度 25～200mm。周寿增等采用盘式感应加热线圈将母合金局部区域熔化，由抽拉系统将熔区下拉到 Ga-In-Sn 冷却液附近，使熔区与冷却液表面的距离很短，形成很大的温度梯度，从而得到定向凝固棒，原理如图 14 所示。定向凝固棒的直径可为 10～65mm，长度可为 50～300mm。

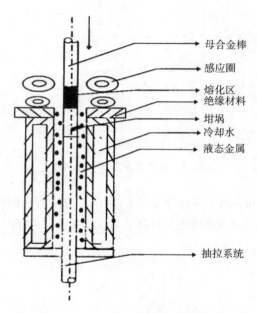

图 14　高温度梯度区熔定向凝固法（HTGZM 法）的原理图

以上各种通过定向凝固制备取向多晶的方法，有些方法是国外学者独创，有些是国内学者在突破国外专利封锁过程中开发的新方法，北京航空航天大学、北京科技大学、上海交通大学、钢铁研究总院、北京有色金属研究总院、包头稀土研究院等多家单位可制备高性能稀土超磁致伸缩材料。国内开发的具有自主知识产权的短流程集成制造工艺（即熔炼→定向凝固→热处理在一台设备上连续完成），可以制备直径达 70mm、长度 250mm 的稀土超磁致伸缩材料。在"863"项目的支持下，北京科技大学、北京有色金属研究总院、钢铁研究总院等多家单位合作开展了大尺寸稀土超磁致伸缩材料关键制备技术的研究，项目完成后建成了年产 1t 的稀土超磁致伸缩材料生产线，能够生产直径高达 100mm，长度 300mm 的棒材。

稀土超磁致伸缩材料在定向凝固后需进行热处理，以改善显微结构的不均匀性和缺陷对磁致伸缩性能的影响。磁场热处理是材料在热处理时沿特定方向施加磁场，然后以一定速度从高温冷却到居里温度以下的某一温度。Ma 等人将具有〈110〉取向的 $Tb_{0.3}Dy_{0.7}Fe_{1.95}$ 合金加热到 773K 保温 10min 后在 3000Oe 的磁场条件下炉冷至室温，磁场与样品轴向呈 90°。磁场热处理后，样品在无预应力条件下的磁致伸缩性能提高。同时，材料表现出优异的"跳跃效应"，在 30MPa 预压应力，8000Oe 磁场下，材料的磁致伸缩系数达到了 2680×10^{-6}，比未磁场热处理样品的性能提高了 67%，如图 15 所示。磁场退火处理所带来的性能改善应归因于其诱导了初始磁畴磁矩分布的变化，进而促进了非 180° 的畴变[44]。从实际应用角度，垂直磁场热处理显著提高了合金在预应力条件下的磁致伸缩性能，对于器件开发有着重要意义。

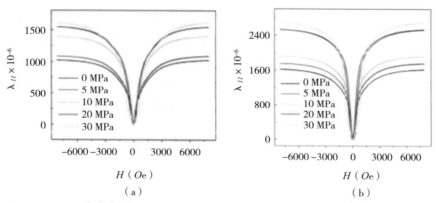

图 15　不同预应力条件下，$Tb_{0.3}Dy_{0.7}Fe_{1.95}$ 合金的磁致伸缩系数随磁场强度的变化
（a）未磁场热处理；（b）磁场热处理

Liu 等人通过在 $Tb_{0.27}Dy_{0.73}Fe_{1.95}$ 合金凝固过程中附加强磁场（1T、2.2T、4.4T），研究了强磁场对合金显微结构以及磁致伸缩性能的影响[45]。结果发现合金的晶粒生长方向随着磁场强度的增加有沿着磁场方向生长的趋势；相应的磁致伸缩性能也随着外加磁场的增加有增加的趋势，而且随着外加磁场的增加也提高了合金的动态磁致伸缩系数和机械耦合系数。显然强磁场热处理对于提高材料的磁致伸缩性能有重要作用，提供了一种制备稀土超磁致伸缩材料的方法。但是这种方法受强磁场源的限制使其获得样品非常小，现阶段只能用于科学研究。

定向凝固法制备的材料形状受限，为满足特殊应用场合对特定形状产品的需求就需要对定向凝固获得材料进行加工，这样就会降低材料利用率，提高成本。为突破形状限制、提高材料利用率，研究者采用粉末烧结法来制备磁致伸缩材料，其工艺流程为：原材料→母合金熔炼→制粉→磁场取向、成型→烧结→热处理→机加工→表面处理→检测→包装出厂。

为降低定向凝固材料在高频应用下的涡流损耗，需要对其进行切缝处理，但是切缝必然会造成原材料的浪费。可通过黏结成形的方法制备稀土超磁致伸缩材料，虽然其磁致伸缩性能降低，但其电阻率高，适合高频应用。其主要流程为：原材料→母合金熔炼→制粉→加黏结剂和耦联剂→固化处理→表面处理→检测→包装出厂。

在薄型传感器或微型机械、微型驱动器或器件当中需要稀土超磁致伸缩薄膜材料，主要采用闪蒸、粒子束溅射、直流溅射、射频磁控溅射等方法在基片上进行镀膜，用于开发微型功能材料器件。Zhu 等人采用离子束多靶溅射的方法在 $Pt/TiO_2/SiO_2/Si$ 基底上进行 $Tb_xDy_{1-x}Fe_2$ 薄膜制备研究[46]。实验发现材料的磁性能受沉积参数的影响较大。成分为（$Tb_{0.3}Dy_{0.7}$）Fe_2、薄膜厚度 140nm 的试样具有低矫顽力以及达到 $680emu/cm^3$ 的磁化强度。通过 X 射线和透射电镜在微观组织当中观察到纳米尺寸（7 ~ 10nm）晶粒可能是软磁性及高磁化性能出现的原因。

3. 新的合金体系

传统稀土超磁致伸缩材料在技术磁化过程中磁致伸缩性能有滞后，导致大的磁滞损耗以及非线性磁致伸缩，一定程度上影响了材料的应用。Wang 等人制备了（$Tb_{0.15}Ho_{0.85}Fe_2$）$_x$+（$Tb_{0.15}Dy_{0.85}Fe_2$）$_{(1-x)}$ 合金，研究了 Ho 对合金磁致伸缩滞后的影响。结果如图 16 所示，合金在 8000Oe 磁致伸缩性能随着 x 的逐渐从 $880×10^{-6}$（x=0）降低到 $210×10^{-6}$（x=0.9）。而当 x=0.1 时，合金具有最大的磁致伸缩和最小的滞后系数[47]。主要是因为 $HoFe_2$ 与 $TbFe_2$ 的磁晶各向异性符号相反，Ho 的添加通过补偿原理降低合金磁晶各向异性。

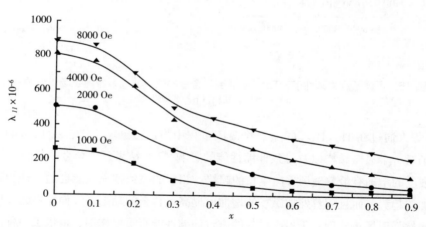

图 16　不同磁场条件下，退火态 x（$Tb_{0.15}Ho_{0.85}Fe_2$）+（$1-x$）（$Tb_{0.15}Dy_{0.85}Fe_2$）合金磁致伸缩与成分参数 x 的关系

目前，国内外的稀土超磁致伸缩材料主要用高纯铽、镝来进行生产，成本较高。有研究者用稀土中间合金（TbFe、DyFe 合金）为原料来降低原材料成本[48]，或采用其他非稀土元素来部分替代重稀土元素铽镝，或开发新型不含重稀土元素铽镝的磁致伸缩材料。

Hu 等人开展了铸态 $Tb_xDy_yNd_z$（$Fe_{0.9}Co_{0.1}$）$_{1.93}$（z=1-x-y）合金的研究工作，结果表明 $Tb_{0.253}Dy_{0.657}Nd_{0.09}$（$Fe_{0.9}Co_{0.1}$）$_{1.93}$ 合金具有最佳的磁致伸缩性能[49]。如图 17 所示，在 1000Oe 磁场条件下 x=0.253，y=0.657 时的磁致伸缩系数是 x=0.27，y=0.73 的两倍，前者的饱和磁致伸缩系数是 $945×10^{-6}$，同 x=0.3，y=0.7 的饱和磁致伸缩系数 $980×10^{-6}$ 相当。

可见，用轻稀土 Nd 部分替代重稀土元素可以降低磁晶各向异性，提高材料低磁场下的磁致伸缩性能。

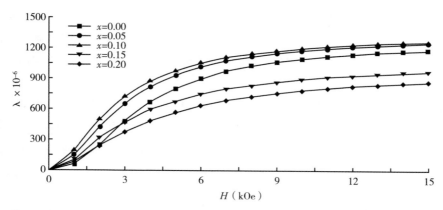

图 17　$(Tb_{0.27}Dy_{0.73})_{1-x}(Tb_{0.1}Nd_{0.9})_x(Fe_{0.9}Co_{0.1})_{1.93}$ 合金磁致伸缩随磁场的变化

Wang 等人开展了不含重稀土 Tb 和 Dy 元素的稀土磁致伸缩合金体系 $Sm_{1-x}Nd_xFe$ 合金的研究[50]。研究结果表明 $Sm_{0.88}Nd_{0.12}Fe_2$ 合金具有比 $SmFe_2$ 大的低场压磁系数，Sm^{3+} 和 Nd^{3+} 之间的各向异性补偿是导致该现象的原因。6kOe 下，$Sm_{0.88}Nd_{0.12}Fe_2$ 在 225K 的磁致伸缩系数为 -1244×10^{-6}，而在 290K 下为 -1022×10^{-6}。该合金还需要继续调节合金成分提高自旋再取向温度以便于室温下的应用。

美国 Etrema 公司所生产的 Terfenol-D 典型磁致伸缩曲线如图 18 所示，室温下低场磁致伸缩性能要显著高于以上用其他元素替代的新型合金，这说明在需要大磁致伸缩系数的场合还是需要用高纯度原材料按照经典成分来配料。考虑到具体应用情况，如高低温环境、腐蚀环境、压力环境对材料综合性能的影响，以及不同应用对磁致伸缩系数大小要求的不同，新型合金成分的开发还需要继续推进。继续深化研究新的稀土超磁致伸缩材料合

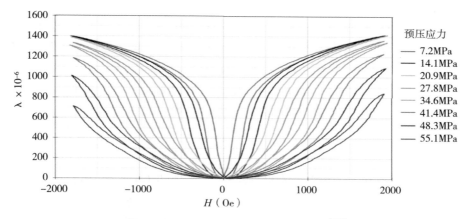

图 18　Terfenol-D 典型磁致伸缩曲线[51]

金成分，细化不同合金成分以形成满足不同应用条件的产品，最终实现稀土超磁致伸缩材料系列化。

4. 应用进展

稀土超磁致伸缩材料以其大磁致伸缩应变、高磁机械耦合系数、能量密度高、承载压力大、响应速度快、可靠性好、驱动方式简单等特点受到器件设计者的青睐，为精密驱动、重载驱动等驱动方式的实现提供了新的解决方案。目前该材料已经广泛应用于国防以及国民经济发展的诸多领域。

美国海军将 Terfenol-D 作为下一代声呐系统的核心材料，美国 Lockheed-Martin 公司采用该材料研制的主动拖拽声呐阵列 SEA TALON，及已使用的（small synthetic aperture Minehunter，SSAM）系统可以实现低频条件下获取到高分辨图像（低频率条件下图像分辨率 3 英寸 × 3 英寸）。Etrema 公司生产的 CU18A 超声换能器带宽 15 ~ 20kHz、最大输出位移 10μm、最大动态输出力 3250N，已经应用在超声振动声源、超声化学等领域。Etrema 公司的主动加工系统（active machining systems，AMS）可快速精确地加工器件，加工精度达到微米级，同时该系统可安装到普通车床。

国内由稀土超磁致伸缩材料制造的器件已经大量应用，如薄型平板喇叭，振动力大，音质好，高保真，可使楼板、墙体、桌面、玻璃等多种表面振动和发音，可用作水下音乐、水下搜救通信等。辽河油田利用该材料开发出井下物理法采油装置，长江工程地球物理勘测研究院开发出地面、井间发射换能器。湖南岳阳奥成科技有限公司开发出十几种稀土超磁致伸缩地球物理应用产品，其中包括井间声波发射发射换能器，混凝土检测发射换能器，大功率水下声源等，能较好地满足地质和工程物探方面对声波发射的要求，已广泛应用于水利、水电、公路、桥梁等地球物理工程检测，取得了很好的效果[52]。

三、国内外研究进展比较

（一）稀土磁制冷材料

国内虽然在新材料体系开发上几乎与国外研究同步，尤其是低温磁制冷材料处于国际领先地位，但过去几年在磁制冷材料加工方向上认识不足、起步较晚、差距明显、与材料物理和器件配合度不够，在一定程度上造成了国内磁制冷领域的整体滞后。近年来，通过国内外科研人员的跨学科互访、交流、研讨和互补，以及国家高层次人才政策出台，都大大增强了国内在磁制冷材料制备和加工实力。下面分为四个部分对国内外磁制冷材料成型方向进行对比阐述。

1. 快速成相

具有复杂凝固路径和多相组织的 La-Fe-Si 合金（包晶反应）和 MnFeP（Ge，Si）合金（共晶反应）在铸态条件下都无法直接成相，块体高温均匀化退火需要数周时间。德国早在 2005 年就开展了熔融甩带工艺制备 La-Fe-Si 快淬带，将其退火时间缩短到 2 小时，并保持块体大磁熵变和小滞后。日本随即在 2006 年报道了更适合批量化制备的 La-Fe-Si 速凝片工艺。从 2012 年起，中科院宁波材料所开始系统研究 La-（Fe，Co）-Si 合金公斤级速凝片工艺控制、退火条件优化、及其粉末化等技术。四川大学提出了高温短时退火得到 $NaZn_{13}$ 相，宁波材料所结合慢速定向凝固手段可以直接获得此 La-Fe-Si 功能相。最近，宁波材料所发现在 La-Fe-Si 中引入 La_5Si_3 相可以发生中间反应生成 $La_1Fe_1Si_1$ 相，因此极大缩短获得 $NaZn_{13}$ 相需要的退火时间。这些结果表明，在 La-Fe-Si 快速成相和规模化铸片和粉末制备上，国内研究已处于领先地位；但某些关键技术专利，如速凝工艺已被日本抢先注册。

2. 粉末冶金

人们已经公认，粉末烧结是批量、稳定制备 La-Fe-Si 和 MnFeP（Ge，Si）合金的唯一途径，具有成分控制精准、微观偏析小、力学性能较好、易回收等优势。德国真空冶金公司（VAC）于 2008 年率先开展了 La-Fe-Si 液相反应烧结的工作，目前世界上磁制冷样机使用的 La-Fe-Si 型材绝大部分来自 VAC 公司。中国尚未大规模开展此类工作，只有宁波材料所进行了一些粉末热压的研究，对反应性烧结机理和控制都缺乏清楚认识和掌握。在 Fe_2P 型合金中，荷兰代尔夫特理工大学和德国 BASF 公司都使用机械合金化方法公斤级制备 MnFeP（Ge，Si）块体，与美国宇航公司合作开发了磁制冷样机。法国人 2010 年曾报道用机械合金化方法制备 La-Fe-Si 合金，但尚未见其他课题组跟进。中国北京工业大学自 2009 年开展等离子放电烧结（SPS）MnFePGe 合金块体的工作，但制备大体积材料难度较大，且原粉质量不易控制。由此看出，这种极具潜力的磁制冷材料粉末冶金制备技术国内外差距较大，在中国还有很大的发展空间。

3. 复合材料

现在认为聚合物粘接或纯金属包裹 / 嵌入的室温磁制冷复合材料可以提高单一材料的力学性能和导热性能（对金属基而言）。中科院物理所已对聚合物粘接 La-Fe-Si 工艺申请了 PCT 专利，德国达姆斯塔特大学系统研究了压力对磁热性能的影响关系。英国帝国理工大学提出电镀或化学镀在 La-Fe-Si 颗粒上镀铜，其热导系数可显著提高；在钙钛矿氧化物颗粒上镀银，热导率提高 3 倍。近来中科院宁波材料所使用 Al 或 Sn 与 La-Fe-Si-（Co，H）热压，在磁热性能牺牲不大的情况下，极大提高了薄片的抗弯强度和导热能力。目前，尽管 VAC 公司申请了磁制冷复合材料的概念化专利，但此类研究尚处于起步阶段，中国与发达国家竞争激烈。无论是基础性研究，还是用于样机试制，我们都应有前瞻性布局和系统化组织开展研究。

4. 近终成型

根据换热效率技术，室温磁制冷机要求磁制冷材料的几何形状一般是 0.2 ~ 0.5mm 厚的薄片，低温段则为 200 ~ 300 μm 规则微球，而最优化的则是波纹性微通道的体材。在加工能力能够保障的条件下，目前薄片采用切割以成型，粉末注塑挤压直接成型尚未见报道。微球可以用不同方法制备，如日本提出的旋转熔融电极制备 La-Fe-Si 小球，但成本昂贵；宁波材料所报道的落管法则产率极低，不适用于批量化。工业上通行的气雾化工艺应该是制备磁制冷小球的可行途径，但由于一般雾化炉产量都在几十千克以上，对于新型磁制冷材料可能造成原料浪费。所以研制小型雾化装置（包括气雾化、水雾化、超声雾化等）专门用于稀土磁制冷材料的制备迫在眉睫；尤其是对于低温段的价格昂贵的重稀土添加材料，每台样机中只需要几百克磁工质更是如此。对于换热效率更高的微通道体材加工，只有德国 IFW–Dresden 采用粉末打印技术实现，但其中仍存在氧化严重、富铁相重新析出等问题。结合 3D 打印技术的兴起，我们应该在磁制冷材料近终型制造方向上及时开展激光打孔和增量制造，抢占世界制高点。

（二）稀土微波材料

未见到国内外任何研究组关于易面型稀土磁性材料作为微波磁性材料的研究和应用的报道。

（三）稀土超磁致伸缩材料

国外稀土超磁致伸缩材料生产主要集中在美国 Etrema 公司，该公司联合 Ames 实验室、NAVSEA 公司、爱荷华大学等单位，将材料成分设计与开发、材料制备、生产设备开发、材料器件的设计开发、产品应用技术整合在一起，形成完整的产业链。该公司生产稀土超磁致伸缩材料的方法主要有基于布里奇曼法的晶体生长（etrema crystal grouth，ECG）系统、悬浮区熔法（FSZM）以及粉末冶金法。ECG 系统可用来生产直径 10 ～ 65mm 的棒材产品；悬浮区熔法可用来生产高〈112〉取向度的高性能磁致伸缩材料，其成本较高，所生产的产品直径最大仅有 9mm，主要用于研究；粉末冶金法是一种近终成形的方法，但产品性能不高。该公司具有稀土超磁致伸缩材料生产能力的同时还具备器件设计研发能力，如上文所示已经开发出诸如超声换能器 CU18A、主动加工系统、声波采油、功率超声换能器在内的多种设备器件，此外还可根据用户需求进行磁致伸缩材料相关器件的设计开发。

国内开展稀土超磁致伸缩材料及应用研究的单位比较多，这些单位之间或基于新型材料的开发、或基于新型器件的制造而互相合作，但尚未形成如美国 Etrema 公司的稀土超磁致伸缩材料产业链。国内目前的生产制备能力与国外还有一定的差距，但具有自己的特点。高温度梯度区熔定向凝固法所形成的温度梯度大，熔体与坩埚接触时间短，坩埚反应小，污染少，成分偏析少。短流程集成制造工艺将熔炼、定向凝固、热处理等程序在一台设备上连续完成，可用于制备大直径、高性能、低成本的稀土超磁致伸缩材料，易于批量化生产。在"863"项目支持下完成的大尺寸稀土超磁致伸缩材料的制备研究形成了小批量生产线，能够制备直径 100mm 磁致伸缩材料。从产品性能来看，国内研制的材料在物理性能与力学性能上接近国外产品技术指标，在低场磁致伸缩性能和磁致伸缩应变的变化率上要达到甚至超过国外产品水平，但批量化生产指标与国外还有差距。在材料应用方面与国外还有差距较大，国内注重材料的应用研究，但应用研究成果转换为产品投入市场相对较少。这需要国内的材料制备、器件设计、产品推广等单位加强合作，打造稀土超磁致伸缩材料及应用产业平台。

四、本领域的发展展望

（一）稀土磁制冷材料

中国在磁制冷领域的基础研究、成分专利、原材料资源等都具有很强的软资本优势，但协同创新效应不明显，材料深加工能力较弱，人才队伍单一，目标导向不明确，从而造成磁制冷系统装备上较发达国家落后。

我们的优势表现在：①以中科院物理所磁学国家重点实验室为代表的一批材料物理学家；②典型磁制冷体系 La-Fe-Si 和 Ni-Mn-Ga 合金均由中国科学家发现，并申请了原始成分专利，在未来磁制冷材料市场竞争中处于主动位置；③中国占世界 60% 的已开发稀土资源，La/Ce 等轻稀土的综合合理利用符合国家战略发展导向，这也是稀土磁制冷材料的发展契机；④科研成果和影响力逐渐被国际社会认可，中科院物理所胡凤霞和刘恩克分别在两届代表领域最高水平的国际磁制冷大会上作特邀报告。

劣势在于：①协调创新系统机制不完善、人才链断档。欧洲第 7 框架计划连续支持了两轮共 6 年的磁制冷项目（"SSEEC"和"DDREAM"），从热工循环模拟优化、新材料发掘和新工艺突破，结合新表征手段，到模型机研制。德国自然科学会也启动了"多铁性制冷"重大项目，从不同尺度上对金属和氧化物的磁热、弹热、电热及其相关物理现象（如滞后损耗起源）进行系统研究。这些重大研究计划侧重发展区域特色磁热材料（如无稀土的 Heusler 合金和 Fe_2P 型材料），推广优势技术（如粉末冶金），发挥自主研发新仪器设备的创新驱动功能，并打造不同领域人才和不同角度和维度研究的集群工程。中国的研发团队则以材料物理与化学专业为主，缺乏热能工程和机械控制方向的人才参与；研究设备依赖商业化进口，功能性拓展不强。②第五届国际磁制冷会议上，世界制冷协会开始制定"磁制冷国际标准"，但中国科学家没能成为标准委员会成员，将来可能就会丧失国际社会的话语权。

根据世界磁制冷材料、机理、技术及器件研究和发展趋势，我们认为应优先部署的方向和发展路径如下：

（1）加强基础研究投入，丰富磁热效应机理，为材料实际应用提供理论指导。尤其是对高丰度稀土元素对磁制冷合金的电子结构、巡游电子转变、氢化机理的影响作为重要研究课题。

（2）将磁结构相变滞后问题作为未来磁制冷材料发展的关键科学问题之一，从电子结构、应变层畸变能、体积效应、外延参数调控等方面理解和控制滞后。

（3）发展磁、力、电等多场制冷和耦合热效应研究，从多物理场下磁畴、相界面、晶界等尺度研究相变形核和长大机制。开展多激励条件下磁热材料的绝热温变动力学研究。

搭建磁弹耦合制冷原型机。

（4）加强磁制冷材料粉末冶金（烧结和热压）研究，尤其是金属基复合材料和聚合物粘接等特殊工艺。积极开展适合磁热材料成型新技术，如注射成型、粉末轧制、3D 打印等。

（5）加大引进和培养人才力度，组建跨学科队伍，交叉、系统的研究和优化磁制冷热循环、发掘新材料、开发新工艺、研制磁制冷机。

（二）稀土微波磁性材料

（1）高频微波磁性材料从 20 世纪 50 ～ 60 年代至今仍在用立方结构的尖晶石，石榴石铁氧体和六角结构的 Co_2Z，W 型，Y 型等平面型铁氧体材料，其自然共振频率仍停留在 20 世纪 50 ～ 60 年代的几百 MHz 和 1 ～ 3GHz，这已远远不能适应当代通信和计算机技术发展对高频微波磁性材料的要求。

（2）表 3 给出了几种平面型铁氧体材料与平面型稀土材料的本征磁性（M_s，K_{u1}，$T_c\cdots$）和高频微波磁性（μ_i，$f_r\cdots$）的比较，平面型稀土化合物相对于平面型铁氧体材料的优越性是一目了然的，这恰如轴各向异性稀土化合物的永磁性能远远超过 Ba–M，Sr–M 型铁氧体材料一样。

表 3　平面型铁氧体材料与稀土材料的本征磁性（M_s，K_{u1}，$T_c\cdots$）和高频微波磁性（μ_i，$f_r\cdots$）

试样	M_s（T）	H_θ（Oe）	H_ϕ（Oe）	K_{u1}（J/m³）	T_c（K）	μ_i	f_r（GHz）
Co_2Z	0.336	13000	120.0	–1.8e5	675	15.0	3.49
Mg_2Y	0.09	15000	32	–5.4e4	550	14.1	1.94
$PrCo_5$	1.337	188015.0	188.02	–1.0e7	910	35.6	16.65
$NdCo_5$	1.481	678726.0	678.73	–4.0e7	925	14.5	60.10

（3）平面型稀土微波磁性材料相较于铁氧体材料的劣势是块体材料的电阻率太小（$1 \sim 10^2 \Omega \cdot cm$），解决这个困难的方法是采用近年来蓬勃发展的微粉（纳米）制备技术和粉末冶金技术，制备微米和亚微米量级磁粉复合材料，可以在保持其优异内禀磁性及高频微波磁性的前提下，极大地提升复合材料的电阻率，替代已经使用多年的铁氧体微波磁性材料，减少微波器件的体积和重量，同时使其性能得到提升。

（4）展示材料性能优异的最佳方式是器件应用，为使稀土微波磁性材料开发出来并尽快进入市场，必须在现有基础上，将其应用于如环形器、隔离器、滤波器等大宗微波器件上，以其体积小，重量轻，性能更高的优势取代现在大量采用的铁氧体材料。

（三）稀土超磁致伸缩材料

（1）稀土超磁致伸缩材料产业化关键技术、装备的研究。因磁致伸缩性能具有强烈各向异性，在规模化生产当中除控制稀土磁致伸缩材料的成分、组织结构外，还要保证材料取向的一致性，方可保证材料磁致伸缩性能的高一致性。在前期研究基础上，实现材料取向高一致性的关键技术突破，通过开发新装备实现温度场动态控制，提高生产自动化程度，加强质量管理，为器件开发提供合格产品。

（2）低成本稀土超磁致伸缩材料的研究。实验室研发以及小批量生产的稀土超磁致伸缩材料多采用高纯金属，导致其成本过高，限制其大规模推广应用。开展利用工业纯铽、工业纯镝、镝铁合金等低成本原料、铽镝减量或轻稀土元素部分替代制备高性价比稀土超磁致伸缩材料及冶炼工艺研究，降低材料的成本。

（3）稀土超磁致伸缩材料的综合性能评价方法及平台建设。系统研究材料的应用特性，包括磁致伸缩系数、机电耦合系数、导磁系数、弹性模量、声速等随合金成分、组织结构、预应力、静磁场、静磁通、交变磁场、交变磁通及温度变化的规律，尤其注意加强材料生产与器件设计的沟通，根据器件设计要求开发材料，提供相关参数。此外，稀土超磁致伸缩材料在应用过程中受磁场、温度场、应力场等条件综合影响。为有效评价材料复杂环境下的安全服役行为，开展稀土超磁致伸缩材料在复杂环境下的性能研究，搭建测试平台，为实现材料的综合优化提供依据。联合材料生产制备、器件设计开发、产品推广应用等单位，细化稀土超磁致伸缩材料系列，建立健全稀土超磁致伸缩材料的评价体系，推动材料的应用。

—— 参考文献 ——

［1］ Pecharsky V K, Gschneidner K A. Giant Magnetocaloriceffectin Gd5（Si_2Ge_2）［J］.Physical Review Letters,1997, 4494: 78.

［2］ Guo Z B, Du Y W, et al. Large magnetic entropy change in perovskite-type manganeseoxides［J］. Physical Review Letters,1997,1142: 78.

［3］ Hu F X, Shen B G, Sun J R. Magnetic entropy change in $Ni_{51.5}Mn_{22.7}Ga_{25.8}$ Alloy［J］.Applied Physics Letters, 2000, 3460: 76.

［4］ Krenke T,et al. Inverse magnetocaloric effect in ferromagnetic Ni-Mn-Snalloys［J］. Nature Materials, 2005, 4: 450 – 454.

［5］ Liu J, et al. Giant magnetocaloriceffectdriven by structural transitions［J］. Nature Materials, 2012, 620: 11.

［6］ Hu F X, Shen B G, et al. Influence of negative lattice expansion and metamagnetic transition on magnetic entropy change in the compound $LaFe_{11.4}Si_{1.6}$［J］. Applied Physics Letters, 2001, 3675: 78.

［7］ Shen B G, Sun J R, et al. Recent progress in exploring magnetocaloric materials［J］. Advanced Materials, 2009, 21: 4545-4564.

［8］ Nikitin S, et al. Giant elastocaloric effect in FeRh alloy［J］. Physics Letters A,1992（171）: 234.

［9］ Wada H and Tanabe Y, Giant magnetocaloric effect of $MnAs_{1-x}Sb_x$［J］.Applied Physics Letters, 2001, 79: 3302.

［10］ Tegus O, Bruck E, et al. Transition-metal-based magnetic refrigerants for room-temperature application［J］. Nature, 2002, 415: 150.

［11］ Bao L F, Hu F X, Chen L, et al. Magnetocaloric properties of La（Fe,Si）13-based material and its hydride prepared by industrial mischmetal［J］. Applied Physics Letters, 2012, 101: 162406.

［12］ Hu F X, Chen L, Wang J, et al. Particle size dependent hysteresis loss in $La_{0.7}Ce_{0.3}Fe_{11.6}Si_{1.4}C_{0.2}$ first - order systems［J］. Applied Physics Letters, 2012, 100: 072403.

［13］ Moya X, Kar-Narayan S, and Mathur N D, Caloric materials near ferroic phase transitions Nature Materials, 2014, 13: 439-450.

［14］ Moya X, Defay E, Heine V, et al. Too cool to work［J］. Nature Phys., 2015, 11: 202-205.

［15］ Brown G V. Magnetic heat pumping near room temperature ［J］. Journal of Applied Physics,1976, 47: 3673.

［16］ Jacobs S, Auringer J, Boeder A, et al. The performance of a large-scale rotary magnetic refrigerator［J］. International Journal of Refrigeration, 2014, 37: 84-91.

［17］ Bahl C R H, Engelvrecht K, Eriksen D, et al. Development and experimental results from a 1 kW prototype AMR［J］. International Journal of Refrigeration, 2014, 37: 78-83.

［18］ Arnold D S, Tura A, Ruebsaat-Trott A,et al. Design improvements of a permanent magnet active magnetic refrigerator ［J］. International Journal of Refrigeration, 2014, 37: 99-105.

［19］ Yao G H, Gong M Q, Wu J F. Experimental study on the performance of a room temperature magnetic refrigerator using permanent magnets［J］. International Journal of Refrigeration, 2006, 29: 1267-1273.

［20］ He X N, Gong M Q, Zhang H,et al. Design and performance of a room-temperature hybrid magnetic refrigerator combined with stirling gas refrigeration effect ［J］.International Journal of Refrigeration, 2013, 36: 1465-1471.

［21］ Xue D S, Li F S, Fan X L, et al. Bianisotropy picture of higher permeability at higher frequencies［J］.Chinese Physics Letters, 2008, 25: 4120 .

［22］ Pang H, Qiao L, Li F S. Calculation of magnetocrystalline anisotropy energy in $NdCo_5$［J］. Physical Status Solidi B, 2009, 246: 1345.

［23］ 张莎. Hcp-Co 基软磁材料磁晶各向异性的第一性原理计算及其高频磁性［D］. 兰州：兰州大学，2014.

［24］ Zuo W L, Qiao L, Chi X, et al. Complex permeability and microwave absorption properties of planar anisotropy $Ce_2Fe_{17}N_3$-delta particles［J］. Journal of Alloys Compounds, 2011, 509: 6359.

［25］ Chi X, Yi H B, Zuo W L, et al. Complex permeability and microwave absorption properties of Y_2Fe_{17} micropowders with planar anisotropy［J］. Journal of Physics D: Applied physics, 2011, 44: 5001.

［26］ Han R, Yi H B, Wei J Q, et al. Electromagnetic performance and microwave absorbing property of nanocrystalline $Sm_2Fe_{14}B$ compound ［J］. Apply Physics A 2012,108（3）:665-669.

［27］ Han R, Yi H B, Zuo W L, et al. Greatly enhanced permeability for planar anisotropy $Ce_2Fe_{17}N_3$-deltacompound with rotational orientation in various external magnetic fields ［J］. Journal of Magnetism and Magnetic Materials, 2012, 324: 2488. Zuo W L, Ying L, Qiao L A, et al. High frequency magnetic properties of $Pr_2Fe_{17}N_3$-delta particles with planar anisotropy［J］.Physica B: Condensed Matter, 2010, 405: 4397 .

［28］ Xi L, Li XY, Zhou J J, et al. Influence of magnetic annealing on high-frequency magnetic properties FeCoNd films ［J］. Materials Science and Engineering B-Solid State Materials for Advanced Technology, 2011, 176: 1317.

［29］ Li F S, Wen F S, Zhou D, et al, Microwave Magneic Propertiesof $Nd_2Fe_{17}N_{3-\delta}$ with Planar Anisotropy ［J］. Chinese Physics Letters,2008,25: 1068 .

［30］ Wen F S, Qiao L, Zhou D, et al. Influence of shape anisotropy on microwave complex permeability in carbonyl iron flakes/epoxy resin composites［J］. Chinese Physics B,2008, 17（6）: 2263-2267.

［31］ 温福昇. 具有平面磁各向异性的稀土 -3d 过渡族金属间化合物颗粒、薄膜和片状磁性金属颗粒的微波磁性研究［D］. 兰州：兰州大学，2008.

［32］ 伊海波. 平面型稀土金属间化合物微粉 / 石蜡复合材料的微波吸收性质［D］. 兰州：兰州大学，2010.

［33］ 左文亮. 平面各向异性稀土铁基化合物微粉复合材料的微波磁性及微波吸收性质［D］. 兰州：兰州大学，2011.

［34］ 韩瑞. 易面各向异性磁粉复合材料微波吸收性能的研究［D］. 兰州：兰州大学，2013.

［35］池啸. 易面各向异性稀土金属间化合物磁粉的微波磁性研究［D］. 兰州：兰州大学，2013.

［36］Franse J J M and Radwanski R J, Magnetic properties of binary rare-earth 3d-transition-metal intermetallic compounds, Handbook of Magnetic Materials［M］. North Holland, 1993, 7.

［37］Liu X, Qiao L and Li F S, Microwave properties in relation tomagnetic anisotropy of the Nd（$Fe_{1-x}Co_x$）（10）V-2 system［J］. Journal Physics D: Applied Physics, 2010, 43: 165004.

［38］Pascarelli S, Ruffoni M P, Trapananti A, et al. 4 f charge-density deformation and magnetostrictive bond strain observed in amorphous $TbFe_2$ by x-ray absorption spectroscopy［J］. Physical Review B. 2010, 81（2）: 020406.

［39］Yang S, Bao H, Zhou C, et al. Large magnetostriction from morphotropic phase boundary in ferromagnets［J］. Physical Review Letters, 2010, 104（19）: 197201.

［40］Bergstrom Jr R, Wuttig M, Cullen J, et al. Morphotropic phase boundaries in ferromagnets: $Tb_{1-x}Dy_xFe_2$ alloys［J］. Physical review letters, 2013, 111（1）: 017203.

［41］Zhang C, Ma T, Yan M. Induced additional anisotropy influences on magnetostriction of giant magnetostrictivematerials［J］. Journal of Applied Physics, 2012, 112（10）: 103908.

［42］王博文，曹淑英，黄文美. 磁致伸缩材料与器件［M］. 北京：冶金工业出版社，2008.

［43］Ma T, Zhang C, Zhang P, et al. Effect of magnetic annealing on magnetostrictiveperformance of a<110> oriented crystal $Tb_{0.3}Dy_{0.7}Fe_{1.95}$［J］. Journal of Magnetism and Magnetic Materials, 2010, 322（14）: 1889-1893.

［44］Liu Y, Wang Q, Kazuhiko I, et al. Magnetic-field-dependent microstructure evolution and magnetic properties of $Tb_{0.27}Dy_{0.73}Fe_{1.95}$ alloy during solidification［J］. Journal of Magnetism and Magnetic Materials, 2014, 357: 18-23.

［45］Zhu J, Cibert C, Domenges B, et al. Magnetic properties and microstructure of $Tb_xDy_{1-x}Fe_2$ thin films sputtered on Pt/TiO_2/SiO_2/Si substrate［J］. Applied Surface Science, 2013, 273: 645-651.

［46］Wang B, Lv Y, Li G, et al. The magnetostriction and its ratio to hysteresis for Tb-Dy-Ho-Fe alloys［J］. Journal of Applied Physics, 2014, 115（17）: 17A902.

［47］江丽萍，赵增祺，吴双霞，等. 稀土中间合金制备稀土磁致伸缩材料的方法：中国，CN 1296505C［P］. 2007-1-24.

［48］Hu C C, Shi Y G, Shi D N, et al. Optimization on magnetic transitions and magnetostriction in $Tb_xDy_yNd_x$（$Fe_{0.9}Co_{0.1}$）$_{1.93}$ compounds［J］. Journal of Applied Physics, 2013, 114（14）: 143906.

［49］Wang Y, Ren W J, Yang Y H, et al. Magnetostrictive properties of the heavy-rare-earth-free $Sm_{1-x}Nd_xFe_2$ compounds［J］. Journal of Applied Physics, 2013, 113（14）: 143903.

［50］网络参考文献［EB/OL］. http://www.etrema.com/terfenol-d/.

［51］王槐仁，张友纯，李张明. 稀土超磁致伸缩材料及在地球物理领域的应用［J］. 物探装备，2003，13（2）: 73-76.

撰稿人：胡凤霞　沈　俊　刘　剑　黄焦宏　沈保根　李发伸
薛德胜　周　栋　韩　瑞　高学绪　蒋成保

稀土催化材料研究

一、引言

稀土元素特别是镧、铈等高丰度稀土元素，因具有未充满电子的 4f 轨道等特征，而表现出独特的化学和电学性能，已在石油加工、化石燃料的催化燃烧、机动车尾气和有毒有害气体的净化、碳一化工、燃料电池、烯烃聚合等诸多重要过程中得到应用。如 20 世纪 60 年代，美国 Mobil 公司发明了稀土改性 Y 分子筛（REY）替代无定形硅铝酸盐催化剂，引发了炼油工业的技术革命；稀土储氧材料扩大了汽车尾气净化催化剂的操作窗口，已成为确定尾气净化三效催化剂性能的关键组成，得到了大规模的应用。

随着能源化工、环境保护和化学品生产等技术水平的提高，所涉及反应日趋复杂，对催化剂的性能也提出了更高的要求。充分发挥稀土的催化作用，发展以催化剂为核心的催化技术，提高相关反应过程的效率，是稀土催化的发展方向和趋势。同时，发现和发展新结构、新功能的稀土催化材料，扩展其应用领域，是稀土催化材料发展的机遇。

二、本学科领域近年的最新研究进展

（一）稀土在石油化工催化中的应用

催化裂化（fluid catalytic cracking，FCC）是石油炼制最关键的一步，催化裂化催化剂自 1936 年问世以来，经历了天然白土催化剂（如高岭土等）、全合成硅酸铝催化剂、半合成硅酸铝催化剂和分子筛催化剂等发展阶段。分子筛因具有大的比表面积、高度有序的孔结构、高的酸性位密度、择型性等，而被广泛用于 FCC 催化剂。在 20 世纪 60 年代初期，稀土交换的 Y 型分子筛（RE-Y）代替了无定型硅铝催化剂，使汽油产率提高超过 10%。被誉为石油工业的革命。

分子筛中引入稀土可调节酸性位酸量和酸强度的分布。RE^{3+} 引入的量和方法可以显著地影响分子筛的酸性，并导致其具有不同的 FCC 活性[1, 2]。例如，与超稳 Y 催化剂（USY），稀土的引入可表现出更好的 FCC 活性[3, 4]。同时 FCC 催化剂在高温、水热条件等苛刻条件下使用时，可降低分子筛的晶化度，甚至脱铝并导致结构的畸变甚至坍塌。而在分子筛中引入稀土元素，可提高其结构稳定性[5-8]。如图 1 所示，La^{3+} 取代 Y 分子筛 β 笼中的 Na^+ 或 H^+[8]，从而稳定 Y 分子筛的骨架结构，提高水热稳定性。

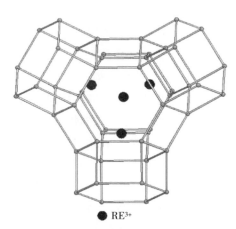

● RE^{3+}

图 1   RE-Y 泡沸石分子筛 β 笼中的 RE^{3+} 分布情况[8]

为生产无 Pb 汽油，具有低稀土含量的稀土交换的 USY 催化剂逐渐取代了较高稀土含量的 RE-Y 催化剂，但却导致汽油中烯烃含量增加（40% ~ 45%，最高达 65%）。ZSM-5 具有较 Y 分子筛更小的，可使汽油中烯烃选择性的催化裂解成 C3 和 C4 的烯烃，进而在降低 FCC 汽油中烯烃含量的同时，增加丙烯的收率[9]。对于稀土交换的 ZSM-5，稀土的引入同样可以有效调节其酸性位的数量和强度分布，并减少 FCC 汽油中的烯烃含量[10-12]。例如，La 修饰的 ZSM-5 分子筛具有更多的强酸中心，可提高 FCC 汽油裂化反应中烯烃的转化率和丙烯的选择性，在反应温度为 550℃、常压和水汽条件下，烯烃转化率可达 74.3%，裂化汽油中烯烃的质量含量降低至 18.2%，丙烯选择性为 45.9%[13]。采用稀土修饰的 ZSM-5 分子筛为涂层制备的整体式催化剂对石脑油的后处理时，可促进烯烃的转化，提高丙烯的转化率。气相产物中丙烯和 $C_4^=$ 的含量可高达 60%，丙烯产量约为 31%，同时石脑油中烯烃的含量降低至 15%[14]。

除了在 FCC 分子筛基催化剂中稀土发挥着不可替代的作用外，稀土还可以作为共催化剂，应用于乙醇催化脱氢制乙烯[15]，乳酸脱水至丙烯酸[16]，正丁烷直接转化为异丁烯[17]，双键异构和甲苯酰化等反应[18]。

此外，稀土还可以作为主催化成分。如，AlPO-5 负载稀土后表现出高的无溶剂环己烷氧化反应性能，在 0.5MPa O_2 的气氛中，在 413K 反应 4h 后，Ce/AlPO-5 上环己烷的转化率为 13.5%，环己醇和环己酮的选择性超过 92%[20]，Gd-AlPO-5 上环己烷的转化率可达13%，环己醇和环己酮的选择性超过92%[21]。与此对应，在AlPO-5催化剂上只生成了微量的氧化产物。

（二）天然气等的催化燃烧

催化燃烧是燃料和氧气在催化剂表面发生的完全氧化反应。与通常的火焰燃烧相比，其具有：①低的起燃温度；②在宽的空燃比（空气与燃料比）范围内均可实现稳定燃烧；③高的燃烧效率；④低的污染物排放等特点，在燃气发电、工业窑炉、家用燃具等方面有广阔的应用前景，高性能的催化剂是该技术的关键[22-24]。

催化燃烧催化剂，按其组成可分为：①负载型贵金属（Pt、Pd）催化剂；②负载的过渡金属（Ni，Co，Mn，Cu和Fe等）氧化物催化剂；③具有特定结构的复合氧化物催化剂，如含稀土的钙钛矿、尖晶石和六铝酸盐等。对比氧化物催化剂，贵金属催化剂具有更高的催化活性，特别是负载Pd催化剂，被认为是甲烷催化燃烧性能最高的催化剂[24, 25]。

对于负载型贵金属催化剂，载体的性质、载体与贵金属之间的相互作用等均可显著影响其活性和稳定性[26-37]。研究表明，无论是直接作为载体还是助催化剂，稀土的应用可有效提高贵金属催化剂的活性或稳定性。如以CeO_2为载体时有利于Pd以高价态的形式存在[32, 33]，在Pd/Al_2O_3中引入CeO_2后可抑制甲烷催化燃烧反应中由于PdO和Pd之间的转化所引起的震荡行为[32]。Gorte等[26]将具有核壳结构的$Pd@CeO_2$纳米粒子均匀地负载在疏水的Al_2O_3上，强化了$Pd-CeO_2$间的相互作用，不仅可稳定Pd的化学状态，同时还提高了Pd在高温下的分散性能（图2）。此外，CeO_2的表面积和颗粒大小等也可显著影响到负载型金属催化剂反应性能。如当CeO_2的粒径从16nm减小到4nm时，比表面积从$70m^2 \cdot g^{-1}$增加到$180m^2 \cdot g^{-1}$，相应的Au/CeO_2对CO氧化的催化活性可增加两个数量级[34]，

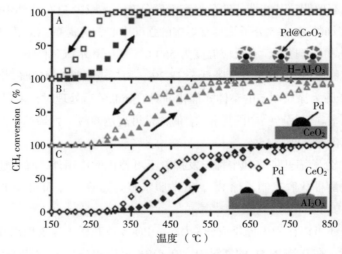

图2　三个催化剂的甲烷催化燃烧的升降温曲线（10℃/min）
（A）核壳结构的$Pd@CeO_2/Al_2O_3$；（B）等体积浸渍法制备的Pd/CeO_2；（C）$Pd/CeO_2/Al_2O_3$[26].

这可能是由于 CeO_2 纳米颗粒的尺寸影响了 O_2 在表面的吸附和存在形式[35, 36]。CeO_2 的不同暴露晶面也是影响贵金属 /CeO_2 催化剂活性的重要因素，如：与 CeO_2 纳米立方体和纳米多面体相比，CeO_2 纳米棒具有丰富的（110）和（100）晶面，从而具有最强的稳定和活化 Au 的能力，具有高的水煤气变换反应的活性[37]。

虽然负载贵金属催化剂在甲烷催化燃烧中表现出高的反应性能，但在高温下活性组分烧结或者是贵金属的挥发，可导致催化剂的失活。与此相对应，氧化物催化剂由于优异的热稳定性而越来越受到关注。

六铝酸盐具有很高的结构稳定性，利用一些可变价态的过渡金属离子取代六铝酸盐（$A_{1-x}A^*_xB_xAl_{12-x}O_{19}$）中的 A 位和 B 位，可在保持体系热稳定性的同时，提高其催化氧化的活性[38-43]。Ying 等[44]利用反相微乳法制备的 CeO_2 掺杂的 BHA（Ce–BHA）经 1300℃ 焙烧后比表面积大于 $100m^2 \cdot g^{-1}$，甲烷的起燃温度约 400℃（图 3）。

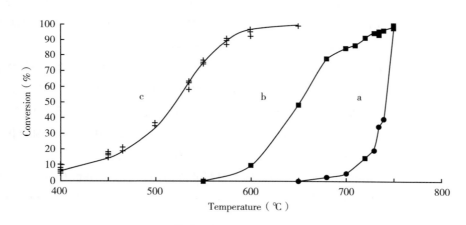

图 3 催化甲烷氧化对温度变化情况
（a）微乳法制备的传统 BHA；（b）反相微乳法制备的 BHA；（c）反相微乳法制备的 CeO_2 掺杂的 BHA[44]

钙钛矿型复合氧化物（ABO_3）具有良好的热稳定性和氧化活性。在典型的钙钛矿型氧化物中，La、Pr、Nd 和 Gd 等稀土元素占据 A 位，Mn、Co 等过渡金属元素占据 B 位，其中最具代表性的有 $LaMnO_3$、$LaCoO_3$ 及掺杂的钙钛矿型复合氧化物。一般而言，通过 A 位或 B 位取代所产生的氧空位或晶格空隙有利于提高氧的流动性，同时可很好地调变 B 位离子的价态，从而提高其对氧化反应的催化活性。

除了 A 位和 B 位的元素组成，钙钛矿型催化剂的比表面积对其性能也有较大的影响[45-50]。因此，提高钙钛矿的比表面积成为研究的热点之一。如，Szabo 等采用球磨法制备的钙钛矿型氧化物，比表面积最高可达 $47.7m^2/g$[49]；以有序介孔立方（Ia3d）乙烯基硅为模板剂，制备的介孔 $LaCoO_3$ 钙钛矿，比表面积可达 $96.7m^2/g$，CH_4 的起燃温度（T_{10}）和半转化温度（T_{50}）分别为 335℃ 和 470℃，与贵金属催化剂的活性相当[50]。提高钙钛矿氧化物比表面积的另一条常用方法是利用具有大比表面积的载体（如 Al_2O_3，SiO_2，ZrO_2 等）

制备负载型钙钛矿[51-53]。

但也有研究认为，钙钛矿氧化物的表面结构、形态、粒度等性质对催化性能的影响更为关键。如，$La_{0.66}Sr_{0.34}Ni_{0.3}Co_{0.7}O_3$ 的比表面积超过 $10 \sim 12m^2/g$ 时，进一步增加其比表面积，对甲烷燃烧反应的表观动力学常数并没有变化[54]；采用水热法制备的 $La_{0.5}Ba_{0.5}MnO_3$ 纳米立方体，其表面积为沉淀法所得纳米颗粒的一半，但较好的晶体几何结构和较小程度的 Jahn-Teller 畸变，使得纳米立方体具有更高的 CO 氧化和甲烷氧化的活性[55]。

（三）机动车尾气催化净化

中国从 2009 年起新车产量超过美国，成为世界第一大汽车产销国。根据《中国统计年鉴》和《2014 年中国机动车污染防治年报》，2013 年新车产量超过 2200 万辆，污染物排放总量超过 3700 万 t。根据发动机使用燃料的不同，常用的发动机主要分为汽油机、柴油机、替代燃料发动机（如 CNG 等）等三大类。机动车排放的污染物主要有碳氢化合物（HC）、一氧化碳（CO）、氮氧化物（NO_x）和颗粒物（PM）等，根据发动机和燃料的不同，污染物的种类、浓度以及排气温度等也有显著的差别。

安装尾气催化净化器是降低单车排放最有效的措施之一，可在催化剂的作用下将 HC、CO、NO_x 和 PM 等污染物，通过氧化或者还原反应转化为无害的 H_2O、CO_2 和 N_2。由于尾气排放的工况不同，所采取的技术路线和催化剂也有显著的差异。如：对于柴油车而言，PM 和 NO_x 的净化是其难点[56-58]，对于压缩天然气（CNG）车，CH_4 和 NO_x 的净化是重点[59-61]，对于稀燃汽油发动机的尾气治理，难点在富氧条件下的 NO_x 的还原[62]。

在机动车尾气催化剂的发展历程中，稀土材料始终扮演着至关重要的角色，在一定程度上可以说，尾气催化剂技术的发展与稀土材料技术的发展是一个密切联系、相互推动的过程[60]。

1. 汽油车尾气催化净化

针对汽油车尾气净化，综合其难点和从发展的趋势来看，尾气净化催化剂目前要解决的难点是：①在更宽 A/F 比的工作范围内，特别是富氧条件下，提高对 NO_x 还原的选择性。②降低起燃温度，减少冷启动时污染物的排放。为此开发了密偶催化剂（Close Couple Catalysts，CCCs）、HC 化合物吸附催化剂等[63, 64]。③提高催化剂的耐久性和高温稳定性。如 Nishihata 等[65]在钙钛矿型复合氧化物中引入贵金属 Pd 制备了 $LaFe_{0.57}Co_{0.38}Pd_{0.05}O_3$，表现出极高的稳定性，见图 4。

汽车尾气净化三效催化剂（TWCs）主要有三部分构成：载体（堇青石蜂窝载体，金属载体）、活性涂层（常由 Al_2O_3，BaO，CeO_2，ZrO_2 等组成）和活性组分（Pd, Pt, Rh 等）。自 1971 年 Libby 提出将含稀土的催化剂应用于汽车尾气净化以来，稀土氧化物在汽车尾气净化催化剂中得到广泛应用，目前研究最多的为具有储放氧功能的 CeO_2-ZrO_2（CZO）固溶体和高温稳定的稀土复合氧化铝。其中 CZO 可起到增强催化剂的储放氧能力，扩大操作窗口，改善高比表面涂层的热稳定性，提高贵金属的分散度和耐久性能等作用[66, 67]。

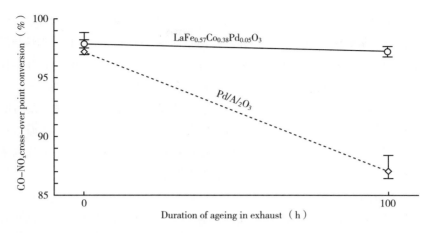

图4　$LaFe_{0.57}Co_{0.38}Pd_{0.05}O_3$（Pd– 钙钛矿催化剂）和 Pd– 浸渍的 γ –Al_2O_3 Pd/氧化铝 催化剂）的 CO‐NO_x 交叉转换的老化依赖关系[65]

CZO 的储放氧性能主要表现在两个方面：①总储放氧能力（Total Oxygen Storage Capacity，Total OSC 或 OSC）；②动态储放氧能力（Dynamic OSC）。早期研究更集中于 CZO 总储放氧能力及其影响因素[68, 69]，一般认为 CZO 的结构均匀性和前处理条件对其总储放氧能力的影响更大（图 5）[70]，但动态储放氧性能对于 CZO 的实际应用可能具有更为重要的意义[71-72]。沈美庆等的结果表明对于组成相同的铈锆固溶体，其动态储放氧能力与比表面积密切相关[72]。此外，晶化程度、亚晶格变形、原子的排列规则等也对其性能具有较大的影响，其中晶化程度如果过高会使氧交换能力受到限制，而亚晶格变形则会增加阴离子的移动性，从而提高其储放氧能力[73, 74]。

稳定性是评价储氧材料性能的另一个主要因素，为此 ENGELHARD、DELPHI 等公司

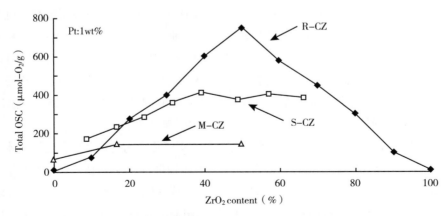

图5　CeO_2–Zr 氧化物的总 OSC 值随 Zr 含量的变化
（注：◆，R–CZ，在 1200℃ CO 气氛下还原后再在空气中 500℃下氧化；
□，S–CZ，在乙醇中研磨，△，M–CZ，在空气中 700℃处理[70]．）

开发的含 La，Pr，Nd，Y，Sm 的 CZO[75]，TOYOTA 公司开发的含 Al_2O_3 的 CZO（ACZ）等[71, 76]，等。Lu 等[77] 采用反向微乳液法制备的 CeO_2-ZrO_2-La_2O_3 经 1000℃焙烧后比表面积仍达到 $126m^2/g$，表现出很好的稳定性。Schulz 等[78] 认为，Al_2O_3 和 SiO_2 等半径较小的离子的引入，可有效缓解铈锆固溶体在储/放氧过程中晶格的收缩和膨胀。Sugiura 等[79] 认为引入的 Al_2O_3 可在铈锆固溶体颗粒之间形成扩散阻挡层，从而抑制其在高温下的烧结[70]。此外，当低价的阳离子进入 CeO_2 晶格后可产生大量的氧空穴，从而提高其储放氧能力[79]。Vidmar 等[73] 的研究表明，掺杂稀土离子（Y^{3+}、La^{3+} 和 Ga^{3+}）的离子半径越接近于 $Ce_{0.6}Zr_{0.4}O_2$ 的临界半径时，越有利于提高其低温还原能力。

2. 柴油车尾气催化净化

柴油机采用压燃式发动机，由于尾气排放的工况（组成、温度等）与汽油车有显著的差异，汽油车尾气净化用的三效催化剂不能满足柴油车尾气污染物净化的要求，必须开发出高效、经济、可靠的柴油车尾气排放控制技术。柴油机排放尾气中两大特征污染物 NO_x 和 PM 之间存在"此消彼长"（Trade-off）的关系，因此针对 NO_x 和 PM 的排放控制目前主要的技术路线为：NO_x 的选择性催化还原（SCR）技术和颗粒物的捕集（DPF/CDPF）技术。

柴油车尾气 NO_x 净化最常用的是采用氨（NH_3）为还原剂，使 NH_3 与尾气中的 NO_x 在催化剂表面发生反应，生成 N_2 和 H_2O，即 NH_3-SCR。考虑到氨储存的危险与不方便，使用尿素为还原剂已经被欧洲国家公认为达欧 IV 和欧 V 排放标准的首选方案，美国汽车工程师协会也宣布其为适合 US-07 排放法规的候选技术之一。目前 SCR 技术在欧洲已大规模推广应用，也是中国重型柴油机满足国 IV、国 V 标准的主流路线。

NH_3-SCR 催化剂主要有氧化物催化剂，如 V_2O_5-WO_3（MoO_3）/TiO_2 催化剂[80]，分子筛催化剂，如 BETA、ZSM-5、丝光沸石及 SAPO-34 和 SSZ-13 等为载体，以 Cu、Fe 等为活性组分的分子筛基催化剂[81, 82]等。其中 V_2O_5-WO_3/TiO_2 催化剂已在固定源脱硝中得到了大规模的成功应用，该催化剂具有良好的 NO_x 净化效率和优异的抗硫稳定性，也在柴油机尾气净化中得到广泛的应用，特别是针对高硫燃油[80]。然而，V_2O_5-WO_3/TiO_2 催化剂的低温 SCR 活性较低，同时高温下又会因载体 TiO_2 晶型的转变而逐渐失活，同时钒还具有一定的生物毒性。因此非钒基氧化物催化剂成为研究的热点。贺弘等采用均相沉淀法制备了 Ce-W 复合氧化物催化剂，在高空速条件下（$500000h^{-1}$），250 ~ 425℃的温度范围内达到 NO_x 的完全转化（图6），同时还具有良好的抗硫稳定性[83]。

除了 NH_3-SCR 以外，针对 NO_x 的消除还开发了碳氢化合物选择性催化还原技术（HC-SCR）、储存—还原技术（NSR）以及低温等离子体辅助催化还原技术（NTP）等，其中 NSR 技术的机理，如图7所示。研究表明，CeO_2 也具有良好的 NO_x 储存能力，可以扩展 NSR 催化剂的工作窗口。Piacentini 等[84] 研究了 Al_2O_3，CeO_2，SiO_2 和 ZrO_2 负载的 Pt-Ba 催化剂，其中以 CeO_2 和 ZrO_2 为载体的 Pt-Ba 催化剂表现出更高的反应性能；CeO_2-ZrO_2 固溶体也因其具有优异的热稳定性而常被用为 NSR 催化剂的载体[85, 86]。

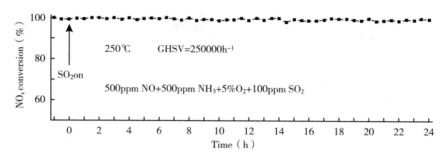

图 6　250 ℃ 条件下向反应气氛中加入 100 ppm SO₂ 后 NOₓ 转化率的变化 [85]
（反应条件：[NO]=[NH₃]= 500ppm、5 vol.% O₂、[SO₂]=100ppm、N₂ 平衡、GHSV = 250000 h⁻¹）

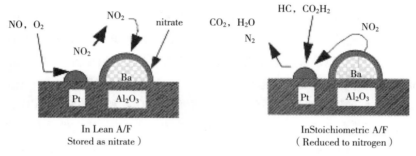

图 7　NSR 催化剂的 NOₓ 储存 – 还原的可能机理 [76]

　　NO 氧化为 NO₂ 也是决定 NSR 催化剂性能的重要过程。Li 等采用柠檬酸法制备了系列 La$_{1-x}$Sr$_x$CoO$_3$ 和 La$_{1-x}$Sr$_x$MnO$_3$ 催化剂 [87]。其中 LaCoO$_3$ 和 LaMnO$_3$ 表现出优异的 NO 氧化能力，如图 8 所示。并且通过掺杂 10mol.% 的 Sr，可进一步 LaCoO$_3$ 的活性，在 300 ℃时 NO 的转化率可达 86%，优于常规的 Pt 基催化剂（图 8）。

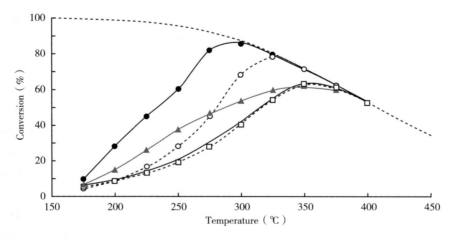

图 8　LaCoO$_3$（○），La$_{0.9}$Sr$_{0.1}$CoO$_3$（●），LaMnO$_3$（□），La$_{0.9}$Sr$_{0.1}$MnO$_3$（■），和商业柴油机氧化催化剂（▲）的 NO 氧化特性 [87]

颗粒物是柴油机尾气另一主要污染物，主要由干碳烟（DS，40% ~ 50%）、可溶性有机物（SOF，35% ~ 45%）、硫酸盐和水分等（5% ~ 10%）组成。柴油颗粒物捕集器（DPF）是目前控制柴油机 PM 排放效率最高的尾气处理装置，对 PM 的捕集效率可达 90% 以上，目前最常用的是壁流式堇青石或碳化硅材质的 DPF 产品。

当 DPF 中 PM 积聚到一定量时，会使排气背压过高，需要更换 DPF 或使用电加热、喷射燃料等辅助手段进行再生处理。CDPF 是涂覆了催化剂涂层的催化型 DPF，可在催化剂的作用下，降低 PM 的燃烧温度而实现在排气温度下 DPF 的连续再生。碳烟燃烧催化剂可分为贵金属催化剂、单一金属氧化物和复合金属氧化物催化剂。一般而言，贵金属虽然低温活性高但成本也高；对于单一金属氧化物，其活性和稳定性很难满足实际应用的需求，因此常通过形成复合氧化物来改善催化剂的性能。

目前商业 CDPF 多采用的是与 DOC 类似的涂层材料以及活性组分（Pt 或 Pd）。因此，CeO_2 等稀土氧化物也是 CDPF 涂层的重要组成部分，其作用类似于汽油车尾气净化催化剂（TWCs）中的稀土氧化物。提高催化剂碳烟燃烧性能的关键是增加催化剂上氧的活化能力和改善 PM 与催化剂之间的接触性能等。

CeO_2 具有良好的储放氧性能，有利于 NO 氧化为 NO_2，和 CO 氧化为 CO_2，因而表现出良好的碳烟颗粒燃烧性能，ZrO_2 的掺入可明显提高 CeO_2 的热稳定性，并促进催化剂的氧化还原能力和晶格氧的流动性[88]。Krishna 等[89]的研究表明，La_2O_3 和 Pr_2O_3 与 CeO_2 形成固溶体后，增加了表面结构缺陷和加快了晶格氧的扩散速度，从而在表面生成更多的活性氧物种，并促进了碳烟的催化燃烧。Wu 等[90]用柠檬酸溶胶凝胶法制备了掺杂铜 Ce-Zr 复合氧化物，在 NO 和过量氧气存在的条件下，Cu 改性可提高 CeO_2 上碳烟氧化的低温活性及生成 CO_2 的选择性。

碳烟催化燃烧是固 – 固 – 气三相反应，且碳烟粒度较大（> 25nm），反应受传质的影响显著，提高催化剂与碳烟之间的接触性能，是提高碳烟催化燃烧性能的另一关键因素。通常在催化剂中引入移动性高、熔点低的碱金属氧化物（如 Li，K 等），来增加催化剂与碳烟颗粒接触，从而降低碳烟燃烧温度。如 $LaMnO_3$ 中 La 被 K 取代 30% 时，其碳烟燃烧的 T_{90} 温度较未掺杂时温度降低 80℃[91]。

（四）工业源废气的催化净化

除了机动车排放的尾气之外，由工业源排放的 SO_x、NO_x 和易挥发性有机化合物（VOCs）等有毒、有害气体也是大气的污染物，严重地影响了人们的身体健康和城乡经济的发展，同时由装饰材料等造成的室内空气污染也越来越引起人们的重视。经济高效的净化技术是解决此类问题的关键，其中催化净化技术是最有效的方法。

烟气脱硫按脱硫剂的形态分为湿法和干法两大类。由于湿法烟气脱硫自身的限制，近年来干法烟气脱硫研究及开发得到迅速发展。稀土氧化物作为吸收剂或催化剂的干法脱硫的研究受到普遍关注[92, 93]。如 CeO_2/Al_2O 用于同时脱除烟气中的 SO_2 和 NO_x，脱氮脱硫效率都大于 90%[94]。在催化氧化脱硫方面，CeO_2 良好的氧化性能可促使 SO_2 氧化成 SO_3，其所具有的碱性可以吸附 SO_x 形硫酸盐，然后经还原、Claus 反应可转化为单质硫[95]。因此 CeO_2 在流化催化裂化装置（FCCU）的催化氧化脱硫中得到了广泛的应用[96]。同时 La_2O_3 或 CeO_2 所形成的钙钛矿型、荧石型的稀土复合氧化物在烟气催化还原脱硫方面也显示良好的应用前景，如 La_2O_3 在反应气氛中可生成 La_2O_2S，可催化 COS 与 SO_2 的反应，从而抑制毒性更大的 COS 的形成[97-99]。

VOCs 催化净化具有操作温度低、净化效率高、无须辅助燃料、二次污染物生成量少等优点，被认为是最有效的和最有应用前景的 VOCs 净化技术。催化氧化法主要适应于中高浓度以上的有机废气的净化，对于低浓度的 VOCs 的催化净化，则需要运用吸附、热脱附和催化燃烧的联合技术以降低运行成本。目前的研究主要集中在：①三苯系 VOCs（苯、甲苯、二甲苯）等的催化净化；②卤代 VOCs 的催化净化；③萘、蒽等芳香族多环芳烃（PAHs）的催化净化；④大风量、低浓度条件下 VOCs 的催化净化等。作为 VOCs 净化氧化催化剂，稀土元素在其中依然发挥着不可替代的作用，如提高催化剂的热稳定性、增加催化剂的活性、减少活性组分的用量降低成本、延长催化剂的寿命等。如对于含氯有机物的催化氧化，含稀土的氧化物催化剂表现出高的净化性能，包括在水蒸气中进行氯代有机物的催化分解（图9）[100, 101]。

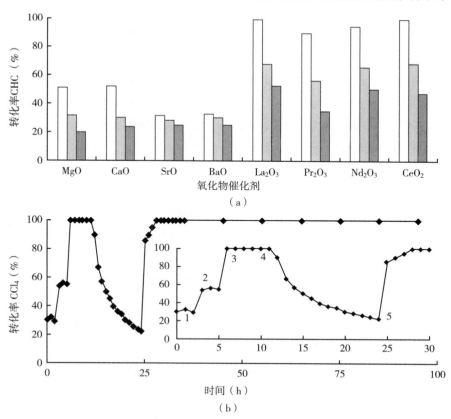

图 9　含稀土的氧化物催化剂对含氯有机物的催化氧化[100,101]

（a）氧化物催化剂的 CHC 转化率；（b）在水蒸气中氯代有机物的催化分解随时间的变化

和低温催化燃烧等[102, 103]。

对于含氯VOCs（CVOCs）的催化氧化，常用的催化剂体系有贵金属催化剂、过渡金属氧化物催化剂和固体酸催化剂等。研究表明，对含氯小分子脂肪烃和含氯芳烃的催化燃烧，CeO_2表现出优异的反应性能[103, 104]。然而，含氯烃（CVOCs）在分解过程中所产生的HCl或Cl_2可强烈地吸附在CeO_2表面，导致其快速失活。因此，通过研究和开发CeO_2基复合氧化物催化剂，以进一步提高其活性和稳定性成为CVOCs催化氧化的研究热点之一。从提高催化剂表面Cl物种的脱除入手，采用溶胶－凝胶法制备了过渡金属修饰的双组分M-Ce-O催化剂（M=Mn、V、Fe或Co）。结果表明，过渡金属修饰后，催化剂对氯苯、多氯苯、氯代苯酚等氯代芳香烃催化燃烧的稳定性远高于纯CeO_2。在Mn-Ce-O催化剂的基础上引入La_2O_3，可提高$MnCeO_x$催化剂的热稳定性，并进一步增加了催化剂的稳定性，进而使Mn-Ce-La-O复合氧化物催化剂的活性和稳定性远优于Mn-Ce-O复合氧化物[105, 106]。

除了CeO_2基氧化物催化剂外，Ce修饰的分子筛催化剂也表现出优异的CVOCs催化氧化的性能，如Y分子筛[108, 109]。CeO_2和Y分子筛之间的协同作用，使催化剂同时具有良好的酸性和氧化还原性能，从而增强了催化剂上CVOCs氧化的活性。同时，Y分子筛中引入CeO_2还可调节催化剂的表面酸性，抑制裂解反应的发生，从而提高催化剂的稳定性[110, 111]。

半导体多相光催化氧化法是近30余年发展起来的一项新技术，其中应用最为广泛的是TiO_2。在TiO_2中掺杂少量稀土，可形成光生电子－空穴对的浅势捕获阱，延长电子与空穴的复合时间，从而提高TiO_2的光催化活性。同时稀土的引入可以扩大二氧化钛的光吸收区，为二氧化钛空气净化在室内弱光和可见光条件下的有效应用开拓了更大空间[112-114]。此外，吸附材料和光催化剂复合的方法与技术，结合吸附净化与光催化净化的优势，有望在高效空气净化技术方面形成突破。

（五）燃料电池－固体氧化物燃料电池

固体氧化物型燃料电池（SOFC）可将化学能直接转化为电能，适用于多种燃料（如氢气、天然气和碳氢化合物等），同时操作温度高（800 ~ 1000℃），排出的余热可与燃气轮机、蒸汽轮机等联用，被认为是最有效率的发电系统，特别是作为分散的电站[115]。稀土在构成SOFC的关键部件如电解质、阴极、阳极和双极板或连接材料等中均发挥着重要的作用。

SOFC的电解质常用的有Y_2O_3稳定的ZrO_2（YSZ），CeO_2及其复合物，Bi_2O_3基材料等，其中YSZ应用最为广泛。Cheng等[117, 118]在Sc_2O_3稳定的ZrO_2（ScSZr）中引入CeO_2后显著提高了电导率，1Ce10ScZr在800℃时电导率达到0.084S/cm，而相同条件下YSZ电导率约为0.04S/cm。Bi_2O_3基材料是目前离子电导率最高的氧离子导体材料之一，经稀土修饰后可大幅度提高材料的电导率，如$(Bi_2O_3)_{0.8}(Er_2O_3)_{0.2}$的电导率在500℃为$2.3S \cdot cm^{-1}$，700℃达到$37S \cdot cm^{-1}$[119]。钙钛矿型（$ABO_3$）复合氧化物电解质近年来发展很快，如 $LaGaO_3$（$La_{1-x}Sr_xGa_{1-y}Mg_yO_3$、$La_{1-x}Sr_xGa_{1-y}Co_yO_3$），$LnCoO_3$ 等，表现出良好的应用前景[120, 121]。

电极材料分阴极和阳极材料。其中，阴极材料应具有优良的电催化活性、氧半渗透性、离子和电子导电的混合导电性能和与固体氧化物电解质有相近的热膨胀系数。稀土基钙钛矿复合氧化物可以满足上述要求，如：$La_{1-x}Sr_xCo_{1-y}B_yO_3$（B=Ni，Cu），$La_{1-x}M_xCo_{1-y}Fe_yO_3$（M=Sr，Ba，Ca）[122-124] 和 $Ba_{1-x}Sr_xCo_{0.8}Fe_{0.2}O_{3-\delta}$，[125-127] 等。Cheng 等研究了纳米 LSM-$La_{0.4}Ce_{0.6}O_{1.8}$（LDC）对传统的 $La_{0.8}Sr_{0.2}MnO_3$（LSM）–YSZ 复合阴极的改善作用，发现 LDC 的添加可显著提高电池性能[128]。单电池在 650℃ 运行时，10wt.% LDC–LSM–YSZ 阴极电池的最大功率密度为 LSM–YSZ 阴极电池的 2.8 倍。

阳极材料应有高的电子电导率、良好的电催化活性和足够的透气性、与电解质材料有良好的化学相容性和热膨胀的匹配性等。SOFC 通常所用的阳极一般为 Ni 与电解质材料形成的金属陶瓷复合电极（NiO/YSZ）及对其进行改性的材料如 Ni–Cu–YSZ，Ni–Y_2O_3–ZrO_2–TiO_2 等。Morales 等[129] 制备了 La–$SrTiO_3$ 阳极材料，并通过 Ga 和 Mn 取代 Ti 控制氧的计量比形成具有无序氧缺陷的物相，提高其氧化还原性能。其所制备的阳极材料适宜于高温下甲烷氧化，开环电压可达 1.2V 以上。Park 等[116] 报道了 Cu–CeO_2 为阳极的 SOFC 上在 973 和 1073K 时甲烷、乙烷、丁烯、丁烷、甲苯等的直接电化学氧化性能，其中以丁烷为原料时，开环电压可达到 0.9V。

联接体材料主要有耐高温的合金材料（如 Ni–Cr）和掺杂的钙钛矿型复合氧化物（如 $La_{1-x}Ca_xCrO_3$、$La_{0.8}Sr_{0.2}Cr_{0.9}Ti_{0.1}O_3$ 等）两类[130, 131]。为避免复合氧化物连接材料烧结性能差，不容易加工成型的缺点，氧化物–合金复合联接材料的研究受到关注，如（La，Sr）CoO_3 薄膜 /Fe–Cr 合金和 LCC/ 不锈钢等。

（六）稀土在碳一化工的中应用

天然气是储量最大的低碳烃资源，主要成分为甲烷，是一种清洁能源，也是一种优质的化工原料。利用甲烷制备化工产品主要有两条途径：一是直接转化法。如甲烷直接氧化偶联制乙烯，甲烷选择氧化制甲醇、甲醛等；二是间接转化法，即为先制成合成气，再进一步合成化工产品，如图 10 所示。

从合成气出发，还可用于合成氨、费托合成、制低碳混合醇、制高碳混合醇、制二甲醚、制甲烷并联低碳混合醇和油品、合成气完全甲烷化制替代天然气技术（SNG）等。

从甲醇出发，也可生产许多重要化工产品，并进一步通过深加工而延伸出更多的系列产品。如甲醇制烯烃（乙烯、丙烯）、羰基化合成醋酸、甲醇制碳酸二甲酯以及甲醇重整制氢等。此外，甲醇还是车用清洁燃料最有希望的补充和替代品。

在上述反应中，稀土可以直接用作催化剂，同时也可用作催化剂的载体和助剂，在调节产物的选择性，提高催化剂的稳定性和抗积炭能力等方面，都表现出优异性能。如，甲烷水蒸汽重整制合成气反应中催化剂中引入稀土元素，与活性组分之间可产生协同作用，

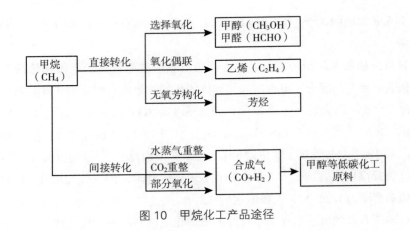

图 10　甲烷化工产品途径

有利于活性组分的隔离和稳定，提高了催化剂的部分氧化活性、热稳定性以及抗积碳性能[132]；稀土金属（Ce、La、Er、Y、Eu 和 Yb 等）的引入可调变 HZSM-5 分子筛的酸性和微孔结构，改变 Mo/ HZSM-5 催化剂上甲烷无氧芳构化的活性（包括甲烷转化率和对苯的选择性），减少积碳量并提高催化剂的稳定性[133]；稀土的引入可提高 Ru 的热稳定性，并促进 Ru 的分散，进而提高了合成氨的反应速率[134]；Ce 改性的 HZSM-5 催化剂用于 MTP 过程也表现出优异的性能，在反应温度 380℃，液空时速 5h^{-1} 时，甲醇可 100% 转化，丙烯达 55%，且几乎无副产物[135]。

（七）稀土催化材料在其他领域中的应用

1. 废水中有机污染物的催化净化

湿式（空气）氧化（wet air oxidation，WAO）是处理高浓度难降解有机废水的有效方法，但反应条件苛刻，需要较高的温度和压力（200 ~ 315℃，2 ~ 21MPa）以及较长的停留时间。催化湿式氧化（catalytic wet air oxidation，CWAO）在保持处理效果的条件下，可降低反应温度和压力，其关键是高氧化活性、高稳定性的催化材料。

贵金属催化剂虽具有较高的活性和稳定性，但贵金属的昂贵和稀有限制了其在生产中的应用。过渡金属及其氧化物也具有较好的氧化活性，但存在金属溶出的问题。稀土氧化物催化剂不但本身具有较高的催化活性和稳定性，其复合或负载型催化剂还存在协同作用。如，以 Ce、Mn、Cu 作为活性组分负载于 γ-Al$_2$O$_3$ 上，用于 CWAO 能有效地处理焦化废水，且一定程度上改善了 Cu^{2+} 溶出的问题[136]；Ti-Ce 复合氧化物催化剂可用于 CWAO 处理乙酸废水，230℃的条件下，废水 COD 去除率可达 64%[137]。

2. 直接醇类燃料电池

诸多燃料电池技术中，使用质子交换膜的低温燃料电池，包括以氢气、氧气为燃料的氢 - 氧燃料电池和直接使用液体醇类为燃料的直接醇类燃料电池，工作温度在 60 ~ 100℃，具有环境友好、无污染、低温启动快的优点，可作为汽车及便携电子产品的替代电源，尤其是直接醇类燃料电池（DAFC），所用燃料为液体，储存和携带方便，因而备受关注。

研究表明，稀土氧化物（LnO_x）对 Pt/C 阴极催化剂和 PtRu/C 阳极催化剂的修饰可以显著提高其对醇类的催化活性和抗 CO 毒化能力，其中研究最多的是 CeO_2。由于 CeO_2 可以产生活性氧物种，通过协同作用机理解除 CO 对 Pt 表面的毒化，从而使 CeO_2 修饰的 Pt/C 催化剂具有更好的催化性能。例如，乙醇和甘油在 Pt–CeO_2/C 电极上的氧化峰电位分别较 Pt/C 负移了 0.13V 和 0.09V，氧化峰值电流密度也分别增大了 33% 和 45%[138]。除了 Pt 基催化剂之外，含稀土的钙钛矿型氧化物对甲醇的电氧化也具有较高的电催化活性，而且不会发生中毒现象，成本低、耐氧化，作为非贵金属 DAFC 阳极催化剂具有潜在的发展前景[139]。目前研究较多的是稀土铜酸盐，如 $Ln_{2-x}M_xCu_{1-y}M_yO_{4-\delta}$ 在高电压下，对甲醇氧化表现出很高的活性。

（八）稀土催化的理论研究

目前在稀土催化领域理论计算研究主要有：稀土氧化物（主要为 CeO_2）的晶体和表面性质、储放氧能力（OSC）、稀土氧化物与贵金属之间的相互作用等。有关 CeO_2 晶体性质的理论研究方法有：原子间势函数法（IP），密度泛函广义梯度近似（GGA–DFT），局部密度近似（LDA–DFT），密度泛函理论（DFT+U），HF 等。其中，采用 DFT 方法计算 CeO_2 的电子结构主要有以下三种方法：① *Core-state* 模型（CSM）Ce–4f 电子作为内核的一部分，不参与成键过程。② *Valence-band* 模型（VBM）Ce–4f 电子作为价电子参与成键[140]。③ DFT+U 在 VBM 的基础上引入 *Hubbard-U* 库伦校正项，打破了 4f 电子在邻近 Ce^{4+} 的对称性分布，得出 4f 电子局域化分布的结果，被公认为可合理地统一描述铈氧体系的电子结构。并且 Fabris 等[141]认为利用对 Ce–4f *Wannier-Boys* 方程取极大值确定 U 值可以得出与 LDA/GGA 一致的能量值。

关于稀土催化材料（主要为 CeO_2）理论研究的热点，目前集中在表面和体相氧的活化、氧空穴的形成和迁移、CeO_2 与负载金属之间的相互作用机制、小分子反应物（CO、O_2、NO_x 等）的吸附和反应路径等。

Skorodumova 等[142]的研究表明，CeO_2 中氧空位是通过氧原子离开后留下的两个电子局域在邻近两个 Ce^{4+} 的 4f 轨道上形成的，相应 Ce^{4+} 还原为 Ce^{3+}。Consa[143] 和 Sayle[144] 分别利用分子力学指出，氧空位更容易在 CeO_2 的表面生成，并且氧空位在 CeO_2（110）和（211）比在 CeO_2（111）稳定。但 Yang 等[145]的结果表明氧空位在 CeO_2（111）的次表面比在表面上更稳定。卢冠忠等的研究表明，对于表面/次表面空缺存在的 CeO_2（111）面，由于 4f 电子的高度局域化和 CeO_2 表面结构的驰豫，决定了 4f 电子具有多种分布方式，并且决定了 4f 电子分布方式的稳定性[146]。

氧空穴的扩散对于 CeO_2 的 OSC 性能有显著的影响。Esch 等[147]结合 DFT+U 计算和扫描隧道显微镜（STM）对 CeO_2（111）表面和次表面氧空位的结构、氧空位的分布与形成、氧空位簇大小等进行了研究，对 CeO_2（111）面的还原提出了包含次表面氧空位在内的氧空位簇的形成与增长模式。认为 Zr^{4+} 的引入降低了表面氧空位的形成能，并且不需要次表面氧空位即可形成空位簇。Namai 等报道了即使在室温下单一氧空穴也具有流动性[148]。卢等报道了氧空穴的两步扩散机理，即从表面氧空穴后，从表面→次表面→表面，从而完成氧空穴的迁移过程[149]。

为提高 CeO_2 的稳定性，实际应用过程中应用更为广泛的是铈锆固溶体（$CeZrO_2$）。研究表明，Zr^{4+} 的引入可进入 CeO_2 的晶格，可减小氧空穴形成能[150]。Dutta 等[151]认为 Zr 的引入可导致强键和弱键结合的氧物种的形成，其中弱键结合的氧与铈锆固溶体高的储放氧性能密切相关。卢等提出了以计算体相氧空穴相关的成键强度和结构弛豫程度来理解和定量分析材料储放氧性能的理论模型，并认为结构弛豫能对其储放氧性能的影响更为关键[152]。进一步的研究发现，产生氧空穴位置所发生的结构形变是决定空穴形成能的最主要因素[153]。

在稀土氧化物上小分子反应物（CO、NO_x、CH_4）转化方面，Neurock 等[154, 155]采用 DFT 研究了 La_2O_3（001）面上的 O^{2-}、O^-、O_2^{2-} 以及点缺陷和 Sr^{2+} 掺杂等对甲烷活化的作用，提出了过氧物种为活性氧源的甲烷氧化偶联反应的可能机理。Nolan 等[156, 157]利用 DFT+U 研究了 CeO_2（111）、（110）和（100）上催化转化 $CO \rightarrow CO_2$，$NO_2 \rightarrow NO$，$NO \rightarrow N_2$ 的反应。结果表明 CO 最容易被（110）面的晶格氧氧化为 CO_2，NO_2（NO）易被有氧空位缺陷的（111）还原为 NO（N_2）。为研究 CeO_2 与贵金属之间的相互作用对催化反应性能的影响，Jung 等[158]研究了 CeO_2（111）对 M_4（M=Pt、Pd）簇吸附 CO 的载体效应。Liu 等[159]的研究表明，CeO_2 空的局域化的 4f 轨道可促进 Au^0 氧化为 $Au^{\delta+}$，并认为 $Au^{\delta+}$ 与临近的氧空位形成了 CO 水汽变换反应的活性中心。

虽然稀土氧化物在许多催化反应中发挥着不可替代的作用，但在大多数情况下还是作为催化剂的载体或助剂，同时由于稀土所含 4f 电子造成了数学建模的困难和计算量的迅速增加，因此有关稀土催化作用的理论模拟目前研究的相对较少。随着稀土催化理论研究的发展，将会为深入理解稀土催化的本质提供新的思路。

三、国内外研究进展比较

（一）石油化工催化剂

目前催化裂化技术的发展趋势有催化裂化新工艺的开发；针对不同原料油开发裂化产品的精细化控制技术以满足市场多变、灵活的需要；高效、低污染物排放的裂化技术等。以及与此相对应的多组元催化剂的设计与制备工艺、新型基质材料和助剂的制备和工业应用等。

1. 重油裂化催化剂

随着催化裂化原油重质化，需要催化剂具有更高的重油裂化能力、抗重金属污染能力和良好的焦炭产率选择性。如 Grace Davison 公司开发了渣油催化裂化催化剂 IMPACT 家族技术，组合了突出的钒捕集能力、沸石分子筛良好的稳定性和基质对金属优异的钝化能力等技术；Albemarle 公司开发的 Centurion 渣油催化剂，采用 ADZ 沸石与基质材料 ADM 相结合，在加工重质原料油方面具有更突出的性能。Engelhard 公司（现 BASF）基于 DMS 基质推出了一系列重油转化催化裂化催化剂，如第一个用于短接触时间的 NaphthaMax 催化剂；在渣油转化基础上可同时降低汽油硫含量 50%、不损失汽油收率和辛烷值的 NaphthaMax R–LSG 催化剂；Flex-Tec™ 催化剂和 Converter™ 助剂等。

国内也开发出了具有重油转化能力强，干气和焦炭产率较低等特点的系列重油裂化催化剂。如 Orbit –3000 催化剂采用简化的超稳分子筛与改性 REHY 分子筛复合的活性组分，具有水热稳定性好、焦炭选择性好、轻质油收率高，可适用于原料油质量较差、剂油比较低的工况；兼顾液化气、辛烷值、抗钒的多产柴油的 CC-20D 催化裂化催化剂；以高活性高稳定性的高稀土含量超稳改性分子筛为活性组元的 HSC-1 重油裂化催化剂，不仅具有重油裂化能力及抗金属污染能力强、产物分布好、焦炭选择性及汽油选择性好，而且具有优异的降低汽油烯烃含量等特性；掺炼焦化蜡油的 ABC 抗碱氮重油裂化催化剂等。此外，还开发了与催化裂化工艺装置相配套的专用催化剂，如以大庆全减压渣油为原料的催化裂化工艺装置（VRFCC）配套专用的 DVR-1 全减压渣油裂化催化剂，多产柴油的 MLC 系列催化剂等。

2. 抗钒污染的裂化催化剂

随着原油日益重质化，原油中钒的含量逐渐升高。在催化剂基质中引入稀土氧化物能改善催化剂的抗钒污染性能。Grace Davision 公司 1992 年开发成功 RV⁴⁺，是一种性能更好、更耐磨的捕钒剂，以 RE_2O_3 作为活性组分、碱式氯化铝作为黏结剂、高岭土或酸改性的高岭土作为基质。此外，该公司在高岭土上负载（草酸）镧，以碱式氯化铝为黏结剂，制备的助剂也具有良好的抗钒作用。Albermale 公司发展了催化剂基质捕钒的技术，催化剂有超稳 ADZ-50 分子筛、Octavision527 催化剂和 Centurion-43L 催化剂等。其中，Octavision527 型催化剂在工业装置中表现出优良的抗重金属性能。具有抗钒能力的 Centurion- 43L 催化剂采用了沉积有稀土的高稳定性的 ADZ 分子筛。Engelhard 公司以氧化钙或混合稀土氧化物为活性组分，通过浸渍高岭黏土微球后煅烧制备的捕钒剂，能有效抑制钒的流动性。

国内也相继开发了具有抗钒性能的裂化催化剂，如北京石科院开发的以稀土氧化物作为沸石的抗钒组分的 LV 系列和 CHV 系列催化剂，工业应用试验结果表明该催化剂性能明显优于同类进口对比催化剂。如 LVR60B 催化剂具有强的抗钒污染能力和重油转化能力，焦炭、干气选择性好，汽油研究法辛烷值（RON）在 91 以上；CHV-1 催化剂与原有催化剂相比，油浆产率下降了 3.85%，焦炭含量下降了 0.23%，轻质油收率增加 3.17%，液化气产率增加 0.25%。Orbit-3600 催化剂也具有较强的抗钒能力，在西太平洋石油有限公司重油催化裂化装置上的工业对比试验结果表明，该催化剂在平衡剂（Ni+V）＞11000μg/g

时仍具有较高的催化裂化活性，性能优于进口剂。

3. 降低汽油中烯烃含量的催化剂

为了进一步改善环境质量，自汽油无铅化之后，美国、日本及欧洲各国又相继颁布了新的汽油标准，对汽油中的苯、芳烃、烯烃及硫含量进行了限制。在催化剂中引入稀土和其他元素复合改性 Y 型分子筛，可以在降低烯烃含量的同时减少辛烷值损失。

Grace Davison 公司开发的 FCC 汽油降烯烃 RFG 家族催化剂与其他几项技术相结合，可以降低 25% ~ 40% 的烯烃，同时还能保持辛烷值和轻烯烃（C3、C4）产率不会下降。Enghard 公司开发了 Syntec-RCH 降烯烃催化剂，其特点是沸石含量高、稀土含量高，可增加氢转移反应，来饱和烯烃。Akzo Nobel 公司开发了 TOM 技术降烯烃催化剂，通过在分子筛中增加稀土含量促进氢转移反应，达到烯烃饱和的目的，在 RON 辛烷值不变的情况下降低烯烃含量。

国内也可相应的开发了系列降烯烃裂化催化剂，如北京石科院研制开发了以稀土和磷复合改性 Y 分子筛为主活性组分的 GOR 系列催化剂（GOR-Q、GOR-DQ、GOR-II、GOR-III），可调控氢转移的深度，控制氢分布，产生一定的异构化和芳构化反应，在降低汽油烯烃的同时，保持较好的焦碳选择性和较高的辛烷值。兰州石化公司催化剂厂生产的 LGO-20、LGO-21 系列降烯烃重油裂化催化剂，可显著降低催化裂化汽油中的烯烃含量，在装置维持掺渣量较高（65% ~ 70%）的条件下，可以将催化汽油中烯烃含量降低 10% ~ 15%，使汽油烯烃控制在 40vol % 左右，RON 在 90 以上。兰州石化公司研究院针对新疆原油催化裂化汽油开发了 LBO-12 催化剂，以及针对哈尔滨石化公司开发了 LBO-16 催化剂，可使汽油中烯烃含量下降 6% ~ 12%，明显改善了汽油的性质。

4. 降低汽油硫含量的催化剂

随着环保法规的日益严格，进一步降低汽油中硫含量，甚至是"无硫"汽油，成为研究的重点。降低 FCC 汽油硫含量的方法有：①对 FCC 原料进行预处理；②对 FCC 汽油进行后处理；③在 FCC 过程中使用降硫催化剂和助剂；④生物脱硫和吸附脱硫。在 FCC 过程中使用降硫助剂是当前达到汽油新标准最经济有效的方法。

降硫助剂本身需要具有裂化活性，而且物化性质应与常规裂化催化剂接近，并具有良好的稳定性和抗磨性能。Grace Davison 公司开发成功 GSR 系列降硫催化剂，通过高稀土含量分子筛的引入，易于多种形态的硫裂解，使汽油硫含量减少 15% ~ 25%，已在 10 多家炼油厂应用。GFS-1 降硫助剂在意大利 Priolo 炼油厂 FCC 装置上的应用结果表明，FCC 汽油硫质量分数减少 35%，同时提高了汽油选择性和辛烷值，并减少了焦炭和气体产率。

中石化石油科学研究院也开发了一种降低 FCC 汽油硫质量分数的固体助剂 LGSA，主要活性组元为稀土和锌改性的 Y 型分子筛，在中国石化长岭分公司和石家庄分公司 FCC 装置上分别进行了工业应用，两套 FCC 装置汽油脱硫率分别为 21.1% 和 15.9%。在此基础上，又开发成功了以稀土和可变价金属氧化物组成的复合氧化物为活性组元的增强型降低汽油硫含量的催化剂 CGP-S，利用高价金属氧化物中晶格氧的氧化作用、L 酸碱对对噻吩类硫化物的选择性吸附作用、还原后的低价金属氧化物对噻吩硫的不可逆吸附等，不仅具有良好的活性稳定性和显著的降低催化汽油硫含量的效果，而且具有良好的重油转化能力和较好的产品选择性，并能有效地改善汽油质量。

从总体来看，中国催化裂化催化剂和国外产品相比，在经过跟踪、模仿、二次创新、技术创新等阶段，目前国产催化裂化催化剂的活性、选择性、水热稳定性等性质均在同一水平，并结合中国的实际情况形成了自己的特点。1987—1990 年，国内开发的超稳 Y 型催化剂和国外催化剂处于同等水平，但从 1996—1997 年以后，国产新催化剂性能明显优于国外同时代的新产品。由于国内市场对催化裂化增产柴油的特殊需求，在增产柴油重油裂化催化剂品种的开发方面国内占有领先地位，国外尚未见同类催化剂的报道，但在增产汽油的催化裂化催化剂开发方面与国外相比仍有较大差距。国内还开发了增产低碳烯烃的催化裂化家族技术，在增产低碳烯烃专用催化剂的品种开发方面也占有优势。从总体上看，国产裂化催化剂在使用性能上已达到国外同类催化剂的水平[160]。由于国产催化剂大多是根据各炼油厂原料和装置的实际情况"量体裁衣"设计制造的，因此在实际使用过程中某些性能指标优于国外催化剂。

由于国外环保法规较严格并有较长的历史，因此在环保型裂化催化剂品种的开发方面国外占有明显优势。国内在降低催化裂化汽油硫含量催化剂和助剂、减少 SO_x 和 NO_x 排放助剂品种的开发方面与国外仍有较大差距。

（二）催化燃烧催化剂

VOCs 排放涉及众多行业，具有成分复杂、面广量大等特点，经济高效的控制净化技术是解决 VOCs 污染问题的关键。VOCs 的净化有多种方法，其中催化燃烧技术因具有能耗省、效率高等优点而得到广泛应用。国内在石化、印刷、喷漆等行业的 VOCs 排放控制也有较好工作基础，但由于 VOCs 排放量大面广、情况复杂，现有技术仍无法满足减排要求，特别是针对排放量大、浓度低、高毒性的 VOCs，尚无成熟控制技术，需进一步加强研究。

同时，甲烷（CH_4）是最稳定的碳氢化合物，也是效应显著的温室气体。发达国家对甲烷的减排控制技术的重视由来已久，中国还没有减排的强制法规政策要求，缺乏成熟和有效的减排技术与工艺。催化燃烧技术是目前最优的甲烷排放控制技术之一，目前在中国尚未得到规模应用。

对于催化燃烧催化剂，提高低温起燃性能和稳定性是其发展的普遍要求。对于催化燃烧催化剂的技术发展方向，主要有：①对于甲醛、CO 等，开发高环境适应性的低温催化氧化催化剂；②对于 VOCs、甲烷等的催化燃烧，发展方向主要是在提高催化剂低温活性的同时，提高催化剂的稳定性（包括热稳定性、抗中毒能力、抗热冲击等）。同时因工业排放的 VOCs 组成较为复杂，因此还需要催化剂具有广谱、高效的特点。从成本上考虑，对贵金属催化剂而言，提高贵金属的利用效率，减少贵金属的用量一直是产品开发的重点。同时研制抗中毒能力强、大空速、大比表面积和低起燃温度的非贵金属催化剂，也是研发的热点。

对于催化燃烧催化剂的技术发展方向，重点要解决以下的问题：①提高催化剂低温起燃性能和抗中毒性能；②开发同时具备高温稳定性和低温催化活性的催化剂体系，同时还要具备较高的抗热冲击性能和耐压、耐磨损等机械性能；③研制抗中毒能力强、大空速、大比表面积和低起燃温度的非贵金属催化剂，以降低成本，尤其是稀土类氧化物催化剂的开发和作用机理研究；④工业废气 VOCs 催化燃烧集成新工艺的开发和优化。同时，随着环境保护需求的不断扩大和环境保护法规的日益严格，催化燃烧装置也向大型化、整体型和节能型方向发展。

总体来看：对于甲烷等化石燃料的高温催化燃烧，国内虽已开展了大量的基础和应用基础研究，并在个别单位开展了应用示范，但由于政策和技术等方面原因，尚未获得大规模工业应用。近年来中国在中温催化燃烧方面也取得了一些进展，一些相关产品已被国内少数公司成功推向市场。但与国外发达国家相比，相关产品品种单一，缺乏市场推广。

近年来，随着中国对 VOCs 污染的日益严格控制，在欧美已被普遍应用的低温催化燃烧消除 VOCs 技术受到重视，国外催化剂公司如德国 Sud Chemie 公司和英国 Johnson Matthey 公司等已进入国内市场，在提升中国 VOCs 治理技术的同时对国内企业形成强力的竞争压力。中国研究人员在 VOCs 消除的催化技术研究上投入相对较大。总体来讲，目前国内工业 VOCs 的治理对象主要集中在国有大型企业、外资和合资企业，中小型污染企业大部分没有治理。目前单纯从催化剂的活性来考察，国内生产的催化剂与国外产品并无显著的差别。但从催化剂制备所需的关键材料（如高性能的氧化铝等）、催化剂制备装置的自动化程度和精确控制等方面，国内与国外存在较大的差距。同时，国内 VOCs 催化燃烧催化剂的应用分类、抗杂质稳定性的评价、特殊有机物（如二噁英等）的催化燃烧等方面的也存在较大的差距。

（三）机动车尾气净化催化剂

机动车尾气净化催化剂技术的发展与如下方面紧密联系：①排放法规和政策的制定和支持；②市场的需求；③产品的成本和竞争力；④上、下游及配套产业、相关仪器、装备的发展；⑤催化剂的基础和应用研发的技术能力以及成果的转化能力；⑥具体的国情因素等。

由于排放法规的滞后，导致中国机动车尾气净化催化剂的自主创新能力与国外相比有较大差距，基本还是跟踪国外技术的发展，缺少具有自主知识产权的新产品，在机动车尾气净化催化剂的关键材料、制备工艺以及整车匹配技术等方面，与国外还存在差距。

（1）载体：为了满足日益严格的排放标准，陶瓷载体向高孔密度、薄壁、轻质、高强度的趋势发展，国外公司目前已具备了高孔密度薄壁陶瓷载体的生产技术，如康宁公司，而国内的企业目前尚未完全掌握该技术。特别是适用于柴油车尾气净化的包括 DPF 在内的大尺寸陶瓷载体（Ø > 267mm），中国目前与国外的差距更大。

（2）涂层：铈锆固溶体储氧材料和活性氧化铝作为关键涂层材料，已成为尾气净化催化剂不可或缺的关键材料。对于铈锆固溶体储氧材料，国外多元铈锆基稀土储氧材料已广泛地应用于汽车催化剂中，在提供更高催化活性和更长耐久性方面展现出突出作用。目前，国内已有一些具有一定规模的稀土储氧材料生产厂家，如山东淄博加华新材料有限公司和海赛（天津）特种材料有限公司等，但产品的高温稳定性和储氧性能还和国外公司高端产品有较大差距。目前铈锆储氧材料的组成已不再是行业秘密，先进独特的制备工艺成为其竞争核心。

活性氧化铝是另一种重要的涂层材料，其性质对催化剂的活性和耐久性具有至关重要的作用，需满足高温瞬态1000℃以上和高水蒸气气氛（10%左右）等极端条件的要求。国外主要氧化铝生产商为格雷斯（W. R. Grace）、罗纳普朗克（Rhone-Poulenc Chimie）和康菲尔（Conoco Phillips）等。随着排放标准提高，发动机空燃比控制精度提高，在原机排放降低的同时，也升高了尾气温度，对氧化铝抗高温老化性能提出了更高要求。国内高温稳定的大比表面积氧化铝的性能与国外产品相比，具有较大差距。

（3）尾气净化催化剂的高精度制备技术及相应的制备装置。尾气净化催化剂的制备技术正向定域化、均匀化、高精度化方向发展，催化涂层材料可控分区涂敷、可控精度涂敷、高孔密度载体均匀涂敷已成为满足高排放标准的催化剂制备技术的发展方向。尾气净化催化剂的涂覆设备与涂覆工艺的结合度高，具有很强的个性化，基本由各催化剂生产企业自行设计加工。如 JM 公司、BAS 公司、UMICORE 公司等分布采用了上注料、下注料等不同的涂覆工艺等。总体而言，中国企业在涂敷工艺多样性、注料稳定性、注料精确度、自动化程度、过程防错水平方面与国外公司还存在一定的差距。

此外，机动车尾气排放标准着眼于整车排放限值，不仅要满足日益严格的排放标准而除了开发出高性能的尾气净化催化剂外，还要对整个排气系统进行优化集成，这方面国内与国外存在较大的差距。

经过国内研究单位和产业化单位的努力，目前对于汽油车尾气净化用三效催化剂（TWC），威孚力达、昆贵研等国内催化剂企业，在与 BASF、Johnson Matthey 等国际催化剂公司的国内市场正面竞争中表现出的技术水平经受了市场的验证并获得了认可。清华大学、华东理工大学、天津大学、无锡威孚力达催化净化器有限责任公司等合作完成的"稀土催化材料及在机动车尾气净化中应用"，对"尾气净化的关键反应、催化剂活性组分的设计、催化剂构成的关键材料、稀土与（非）贵金属组分的相互作用以及催化剂制备工艺"等的研究基础上，通过自主创新，开发出超过国家排放标准要求的机动车尾气净化催化剂的关键材料及系统集成匹配技术，获得 2009 年度国家科技进步奖二等奖。

与汽油车催化剂相比，国内在柴油车催化剂的技术发展上起步更晚，研发基础相对薄弱，更缺乏实际应用经验。由中国科学院生态环境研究中心、中国重型汽车集团有限公司、北京奥福（临邑）精细陶瓷有限公司、中国人民解放军军事交通学院、无锡威孚力达催化净化器有限责任公司和浙江铁马科技股份有限公司合作完成的"重型柴油车污染排放控制高效 SCR 技术研发及产业化",自主设计研发了具有国际先进水平的 SCR 催化剂及制备技术,研发并量产了大尺寸 SCR 催化剂载体,自主开发了高精度还原剂供给系统与车载故障诊断技术,形成了具有自主知识产权的国产化"大尺寸催化剂载体—催化剂生产与封装—匹配控制技术与集成"这一完备的技术产业链,打破了国外技术和产品垄断,并在国产重型柴油车上实现了规模化应用。

(四)稀土催化材料的合成与催化作用

1. 稀土催化材料的制备

在稀土催化材料的制备方面,中国已取得很大进展,如严纯华和李亚栋等分别制备了系列具有不同维数或不同形貌特征的纳米 CeO_2,这些颗粒尺寸减小至数个纳米的 CeO_2 对 CO 氧化反应的活性要远高于采用传统方法制备的块状 CeO_2[161-164];除了比表面积和颗粒大小,还对纳米 CeO_2 优先暴露晶面对其储/放氧能力和催化氧化活性的影响也开展了深入的研究。谢毅等[165]构建了原子级厚的二氧化铈纳米片,使 CO 催化氧化的表观活化能(61.7kJ/mol)明显低于大块 CeO_2 材料的表观活化能(122.9kJ/mol)。张红杰等[166]设计制备了具有良好热稳定性的石榴状的多核@壳结构的 $Pt@CeO_2$,经 $600°C$ 焙烧 5h 后,在 $145°C$ 可以对 CO 达到 100% 转化。Wei Zhou 等[167]制备了新型的钙钛矿 $SrSc_{0.175}Nb_{0.025}Co_{0.8}O_{3-\delta}$,其在小于 $550°C$ 时表现出快速的体相氧扩散速率。相较于 $Ba_{0.5}Sr_{0.5}Co_{0.8}Fe_{0.2}O_{3-\delta}$,其在 $500°C$ 的 ORR 活性增强了 100%。

上述说明,中国在稀土催化材料制备方面的研究达到了国际先进的水平。

2. 稀土催化材料应用的新领域

除了石油化工、催化燃烧、机动车尾气净化等领域,国内在稀土催化材料应用的新领域也取得了长足的进步。如将 Ce 基氧化物引入低碳烃/醇重整制氢催化剂体系,研制出了高催化活性和稳定性的稀土重整制氢催化剂,促进重整制氢反应网络中的 CO 水汽变换反应,实现了高 H_2/CO 选择性,开发了千瓦级(2 ~ 10kW 级)天然气重整制氢系统和 10kW 级甲醇重整制氢系统,其中 10kW 级集成式天然气/甲醇重整系统样机完成了 1000h 的稳定性实验,2kW 级天然气重整制氢系统已实现商业应用。

开发了新一代的固体氧化物燃料电池技术,提出了电子导体–离子导体–氧还原催化剂三元复合阴极概念,研制出 LSM–YSZ–CeMO₂ 三元复合阴极,提高了中低温下的性能和稳定性。以稀土 LSM 材料作为阴极,YSZ 作为电解质,成功开发了千瓦级管式 SOFC 电池堆,稳定输出功率达 3140W。

基于稀土(主要是 CeO_2)的催化特性,王野等发展了一条甲烷催化转化制丙烯的新途径,即甲烷氯氧化或溴氧化经 CH_3Cl 或 CH_3Br 进一步转化制丙烯,同时再生 HCl 或 HBr。研究发现 CeO_2 在甲烷氯氧化和溴氧化反应中的优异催化性能,并通过调控 CeO_2 形貌和修饰提高了 CH_3Cl 和 CH_3Br 选择性[168]。

此外，还突破了稀土氧化物一般只作为助催化剂的限制，开发了用于含氯烃催化燃烧的 CeO_2 基催化剂。进一步通过提高催化剂表面氧的流动性和提高表面氯物种的移除能力，制备了系列高性能和稳定性的氧化铈基复合催化材料，如 CeO_2- 过渡金属复合氧化物、Ru/CeO_2 等，用于含氯脂肪烃和含氯芳烃的催化氧化消除，表现出优异的活性和稳定性[102-107]。

3. 稀土催化的理论研究

中国在稀土催化作用的理论研究方面也取得了显著的进步。采用 DFT+U 的方法系统研究了氧化铈上氧空缺的形成与迁移机理，认为 4f 电子的高度局域化和表面弛豫决定了 CeO_2 表面的电子结构及对 O_2 的吸附活化。提出了一个新的 CeO_2 表面氧扩散机理：即通过次表面 O 原子与表面空缺交换完成表面空缺的扩散。提出了以计算体相氧空穴相关的成键强度和结构弛豫程度来理解和定量分析铈锆固溶体储放氧性能的理论模型，为预测和设计高性能的储氧材料提供了理论依据。

对于负载贵金属催化剂，CeO_2 的 4f 非键空轨道在催化过程中起到了特殊的"电子储存器"作用，可影响到 Pd 的存在状态，以此来调节催化反应的活性。

通过研究 CeO_2 的表面结构以及 NO、CO 和 O_2 等小分子在 CeO_2 表面的吸附与反应过程，发现 Ce 高度局域化的 4f 轨道可起到电子储存器的作用，以类似"化学杠杆"的作用方式将表面微小的结构形变通过"整个"电子的得失，并以静态或动态的方式调节表面吸附物种的化学状态以及反应分子之间的电子分布，进而调控吸附物的反应行为，深入理解了稀土元素的催化特性。

上述说明，中国在稀土材料催化作用本质方面的研究，也已经达到了国际先进水平。

四、本学科发展趋势与展望

国际上对稀土催化剂的研究始于 20 世纪 60 年代中期，经过 40 多年的研究积累，人们对稀土的催化作用有了较深入的认识。大量的实验表明，稀土与其他组分之间可产生协同作用，而显著提高催化剂的性能。现已发现它们的协同效应与增加催化剂的储 / 放氧能力，调节分子表面酸中心的种类和分布，增强催化剂的稳定性，提高活性组分的分散度，增强催化剂的环境适应性，减少贵金属活性组分的用量，稳定其他金属离子的化学价态都等密切相关[169-171]。

随着对环境保护和新能源技术的日益重视，对以催化材料为核心的催化技术提出了更高的要求。如在原油日益重质化的前提下，如何生产出低烯烃和低硫含量的清洁汽油；开发可替代石油的能源利用新技术，以摆脱或减少对传统石油的依赖；煤层气和油田伴生气等轻质烷烃的高质利用；为机动车日益严格的排放法规提供高活性、高稳定性、低成本的尾气净化催化剂；大风量的挥发性有机物（VOCs）的净化技术，特别是含氯等杂原子的难降解、高毒性污染物的净化等；生物质的高效利用；CO_2 的利用等。而这些过程的突破，必须依靠高性能催化剂体系的开发。

近年来在国家的支持下，中国在稀土催化材料及应用方面的研究也取得了显著的进展。如利用稀土元素对吸附剂电子性质的调控，提高了脱硫催化剂的脱硫活性和吸附选择性，为低硫燃油的生产奠定了良好的基础；实现了通过调控稀土复合催化剂表面氧空穴的活性和数量来提高催化剂的反应性能；设计制备了以"稀土—非贵金属—贵金属"为活性组分的机动车尾气净化催化剂，通过充分发挥稀土与贵金属之间的协同效应，显著提高了贵金属的分散性能和稳定性，在三效汽车尾气净化和 VOCs 的催化净化催化剂中得到了很好的应用。同时，并突破稀土氧化物一般只作为助催化剂的限制，开发出系列以 CeO_2 为主催化成分的复合催化剂，在含氯烃的催化氧化和有机化工催化剂中表现出较贵金属催化剂更加优异的性能。

同时由于在环境保护和能源化工领域所涉及的反应过程的复杂性，如在汽车尾气净化过程中同时涉及氧化、还原、重整等多个反应过程，在柴油车尾气净化中涉及固－气－固的多相催化反应；在 VOCs 净化过程中涉及大空速、低浓度、变工况等情况；生产清洁燃油的高效"分子炼油"技术；在发展非石油路线的碳一化工及生物质生产燃油过程中，涉及的多个化学反应和气－液－固三相催化反应等，对催化剂及应用技术提出了更高的要求。

这就需要进一步认识在复杂反应条件下，明确稀土对催化活性中心的修饰和调控机制，针对应用过程，充分发挥稀土的催化作用，开发多组分复合的、多种功能集成的催化剂体系，促进稀土催化材料和相关领域的技术创新和技术进步。并积极开拓稀土催化材料的应用领域。

（1）加强对稀土催化基础科学问题的研究，提升原始创新的能力。针对催化裂化、汽油车尾气净化、柴油车尾气净化、NO_x 选择性催化还原、催化燃烧、聚合、湿式氧化等应用过程，研究稀土与其他组分（过渡金属氧化物、贵金属、分子筛）之间的相互作用对材料的表/界面性质的影响，及在反应条件下的动态变化规律；研究稀土催化材料的低温氧活化机理，明确其结构等对高温稳定性的影响机制；研究稀土复合催化材料的表面氧化还原性和酸碱性的匹配与调控机制。建立稀土对催化反应活性位的构建机制与调控作用，发展稀土催化材料的制备技术及相关应用技术。

（2）继续完善和开发重油催化裂化和 FCC 家族技术的工艺和催化剂，提高 FCC 装置的重油加工能力；开发同时具有降烯烃和降硫功能的催化裂化重油催化剂，及具有深度脱硫功能的炼油工艺及催化剂，更进一步地降低汽油中的硫含量同时保持汽油的收率和辛烷值；改进与优化含稀土分子筛催化剂的制备工艺，开发具有自主知识产权的催化裂化催化剂节能降耗成套生产技术，降低三废排放。

（3）针对机动车尾气催化净化，研发高孔密度薄壁陶瓷载体、高性能铈锆基储氧材料、大比表面积高热稳定氧化铝、贵金属减量技术、冷启动 HC 净化技术等关键材料和催化剂技术，开发自动化的高精度整体式催化剂生产装置及控制技术。

（4）针对天然气、VOCs 等的催化燃烧，开发同时具有高活性和高稳定性的甲烷催化燃烧催化剂；开发具有高活性、广谱 VOCs 净化、低贵金属含量的催化燃烧催化剂及制备技术；开发可用于难降解、高毒性 VOCs 净化的稀土型催化燃烧催化剂；针对不同工业 VOCs 排放特征，特别是大风量、低浓度的工况条件下，开发高效、节能、环保的 VOCs 催化净化技术和设备等。

（5）开发稀土催化材料的新功能，开拓稀土催化材料的应用领域。如开发多中心高效协同作用的稀土复合电极材料，提高固体氧化物燃料电池在中低温时电极活性、稳定性和对环境气氛的耐受性；开发具有高活性、高选择性、抗积炭的甲烷重整制合成气稀土复合催化剂；探索稀土催化材料在生物质高效转化、CO_2 捕集与利用等新兴领域中的作用，开拓稀土催化材料的应用新领域；等等。

—— 参考文献 ——

[1] Carvajal R, Chu P J, Lunsford J H. The role of polyvalent cations in developing strong acidity: A study of lanthanum-exchanged[J]. Journal of catalysis, 1990, 125（1）: 123-131.

[2] de la Puente G, Souza-Aguiar E F, Zotin F M Z, Camorim V L D, Sedran U. The role of polyvalent cations in developing strong acidity: A study of lanthanum-exchanged[J]. Applied Catalysis A: General, 2000, 197（1）: 41-46.

[3] Seherzer J, Ritter R E. Gas Oil Cracking over Rare Earth-Exchanged Ultrastable Y Zeolites[J]. Industrial and Engineering Chemistry Product Research and Development, 1978, 17（3）: 219-223.

[4] Magee J S, Comfier W E, Woltermann G M. Octane Catalysts Contain Sieves[J]. Oil & Gas Journal, 1985, 83: 59-64.

[5] 于善青，田辉平，朱玉霞，等. 稀土离子调变 Y 型分子筛结构稳定性和酸性的机制[J]. 物理化学学报，2011，27（11）：2528-2534.

[6] Biswas J, Maxwell I E. Recent process- and catalyst-related developments in fluid catalytic cracking[J]. Applied Catalysis, 1990, 63（1）: l97-258.

[7] Scherzer J. Octane-Enhancing, Zeolitic FCC Catalysts: Scientific and Technical Aspects[J]. Catalysis Reviews: Science and Engineering, 1989, 31（3）: 2l5-354.

[8] 李斌，李士杰，李能，等. FCC 催化剂中 REHY 分子筛的结构与酸性[J]. 催化学报，2005，26（4）：301-306.

[9] 代振宇，邵潜，李阳，等. FCC 汽油模型化合物在不同分子筛中扩散行为的分子模拟[J]. 石油学报（石油加工），2007，23（1）：41-45.

[10] Rahimi N, Karimzadeh R. Catalytic cracking of hydrocarbons over modified ZSM-5 zeolites to produce light olefins: A review[J]. Applied Catalysis A: General, 2011, 398（1-2）: 1-17.

[11] 张培青，王祥生，郭洪臣. 组合改性对纳米 HZSM-5 催化剂降低汽油烯烃性能的影响[J]. 催化学报，2005，26（10）：911-916.

[12] Li Y F, Liu H, Zhu J Q, et al. Microporous & Mesoporous Materials[J]. Microporous And Mesoporous Materials, 2011, 142（2-3）: 621-628.

[13] 邵潜，李阳，田辉平，等. ZRP 沸石对 FCC 汽油催化裂解产丙烯的影响[J]. 石油学报（石油加工），2007，23（2）：8-11.

[14] Shao Q, Wang P, Tian H P, et al. Study of the application of structural catalyst in naphtha cracking process for propylene production[J]. Catalysis Today, 2009, 147S: S347-S351.

[15] Ouyang J, Kong F X, Su G D, et al. Catalytic Conversion of Bio-ethanol to Ethylene over La-Modified HZSM-5

Catalysts in a Bioreactor[J]. Catalysis Letters, 2009, 132（1）：64-74.

[16] Wang H J, Yu D H, Sun P, et al. Rare earth metal modified NaY: Structure and catalytic performance for lactic acid dehydration to acrylic acid[J]. Catalysis Communications, 2008, 9（9）：1799-1803.

[17] Machado F J, Lópe z C M, Campos Y, et al. The transformation of n-butane over Ga/SAPO-11: The role of extra-framework gallium species[J]. Applied Catalysis A: General, 2002, 226（1-2）：241-252.

[18] Lopes J M, Ramôa R. Effect of rare-earth nature on the basic properties of zeolite NaX containing occluded rare-earth species[J]. Journal of Molecular Catalysis A: Chemical, 2002, 179（1-2）：185-191.

[19] Sheemol V N, Tyagi B, Jasra R V. Acylation of toluene using rare earth cation exchanged zeolite β as solid acid catalyst[J]. Journal of Molecular Catalysis A: Chemical, 2004, 215（1-2）：201-208.

[20] Zhao R, Wang Y Q, Guo Y L, et al. A novel Ce/AlPO-5 catalyst for solvent-free liquid phase oxidation ofcyclohexan e by oxygen[J]. Green Chemistry, 2006, 8: 459-466.

[21] Li J, Li X, Shi Y, Mao D S, Lu G Z. Selective Oxidation of Cyclohexane by Oxygen in a Solvent-Free System over Lanthanide-Containing AlPO-5[J]. Catalysis Letters, 2010, 137（3）：180-189.

[22] Zwinkels M F M, Järas S G, Menon P G, Griffin T A. High temperature combustion[J]. Catalysis Reviews: Science and Engineering, 1993, 35（3）：319-326.

[23] Colussi S, Gayen A, Llorca J, et al. Catalytic Performance of Solution Combustion Synthesized Alumina- and Ceria-Supported Pt and Pd Nanoparticles for the Combustion of Propane and Dimethyl Ether（DME）[J]. Industrial & Engineering Chemistry Research, 2012, 51（22）：7510-7517.

[24] Choudhary T V, Banerjee S, Choudhary V R. Catalysts for combustion of methane and lower alkanes[J]. Applied Catalysis A: General, 2002, 234（1-2）：1-23.

[25] Forzatti P. Status and perspectives of catalytic combustion for gas turbines[J]. Catalysis Today, 2003, 83（1-4）：3-18.

[26] Cargnello M, Delgado Jaén J J, Hernández Garrido J C, et al. Exceptional activity for methane combustion over modular Pd@CeO$_2$ subunits on functionalized Al$_2$O$_3$[J]. Science, 2012, 337（6095）：713-717.

[27] Widjaja H, Sekizawa K, Eguchi K, Arai H. Oxidation of methane over Pd-supported catalysts[J]. Catalysis Today, 1997, 35（1-2）：197-202.

[28] Sekizawa K, Widjaja H, Maeda S, et al. Low temperature oxidation of methane over Pd catalyst supported on metal oxides[J]. Catalysis Today, 2000, 59（1-2）：69-74.

[29] Colussi S, Gayen A, Camellone M F, et al. Nanofaceted Pd-O Sites in Pd-Ce Surface Superstructures: Enhanced Activity in Catalytic Combustion of Methane[J]. Angewandte Chemie International Edition, 2009, 48（45）：8481-8484.

[30] Schwartz W R, Pfefferle L D. Combustion of Methane over Palladium-Based Catalysts: Support Interactions[J]. Journal of Physical Chemistry C, 2012, 116（15）：8571-8578.

[31] Ciuparu D, Lyubovsky M R, Altman E, et al. Catalytic combustion of methane over Palladium-based cataysts[J]. Catalysis Reviews: Science and Engineering, 2002, 44（4）：593-649.

[32] Deng Y Q, Nevell T G. Cu- and Ag-Modified Cerium Oxide Catalysts for Methane Oxidation[J]. Catalysis Today, 1999, 47（1-4）：279-286.

[33] Bernal S, Calvino J J, Gatica J M, et al. Catalysis by Ceria and Related Materials（Ed.: A. Trovarelli）[M]. London, UK: Imperial College Press, 2002, Vol. 2: 85-168.

[34] Carrettin S, Concepción P, Corma A, López Nieto JM, Puntes V F. Nanocrystalline CeO$_2$ increases the activity of Au for CO oxidation by two orders of magnitude. Angewandte Chemie International Edition, 2004, 43: 2538-2540.

[35] Guzman J, Carrettin S, Corma A. Spectroscopic evidence for the supply of reactive oxygen during CO oxidation catalyzed by gold supported on nanocrystalline CeO$_2$. Journal of the American Chemical Society, 2005, 127: 3286-3287.

[36] Guzman J, Carrettin S, Fierro-Gonzalez JC, Hao Y, Gates BC, Corma A. CO oxidation catalyzed by supported gold:

Cooperation between gold and nanocrystalline rare-earth supports forms reactive surface superoxide and peroxide species. Angewandte Chemie International Edition 2005, 44: 4778-4781.

[37] Si R, Flytzani-Stephanopoulos M. Shape and crystal-plane effects of nanoscale ceria on the activity of Au-CeO$_2$ catalysts for the water-gas shift reaction. Angewandte Chemie International Edition, 2008, 47: 2884-2887.

[38] Machida M, Eguchi K, Arai H. Catalytic properties of BaMAl$_{11}$O$_{19-\alpha}$ (M = Cr, Mn, Fe, Co, and Ni) for high-temperature catalytic combustion [J] .J. Catal., 1989, 120 (2) : 377-386.

[39] Groppi G, Crisliani C, Forzatti P. BaFe$_x$Al$_{(12-x)}$O$_{19}$System for High-Temperature Catalytic Combustion: Physico-Chemical Characterization and Catalytic Activity [J] . Journal of catalysis, 1997, 168 (1) : 95-103.

[40] Wang J W, Tian Z J, Xu J G, et al. Preparation of Mn substituted La-hexaaluminate catalysts by using supercritical drying [J] . catalysis Today, 2003, 83 (1-4) : 213-222.

[41] Li T, Li Y. Effect of Magnesium Substitution into LaMnAl$_{11}$O$_{19}$ Hexaaluminate on the Activity of Methane Catalytic Combustion [J] . Industrial & Engineering Chemistry Research, 2008, 47 (5) : 1404-1408.

[42] Ren X, Zheng J, Song Y, Liu P. Catalytic properties of Fe and Mn modified lanthanum hexaaluminates for catalytic combustion of methane [J] . Catalysis Communications, 2008, 9 (5) : 807-810.

[43] Yu Y, Wang L S, Cui M S, et al. Synthesis of La-hexaaluminate catalyst for methane combustion by a reverse SDS microemulsion [J] . Rare Metals, 2011, 30 (4) : 337-342.

[44] Zarur A J, Ying J Y. Reverse microemulsion synthesis of nanostructured complex oxides for catalytic combustion [J] . Nature, 2000, 403 (6765) : 65-67.

[45] Gunasekaran N, Saddawi S, Carberry J J. Effect of Surface Area on the Oxidation of Methane over Solid Oxide Solution Catalyst La$_{0.8}$Sr$_{0.2}$MnO$_3$ [J] . Journal of catalysis, 1996, 159 (1) : 107-111.

[46] Song K S, Cui H X, Kim S D, et al. Catalytic combustion of CH$_4$ and CO on La$_{1-x}$M$_x$MnO$_3$ perovskites [J] . catalysis Today, 1999, 47 (1-4) : 155-160.

[47] Choudhary V R, Banerjee S, Uphade B S. Activation by hydrothermal treatment of low surface area ABO$_3$-type perovskite oxide catalysts [J] . Applied Catalysis A: General, 2000, 197 (2) : L183-L186.

[48] Pecchi G, Campos C, Peña O. Catalytic performance in methane combustion of rare-earth perovskites RECo$_{0.50}$Mn$_{0.50}$O$_3$ (RE: La, Er, Y) [J] . catalysis Today, 2011, 172 (1) : 111-117.

[49] Szabo V, Bassir M, VanNeste A, Kaliaguine S. Perovskite-type oxides synthesized by reactive grinding Part II: Catalytic properties of LaCo$_{1-x}$Fe$_x$O$_3$ in VOC oxidation. Applied Catalysis B: Environmental, 2002, 37: 175-180 .

[50] Wang Y G, Ren J W, Wang Y Q, et al. Nanocasted Synthesis of Mesoporous LaCoO$_3$ Perovskite with Extremely High Surface Area and Excellent Activity in Methane Combustion [J] . Journal of Physical Chemistry C, 2008, 112 (39) : 15293-15298.

[51] Cimino S, Pirone R, Lisi L. Zirconia supported LaMnO$_3$ monoliths for the catalytic combustion of methane [J] . Appl. Catal. B, 2002, 35 (4) : 243-254.

[52] Peter S D, Garbowski E, Perrichon V, Primet M. NO reduction by CO over aluminate - supported perovskites [J] . Catalysis Letters, 2000, 70 (1) : 27-33.

[53] Yi N, Cao Y, Su Y, et al. Nanocrystalline LaCoO$_3$ perovskite particles confined in SBA-15 silica as a new efficient catalyst for hydrocarbon oxidation [J] . Journal of catalysis, 2005, 230 (1) : 249-253.

[54] Kirchnerova J, Klvana D. Synthesis and characterization of perovskite catalysts [J]. Solid State Ionics, 1999, 123(1-4): 307-317.

[55] Liang S H, Xu T G, Teng F, Zong R L, Zhu Y F. The high activity and stability of La$_{0.5}$Ba$_{0.5}$MnO$_3$ nanocubes in the oxidation of CO and CH$_4$ [J] . Appl Catal B, 2010, 96 (3-4) : 267-275 .

[56] Adams K M, Cavataio J V, Hammerle R H. Lean NO$_x$ catalysis for diesel passenger cars: Investigating effects of sulfur dioxide and space velocity [J] . Applied Catalysis B: Environmental, 1996, 10 (1-3) : 157-181.

[57] Allanson R, Blakeman P G, Cooper B J, et al. Optimising the low temperature performance and regeneration efficiency

of the continuously regenerating diesel particulate filter（CR–DPF）system［J］. Society of Automotive Engineers, 2002, SP–1673: 53.

［58］ Page D L, Macdonald R J, Edgar B L. The quad CTA four–way catalytic converter:an integratedaftertreatment system for diesel engines［J］. Society of Automotive Engineers, 1999, SP–1469: 61.

［59］ Hung W T. Taxation on vehicle fuels: its impacts on switching to cleaner fuels［J］. Energy Policy, 2006, 34（16）: 2566–2571.

［60］ 王斌，吴晓东，冉锐，等. 稀土在机动车尾气催化净化中的应用与研究进展，中国科学（化学），2012, 42（1）: 1– 13.

［61］ Huai T, Durbin T D, Rhee S H, Norbeck J M. Investigation of Emission Rates of Ammonia, Nitrous Oxide and Other Exhaust Compounds from Alternative–Fuel Vehicles Using a Chassis Dynamometer［J］. International Journal of Automotive Technolog, 2003, 4: 9–19.

［62］ Kašpar J, Fornasiero P, Hickey N. Automotive catalytic converters: current status and some perspectives［J］. Catalysis Today, 2003, 77（4）: 419–449.

［63］ Heck R M, Farrauto R J. Automobile exhaust catalysts［J］. Applied Catalysis A: General, 2001, 221（1–2）: 443–457.

［64］ Lafyatis D S, Ansell G P, Benneu S C, et al. Ambient temperature light–off for automobile emission control［J］. Applied Catalysis B: Environmental, 1998, 18（1–2）: 123–135.

［65］ Nishihata Y, Mizuki J, Akao T, et al. Self–regeneration of a Pd–perovskite catalyst for automotive emissions control［J］. Nature, 2002, 418（6894）: 164–167.

［66］ Burch R. Knowledge and Know–How in Emission Control for Mobile Applications［J］. Catalysis Reviews, 2004, 46（3–4）: 271–334.

［67］ Shelef M, McCabe R W. Twenty–five years after introduction of automotive catalysts: what next?［J］. Catalysis Today, 2000, 62（1）: 35–50.

［68］ Kašpar J, Monte R D, Fornasiero P, et al. Dependency of the Oxygen Storage Capacity in Zirconia–Ceria Solid Solutions upon Textural Properties［J］.Topics in Catalysis, 2001, 16（1）: 83–87.

［69］ He H, Dai H X, Wong K W, Au C T. $RE_{0.6}Zr_{0.4-x}Y_xO_2$（RE = Ce, Pr; $x = 0, 0.05$）solid solutions: an investigation on defective structure, oxygen mobility, oxygen storage capacity, and redox properties［J］. Applied Catalysis A: General, 2003, 251（1）: 61–74.

［70］ Sugiura M. Oxygen storage materials for automotive catalysts: Ceria–zirconia solid solutions［J］. Catalysis Surveys from Asia, 2003, 7（1）: 77–87.

［71］ Dong F, Suda A, Tanabe T, et al. Characterization of the dynamic oxygen migration over Pt/CeO_2–ZrO_2 catalysts by $^{18}O/^{16}O$ isotopic exchange reaction［J］. Catalysis Today, 2004, 90（3–4）: 223–229.

［72］ Zhao M, Shen M, Wang J. Effect of surface area and bulk structure on oxygen storage capacity of $Ce_{0.67}Zr_{0.33}O_2$［J］. Journal of catalysis, 2007, 248（2）: 258–267.

［73］ Vlaic G, Fornasiero P, Geremia S, Kašpar J, Graziani M. Relationship between the zirconia–promoted reduction in the Rh–loaded $Ce_{0.5}Zr_{0.5}O_2$ mixed oxide and the Zr–O local structure［J］. Journal of catalysis, 1997, 168（2）: 386–392.

［74］ Si R, Zhang YW, Li SJ, Lin BX, Yan CH. Urea–based hydrothermally derived homogeneous nanostructured $Ce_{1-x}Zr_xO_2$（$x = 0$–0.8）solid solutions: A strong correlation between oxygen storage capacity and lattice strain［J］. Journal of Physical Chemistry B, 2004, 108（33）: 12481–12488.

［75］ Rohart E, Larcher O, Deutsch S, et al. From Zr–rich to Ce–rich: thermal stability of OSC materials on the whole range of composition［J］.Topics in Catalysis, 2004, 30（1）: 417–423.

［76］ Matsumoto S. Recent advances in automobile exhaust catalysts［J］. Catalysis Today, 2004, 90（3–4）: 183–190.

［77］ 蒋平平，卢冠忠，郭杨龙，等. 在 CeO_2–ZrO_2 中加入 La_2O_3 对改善单 Pd 三效催化剂性能的作用［J］. 无机化学学报，2004, 20（12）: 1390–1396.

［78］ Schulz H, Stark WJ, Maciejewski M, et al. Flame-made nanocrystalline ceria/zirconia doped with alumina or silica: Structural properties and enhanced oxygen exchange capacity［J］. Journal of Materials Chemistry, 2003, 13（12）: 2979-2984.

［79］ Fernández-García M, Martínez-Arias A, Guerrero-Ruiz A, et al. Ce-Zr-Ca ternary mixed oxides: Structural characteristics and oxygen handling properties. Journal of catalysis, 2002, 211（2）: 326-334.

［80］ Roy S, Hegde M S, Madras G. Catalysis for NO_x abatement［J］. Applied Energy, 2009, 86（11）: 2283-2297.

［81］ Brandenberger S, Kröcher O, Tissler A, Althoff R. The State of the Art in Selective Catalytic Reduction of NO_x by Ammonia Using Metal - Exchanged Zeolite Catalysts［J］. Catalysis Reviews: Science and Engineering, 2008, 50（4）: 492-531.

［82］ Long R Q, Yang R T. Superior Fe-ZSM-5 Catalyst for Selective Catalytic Reduction of Nitric Oxide by Ammonia［J］. J. Am. Chem. Soc., 1999, 121（23）: 5595-5596.

［83］ Shan W, Liu F, He H, et al. Novel cerium-tungsten mixed oxide catalyst for the selective catalytic reduction of NO_x with NH_3［J］. Chemical Communications, 2011, 47（28）: 8046-8048.

［84］ Piacentini M, Maciejewski M, Baiker A. Role and distribution of different Ba-containing phases in supported Pt-Ba NSR catalysts［J］.Topics in Catalysis, 2007, 42（1）: 55-59.

［85］ Strobel R, Krumeich F, Pratsinis S E, Baiker A. Flame-derived $Pt/Ba/Ce_xZr_{1-x}O_2$: Influence of support on thermal deterioration and behavior as NO_x storage-reduction catalysts［J］. Journal of catalysis, 2006, 243（2）: 229-238.

［86］ Corbos E C, Courtois X, Bion N, et al. Impact of support oxide and Ba loading on the NO_x storage properties of Pt/Ba/ support catalysts: CO_2 and H_2O effects［J］. Applied Catalysis B: Environmental, 2007, 76（3-4）: 357-367.

［87］ Kim C H, Qi G, Dahlberg K, Li W. Strontium-doped perovskites rival platinum catalysts for treating NO_x in simulated diesel exhaust［J］. Science, 2010, 327（5973）: 1624-1627.

［88］ Atribak I, López A B, García A G. Combined removal of diesel soot particulates and NO_x over CeO_2-ZrO_2 mixed oxides［J］. Journal of catalysis, 2008, 259（1）: 123-132.

［89］ K. Krishna, A. Bueno-López, M. Makkee, J.A. Moulijn. Potential rare-earth modified CeO_2 catalysts for soot oxidation: Part III. Effect of dopant loading and calcination temperature on catalytic activity with O_2 and $NO + O_2$［J］. Applied Catalysis B: Environmental, 2007, 75（3-4）: 210-220.

［90］ X. Wu, Q. Liang, D. Weng, Z. Lu. The catalytic activity of CuO-CeO_2 mixed oxides for diesel soot oxidation with a NO/O_2 mixture［J］. Catalysis Communications, 2007, 8（12）: 2110-2114.

［91］ V. G. Mnt, A. Querillic, E. E. Mim. Thermal analysis of K（x）/La_2O_3, active catalysts for the abatement of diesel exhaust contaminants［J］. Thermochimica Acta, 2003, 404,177-186.

［92］ Hibbert D B. Reduction of Sulfur Dioxide on Perovskite Oxides［J］. Catalysis Reviews: Science and Engineering, 1992, 34（4）: 391-408.

［93］ Cheng W C, Kim G, Peters A W, et al. Environmental Fluid Catalytic Cracking Technology［J］. Catalysis Reviews: Science and Engineering, 1998, 40（1-2）: 39-79.

［94］ Hedges S W, Yeh J T. Kinetics of sulfur dioxide uptake on supported cerium oxide sorbents［J］. Environmental Progress, 1992, 11（2）: 98-103.

［95］ Waqif M, Bazin P, Saur O, et al. Study of ceria sulfation［J］. Applied Catalysis B: Environmental, 1997, 11（2）: 193-205.

［96］ Trovarelli A, Leitenburg C, Boaro M, Dolcetti G. The utilization of ceria in industrial catalysis［J］. Catalysis Today, 1999, 50（2）: 353-367.

［97］ Bagllo J A. Lanthanum oxysulfide as a catalyst for the oxidation of carbon monoxide and carbonyl sulfide by sulfur dioxide［J］. Industrial and Engineering Chemistry Product Research and Development, 1982, 21（1）: 38-41.

［98］ Hibbert D B, Campbell R H. Flue gas desulphurisation: Catalytic removal of sulphur dioxide by carbon monoxide on sulphided $La_{1-x}Sr_xCoO_3$: II. Reaction of sulphur dioxide and carbon monoxide in a flow system［J］. Applied

Catalysis, 1988, 41: 289–299.

[99] Liu W, Wadia C, Flytzani S M. Transition metal/fluorite–type oxides as active catalysts for reduction of sulfur dioxide to elemental sulfur by carbon monoxide[J]. Catalysis Today, 1996, 28（4）: 391–403.

[100] Avert P V, Wechuysen B M. Low–Temperature Destruction of Chlorinated Hydrocarbons over Lanthanide Oxide Based Catalysts[J]. Angewandte Chemie International Edition, 2002, 41（24）: 4730–4732.

[101] Avert P V, Wechuysen B M. Low–temperature catalytic destruction of CCl$_4$, CHCl$_3$ and CH$_2$Cl$_2$ over basic oxides[J]. Physical Chemistry Chemical Physics, 2004, 6: 5256–5262.

[102] 王幸宜，戴启广，郑翊. MCM–41 负载的 La,Ce 和 Pt 催化剂上三氯乙烯的低温催化燃烧[J]. 催化学报，2006，27（6）：468–470.

[103] Dai Q G, Wang X Y, Lu G Z. Low–temperature catalytic combustion of trichloroethylene over cerium oxide and catalyst deactivation[J]. Applied Catalysis B: Environmental, 2008,81（3–4）: 192–202.

[104] Dai Q G, Huang H, Zhu Y, et al. Catalysis oxidation of 1,2–dichloroethane and ethyl acetate over ceria nanocrystals with well–defined crystal planes[J]. Applied Catalysis B: Environmental, 2012, 117–118: 360–368.

[105] Wang X Y, Kang Q, Li D. Catalytic combustion of chlorobenzene over MnO$_x$–CeO$_2$ mixed oxide catalysts[J]. Applied Catalysis B: Environmental, 2009, 86（3–4）: 166–175.

[106] Wang X Y, Kang Q, Li D. Low–temperature catalytic combustion of chlorobenzene over MnO$_x$–CeO$_2$ mixed oxide catalysts[J]. Catalysis Communications, 2008, 9（13）: 2158–2162.

[107] Dai Y, Wang X Y, Li D, Dai Q G. Catalytic combustion of chlorobenzene over Mn–Ce–La–O mixed oxide catalysts [J]. Journal of Hazardous Materials, 2011, 188（1–3）: 132–139.

[108] Zhou J M, Zhao L, Huang Q Q, et al. Catalytic Activity of Y Zeolite Supported CeO$_2$ Catalysts for Deep Oxidation of 1, 2–Dichloroethane（DCE）[J]. Catalysis Letters, 2009, 127（3）: 277–284.

[109] Huang Q Q, Xue X M, Zhou R X. Decomposition of 1,2–dichloroethane over CeO$_2$ modified USY zeolite catalysts: Effect of acidity and redox property on the catalytic behavior[J]. Journal of Hazardous Materials, 2010, 183（1–3）: 694–700.

[110] Huang Q Q, Zuo S F, Zhao B, Zhou R X. Influence of interaction between CeO$_2$ and USY on the catalytic performance of CeO$_2$–USY catalysts for deep oxidation of 1,2–dichloroethane[J]. Journal of Molecular Catalysis A: Chemical, 2010, 331（1–2）: 130–136.

[111] Huang Q Q, Xue X M, Zhou R X. Catalytic behavior and durability of CeO$_2$ or/and CuO modified USY zeolite catalysts for decomposition of chlorinated volatile organic compounds[J]. Journal of Molecular Catalysis A: Chemical, 2011, 344（1–2）: 74–82.

[112] Xu A W, Gao Y, Liu H Q. The Preparation, Characterization, and their Photocatalytic Activities of Rare–Earth–Doped TiO$_2$ Nanoparticles[J]. Journal of catalysis, 2002, 207（2）: 151–157.

[113] Zhang Y H, Zhang H X, Xu Y X, Wang Y G. Significant effect of lanthanide doping on the texture and properties of nanocrystalline mesoporous TiO$_2$[J]. Journal of Solid State Chemistry, 2004, 177（10）: 3490–3498.

[114] Hassan M S, Amna T, Yang O B, et al. TiO$_2$ nanofibers doped with rare earth elements and their photocatalytic activity[J]. Ceramics International, 2012, 38（7）: 5925–5930.

[115] Stambouli A B, Traversa E. Solid oxide fuel cells（SOFCs）: a review of an environmentally clean and efficient source of energy[J]. Renewable & Sustainable Energy Reviews, 2002, 6（5）: 433–455.

[116] Park S, Vohs J M, Gorte R J. Direct oxidation of hydrocarbons in a solid–oxide fuel cell[J]. Nature, 2000, 404（6775）: 265–267.

[117] Wang Z, Cheng M, Dong Y, Zhang M, Zhang H. Anode–supported SOFC with 1Ce$_{10}$ScZr modified cathode/electrolyte interface[J]. Journal of Power Sources, 2006, 156（2）: 306–310.

[118] Wang Z, Cheng M, Bi Z, et al. Structure and impedance of ZrO$_2$ doped with Sc$_2$O$_3$ and CeO$_2$[J]. Materials Letters, 2005, 59（19–20）: 2579–2582.

［119］ Verkerk M J, Keizer K, Burggraaf A J. High oxygen ion conduction in sintered oxides of the $Bi_2O_3-Er_2O_3$ system［J］. J. Appl. Electrochem., 1980, 10（1）: 81-90.

［120］ Ishihara T, Matsuda H, Takita Y. Doped $LaGaO_3$ Perovskite Type Oxide as a New Oxide Ionic Conductor［J］. Journal of the American Chemical Society, l994, 116（9）: 3801-3803.

［121］ Kuroda K, Hashimoto I, Adachi K, et al. Characterization of solid oxide fuel cell using doped lanthanum gallate［J］. Solid State Ionics, 2000, 132（3-4）: 199-208.

［122］ Sakaki Y, Takeda Y, Kato A, et al. $Ln_{1-x}Sr_xMnO_3$（Ln=Pr, Nd, Sm and Gd）as the cathode material for solid oxide fuel cells［J］.Solid State Ionics, 1999, 118（3-4）: 187-194.

［123］ Yue X, Yan A, Zhang M, et al. Investigation on scandium-doped manganate $La_{0.8}Sr_{0.2}Mn_{1-x}Sc_xO_{3-\delta}$ cathode for intermediate temperaturesolid oxide fuel cells［J］. Journal of Power Sources, 2008, 185（2）: 691-697.

［124］ Yang M, Zhang M, Yan A, et al. Low-temperature solid oxide fuel cell with a $La_{0.8}Sr_{0.2}MnO_3$-modified cathode/electrolyte interface［J］. Electrochemical and Solid-State Letters, 2008, 11（3）: B34-B37.

［125］ Yang M, Zhang M, Yan A, et al. Interaction of $La_{0.8}Sr_{0.2}MnO_3$ interlayer with $Gd_{0.1}Ce_{0.9}O_{1.95}$electrolyte membrane and $Ba_{0.5}Sr_{0.5}Co_{0.8}Fe_{0.2}O_{3-\delta}$ cathode in low-temperature solid oxide fuel cells［J］. Journal of Power Sources, 2008, 185（2）: 784-789.

［126］ Yan A, Liu B, Dong Y, Tian Z, Wang D, Cheng M. A A temperature programmed desorption investigation on the interaction of $Ba_{0.5}Sr_{0.5}Co_{0.8}Fe_{0.2}O_{3-\delta}$ perovskite oxides with CO_2 in the absence and presence of H_2O and O_2［J］. Applied Catalysis B: Environmental, 2008, 80（1-2）: 24-31.

［127］ Yan A, Yang M, Hou Z, Dong Y, Cheng M. Investigation of $Ba_{1-x}Sr_xCo_{0.8}Fe_{0.2}O_{3-\delta}$ as cathodes for low-temperature solid oxide fuel cells both in the absence and presence of CO_2［J］.Journal of PowerSources, 2008, 185（1）: 76-84.

［128］ Zhang M, Yang M, Hou Z F, Dong Y, Cheng M. A bi-layered composite cathode of $La_{0.8}Sr_{0.2}MnO_3$-YSZ and $La_{0.8}Sr_{0.2}MnO_3$-$La_{0.4}Ce_{0.6}O_{1.8}$ for IT-SOFCs［J］. Electrochimica Acta, 2008, 53（15）: 4998-5006.

［129］ Ruiz-Morales J C, Canales-V á zquez J, Savaniu C, et al. Disruption of extended defects in solid oxide fuel cell anodes for methane oxidation［J］. Nature, 2006, 439（7076）: 568-571.

［130］ Huang K, Wan J, Goodenough J B. Oxide-ion conducting ceramics for solid oxide fuel cells［J］. Journal of Materials Science, 2001, 36（5）: 1093-1098.

［131］ Moil M. Enhancing Effect on Densification and Thermal Expansion Compatibility for $La_{0.8}Sr_{0.2}Cr_{0.9}Ti_{0.1}O_3$-Based SOFC Interconnect with B-Site Doping［J］. Journal of the Electrochemical Society, 2002, 149（7）: A797-A803.

［132］ Xu J H, Yeung C M Y, Ni J, et al, Methane steam reforming for hydrogen production using low water-ratios without carbon formation over ceria coated Ni catalysts［J］.Applied Catalysis A: General, 2008, 345（2）: 119-127.

［133］ 王琪莹, 郑成, 林维明. 稀土金属在甲烷芳构化反应催化剂中的应用［J］. 化学反应工程与工艺, 2004, 20（1）: 36-40.

［134］ Niwa Y, Aika K. The effect of lanthanide oxides as a support for ruthenium catalysts in ammonia synthesis［J］. Journal of catalysis,1996,162:138-142.

［135］ 黄瑞娟. ZSM-5 系列催化剂改性及其用于 MTP 过程的工艺研究［M］. 西安: 西北大学, 2006.

［136］ 宋敬伏, 于超英, 赵培庆, 等. 湿式催化氧化技术研究进展［J］. 分子催化, 2010, 5: 474-482.

［137］ Yang S Y, Zhu W P, Jiang Z P, et al, The surface properties and the activities in catalytic wet air oxidation over CeO_2-TiO_2 catalysts［J］.Applied Surface Science, 2006, 252（24）: 8499-8505.

［138］ Xu C W, Shen P K. Novel $Pt/CeO_2/C$ catalysts for electrooxidation of alcohols in alkaline media［J］. Chemical Communications, 2004, 4: 2238-2239.

［139］ Raghuveer V, Viswanathan B. Can $La_{2-x}Sr_xCuO_4$ be used as anodes for direct methanol fuel cells?［J］. Fuel, 2002, 81: 2191-2197.

［140］ Fabris S, Gironcoh S, Baroni S, et al. Taming multiple valency with density functionals: A case study of defective ceria［J］. Physics Review B, 2005, 71: 041102（R）.

［141］ S. Fabris, G. Vicario, G. Balducci et al. Electronic and atomistic structures of clean and reduced ceria surfaces［J］. Journal of Physical Chemistry B, 2005,109: 22860–22867.

［142］ Skorodumova N V, Simak S I, Lundqvist B I, et al. Quantum origin of the oxygen storage capability of ceria［J］. Physics Review Letters, 2002, 89（16）: 166601.

［143］ Consa J C. Computer modeling of surfaces and defects on cerium dioxide［J］. Surface Science, 1995, 339（3）: 337–352.

［144］ Sayle T X T, Parker S C, et al. The role of oxygen vacancies on ceria surfaces in the oxidation of carbon monoxide［J］. Surface Science, 1994, 316（3）: 329–336.

［145］ Yang Z X, Baudin M, Woo T K, et al. Atomic and electronic structure of unreduced and reduced CeO_2 surfaces: A first–principles study［J］. Journal of Chemical Physics, 2004, 120: 7741–7749.

［146］ Li H Y, Wang H F, Gong X Q, et al. Multiple configurations of the two excess 4f electrons on defective CeO_2（111）: Origin and implications［J］. Physics Review B, 2009, 79: 193401–193404.

［147］ Esch F, Fabris S, Zhou L. Electron localization determines defect formation on ceria substrates［J］.Science, 2005, 309（5735）: 752–755.

［148］ Namai Y, Fukui K, Iwasawa Y. Atom–Resolved Noncontact Atomic Force Microscopic Observations of CeO_2（111）Surfaces with Different Oxidation States: Surface Structure and Behavior of Surface Oxygen Atoms［J］. Journal of Physical Chemistry B, 2003, 107（42）: 11666–11673.

［149］ Li H Y, Wang H F, Guo Y L, et al. Exchange between sub–surface and surface oxygen vacancies on CeO_2（111）: a new surface diffusion mechanism［J］. Chemical Communications, 2011, 47（21）: 6105–6107.

［150］ Yang Z X, Woo T K, Hermansson K. Effects of Zr doping on stoichiometric and reduced ceria: A first–principles study［J］. Journal of Chemical Physics, 2006, 124（22）: 224704.

［151］ Dutta G, Waghmare U V, Baidya T, et al. Reducibility of $Ce_{1-x}Zr_xO_2$: Origin of Enhanced Oxygen Storage Capacity ［J］. Catalysis Letters, 2006, 108（3）: 165–172.

［152］ Wang H F, Gong X Q, Guo Y L, et al. A Model to Understand the Oxygen Vacancy Formation in Zr–Doped CeO_2: Electrostatic Interaction and Structural Relaxation［J］. Journal of Physical Chemistry C, 2009, 113（23）: 10229–10232.

［153］ Wang H F, Gong X Q, Guo Y L, et al. Maximizing the localized relaxation: the origin of the outstanding oxygen storage capacity of kappa–$Ce_2Zr_2O_8$［J］. Angewandte Chemie International Edition, 2009, 48（44）: 8289–8292.

［154］ Palmer M S, Neurock M, Olken M M. Periodic density functional theory study of methane activation over La（2）O（3）: activity of O（2–）, O（–）, O（2）（2–）, oxygen point defect, and Sr（2+）–doped surface sites［J］. Journal of the American Chemical Society, 2002, 124（28）: 8452–8461.

［155］ Palmer M S, Neurock M. Periodic density functional theory study of the dissociative adsorption of molecular oxygen over La_2O_3［J］. Journal of Physical Chemistry B, 2002, 106（25）: 6543–6547.

［156］ Nolan M, Parker S C, Watson G W. CeO_2 catalysed conversion of CO, NO_2 and NO from first principles energetics［J］. Physical Chemistry Chemical Physics, 2006, 8（2）: 216–218.

［157］ Nolan M, Parker S C, Watson G W. Reduction of NO_2 on Ceria Surfaces［J］. Journal of Physical Chemistry B, 2006, 110（5）: 2256–2262.

［158］ Jung C, Tsuboi H, Koyama M, et al. Different support effect of M/ZrO_2 and M/CeO_2（M = Pd and Pt）catalysts on CO adsorption: A periodic density functional study［J］. Catalysis Today, 2006, 111（3–4）: 322–327.

［159］ Liu Z P, Jenkins S J, King D A. Origin and activity of oxidized gold in water–gas–shift catalysis［J］. Physics Review Letters, 2005, 94（19）: 196102.

［160］ 于善青，田辉平，龙军. 国外低稀土含量流化催化裂化催化剂的研究进展［J］，石油炼制与化工，2013，44（8）: 1–7.

［161］ Yuan Q, Duan H H, et al. Homogeneously dispersed ceria nanocatalyst stabilized with ordered mesoporous alumina ［J］. Adv Mater, 2010, 22（13）: 1475-1478.

［162］ Zhou H P, Zhang Y W, Mai H X, et al. Spontaneous organization of uniform CeO_2 nanoflowers by 3D oriented attachment in hot surfactant solutions monitored with an in situ electrical conductance technique ［J］. Chem Eur J, 2008, 14（11）: 3380-3390.

［163］ Wang D S, Xie T, Peng Q, et al. Direct thermal decomposition of metal nitrates in octadecylamine to metal oxide nanocrystal ［J］. Chem Eur J, 2008, 14（8）: 2507-2513.

［164］ Liang X, Xiao J J, Chen B H, et al. Catalytically stable and active CeO_2 mesoporous spheres ［J］. Inorganic Chemistry, 2010, 49（18）: 8188-8190.

［165］ Sun Y Y, Liu Q H, Gao S, et al, Pits confined in ultrathin cerium（IV）oxide for studying catalytic centers in carbon monoxide oxidation ［J］. Nature communications, 2013, 4:2899.

［166］ Wang X, Liu D P, Song S Y, et al. Pt@CeO_2 Multicore@Shell Self-Assembled Nanospheres: Clean Synthesis, Structure Optimization, and Catalytic Applications［J］. Journal of the American Chemical Society, 2013, 135（42）: 15864-15872.

［167］ Zhou W, et al. A Highly Active Perovskite Electrode for the Oxygen Reduction Reaction Below 600 ℃［J］, Angewandte Chemie International Edition, 2013, 52: 14036-14040.

［168］ He J L, Xu T, et al. Transformation of Methane to Propylene via a Novel Two-step Reaction Route Catalyzed by Modified CeO_2 Nanocrystals and Zeolites［J］. Angewandte Chemie International Edition, 2012, 51（10）: 2438-2442.

［169］ 郭耘，卢冠忠. 稀土催化材料的研究及应用进展［J］. 中国稀土学报，2007，25（1）: 1-15.

［170］ 詹望成，郭耘，郭杨龙，等. 稀土催化材料的制备、结构及催化性能［J］. 中国科学（化学），2012，42（9）: 1289-1307.

［171］ Zhan W C, Guo Y, Gong X Q, et al, Current status and perspectives of rare earth catalytic materials and catalysis［J］. Chinese Journal of Catalysis, 2014, 35（8）: 1238-1250.

撰稿人： 郭　耘　田辉平　王家明　沈美庆　何　洪

杨向光　陈耀强　何　静　卢冠忠

稀土储氢材料研究

一、引言

氢的存储是氢能应用的关键技术之一，稀土储氢合金是目前最成熟的商用存储氢材料。根据图 1 中储氢合金氢化反应的能量转换关系，稀土储氢合金的应用领域广阔，目前主要用于金属氢化物–镍（MH–Ni）电池及气相储氢装置。

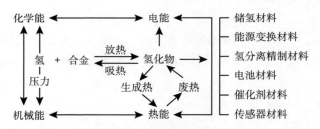

图 1　储氢合金氢化反应能量转换关系及相应的应用领域

稀土储氢材料的研究始于 20 世纪 60 年代末，荷兰飞利浦公司首先发现 LaNi$_5$（AB$_5$）型合金具有可逆吸放氢性能。1989 年日本松下公司将稀土储氢材料成功应用于 MH–Ni 电池，从而开始了稀土储氢材料的产业化。但 AB$_5$ 稀土储氢合金可逆吸放氢量不超过 1.40wt.%，理论放电容量为 373mAh/g，难以满足 MH–Ni 电池高容量化的发展要求。RE–Mg–Ni 系 AB$_{2-3.8}$ 型储氢合金具有更高的放电容量（410mAh/g），因而受到特别关注，取得了一系列重要研究进展，并已成功应用于 MH–Ni 电池。

二、稀土储氢材料领域近年的最新研究进展

（一）MH-Ni 电池负极用稀土储氢材料

1. 高功率稀土储氢材料

高功率稀土储氢材料用于制造电动车、各类电动工具应用的 MH-Ni 动力电池。储氢材料的功率特性用大电流密度下的放电性能，即高倍率放电性能（HRD，角标标注电流密度或放电倍数）表征，反映了材料的动力学本质，主要决定于材料表面的电子转移能力（交换电流密度 I_0 或电荷转移反应阻抗 Rct 表征）和本体中的氢扩散能力（氢扩散系数 D_H 或氢转移阻抗 Ra 表征）。通过优化材料的组成或制造工艺调控结构、采用表面处理或引入具有催化活性的第二相可改善材料的动力学性能。

含钐无镨钕 AB_5 型储氢合金、未经热处理的 Nd 基非化学计量 AB_5 型储氢合金电极等具有良好的高倍率放电性能[1, 2]。为保持 $MmNi_{3.89}Co_{0.4}Mn_{0.6}Al_{0.3}Zr_{0.01}$（Mm 代表富铈混合稀土金属）合金电极的高倍率放电特性，La 在 Mm 中的质量分数不应超过 70%[3]。增加 $MlNi_{3.55}Co_{0.75-x}Mn_{0.4}Al_{0.3}(Cu_{0.75}P_{0.25})_x$（Ml 代表富镧混合稀土金属）合金中的 Cu-P 含量，合金电极的 Rct 从 $122.2m\Omega g$ 减小到 $106m\Omega g$，Ra 从 149.1 显著地减小到 $17.23m\Omega$ g，电化学反应的动力学性能得到改善[4]。AB_5 型合金在低温 573K 烧结 1h，电极以 1500mA/g 电流密度放电的高倍率放电性能（HRD_{1500}）提高 20.9%。AB_5 型合金中添加 8wt.% 的 Co_3O_4，合金电极表面的电催化活性提高，氢扩散速度加快，其 HRD_{1500} 值提高 11.1%[5]。

单相的 $La_{0.75}Mg_{0.25}Ni_{3.5}$ 储氢合金中的 2H 型 $(La，Mg)_2Ni_7$ 相和 3R 型 $(La，Mg)_2Ni_7$ 相含量对合金电极最大放电容量和循环稳定性影响不大，但 3R 型 $(La，Mg)_2Ni_7$ 相具有更好的高倍率放电性能[6]。Ce、Dy 元素部分取代 $La_{0.8}Mg_{0.2}Ni_{3.2}Al_{0.1}$ 合金中的 La 元素，合金电极表现出优异的高倍率放电特性，10C 倍率下可放出高达 267mAh/g 的容量，占标称容量的 72.6%（HRD_{10c}）[7]。使用无钴 $RE_{0.9}Mg_{0.1}Ni_{3.9}Al_{0.2}$ 合金负极和沉积碳的 $Ni(OH)_2$ 正极研制的 205Ah MH-Ni 电池具有良好的高倍率放电性能[8]。

$MlNi_{4.00}Co_{0.45}Mn_{0.38}Al_{0.3}$ 合金粉末在 383K 的 12M NaOH 溶液（含 0.05M $NaBH_4$）中处理 3h，用于 6Ah 柱形牵引电池，HRD_{30c}（室温）和 HRD_{3c}（253K）分别从 5.6%、3.7% 提高到 88.1%、83.7%，HRD_{40c}（室温）可以达到 85.0%[9]。采用化学镀铜的方法对 A_2B_7 型 $La_{0.75}Mg_{0.25}Ni_{3.2}Co_{0.2}Al_{0.1}$ 合金进行表面包覆处理，合金电极的 HRD，I_0，D 和循环寿命均得到明显的提高，并且随着镀铜反应温度的升高而增加[10]。化学镀镍 $MmNi_{3.81}Mn_{0.41}Al_{0.19}Co_{0.76}$ 合金电极的 HRD_{10c} 能从 7.6% 提高到 54.5%[11]。应用聚苯胺、镍/聚吡咯等改性储氢合金粉末，在粉末表面生成具有导电性和抗腐蚀性的包覆膜，可提高合金电极的高倍率放电性能及循环稳定性[12, 13]。

2. 高容量稀土储氢材料

高容量稀土储氢材料主要用于制造高能量密度的 MH-Ni 电池，延长充电后的使用时

间。储氢材料的容量特性用电极活化后的最大放电容量（C_{max}）表征，主要与材料的组成或结构和表面特性有关。

用 HF 和 KF·2H$_2$O 水溶液处理 LaNi$_5$ 合金，然后在一定温度下合金与 CuCl 水溶液反应，合金表面均匀分布 Cu 和 Cu$_2$O 颗粒，合金电极的放电容量和高倍率放电能力明显改善[14]。

许多发明专利提供了高容量 RE-Mg-Ni 基储氢合金的组成或结构，如 A 侧元素为 La、Ce 和 Mg 的 AB$_5$ 型合金电极的容量超过 355mAh/g[15]；RE-Ca-Mg-Ni-Al 基合金中 Ca 和 Al 的总量 ≤ 5.3at.%，代替 Ni 的 Co 和 Mn 的总量 ≤ 1at.%，合金电极不仅具有高容量而且能够抑制电池容量衰减[16]；（RE，Sm，Mg）Ni$_{3.3-3.6}$、（RE，Mg，Ca，M）（Ni，N）$_{3.2-3.4}$（M 是 3A、4A、5A 族元素和 Pd，N 是 6A、7A、8、1B、2B 和 3B 族元素）等合金电极同时具有高容量和良好的循环稳定性[17, 18]；（Ml，Sm，Mg）（Ni，Al，Co，Mn）$_{3.1-4.2}$ 合金电极放电比容量比传统 AB$_5$ 型合金电极高出 20% ～ 30%，且具有较好的高倍率放电性能[19]；一种 RE-Mg-Ni 基合金电极能够长时间保持高容量，该合金结构为混合相，包括 A$_2$B$_4$ 单元 L 和 AB$_5$ 单元 H，两种单元的排列方式为［LHLHHH］，沿 c 轴方向周期性叠层[20]；（RE，Mg）（Ni，Al，M）$_{3.2-3.9}$（M 是 Co，Mn 或混合元素）高容量储氢合金主相包括 A$_2$B$_7$ 相、A$_5$B$_{19}$ 相或占比 ≥ 95vol.% 的混合相，组成为（RE，Mg）（Ni，Al）$_2$ 的 AB$_2$ 相以共生结构形式析出的量 ≤ 20vol.%，其界面位于垂直主相晶体结构 c 轴的方向[21]；控制合金中总的金属杂质含量 ≤ 500wt. ppm，非金属 S，C 和 N 的含量 ≤ 100wt. ppm，可以获得高容量特性，同时可提高吸氢速率并容易放氢[22]。

3. 低自放电稀土储氢材料

低自放电稀土储氢材料用于制造低自放电 MH-Ni 电池，延长电池充电后的荷电保存时间。储氢合金电极的自放电分为不可逆和可逆两部分。

具有多相结构的 AB$_{3-3.8}$ 稀土储氢合金由于电化学循环稳定性差导致合金电极的高自放电。La-Mg-Ni 合金可能含有的 PuNi$_3$、Ce$_2$Ni$_7$、Pr$_5$Co$_{19}$、CaCu$_5$ 等各相的电化学腐蚀速率不同，A$_2$B$_7$ 型相较 AB$_5$ 型和 AB$_3$ 型相循环稳定性更好[23, 24]，适量的 Gd，Sm，Y 等替代 La 都有利于 A$_2$B$_7$ 型相的形成和电极充放电过程中容量的保持[25, 26]。具有 Ce$_2$Ni$_7$ 单相的 La$_{1.6}$Mg$_{0.4}$Ni$_7$ 合金电极的电化学容量高达 400mAh/g，充放电循环 100 周的容量保持率（S_{100}）为 84.2%[27]。但在同时具有 2∶7，5∶19，1∶4 和 1∶5 相的 La$_{0.85}$Mg$_{0.15}$Ni$_{3.8}$ 合金中，当 5∶19 相结构含量更多时，合金电极的循环稳定性和抗腐蚀能力更好[28]。La$_{0.67}$Gd$_{0.2}$Mg$_{0.12}$Ni$_{3.3}$Co$_{0.3}$Al$_{0.1}$ 合金在 1273K 退火后，Pr$_5$Co$_{19}$ 型主相的相丰度达到 87.8wt.%，而 Ce$_5$Co$_{19}$ 型相仅为 0.8wt.%，合金电极的 S_{100} 为 90.2%[29]。

Mg 可增加 RE-Mg-Ni 系合金的有效储氢量，使合金吸氢膨胀由各向异性变为各向同性，增加合金吸氢后的结构稳定性，避免合金的氢致非晶化与歧化分解。La$_{0.8}$Mg$_{0.2}$Ni$_{3.8}$ 合金由于 Mg 的加入抑制了 La，Ni 在碱溶液中的溶解，抗腐蚀性增加，电极容量衰减速率减慢[30]。A$_2$B$_7$ 型 Mm$_{0.7}$Mg$_x$Ni$_{2.58}$Co$_{0.5}$Mn$_{0.3}$Al$_{0.12}$（x=0，0.3）合金电极的自放电性能优于 AB$_5$

型 $Mm_{0.7}Ni_{2.58}Co_{0.5}Mn_{0.3}Al_{0.12}$ 合金，低镁含量有利于提高合金组织中 Ce_2Ni_7 型相的丰度[31]。适量的 Mg（x=0.15~0.17）可以改善 $La_{0.7-x}Y_{0.1}Gd_{0.2}Mg_xNi_{3.35}Al_{0.15}$ 合金电极的自放电性能和开路电位，搁置 7 天后电极的荷电保持率从 7.9%（x=0）增加到 59.7%（x=0.17），随后又降低到 1.8%（x=0.4），其中可逆自放电容量损失占 97.5% 以上，不可逆损失仅占 0.4%~2.5%[32]。

Nd 替代 La 有效延长了（$Nd_{0.83}Mg_{0.16}Zr_{0.01}$）（$Ni_{0.953}Al_{0.046}Co_{0.001}$）$_{3.5}$ 合金电极的循环寿命，降低了自放电[33]。对（Nd，Mg，Zr）（Ni，Al，Co）$_{3.74}$ 合金进行热处理，随着热处理温度的升高和保温时间的延长，合金电极的电化学容量、循环寿命和荷电保持率提高，1223K 处理 16h，合金电极的循环寿命达到 980 周，30 天荷电保持率为 80%[34]。

Al 的添加可以减小储氢合金吸氢后的晶格体积膨胀，降低合金粉化，在合金表面形成惰性氧化铝膜，提高抗氧化能力，减小不可逆容量损失。同时，Al 的加入抑制了 H 的脱附，降低可逆容量损失。$La_{0.80}Mg_{0.20}Ni_{2.95}Co_{0.70-x}Al_x$ 合金中加入的 Al 倾向于进入 $LaNi_5$ 相，使 $LaNi_5$ 相增加，（La，Mg）$_2Ni_7$ 相减少，合金电极的最大放电容量由 394mAh/g 降至 381mAh/g，但 S_{100} 由 73.1% 升至 86.7%[35, 36]。

表面处理可以增强稀土储氢合金的抗氧化能力，降低不可逆容量损失，或者通过抑制氢在合金表面的析出降低可逆容量损失。在 $La_{0.8}Mg_{0.2}Ni_{3.4}Al_{0.1}$ 合金表面包覆聚苯胺等高分子化合物，减慢了表面活性元素的氧化速率，合金电极的 S_{100} 增加了 5.9%[37]。化学镀 Ni 后储氢合金表面形成的富镍层对正极析出并扩散到负极的氧气具有很好的氢氧复合催化作用，同时可以增强合金表面的抗氧化腐蚀作用，对负极自放电性能的改善具有一定的作用。Cu 也可以增强储氢合金的抗氧化能力，抑制合金中的氢在合金表面析出。在 $LaMg_2Ni_6Mn_3$ 合金表面化学镀 Ni-Cu 后，形成含 $CuNi_4O$ 和 Mg_2Ni_3O 相的球状镀层，能够阻止合金在充放电过程中的氧化－粉化脱落，合金电极放电容量由 319mAh/g 增加到 390mAh/g，容量衰减速率由 20% 减小到 1%[38]。对 $La_{0.67}Mg_{0.33}Ni_{2.25}Co_{0.75}$ 合金进行表面氟化处理后，合金电极的容量增加，S_{50} 由 72.6% 提高到 80.3%，主要原因是表面形成的 LaF_3 和 MgF_3 能选择性透过 H 而有效阻止 O 和其他元素的通过[39]。将具有低氧分压的 H_2-H_2O 混合气体通过稀土镁基储氢合金粉末进行表面增氧处理，在合金表面形成具有致密结构的含稀土及 Al 氧化物的薄层，合金电极在碱溶液中具有良好的循环稳定性和较低的自放电率[40]。

4. 低成本稀土储氢材料

电池市场的激烈竞争要求研发低成本负极稀土储氢材料。降低稀土储氢材料的成本主要是通过优化材料组成减少甚至不用价值较高的 Co，Pr，Nd 等元素，进一步还要降低组成中必不可少的 Ni 元素的含量，也可以通过改进材料制备工艺实现低成本。

均衡设计（UD）法设计的无钴含铁（LaCe）（NiFeMnAl）$_5$ 储氢合金为单相 $CaCu_5$ 型结构，Fe 和 Al 同时部分替代 Ni 对晶胞体积、循环稳定性和高倍率放电特性具有协同作用[41]。但 $LaNi_{3.55}Mn_{0.4}Al_{0.3}Fe_{0.75}$ 合金电极的 S_{50} 减少 50%，实验阻抗谱揭示电极在充放电循环阶段显示了多孔特性，放电容量的损失是由于电极材料的反应而不是孔结构的崩塌[42]。无钴非化学计量比 $MmNi_{4.36-x}Al_{0.54}Cu_x$ 和 $MmNi_{3.74-x}Al_{0.49}Cu_x$ 合金中添加 8wt.% 的 Cu 具有最好的电极放电性能，添加 5wt.%Cu 的合金电极荷电保持率较高，添加 9wt.%Cu 的合金电极具有最好的高倍率充放电性能。以 Cu 代 Ni 引起合金晶胞的面间距变化，使 H 从 MH 中离解的扩散通道发生变化，导致合金电极的放电容量不同[43]。Al 替代 Co（$0.10 \leqslant x \leqslant 0.15$）能明显改善低钴 $LaNi_{4.5}Co_{0.4-x}Al_{0.1+x}$ 储氢合金电极的循环稳定性和高倍率放电性能[44]。

AB$_5$ 型无镨钕 $La_{1-x}Ce_x$（NiCoMnAlCuSnFeB）$_{5.1}$ 合金晶胞体积随 Ce 含量的增加而减小，合金的吸氢平台压升高而吸氢量减少，合金电极的电化学容量减小而循环稳定性则有所改善，Ce 含量为 0.15 ~ 0.23 较适宜[45]。超化学计量比无镨钕 $La_{9.5}Ce_{6.4}Ni_{69.0-x}$ $Co_{4.7}Mn_{4.3}Al_{5.7}Cu_xZr_{0.1}Si_{0.3}$ 储氢合金中，Cu 依次占位 3g（1at.%Cu）→ 2c（2 和 3at.%Cu）→ 3g（4at.%Cu）。1at.%Cu 替代的合金电极的活化性能和高倍率放电性能被改善。Cu 的存在虽然增加了晶胞体积，但气相和电化学储氢量减少[46]。采用成本更低的 FeB 合金取代 Co，Ni 等元素也可提高储氢合金的性价比。$LaNi_{3.55}Co_{0.2-x}Mn_{0.35}Al_{0.15}Cu_{0.75}$（$Fe_{0.43}B_{0.57}$）$_x$（$x=0$ ~ 0.20）合金包含 LaNi$_5$ 主相和 $La_3Ni_{13}B_2$ 第二相，第二相不仅提高了合金电极表面的电化学活性，并且多相结构的相界面减小晶格畸变和应变能，提高合金的抗粉化能力[47]。无钴无镨钕 $La_{0.75}Ce_{0.25}Ni_{3.80}Mn_{0.90}Cu_{0.30}$ 合金的电化学性能通过添加 $V_{0.81}Fe_{0.19}$ 以及非化学计量比改善，随着增加 $V_{0.81}Fe_{0.19}$ 的含量，合金电极表现出良好的活化性能，最大放电容量为 335.4mAh/g（$x=0.10$），HRD$_{1200}$ 为 76.7%（$x=0.10$）。由于改善了抗粉化性，S$_{100}$ 达到 77.9%（$x=0.20$）[48]。

无钴稀土镁基 $La_{1.8}Ti_{0.2}MgNi_{9-x}Al_x$（$x=0$ ~ 0.4）合金均包含 $LaMg_2Ni_9$ 相，当 $x \geqslant 0.1$，La（Ni，Al）$_5$ 相代替 LaNi$_5$ 相，LaNi$_3$ 相消失，LaNi$_2$ 相出现。合金氢化焓接近 LaNi$_5$ 的 −30.6kJ/molH$_2$。Al 替代 Ni（$x=0.3$）有利于改善合金电极的放电容量、循环稳定性和电化学动力学[49]。Sm 和 Y 替代无镨钕 A$_2$B$_7$ 型合金中的 La 可以减少合金中 CaCu$_5$ 型相的丰度，合金经 1273K 热处理 8h 后，已近似为单相结构，合金电极的 C$_{max}$ 达到 346mAh/g，S$_{90}$ 达到 93.0%[50]。

与铸态合金比较，熔纺低钴 $LaNi_{4.5}Co_{0.25}Al_{0.25}$ 合金组分均匀、晶格常数增大，合金电极的活化特性、循环稳定性和自放电改善[51]。采用化学共沉淀法制备 $La_{0.75}Mg_{0.25}Ni_{2.7+x}Co_{0.4-x}$ $Mn_{0.1}Al_{0.3}$ 储氢合金，$x=0.1$ 的合金具有最好的综合电化学性能，Ni 完全替代 Co 对电化学性能没有明显的影响[52]。无钴 La_2MgNi_9 合金在 1223K 退火增大了 La_2MgNi_9 和 La_3MgNi_{14} 相的丰度，消除了在较低温度下存在的 $LaNi_{5-x}$ 和 $LaMgNi_4$ 金属间化合物，显著改善了吸放氢行为和电化学性能[53]。

5. 低温／高温／宽温型稀土储氢材料

MH-Ni 电池可能会在各种温度环境下使用，如不同地区、不同季节，从而要求金属氢化物电极材料能够在低温（238K）或高温（333K）或宽温区具备合适的平台特性及较好的电化学性能。

$MmNi_{5-x}(CoMn)_x$ 合金的宽温（238K，273K，303K 及 323K）电化学性能研究表明，随着测试温度的升高，储氢合金的吸放氢平台压力升高、储氢量呈下降趋势、吸放氢滞后效应减小，合金电极的活化性能增强，电极合金中的氢扩散系数有所增大，从而提高了高倍率放电性能，但合金电极的最大放电容量和循环稳定性能均有所降低，自放电增大。综合而言，273K 下合金的综合性能最佳[54]。$LaNi_{4.5}Co_{0.25}Al_{0.25}$ 储氢合金在室温第一次活化后，合金电极在 253K 低温的最大容量为 324.4mAh/g。从 333 ~ 253K，随着温度的降低循环稳定性增加，可逆容量损失（RCL）和不可逆容量损失（ICL）减小。在室温的高倍率放电能力优于其他温度[55]。

B 侧元素替代的储氢合金的低温性能受热力学因素影响较小，表面反应激活能和氢扩散激活能对合金低温性能起关键作用。233K 测量的电荷转移阻抗和双层电容结果表明，Fe 部分替代 Ni 改善了退火 $La_{10.5}Ce_{4.3}Pr_{0.5}Nd_{1.4}Ni_{64.3-x}Co_{5.0}Mn_{4.6}Al_{6.0}Cu_{3.2}Zr_{0.2}Fe_x$（$x=0.0 ~ 1.5$）合金的表面催化活性[56]。在 238K 温度下，$x=0.15$ 的 $LaNi_{4.1-x}Co_{0.6}Mn_{0.3}Cu_x$ 合金电极容量为 319mAh/g，300mA/g 电流密度下放电容量达到 206mAh/g，表明 Cu 部分替代 Ni 获得了较好的低温电化学性能[44]。以 $AB_{4.7}$ 型 $MmNi_{4.3}Al_{0.3}Fe_{0.05}Sn_{0.05}$ 为基体储氢合金，以金属锂为再次加入的超熵变试剂，通过二者非均相扩散合成出具有超熵变特性的储氢合金，与传统 AB_5 型合金相比，在低温 237K 或 243K 的放电容量提高到 3 倍以上，在 237K，低温放电电压平均提高约 280mV[57]。

$LaNi_{4.1-x}Co_{0.6}Mn_{0.3}Al_x$ 合金电极由于 Al 的加入具有良好的高温容量，323K 温度下容量由 $x=0$ 的 266mAh/g 增加到 $x=0.15$ 的 302mAh/g 和 $x=0.45$ 的 300mAh/g[44]。$La_{0.78}Ce_{0.22}Ni_{3.73}Mn_{0.30}Al_{0.17}Fe_xCo_{0.8-x}$（$x=0 ~ 0.8$）合金中 Fe 的存在抑制了 Ni，Mn 和 Al 的溶解，在高温 333K 下，合金电极循环稳定性从高 Co 合金的 7.1% 增加到高 Fe 合金的 44.1%，荷电保持率从 51.8% 增加到 70.9%。当 $x=0.8$ 时，高温放电能力和高温恢复能力也被改善[58]。

室温预活化能显著提高 $Mm(NiCoAlMn)_5$ 合金电极的低温性能，238K 的最大放电容量从 25mAh/g 增加到 336mAh/g。整个电极反应受氢原子扩散控制，随着温度的降低氢扩散系数急剧下降，从而导致该合金电极的低温高倍率放电性能变差[59]。气雾化和氢退火工艺同时可用于改善 AB_5 合金电极的低温特性并可恢复为改善低温特性在合金中加入铜导致衰退的循环稳定性[60]。

$La_{0.7}Mg_xNi_{2.58}Co_{0.5}Mn_{0.3}Al_{0.12}$ 合金随着 Mg 含量的增加，238K 低温下的电极放电容量逐渐增大。1123K 热处理后，合金电极在 238K 温度下的放电容量均有所提高，$x=0.3$ 合金电极的容量达到了 304.6mAh/g。采用 Mm 稀土替代 La 后，合金电极在 238 ~ 303K 温度范围内均显示了良好的放电性能，在 238K 和 303K 温度下，无镁合金电极的放电容量分别为 335mAh/g 和 326mAh/g，含镁合金电极的容量分别为 320mAh/g 和 347mAh/g。在 238K 低温下 $x=0.3$ 合金电极的高倍率性能优于无镁合金，HRD_{1C} 达到 42%。采用 $x=0.3$ 合金制成 AA1300mAh 密封 MH-Ni 电池，电池的内阻、放电电压特性和荷电保持率均达到国家标准（Q/BS-001-2009），其高低温性能和 5C 放电性能优良，循环 150 周后容量保持率达到

85% 以上[44]。A_2B_7 型 $Mm_{0.7}Mg_{0.3}Ni_{2.58}Co_{0.5}Mn_{0.3}Al_{0.12}$ 合金含有 $LaNi_5$ 相和 La_2Ni_7 相,与不含 Mg 的 $LaNi_5$ 型单相 $Mm_{0.7}Ni_{2.58}Co_{0.5}Mn_{0.3}Al_{0.12}$ 合金比较,在 238 ~ 303K 具有良好的放电容量特性、循环稳定性、自放电性能和抗粉化性能,但氢扩散活化能和交换电流密度(I_0)同时减小,在低温 238K 的放电容量超过 320mAh/g。当温度从 238K 增加到 303K,两个合金的容量损失、高倍率放电能力、I_0、氢扩散系数(D/a^2)增加,而容量保持率减小。在低温 238K,氢扩散是电池反应的速率控制步骤,在 273K 和 303K,合金表面的电荷转移反应是速率控制步骤[31]。

$La_{0.60}Nd_{0.15}Mg_{0.25}Ni_{3.3}Si_{0.10}$ 储氢合金退火(1213K,8h)后主相 $LaNi_5$ 相转变成以 La_2Ni_7 相为主相的双相结构,抗蚀能力高于铸态合金,合金电极的放电容量、循环稳定性、电荷保持率等性能受温度的影响明显减小[61]。

6. 耐久性稀土储氢材料

所有的储氢材料都要求具备耐腐蚀、抗粉化特性,从而具有更长的循环使用寿命。稀土储氢材料的耐久性与其组成、结构密切相关,特别是合金的吸放氢膨胀率和表面状态决定了合金的耐久性。

MH 电极在小的荷电状态(SOC)仅短期存放就会有相当大的不可逆容量损失,$LaNi_5$ 型合金表面金属 Ni 的氧化是容量快速损失的原因[62]。储氢合金在吸/放氢过程中由于结构的膨胀/收缩导致粉化,暴露的新鲜表面加快了氧化腐蚀速度,从而造成活性物质的不可逆损失。AB_5 型合金中的 Al 元素由于良好抗氧化性,能够减缓合金的氧化腐蚀,从而降低合金电极的内阻[63]。但也有研究表明[64],$MmNi_{3.9}Co_{0.6}Mn_{0.3}Al_{0.2}$ 合金电极随循环衰减的现象在高倍率放电和高温时更加突出,其原因除了电极活性物质的损失还与循环过程中电极表面形成 Al_2O_3 氧化层有关,如果在该合金中添加 Y_2O_3 和 Co 纳米粉可显著提高电极的循环寿命和初始活化速度。$La_{0.7}Ce_{0.3}Ni_{3.75}Mn_{0.35}Al_{0.15}Cu_{0.75-x}Fe_x$($x=0 ~ 0.20$)合金的 $LaNi_5$ 相的晶格常数 a 和晶胞体积随着 Fe 替代 Cu 量的增加而增大,合金抗粉化能力增强,合金电极的循环稳定性相应增强[65]。掺杂 Y 的 $MlNi_{3.68}Co_{0.72}Mn_{0.4}Al_{0.3}Y_x$ 储氢合金的耐腐蚀性能提高,用 $x=0$ 和 0.048 的合金制备的电池,国际电子电工委员会(IEC)循环寿命分别为 900 次和 1600 次,常温储存 1 年后的开路电压分别为 0.881V 和 1.225V[66]。组成为(La,RE)(Ni,Co,Al,Mn-Sn,M)$_{4.90-5.50}$(M 代表 Ti,Zr,Fe,Cu,Nb 等)的储氢合金能够抑制 Co,Mn,Al 等元素在碱性电解液中溶析从而具有优异耐腐蚀性。通过电子探针显微分析合金横截面结构区域的 800 倍图像,在 Sn 和 La 图谱处没有粒径大于 5.0μm 的析出相[67]。AB_5 型储氢合金中的 Mn 元素能够减缓粉化,降低不可逆容量损失,然而增大了可逆容量损失[63]。

Al 部分替代 Ni 使 $La_{0.75}Mg_{0.25}Ni_{3.5-x}Co_{0.2}Al_x$($x=0 ~ 0.09$)合金电极的腐蚀电位正移,延长合金电极的循环寿命[68]。Mn,Co 部分替代 Ni 可使合金电极的循环稳定性显著提高,$(La_{0.8}Nd_{0.2})_2Mg(Ni_{0.85-x}Co_{0.1}Mn_xAl_{0.05})_9$,$(La_{0.8}Nd_{0.2})_2Mg(Ni_{0.85-x}Co_xMn_{0.1}Al_{0.05})_9$ 合金电极的 S_{50} 分别由 $x=0$ 时的 73.5%、68.3% 逐渐增加到 92.2%($x=0.1$)、93.9%($x=0.15$)[69]。

稀土基 AB_5 和 A_2B_7 金属氢化物电极合金表面覆盖着被电解液氧化形成的纳米针状和较大棒状的稀土氢氧化物，而且在嵌含夹杂物的表层氧化物和基体中间还夹着一层过渡氧化物层。嵌含的夹杂物是以 Ni 和 Co 为主的纳米晶，由于 Co 的耐蚀性相对较好，Co 与 Ni 的比例大于本体[70, 71]。通过氟化处理方法对储氢合金粒子进行表面化学处理，可达到去除合金表面氧化物膜，增加比表面积，保持合金的表面活性和延长合金耐久性的目的。氟化处理的反应机理包含除去氧化物反应、Ni 离子溶出反应和在合金表面形成氟化物反应三个阶段[72]。用 NH_4F，LiF 和含有 KBH_4 的 LiF 溶液处理 $M1Ni_{3.5}Co_{0.6}Mn_{0.4}Al_{0.5}$ 合金，C_{max} 从 314.8mAh/g 分别增加到 325.7mAh/g（NH_4F），326.5mAh/g（LiF）和 316.4mAh/g（LiF+KBH_4），S_{60} 从 83.5% 分别增加到 84.8%（NH_4F），89.5%（LiF）和 93.9%（LiF+KBH_4）[73]。应用电镀方法在 AB_5 型合金上均匀沉积 Ni–PTFE 复合层，复合层的厚度控制到 1～2μm，改善了合金的活化和耐蚀性，特别是复合层中的 PTFE 颗粒创造了氢气–合金–电解液溶液三相界面反应区域[74]。退火处理很难改善 $La_{0.67}Mg_{0.33}Ni_{2.5}Co_{0.5}$ 储氢合金的抗粉化能力，但显著改善了其中 AB_2 相中 La 和 Mg 元素的抗腐蚀性能[75]。

7. 稀土储氢材料的综合性能研究

通常情况下应用的储氢材料需要具备良好的综合性能。即使需要突出某些特定性能，其他相关性能也必须满足一定的要求。

典型的商用 $MmNi_{3.55}Co_{0.75}Al_{0.3}Mn_{0.4}$ 储氢合金比 $LaNi_5$ 合金具有更好的综合性能。前者吸放氢速率由三维扩散过程控制，适用温度范围为 252～423K；后者吸放氢速率由二维扩散过程控制，适用温度为 273～333K。后者吸氢前后的晶格应变为 0.471%，远大于前者的 0.133%，说明 $LaNi_5$ 合金更容易粉化。混合稀土 Mm 替代 $LaNi_5$ 合金中的 La 元素使合金的晶胞参数 a 减小，c 增大，晶胞体积 V 降低，在 2.1MPa 压力和 298～673K 温度下，合金均不能被活化，储氢性能明显变差。Mn，Al，Co 代替 Ni 元素可使 $MmNi_5$ 合金的晶胞体积变大，有利于提高合金储氢性能。合金 c 轴方向的吸氢膨胀是影响抗粉化最关键的因素，Co 对 $MmNi_{3.55}Co_{0.75}Al_{0.3}Mn_{0.4}$ 合金的抗粉化性能发挥了重要作用[76]。EDS 能谱分析结果表明，$MmNi_{4.15}Mn_{0.35}Co_{0.45}Al_{0.30}$ 储氢合金中的稀土元素主要存在于基质相中，而 Mn，Al 和 Co 元素主要在析出相[77]。随着 $LaNi_{4.4-x}Co_{0.3}Mn_{0.3}Al_x$ 储氢合金中 Al 替代量增加（x=0.3），合金电极的循环稳定性改善，同时具有较小的自放电容量损失。x=0.1 合金电极的 HRD_{1800} 达到 68.5%，电极反应受电荷转移步骤控制[78]。随着增加 $LaNi_{4.1-x}Co_{0.6}Mn_{0.3}Cu_x$（$x$=0～0.45）合金中的 Cu 含量，放氢平台压和压力滞后减小，合金电极表现出较好的活化特性和较高的容量（334mAh/g），循环稳定性改善，但自放电增大、高倍率性能下降[79]。

比较不同计量比 La–Mg–Ni 系合金（$AB_{3.0}$ 型 $La_{0.6}Gd_{0.2}Mg_{0.2}Ni_{2.6}Co_{0.3}Al_{0.1}$，$A_2B_7$ 型 $La_{0.63}Gd_{0.2}Mg_{0.17}Ni_{3.1}Co_{0.3}Al_{0.1}$ 和 A_5B_{19} 型 $La_{0.68}Gd_{0.2}Mg_{0.12}Ni_{3.3}Co_{0.3}Al_{0.1}$），$A_2B_7$ 型合金电极的综合电化学性能最好，其 C_{max}，S_{100} 和 HRD_{900} 分别为 386.8mAh/g，91.5% 和 80.9%，其次是 A_5B_{19} 型合金，$AB_{3.0}$ 型合金最差[29]。Mg 含量对 A_2B_7 型合金结构、氢化性能和电化学性能有重要影响。严格控制气氛下长时间的热处理退火，$La_{1-x}Mg_xNi_{3.5}$ 合金可以得到 Ce_2Ni_7 型相丰

度较高的合金。La 端原子半径较小时，易导致 Ce_2Ni_7 型结构不稳定；La 端原子半径较大时，低镁含量下得到 Ce_2Ni_7 型合金，但易导致氢致非晶现象。Ce_2Ni_7 型合金吸氢后导致各向同性膨胀，氢原子在 Ce_2Ni_7 型结构中重新分布，Laves 单元为该类型合金吸放氢时颗粒粉化的薄弱环节[80]。A_2B_7 型 $Gd_{1-x}Mg_xCo_{3.25}Mn_{0.15}Al_{0.1}$ 合金中 Mg 含量的变化有利于提高合金电极的最大放电容量，电极的充电电压较高和交换电流密度较低是导致其放电容量较低的重要原因。随 Mg 含量的增加，电极的可逆性得到了有效的改善[81]。

铸态和退火（1173K，8h）态 $La_{0.63}RE_{0.2}Mg_{0.17}Ni_{3.1}Co_{0.3}Al_{0.1}$ 合金主要包括 La_2Ni_7 相和 $LaNi_5$ 相，稀土金属 RE 替代 La 有利于 Ce_2Ni_7 型相的形成，所有合金电极表现了良好的活化特性，动力学性能得到明显改善。Ce，Pr，Nd，Y，Sm 和 Gd 为首选替代元素，Ce-Sc 替代 La 的合金电极放电容量提高，循环稳定性也得到改善；Yb 替代的合金电极具有优异的高倍率放电能力（HRD_{900}=92.8%）；$La_{0.63}Y_{0.2}Mg_{0.17}Ni_{3.1}Co_{0.3}Al_{0.1}$ 合金电极的放电容量最大（400.6mAh/g）；稀土 Gd 元素能有效减少和抑制合金退火组织中 $CaCu_5$ 型相的形成，$La_{0.63}Gd_{0.2}Mg_{0.17}Ni_{3.1}Co_{0.3}Al_{0.1}$ 合金的 Ce_2Ni_7 和 Gd_2Co_7 型相丰度最大（91.0%），综合电化学性能最佳，最大放电容量 389.9mAh/g，S_{100} 达到 92.5%[82，80]。$La_{0.83-0.5x}（Pr_{0.1}Nd_{0.1}Sm_{0.1}Gd_{0.2}）_x$ $Mg_{0.17}Ni_{3.1}Co_{0.3}Al_{0.1}$（x=0-1.66）合金中，随混合稀土替代 La 的量增加，合金中 $2H-Ce_2Ni_7$ 型和 $3R-Gd_2Co_7$ 型主相丰度逐渐增多，其中 $2H-Ce_2Ni_7$ 型相丰度先增多后减少，$3R-Gd_2Co_7$ 型相丰度则逐渐增加，晶胞参数逐渐减小，放氢平台压逐渐升高，合金电极的高倍率放电性能显著提高，最大放电容量和循环稳定性均呈先增大后减小的规律，其中 x=0.4 合金电极具有最高的放电容量（389.8mAh/g）和最佳的循环寿命（S_{100}=91.3%）[83]。同时改变混合稀土和 Mg 的替代比例，$La_{0.7-0.35x}（Pr_{0.1}Nd_{0.1}Sm_{0.1}Gd_{0.2}）_xMg_{0.3-0.15x}Ni_{3.1}Co_{0.3}Al_{0.1}$（x=2.0 ~ 0.0）合金随着镁元素含量的增加，非镧稀土含量的减少，Pr_5Co_{19} 型相先增加后减少，$PuNi_3$ 型相逐渐减少，$2H-Ce_2Ni_7$ 型先增多后减少，$3R-Gd_2Co_7$ 型逐渐增加。在适量的稀土和镁含量共同作用下，合金有较高的 $2H-Ce_2Ni_7$ 型相丰度。合金电极的平台压力先降低后升高，吸氢量先增加然后减少，HRD 呈先缓慢上升后快速下降的趋势，电极的交换电流密度是决定其高倍率放电性能的主要因素[83]。

$La_{0.63}Gd_{0.2}Mg_{0.17}Ni_{3.35-x}Co_xAl_{0.15}$（x=0 ~ 2.0）储氢合金随着增加 Co 对 Ni 的替代量，Pr_5Co_{19} 型和 Ce_2Ni_7 型相增加，而 $CaCu_5$ 型相先减少然后增加，各相的 c- 轴晶胞常数和晶胞体积增大，退火合金电极的最大放电容量和循环稳定性先增加然后减少。x=0.3 合金电极表现出最大放电容量（392.9mAh/g），x=1.5 合金电极表现出最好的循环稳定性（S_{100}=96.1%）和高倍率放电能力（HRD_{900}=86.3%），电极反应的控制步骤是合金表面的电荷转移[84]。铸态和退火（1173K，8h）态 $La_{0.6}Gd_{0.2}Mg_{0.2}Ni_{3.0}Co_{0.5-x}Al_x$（x=0-0.5）合金随着 Al 替代 Co 量增加，（La，Mg）$_2Ni_7$ 相丰度减少而 $LaNi_5$ 相和（La，Mg）Ni_3 相丰度增加，电极的 HRD 降低。x=0.1 合金同时具有较高的放电容量和循环稳定性[85]。$La_4MgNi_{19-x}R_x$（R=Co，Fe，Mn，x=0 ~ 2.0）合金中 La_4MgNi_{19} 相丰度的增减和新相的形成对合金电极最大放电容量和循环寿命有着重要的影响。随着 R 含量的增加，R=Co 合金中

LaNi$_5$ 相的丰度有所下降，同时 La$_4$MgNi$_{19}$ 相的丰度则增加；而 R=Fe，Mn 合金则相反，且 La$_4$MgNi$_{17}$Mn$_2$ 合金中出现了 LaNi$_2$ 新相。La$_4$MgNi$_{19-x}$R$_x$ 合金活化性能和高倍率放电性能良好（HRD$_{900}$>85%），但是循环稳定性有待提高（S$_{100}$<60%）。随着 R 含量的增加，R=Co 合金最大放电容量呈增大趋势，循环寿命则下降，具有较好高倍率放电性能；R=Fe 合金最大放电容量呈降低的趋势，循环寿命则先降低后升高，电极表面的电荷转移阻力占主导因素；R=Mn 合金最大放电容量先升高后降低，而循环寿命一直呈降低趋势，氢的扩散速率是影响高倍率放电性能的主要因素[86]。

通过碱处理储氢合金粉末，去除合金粉末表面的氧化层并在表面形成具有高电催化活性的 Ni 和 Co 富集层，进而可以有效地改善储氢合金的综合性能[87]。La$_{0.88}$Mg$_{0.12}$Ni$_{2.95}$Mn$_{0.10}$Co$_{0.55}$Al$_{0.10}$ 合金粉末化学复合镀 Ni–Cu–P，Ni–Cu–P 复合物球形颗粒密集地沉积在合金表面，提高了导电性和催化活性，作为保护层改善了合金的放电容量、循环容量保持率、HRD[88]。

（二）气相储氢系统用稀土储氢材料

将储氢合金以一定的方式装填到容器内，利用储氢合金的可逆吸放氢能力，达到储存、净化氢气的目的。与高压气态储氢相比，金属氢化物（MH）储氢是一种固态储氢技术，具有储氢压力低、体积储氢密度高、安全性能好、吸放氢过程简单的优点，已应用于仪器配套、燃料电池、半导体工业、保护气体、氢原子钟、氢气净化等领域[89]。金属氢化物热吸附压缩是一种可以将热能转换成压缩氢气的有效和可靠的方法，这种热机最重要的组成部分是金属氢化物材料，它除了应具备储氢材料基本特征（如重量和体积储氢效率、吸氢动力学和高效导热性）以便进行有效的氢压缩，最重要的是决定温度和吸/放氢压力关系的金属氢化物体系的热力学性能。为了调控压缩机的运行，在与氢化过程中金属材料体积膨胀有关的系统设计中应考虑多级压缩机压力平台的同步、降低等温线斜率和滞后、提高循环稳定性和寿命[90]。

空气换热型储氢装置内部的合金反应床存在明显的温度梯度场，吸氢时储氢装置中心部位的温度最高，需要强化其芯部换热条件，以提高储氢装置的储放氢性能[91]。LmNi$_{4.91}$Sn$_{0.15}$ 基储氢装置配备 60 个内嵌式冷却管（ECT），在 35bar 氢压、氢化物床有效热导率 2.5W/m·K 条件下吸氢速率很快，在 303K 温度下、导热油流速为 3.2l/min，8min 最大吸氢量约达到 1.18wt.%[92]。

非化学计量比极大地改善了 La（Ni$_{3.8}$Al$_{1.0}$Mn$_{0.2}$）$_x$（x=0.94，0.96，0.98，1.0）合金的抗粉化性，而合金良好的动力学性能几乎不受化学计量比值影响，在 300 次吸放氢循环后，平台区域相当平坦，没有明显的滞后，合金的吸氢量基本保持不变。三个非化学计量比合金的平均颗粒尺寸明显减小，粉化的颗粒仅仅表面有裂纹[93]。

LaNi$_5$，LaNi$_{4.5}$Cu$_{0.5}$ 和 LaNi$_{4.5}$Fe$_{0.5}$ 合金首次吸/放氢循环后，吸氢和放氢之间的平衡压力相差很大，透射电镜观察到了 a 型和 c 型位错。氢化期间出现位错有利于适应金属－氢固溶体和金属氢化物之间的晶格错配，此外说明固溶体和氢化物之间的界面在一个平面上。相反，在 $LaNi_{4.5}Si_{0.5}$，$LaNi_{4.5}Al_{0.5}$ 和 $LaNi_{4.75}Sn_{0.75}$ 合金中既没有观察到位错也没有层错，说明氢压力 – 组成等温线几乎没有滞后[94]。

Mn，Fe 替代 Ni 明显改善了 $La(Ni_{0.80}Fe_{0.20-x}Mn_x)_5$ 合金的储氢特性，在 323K，x=0.20，0.10合金的储氢量分别是 1.95，2.0wt.%，超过 $LaNi_5$ 合金储氢量（约 1.5wt.%）的 30%[95]。$LaNi_{5-x}Sn_x$（$0 \leqslant x \leqslant 0.5$）合金中，Sn 取代 Ni 能够降低吸氢反应的平衡压力，并且加快吸氢反应速率，合金 1000 次循环后的储氢量保持率为 96%，循环稳定性高于 $LaNi_5$[96]。$LaNi_{5-x}Al_x$（x=0.3，0.4）金属氢化物的平衡压力、生成焓（ΔH）、生成熵（ΔS）等性能随压力 – 组成等温（PCI）曲线的吸 / 放氢压力差（ΔPs）而显著变化[97]。

$La_{1-x}Ce_xNi_5$（x=0 ~ 0.8）合金用于金属氢化物压缩机（MHC），使用冷水（293K）和热水（353K），氢气从 0.2MPa 压缩到 4.2MPa[98]。Y 和 Al 分别能有效增加和降低 $La_{1-x}Y_xNi_{5-y}Al_y$（x=0.6,0.7；y=0.1,0.2）合金平衡氢压，是调整 $LaNi_5$ 基合金平衡氢压的理想元素。这些合金组成"合金对"用于二级金属氢化物压缩机，能够在 408 ~ 428K 温度区间将供给氢气的压力从 2MPa 增加到 35 ~ 40MPa[99]。

通过溶胶凝胶法用 SiO_2 包覆 $LaNi_{4.8}Al_{0.2}$ 合金颗粒，显示了优越的氢化特性。包覆合金的氢化速率加快，储氢量从 147.1Nml/g 增加到 169.3Nml/g，30 次循环后未粉化，而未包覆合金颗粒 10 次吸 / 放氢循环后粉化。在 H_2–14.4%CO 和 H_2–12.8%CO_2 气氛中，未包覆合金颗粒吸氢量分别少于 8.2Nml/g 和 18.6Nml/g，而包覆合金吸氢量分别是 84.5Nml/g 和168.9Nml/g，说明网状二氧化硅包覆合金的抗粉化和抗毒性明显提高[100]。

磁场热处理 $La_{0.67}Mg_{0.33}Ni_{2.5}Co_{0.5}$ 合金具有优异的热力学和动力学性能，能吸收 1.40wt.%H，释放 1.32wt.%H。DSC 测量表明吸热峰在 350.8K。氢化 / 脱氢反应的时间常数（t_c）是 91.4s 和 379.3s。通过周模型计算的氢化 / 脱氢活化能是 16.3kJ/mol 和 23.3kJ/mol[101]。冷轧工艺能够显著减小 $LaNi_5$ 合金的颗粒和晶粒尺寸，吸氢动力学明显提高，冷轧 5 次能够获得储氢量和储氢动力性能最佳的效果[102]。

（三）稀土储氢材料的基础研究

应用各种物理化学理论、数学模型、新技术研究储氢材料结构、性能及其相互关系，对于储氢材料科学、高效的应用开发工作具有重要的指导价值。

基于固体与分子经验电子理论（EET）计算 ANi_5（A=La，Ca，Y）型储氢合金的价电子结构与性能，三者的价电子结构与其硬度、抗粉化能力及室温下的平衡氢压之间具有良好的相关性[103]。基于第一性原理，根据全势能线性缀加平面波的方法，对 $LaNi_5H_x$（x=3，4，5）的储氢结构、储氢后电子密度及态密度的变化进行研究计算与分析，发现随晶胞中H 的增多，La–Ni 成键被削弱，储氢后晶胞的稳定性降低可能是导致合金在吸放氢过程中发生粉化的原因之一[104]。通过研究与（La，Ce，Nd，Pr）（Ni，Co，Mn，Al）$_5$ 合金组成相关的原子半径因素，改变合金中的元素比例控制合金的晶胞体积，从而改变平台压力和储氢量，因此，把应用原子半径因素调整平台压力和储氢量定义为合金中每个元素的原子半径和摩尔比递增的总和。据此设计和制备低成本无 Nd 富 Ce 合金——同时增加合金中 Ce 和 Mn 的量，合金的原子半径因素和晶胞体积与商品合金相近，因而有可能获得预期储氢特性[105]。

一个理想的合金氢化 / 脱氢反应动力学方程是设计反应过程单元的重要工具。在不同的准等温和变化的压力条件下，对 $LaNi_{4.7}Al_{0.3}$ 储氢合金的氢化 / 脱氢动力学进行 PCI 模型的模拟研究，根据多项式 PCI 方程与形核成长模型得到适合于合金氢化 / 脱氢动力学的模型方程。该合金 PCI 平台区斜率较大，将平台区按氢化 / 脱氢量划分为三个区域，利用 Vant'Hoff 方程计算出各区域反应焓变和熵变。模拟研究结果表明，该模型方程中活化能 Ea=32kJ/mol，Avrami 指数 n 的取值范围为 1.1 ~ 1.33 时，计算曲线与实验结果能较好的吻合，氢化 / 脱氢过程由反应初期的一维形核长大控制向后期的低维扩散控制转变[106]。按照几个相继分步反应过程建立 $LaNi_{5-x}Sn_x$ 合金吸氢反应模型，以确定吸氢反应中的限制机理。通过比较试验数据和从四个不同动力学公式得出的结果进行分析，每个动力学公式考虑只有一个控制吸氢反应的机理，而其他反应步骤接近稳态条件。采用 Sieverts 容积测量技术测量相应 $LaNi_5$ 二元合金以及 $LaNi_{4.73}Sn_{0.27}$ 和 $LaNi_{4.55}Sn_{0.45}$ 元素替代合金的动力学曲线。试验在 300 ~ 348K 温度范围和不同氢压下进行。所有情况下，假定整个反应的限制步骤是氢原子通过氢化物层扩散的计算结果与试验数据最接近[107]。

La_2MgNi_9 混合结构很好地改变了金属 – 氢反应的热力学特性，从而改善了先进金属氢化物电池电极的特性。中子散射表明，氢在氢化物中局部有序，氢的亚点阵为 MgH_6 八面体和 NiH_4 四面体。这种堆垛使结构稳定并表明了金属（Mg 和 Ni）和氢原子间的定向键合。$La_{3-x}Mg_xNi_9$ 合金组成为 La_2MgNi_9 的气相或电化学可逆储氢量最大。通过在 H_2/D_2 气中运用原位同步加速器 X 射线和中子粉末衍射以及 PCI 测量研究这个体系，饱和的 $La_2MgNi_9D_{13.1}$ 氢化物通过各向同性膨胀形成，并结晶为三方晶系的晶胞。所研究的氢化物结构由两层类似于已有金属间化合物 $LaNi_5$（$CaCu_5$ 型）和 $LaMgNi_4$（Laves 型）堆垛组成。$LaNi_5D_{5.2}$ 层具有所有报道 AB_5+Laves 相型的含 $LaNi_5$ 的混和结构，而 Laves 型 $LaMgNi_4D_{7.9}$ 层不同于特有的 $LaMgNi_4D_{4.85}$ 氢化物，其原因在于在 $La_2MgNi_9D_{13}/LaMgNi_4D_{7.9}$ 中填充了多种间隙位置，包括 $MgNi_2$，Ni_4，$(La/Mg)_2Ni_2$ 和 $(La/Mg)Ni_3$，而 $LaMgNi_4D_{4.85}$ 仅有 La_2MgNi_2 和 Ni_4 间隙被占有。尽管 La 和 Mg 在结构中随机分布，但局部的氢排列是 H 原子优先占据两个环绕 Mg 的位置，即三方系的 $MgNi_2$ 和四面体的 $LaMgNi_2$。在 Ni，Mg 和 H 之间的定向键合被观察到，并被 NiH_4 四面体和 MgH_6 八面体的形成所证实，相互通过共用 H 顶点连接形成空间框架[108]。采用基于密度泛函理论的第一性原理方法，应用 Materials Studio 分子模拟软件的 CASTEP 模块，通过对合金体系生成焓、态密度以及电荷分布的计算分析，研究 La-Mg-Ni 系合金及 Zr，Nb 取代对其储氢性能的影响，构建 AB_3 型 $LaNi_3$，La_2MgNi_9 和 $LaMg_2Ni_9$ 晶胞模型，对其电子结构进行计算。结果表明，三种合金中，La_2MgNi_9 具有最高的稳定性，其主要原因在于其费米能级附近成键电子数的增加和 La（s）与 Ni（s）轨道之间作用的增强。同时，Mg 占据 La 原子位置后，La_2MgNi_9 合金中键长并未明显减小，H 在合金中扩散的能垒减小，使其吸氢量增加，而在 $LaMg_2Ni_9$ 中原子间键长已明显减小[109]。一种新的建模方法——支持向量回归（SVR）与粒子群优化算法结合构建数学模型，研究各种元素组分对（La，Ce，Pr，Nd）$_2MgNi_9$ 合金电化学特性的影响。构建的 SVR 模型的准确性和可靠性通过留一法交叉验证（LOO-CV），对于最大放电容量和高倍率放电能力的平均绝对误差分别是 2.35% 和 0.89%[110]。

通过高分辨同步加速器粉末 X 射线和中子衍射研究 $La_{2-x}Mg_xNi_7$ 及其氢化物 / 氘化物。与无 Mg 相比较，随着氘化，具有精确组成的 $La_{1.63}Mg_{0.37}Ni_7$（空间群 P63/mmc）金属间化合物的单相样品各向同性膨胀，氘化物组成为 $La_{1.63}Mg_{0.37}Ni_7D_{8.8}$（β-相）含 D 量高于 $La_2Ni_7D_{6.5}$。氘原子在各 50%AB_2 和 AB_5 内占据 5 个不同的间隙位置，最短的 D-D 距离是 1.96（3）Å，据此推断在这个结构中形成定向键的趋势和排斥的 D-D（H-H）键相互作用间的竞争是影响氘原子分布的最重要因素。迄今未知的第二个与 $La_{1.63}Mg_{0.37}Ni_7D_{8.8}$ 具有同样六方对称的晶相、组成为 $La_{1.63}Mg_{0.37}Ni_7D_{0.56}$ 的 α-相被发现，这个贫 D 相的晶胞常数略微不同于金属间化合物，α-相只显示了一个 D 位（4f，空间群 P63），这个位置在富 D 的 β-相中不被占用。通过排斥的 D-D（H-H）相互作用（很可能影响吸氢时金属晶格中某些间隙不占据）能够解释氢/氘诱导位消失[111]。高角环形暗场-扫描透射电镜（HAADF-STEM）是通过提供化学成分不同的晶体结构的直接可分辨图像用于复杂材料的晶体结构和缺陷的原子分辨成像的理想技术。对于 $La_{0.65}Nd_{0.15}Mg_{0.20}Ni_{3.5}$ 合金，从 HAADF 图像直接鉴定出了斜方六面体［3R］结构，与从 X 射线衍射图谱 Rietveld 分析得到的结果一致。在晶粒中观察到了局部六方型缺陷和这些堆垛结构单元序列中偶然的变化[112]。基于密度泛函理论，采用总能量平面波赝势方法设计 $La_{0.75}Mg_{0.25}Ni_{3.5-x}Co_x$ 系列合金，研究其晶体及电子结构。计算结果显示随着 Co 含量的增加，La 原子上的电荷转移先增大后保持不变，费米能级处的态密度值先增加后稍减小，Co 含量在 0.5 时达到最大。试验结果表明，x=0.5 合金的放电容量和循环性能均较好，室温条件下合金的吸氢平台在 0.04 ~ 0.09MPa 之间，吸氢平台压最低，同时吸氢量最大。$AB_{3.5}$ 合金性能随 Co 添加量的变化趋势符合第一性原理计算的预测[113]。

（四）新型稀土储氢材料

研究开发新组分、新结构稀土储氢材料是扩大材料应用范围的重要途径，也是拥有该领域原创知识产权的必由之路。

1. RE-Mg 系储氢合金

Mg_3RE（RE=La，Ce，Nd，Pr，Y）材料与氢都会发生歧化反应。根据计算，Mg_3La 相晶格所能容纳的最大原子半径为 0.27Å，小于氢原子半径（0.37Å）。Mg_3Y 合金中包含 Mg_2Y，$Mg_{24}Y_5$ 相，其吸放氢发生在 $Mg-MgH_2$ 和 YH_2-YH_3 之间的循环，从储氢量上看主要是 $Mg-MgH_2$ 循环[114]。熔纺 $Mg_3LaNi_{0.1}$ 合金由 Mg_3La 相组成，室温陈化处理后析出细小的

LaMg$_2$Ni 晶粒。随着氢化，Mg$_3$La 和 LaMg$_2$Ni 进行着不均衡的反应，分解成 MgH$_2$，LaH$_3$ 和 Mg$_2$NiH$_4$。合金表现出优良的吸氢动力学和更低的放氢温度，最大储氢量 3.1wt.%，最低放氢温度 497K，储氢特性的改善归因于原位形成 Mg$_2$Ni 和 LaH$_2$ 纳米晶的催化作用[115]。

LaMg$_{12}$ 和 La$_2$Mg$_{17}$ 合金具有很高的理论储氢量，其氢化/脱氢过程、改性以及应用特性仍然是研究的热点之一。速凝 LaMg$_{12}$ 合金包含 LaMg$_{12-x}$ 和 Mg 两相。吸氢导致两步岐化反应：LaMg$_{12}$+H$_2$ → LaH$_3$+Mg → LaH$_3$+MgH$_2$，放氢温度约在 643K[116]。LaMg$_{11}$Zr+200% Ni 非晶态合金中添加 La 后合金颗粒得到明显细化，合金电极充电阻力减小，放电容量随 La 含量的增加而增大，适量 La 的添加改善了合金电极的循环稳定性和动力学性能[117]。机械合金化法制备 La$_2$Mg$_{17}$ + 200wt.% Ni 复合储氢合金，球磨过程中 Ni 粉诱导了 La-Mg-Ni 非晶/纳米晶结构的形成，不同球磨时间的电化学反应的动力学控制机理不同[118]。感应熔炼不同 Pd 含量的 La$_2$（Mg，Pd）$_{17}$ 三元合金，然后用高能震动装置球磨，不含 Pd 元素样品的储氢量最大（大于 4.5wt.%）[119]。TiF$_3$，NbF$_5$ 等有助于催化改善 REMg$_{12}$，RE$_2$Mg$_{17}$ 储氢合金的电化学和动力学特性[120, 121]。

快速凝固法制备的 Mg$_{91.9}$Ni$_{4.3}$Y$_{3.8}$ 合金中，均匀弥散分布于 Mg 周围的纳米尺度 Mg$_2$NiH$_x$ 和 YH$_x$ 有效地改善了合金的储氢性能[122]。采用磁控共溅射 Mg 和 Y 获得的 Mg$_{78}$Y$_{22}$ 纳米薄膜的最大放电容量为 1590mAh/g，Mg$_{37}$Y$_{63}$ 纳米薄膜在 100 个充放电循环后容量保持率为 92%[123]。通过直流电弧等离子体能够制备纳米结构的 Mg-Nd 粉末，从而改善氢化反应的热力学性能，其氢化反应焓为 -65.3kJ/mol[124]。进一步通过等离子法添加 Al 制备的 Mg-La-Al 复合纳米颗粒由 Mg 及少量的 Al$_2$La 相组成，它在 473K 下 30 分钟能够吸收 5.0wt.% 氢气[125]。

2. AB$_2$ 型和 AB$_4$ 型 RE-Mg-Ni 系储氢合金

AB$_2$ 型 LaMgNi$_4$ 系储氢合金的理论容量达到了 480mAh/g，是 LaNi$_5$ 型合金的 1.3 ~ 1.4 倍，引起了广泛的关注。感应熔炼法制备的 LaMgNi$_4$ 系储氢合金具有较好的活化性能，Ce，Pr，Nd 和 Sm 元素替代 La 后导致合金电极的最大放电容量（313.7mAh/g）不同程度的下降，但改善了电极的循环稳定性。Ce 元素替代 La 后，合金的吸氢量逐渐下降，吸氢速率逐渐上升。而 Sm 元素替代 La 后，合金的吸氢量先上升后下降，在 Sm0.3 时达到最大值。Pr 元素替代对抑制合金的氢致非晶化趋势有一定的作用[126]。对于 LaMgNi$_{3.6}$M$_{0.4}$（M=Ni，Co，Mn，Cu，Al）合金，Ni，Co，Mn 和 Cu 替代后为多相结构，主相 LaMgNi$_4$ 和第二相 LaNi$_5$，Al 替代后第二相变成 LaAlNi$_4$。氢化处理导致合金中 LaMgNi$_4$ 相大量裂纹和非晶化。Ni，Co 和 Al 替代合金有两个平台，而 Mn 和 Cu 替代合金仅有一个平台，但均显著减小了氢化和脱氢间的滞后，改善了可逆吸放氢特性[127]。机械合金化制备 YMgCo$_4$，YMgCu$_4$ 和 YMgCo$_2$Ni$_2$，然后退火处理。与 YCo$_2$ 和 YNi$_2$ 化合物比较，Mg 的引入使得晶胞体积缩小，氢化物稳定性降低。YMgCo$_4$H$_{6.8}$ 和 YMgCo$_2$Ni$_2$H$_{4.9}$ 氢化物保持母体化合物的立方结构，晶胞体积膨胀率分别为 23% 和 14.4%。通常条件下，YMgCu$_4$ 化合物与氢不反应[128]。La$_{1-x}$Pr$_x$MgNi$_{3.6}$Co$_{0.4}$（x=0-0.4）合金随着 Pr 含量增加，合金电极最大放电容量从 347.0mAh/g

减少到 310.4mAh/g，而循环稳定性和高倍率放电能力明显增加，电化学动力学同时受电荷转移阻抗和氢原子扩散能力控制[129]。一种具有堆垛结构（空间群 R–3m）的新型三元 La_5MgNi_{24} 相（1:4）比 5:19 和 2:7 相在更高的温度形成，Mg 替代 La 仅发生在相应于 Laves 相的表层，替代比例（Laves 层中的 La/Mg 比）等于 1/2。对于包含较大量该相的样品显示出更好的耐腐蚀性[28]。鉴于镁元素理论储氢容量高、密度低和资源丰富等优点，还有许多不同型式的稀土镁基储氢合金被研究。

3. 不含 Mg 元素的稀土系储氢合金

AB_3 型 LaY_2Ni_9 储氢合金 5 次循环后，合金电极的放电容量增加到 258mAh/g，100 次循环后减小到 140mAh/g，然后保持稳定的值，相应的氢扩散系数 D_H 为 $(1.02 \pm 0.11) \times 10^{-11} cm^2/s$。在活化和循环期间，$D_H/a^2$（$a$ 为合金颗粒半径）比值的变化以及腐蚀电流密度和电位与电化学容量的变化有关[130]。如果用 Mn，Al，M（过渡金属）元素部分替代 AB_3 型 LaY_2Ni_9，A_2B_7 型 $LaY_2Ni_{10.5}$ 和 A_5B_{19} 型 $LaY_2Ni_{11.4}$ 储氢合金中的 Ni 元素，或进一步添加 Zr，Ti 等元素，可显著改善储氢合金的气固相和电化学吸/放氢特性[131–133]。

新型 La-Fe-B 系 $La_8Fe_{28}B_{24}$，$La_{15}Fe_{77}B_8$，$La_{17}Fe_{76}B_7$ 型储氢合金为多相结构，包括 $LaNi_5$ 主相、$La_3Ni_{13}B_2$ 相和（Fe，Ni）相，合金的吸/放氢动力学性能明显优于 $LaNi_5$ 型合金，其中 $La_{17}Fe_{76}B_7$ 型合金的放氢速度大约是 $LaNi_5$ 型的 1.6 倍。当放电电流密度为 70mA/g 时，该系列合金电极在低温 233K 的放电容量是 $LaNi_5$ 型的 1.5 倍以上。La-Fe-B 系合金良好的高倍率和低温放电性能源于合金的多相结构[134]。$La_{15}Fe_{77}B_8$ 和 $La_{17}Fe_{76}B_7$ 型储氢合金吸/放氢反应的吉布斯自由能 ΔG_a 和 ΔG_d 相当，均大于 $La_8Fe_{28}B_{24}$ 合金，说明前两类合金的氢化物具有更高的热力学稳定性[135]。La-Fe-B 合金中随着 B 含量的增加，合金的活化性能、最大放电容量不同程度下降，而循环稳定性有所改善。适量的 B 有利于提高合金的高倍率放电性能，合金的电化学动力学性能主要取决于合金表面的电荷转移能力[136, 137]。

4. 钙钛矿型（ABO_3）储氢氧化物

钙钛矿型氧化物（ABO_3）在碱性溶液中具有一定的电化学反应活性，其低成本、易活化和高放电容量（380 ~ 620mAh/g）的特性使其有可能应用于高能 MH–Ni 电池，其中 $LaFeO_3$ 基体系的电化学特性受到关注。但该氧化物的电化学反应动力学性能较差，且目前对其电化学储氢的行为和机理尚缺乏清晰和系统的认识[138]。基于密度泛函理论（DFT）的第一性原理方法，采用广义梯度近似（GGA）下的 PBE 交换关联泛函，以期从 ABO_3 电子结构层次寻找 H_2 分子在晶体表面的吸附位置，研究其吸附构型和吸附过程，从而揭示 H_2 分子与 $LaFeO_3$ 的作用机理。H_2 分子在 $LaFeO_3$（110）表面上共有三种吸附类型：两个 H 原子分别趋于两个 O 原子并与其形成 –OH，是吸附能最大即结构最稳定的吸附；两个 H 原子分别趋于两个 Fe 原子并与其形成金属键，H 原子的吸附可以造成 Fe 原子价态的改变（Fe^{3+} 变为 Fe^{2+}），属于强化学吸附；两个 H 原子趋于同一个 O 原子并与其形成 H_2O 分子，如果 H_2O 分子离开表面，则易在晶体表面形成一个 O 空位[139]。用射频磁控溅射法制备 LaM（M=Fe，Ni）O_3 纳米晶薄膜并退火处理，退火温度对薄膜的微观组织和电阻率影响较大。$LaNiO_3$ 薄膜电极在室温 298K 时几乎无放电容量，但在 333K 水浴环境时其放电平台大大延长。$LaFeO_3$ 薄膜电极在 298K 和 333K 的充电曲线都有较宽的平台[140]。溶胶凝 – 胶法制备 $LaNi_yFe_{1-y}O_{3-\delta}$（$y=0 \sim 0.9$）系列储氢氧化物，常压 298K 时，$LaNi_{0.2}Fe_{0.3}O_{3-\delta}$ 最大放电容量为 128mAh/g，比未替代的 $LaFeO_3$ 提高了 20mAh/g；经过 30 次充放电循环后的最大容量衰减率为 14.8%，比 $LaFeO_3$ 下降了 2.3%。333K 时放电容量达到最大值 395.5mAh/g，但容量衰减率有所增加[141]。表面碳包覆改性是提高钙钛矿型氧化物颗粒间表观电导率和改善氧化物电极材料导电性能的有效途径[142]。表面金属 Pt、Pd 包覆也是形成类似碳包覆的壳核结构，外层导电性能良好、电化学活性高的金属壳层起到催化电极颗粒 / 电解液表面化学反应，提高电荷反应转移速率的作用，而氧化物起储能核心的作用[143]。将钙钛矿型氧化物储氢材料与稀土镁基合金复合，也能有效提高电极颗粒间的电导率和表面反应活性，提高电极的放电容量[144]。

（五）储氢材料的制造

采用新的制备工艺与后处理方法能够改善储氢合金性能。稀土储氢合金的制备方法主要有感应熔炼、电弧熔炼、真空磁悬浮熔炼、激光烧结、火焰等离子体烧结等，采用不同的物理方法造成高温环境以使原料合金化。稀土储氢合金的后处理有退火和淬火等热处理方法，可以调控材料组织结构、消除内部应力。

1. 储氢材料的熔铸

为了减少合金的偏析，改善某些性能，快淬（RQ）或速凝（RS，SC）或冷速在 $10^5 \sim 10^6$K/s 的熔纺（MS）、熔体气雾化（GA）等较先进的材料制造技术逐步得到应用。

快淬 $Mm_{0.3}Ml_{0.7}Ni_{3.55}Co_{0.75}Mn_{0.4}Al_{0.3}$ 合金主相为 $LaNi_5$ 和 $LaNi_3$ 及少量 La_2Ni_3 相。合金微观结构随淬速改变，包括微晶、纳米晶和非晶。15m/s 的快淬合金电极放电容量最大（388mAh/g），25m/s 快淬合金的电化学循环稳定性最好[145]。在 $0.1 \sim 1.5$T 磁场作用下熔体快淬制备 AB_5 型合金，提高了合金电极的放电容量、循环寿命及动力学性能[146]。$La_{0.7}Mg_{0.3}Ni_{3.5}$ 铸锭合金由 $LaNi_5$ 相和（LaMg）$_2Ni_7$ 相组成，快淬合金则增加了（LaMg）Ni_3 相。铸锭和快淬合金的吸氢量接近，但快淬合金的放氢平台较高，放氢量更大，放氢后期快淬合金比铸锭合金拥有更高的放氢速率及更高的放氢量[147]。在辊速 10.5m/s 和 4.2m/s 速凝的 La_2MgNi_9 合金的主相为菱形 La_2MgNi_9，有少量 $LaNi_5$，La_3MgNi_{14} 和 $LaMgNi_4$ 第二相。4.2m/s 的较低辊速下使 La_2MgNi_9 形成包晶反应期间各相相互作用和原子扩散具有足够的时间，促进了几乎均质的单相 La_2MgNi_9 合金形成，从而获得良好电化学特性[148]。采用熔纺技术制备 $La_{0.65}M_{0.1}Mg_{0.25}Ni_{3.2}Co_{0.2}Al_{0.1}$（M=Pr，Zr）合金，含 Pr 合金全部为纳米晶结构，而含 Zr 合金为类非晶结构。随着纺速增加，合金电极的 HRD 先增大后降低[149]。气雾化工艺制备储氢合金可有效防止组分结构偏析现象的发生，同时合金粉形状规则、粒度分布均匀[150]。

含镁储氢合金由于其中镁的蒸汽压高、熔点低，使高温熔炼制造工艺难以控制合金组成，而且镁挥发形成的极细镁粉成为安全隐患。为此正在研究一些新的制造技术，如各种烧结技术、高能球磨技术。将稀土元素和过渡金属元素组成的合金与金属 Mg 和 / 或在金属 Mg 的熔点以下的含镁合金混合，混合物在低于目标稀土－镁－镍基储氢合金熔点 278 ~ 523K 的温度下热处理 0.5 ~ 240h[151]。采用电解共析合金化方法也可制备稀土—镁—镍基储氢合金，从而解决 Mg 的挥发与氧化问题[152]。放电等离子烧结（SPS）过程含有膨胀－收缩阶段，收缩阶段相对较长。随烧结温度升高，合金收缩引起的位移增加，合金断口先致密后蓬松，含有 $LaNi_5$，$(La，Mg)_2Ni_7$ 主相以及 $LaNi_{2.28}$ 残余相，1223K 烧结合金电极具有较高的放电容量和循环稳定性[153]。磁场辅助烧结法（MASS）制备 $La_{0.67}Mg_{0.33}Ni_3$ 合金，1T 磁场下合成的合金在室温下具有最小的 PCI 平台滞后系数（0.480），最大的放氢量 1.307wt.%，综合性能最优[154]。高压烧结法（HPS）用于制备 $La_{0.25}Mg_{0.75}Ni_{3.5}$ 合金，在 1.5 ~ 2.5GPa 间烧结的合金包含 Ce_2Ni_7 型和 Pr_5Co_{19} 型主相以及少量 $LaNi_5$ 相。加压促进具有更高晶体密度的 Ce_2Ni_7 型相的形成，但是当烧结压力达到 4GPa，阻碍了原子扩散，导致 $LaNi_5$ 相增加，出现了 $MgNi_2$ 相，Ce_2Ni_7 型和 Pr_5Co_{19} 型主相减少。2GPa 烧结的合金电极显示出优异的高倍率放电能力和温和的容量减少，电极反应受电荷转移步骤控制。由于较高的晶胞体积膨胀率和较致密的合金结构，循环稳定性随烧结压力增加而衰减[155]。高能机械球磨（BM）$La_{0.75}Ni_{3.3}Co_{0.5}$ 铸态合金和金属 Mg 的混合物制备 $La_{0.75}Mg_{0.25}Ni_{3.3}Co_{0.5}$ 储氢合金，然后恒温退火，合金电极的最大放电容量、放电特性及循环稳定性优于铸态合金[156]。

还有一些其他材料合成技术用于储氢合金的研究，如自燃烧合成法（SICS）、熔盐电解法、电沉积法、共沉淀—还原扩散法等。

2. 储氢材料热处理

La-Mg-Ni 退火合金中，Ni 和 La 几乎均匀分布，而 Mg 的分布则不均匀，退火时间延长至 3 天，合金显示了较好的氢化 / 脱氢容量和电化学循环稳定性。从 PCI 线预测，合金氢化受两个过程控制：初始过程为 [$LaMgNi_4$] 和 [$LaNi_5$] 层状堆垛相的氢化，然后受 $LaNi_5$ 相控制[157]。$Nd_{0.75}Mg_{0.25}Ni_{3.2}Al_{0.1}$ 合金经 1373K，5h 热处理后的慢冷试样中 Nd_2Ni_7 相可达 92.3%，电化学性能更加优异，C_{max} 为 330.1mAh/g，S_{100} 为 92.2%[158]。而（LaNdPrMg）（NiCoAl）$_{3.8}$ 合金经 1323K，5h 热处理后急冷可改善合金综合性能，合金中 A_5B_{19} 相丰度达到 68wt.%，C_{max} 为 400.9mAh/g，S_{100} 为 82.4%[159]。$La_{0.72}Nd_{0.08}Mg_{0.2}Ni_{3.4}Al_{0.1}$ 合金在 1173K 退火，延长退火时间明显促进了具有高储氢量的 Gd_2Co_7 相形成，退火 20h，Gd_2Co_7 型相丰度从铸态的 35% 增加到 82%，C_{max} 从铸态的 365.0mAh/g 增加到 389.6mAh/g，退火 6h 能提高倍率放电能力[160]。A_5B_{19} 型 $La_{0.68}Gd_{0.2}Mg_{0.12}Ni_{3.3}Co_{0.3}Al_{0.1}$ 合金随退火温度的升高 Pr_5Co_{19} 型（Pr_5Co_{19} 和 Ce_5Co_{19}）主相的相丰度逐渐增加，1273K 退火的相丰度达到最大值 87.8wt.%。退火处理对合金电极的活化性能和大电流放电特性影响不明显，但对电极容量和循环稳定性影响较大[29]。对 $Nd_{0.75}Mg_{0.25}(Ni_{0.8}Co_{0.2})_{3.8}$ 合金进行磁场热处理，使 Ce_2Ni_7 型磁性相的易磁化轴沿 c 轴取向，且晶格参数 c 增大，氢质子在四面体间隙中迁移的势能减小，合金的倍率性能大幅提高。温度越高，磁场热处理对合金的倍率性能改善越明显[161]。

三、国内外研究进展比较

2010 年以来，中国在稀土储氢材料领域的研究工作取得了很大的成绩和进展。有许多大学和研究院所开展稀土储氢材料的研发工作，在材料组成元素的作用、材料结构特征、各种材料制备技术和表面处理技术、新材料体系、基础理论等方面做了大量的研究工作，一些创新性研究成果均及时申请了发明专利，同时在国内外期刊及学术会议上发表了研究论文。中国的稀土储氢材料产业规模居全球之首，主要生产企业对技术开发工作十分重视，在特定用途材料组成、材料制造和表面处理等方面拥有了发明专利。

日本在稀土储氢材料领域的主要工作是开发实用技术并布局相关专利，如株式会社三德公开了稀土–镁–镍基储氢合金的制造工艺；汤浅公司、FDK 公司、重化学工业、矿业金属等公开的专利主要涉及特定性能（高功率、高容量、长寿命）稀土储氢材料技术；而且除了限定材料组成，对材料组织结构也有具体的要求。日本稀土储氢材料研究工作与工业应用结合较为紧密，主要涉及材料表面处理技术以及 MH–Ni 电池和气相储氢装置使用的低成本储氢材料。美国在稀土储氢材料领域重点开展基础研究工作，如储氢材料的组成、表面结构、制造工艺对材料性能的影响。挪威能源技术研究在稀土储氢材料研究方面开展广泛的国内、国际合作，合作机构有挪威科技大学、美国橡树岭国家实验室、乌克兰国家科学院、俄罗斯科学院、澳大利亚格里菲斯大学、瑞士日内瓦大学、南非西开普大学等，研究重点是储氢材料的基础理论、新材料的开发和气相贮氢应用，也进行一些材料热处理工艺与结构和性能关系的研究。此外，法国、西班牙、韩国、印度、阿根廷、加拿大等国家的一些机构对气相储氢装置及其储氢材料的组成、制备和动力学模型、储氢合金电极的容量衰减机理及控制方法、储氢合金的组织结构及其与材料性能相关因素的共性特征、新型稀土储氢合金等进行了研究。

中国在稀土储氢材料领域的研发工作与国外相比既有优势也有不足之处。由于中国的研究机构和研究人员众多，研究范围明显大于国外，几乎把材料组成元素或有可能加入材料的元素以及元素的作用和含量都进行了不同程度的研究，因此促进了特定用途稀土储氢材料的开发，同时也不断地挖掘各类新材料体系。但是与国外研究工作比较，中国在以下几个方面还有待改进或提高。首先，中国的科研机构和企业之间的合作研究工作较少，企业研发力量相对薄弱。日本的许多研发工作是研究机构和企业合作完成，而且日本企业本身拥有较强的研发团队。其次，中国稀土储氢材料应用技术滞后。日本混合动力汽车用 MH–Ni 动力电池、低自放点电池的负极稀土储氢材料应用和制造技术均领先中国。此外，中国在稀土储氢材料基础研究的深度及其理论指导实际应用方面与国外还有一定的差距。挪威研究人员通过在 H_2/D_2 气中运用原位同步加速器 X 射线和中子粉末衍射以及 PCI 测量深入详细地研究 La_2MgNi_9 储氢合金体系。法国和西班牙的研究人员利用高角环形暗场–扫描透射电镜（HAADF–STEM）图像直接鉴定出了 La–Nd–Mg–Ni 储氢合金的斜方六面体

［3R］结构，在晶粒中观察到了局部六方型缺陷和堆垛结构单元序列中偶然的变化。韩国研究人员通过研究与储氢合金组成相关的原子半径因素，设计和制备了低成本稀土储氢合金。

四、本学科发展趋势与展望

稀土储氢材料从发明到应用经历了 20 年时间，从应用到现在又过去了 20 多年，作为利用氢能的重要功能材料，仍然具有广阔的发展前景。

今后 3 ~ 5 年内，一方面应继续提升稀土储氢材料的各种性能以满足 MH-Ni 电池和贮氢 – 输氢装置快速发展的需求，另一方面，应加快研究稀土储氢材料新的应用技术以发挥其更大的作用。此外，应加强理论方面的深入研究或总结试验结果的规律，从而指导材料成分设计并可控地制造符合预期结构的材料。

研究开发更高性能的新型稀土储氢材料体系是本领域永恒的主题。目前应用的 $LaNi_5$ 型和 RE-Mg-Ni 系稀土储氢合金的储氢量或容量与应用需求相比仍然较低，而一些具有高储氢量的稀土储氢材料还有许多问题和难点需要解决，因此研究开发具有自主知识产权的高性能新型稀土储氢材料体系的工作任重道远。

材料制备及热处理和表面处理技术对调整和改善材料性能具有重要的作用，仍需要一如既往地继续研究和优化相关工艺条件、开发新的相关技术。

── 参考文献 ──

［1］ 广州有色金属研究院，华南理工大学. 一种镍氢动力电池用含钐无错钕储氢合金：中国，CN201310702699.1 ［P］. 2013-05-15.

［2］ Young K, Huang B, Ouchi T. Studies of Co, Al, and Mn Substitutions in $NdNi_5$ Metal Hydride Alloys［J］. Journal of Alloys and Compounds, 2012, 543: 90–98.

［3］ 张沛龙，宋西平，杨增枝，等. $AB_{5.2}$ 型含锆高功率储氢合金的研究 ［J］. 中国稀土学报，2010，28（3）：355–359.

［4］ Zhang B, Wu W Y, Bian X, et al. Investigations on the Kinetics Properties of the Electrochemical Reactions of $MlNi_{3.55}Co_{0.75-x}Mn_{0.4}Al_{0.3}$（$Cu_{0.75}P_{0.25}$）$_x$（x=0.0, 0.1, 0.2, 0.3, 0.4）Hydrogen Storage Alloys ［J］. Journal of Alloys and Compounds, 2012, 538: 189–192.

［5］ 李傲生. 高倍率储氢合金电极的制备及电化学性能研究 ［D］. 长沙：中南大学，2010.

［6］ Liu J J, Han S M, Li Y, et al. Effect of Crystal Transformation on Electrochemical Characteristics of La–Mg–Ni–based Alloys with A_2B_7–type Super–stacking Structures ［J］. International Journal of Hydrogen Energy, 2013, 38（34）：14903–14911.

［7］ 杨琨，谢亚林，李蓉，等. 一种功率型镍氢电池用 La–Mg–Ni 型负极储氢材料：CN201110339760.1 ［P］. 2013-05-08.

［8］ Takasaki T, Nishimura K, Saito M, et al. Cobalt–free Nickel–metal Hydride Battery for Industrial Applications ［J］.

Journal of Alloys and Compounds, 2013, 580（Suppl 1）: S378–S381.

［9］ Su G, He Y H, Liu K Y. Effects of Pretreatment on MlNi$_{4.00}$Co$_{0.45}$Mn$_{0.38}$Al$_{0.3}$ Hydrogen Storage Alloy Powders and the Performance of 6 Ah Prismatic Traction Battery［J］. International Journal of Hydrogen Energy, 2012, 37（17）: 12384–12392.

［10］ Wang R F, Zhang Y, Xu J Y, et al. Effects of Cu–P Coatings on Electrochemical Properties of La$_{0.75}$Mg$_{0.25}$Ni$_{3.2}$Co$_{0.2}$Al$_{0.1}$ Hydrogen Storage Alloy Electrode［J］. Journal of Materials Engineering, 2013, 5: 44–47.

［11］ Lin S H, Wu W T, Do J S. High–rate Discharge Characteristics of Metal Hydride Modified by Electroless Nickel Plating Based on Experimental Design Approach［J］. International Journal of Hydrogen Energy, 2012, 37（3）: 2320–2327.

［12］ Shen W Z, Han S M, Li Y, et al. Effect of Electroplating Polyaniline on Electrochemical Kinetics of La–Mg–Ni–based Hydrogen Storage Alloy［J］. Applied Surface Science, 2012, 258（17）: 6316–6320.

［13］ 燕山大学. 一种应用镍/聚吡咯改善储氢合金电化学性能的方法: 中国, CN201410079958.4［P］. 2014–07–02.

［14］ Kuang G Z, Li Y G, Ren F, et al. The Effect of Surface Modification of LaNi$_5$ Hydrogen Storage Alloy with CuCl on its Electrochemical Performances［J］. Journal of Alloys and Compounds, 2014, 605: 51–55.

［15］ 厦门钨业股份有限公司. 一种具有超高容量特性的低成本 AB$_5$ 型储氢合金及其制法和应用: 中国, CN201210412250.7［P］. 2013–01–23.

［16］ GS Yuasa Corp. Hydrogen Storage Alloy and Nickel–hydrogen Storage Battery: Japan, JP2009211695［P］. 2011–09–15.

［17］ FDK Twicell Co Ltd. Hydrogen Storage Alloy and Nickel–hydrogen Secondary Battery Using the same: Japan, JP2011251583［P］. 2013–06–06.

［18］ GS Yuasa Int. Ltd. Hydrogen–absorbing alloy and nickel–hydrogen storage battery: Japan, EP20100733487［P］. 2011–10–26.

［19］ 内蒙古稀奥科储氢合金有限公司. 高容量储氢合金电极材料及其生产方法: 中国, CN201310268222.7［P］. 2013–03–24.

［20］ FDK Twicell Co Ltd., Univ. Kyoto. Hydrogen Absorbing Alloy and Alkaline Storage Battery Manufactured Using the Hydrogen Absorbing Alloy: Japan, JP20110038230［P］. 2012–09–10.

［21］ Japan Metals & Chem. Co. Ltd., Hydrogen Storage Alloy, and Nickel Hydrogen Secondary Battery: Japan, JP20100213182［P］. 2012–04–05.

［22］ JX Nippon Mining & Metals Corp. Hydrogen Storage Alloy: Japan, JP2010195336［P］. 2011–02–03.

［23］ Zhang J L, Han S M, Li Y, et al. Effects of PuNi$_3$– and Ce$_2$Ni$_7$–type Phase Abundance on Electrochemical Characteristics of La–Mg–Ni–based Alloys［J］. Journal of Alloys and Compounds, 2013, 581: 693–698.

［24］ Liu J J, Han S M, Li Y, et al. An Investigation on Phase Transformation and Electrochemical Properties of As–cast and Annealed La$_{0.75}$Mg$_{0.25}$Ni$_x$（x=3.0, 3.3, 3.5, 3.8）alloys［J］. Journal of Alloys and Compounds, 2013, 552: 119–126.

［25］ 简良, 蒋利军, 苑慧萍, 等. 热处理对 A$_2$B$_7$ 型 RE–Mg–Ni 合金相结构及性能的影响［J］. 中国稀土学报, 2014, 32（4）: 437–444.

［26］ Gao Z J, Kang L, Luo Y C. Microstructure and electrochemical hydrogen storage properties of La–R–Mg–Ni–based alloy electrodes［J］. New Journal of Chemistry, 2013, 37（4）: 1105–1114.

［27］ Zhang L, Han S M, Han D, et al. Phase Decomposition and Electrochemical Properties of Single Phase La$_{1.6}$Mg$_{0.4}$Ni$_7$ alloy［J］. Journal of Power Sources, 2014, 268: 575–583.

［28］ Zhang J X, Villeroy B, Knosp B, et al. Structural and Chemical Analyses of the New Ternary La$_5$MgNi$_{24}$ Phase Synthesized by Spark Plasma Sintering and used as Negative Electrode Material for Ni–MH Batteries［J］. International Journal of Hydrogen Energy, 2012, 37（6）: 5225–5233.

［29］ 方小飞. 化学组成计量比和制备工艺对 La-Mg-Ni 系储氢合金电极材料性能的影响［D］. 兰州：兰州理工大学，2012.

［30］ Ma Z W, Zhu D, Wu C L, et al. Effects of Mg on the Structures and Cycling Properties of the $LaNi_{3.8}$ Hydrogen Storage Alloy for Negative Electrode in Ni/MH Battery［J］. Journal of Alloys and Compounds, 2015, 620: 149–155.

［31］ Ni C Y, Zhou H Y, Shi N L, et al. Electro-chemical Performances of $Mm_{0.7}Mg_xNi_{2.58}Co_{0.5}Mn_{0.3}Al_{0.12}$ (x=0, 0.3) Hydrogen Storage Alloys in the Temperature Range from 238 to 303 K［J］. Electrochimica Acta, 2012, 59: 237–244.

［32］ 张书成，罗永春，曾书平，等. 镁含量对稀土 - 镁 - 镍系 A_2B_7 型储氢合金电极自放电性能的影响［J］. 稀有金属，2013，37（4）：511–520.

［33］ Young K, Ouchi T, Huang B. Effects of Annealing and Stoichiometry to (Nd, Mg)(Ni, Al)$_{3.5}$ Metal Hydride Alloys［J］. Journal of Power Sources, 2012, 215: 152–159.

［34］ Young K, Ouchi T, Huang B. Effects of Various Annealing Conditions on (Nd, Mg, Zr)(Ni, Al, Co)$_{3.74}$ Metal Hydride Alloys［J］. Journal of Power Sources, 2014, 248: 147–153.

［35］ Liu Y F, Cao Y H, Huang L, et al. Rare earth-Mg-Ni-based Hydrogen Storage Alloys as Negative Electrode Materials for Ni/MH Batteries［J］. Journal of Alloys and Compounds, 2011, 509: 675–686.

［36］ Liu J J, Han S M, Li Y, et al. Effect of Al Incorporation on the Degradation in Discharge Capacity and Electrochemical Kinetics of La-Mg-Ni-based Alloys with A_2B_7-type Super-stacking Structure［J］. Journal of Alloys and Compounds, 2015, 619: 778–787.

［37］ Wang B P, Zhao L M, Cai C S, et al. Effects of Surface Coating with Polyaniline on Electrochemical Properties of La-Mg-Ni-based Electrode Alloys［J］. International Journal of Hydrogen Energy, 2014, 39: 10374–10379.

［38］ 聂伟，韩选利，许妮君. 化学复合镀对 $LaMg_2Ni_6Mn_3$ 合金表面结构及电化学性能的影响［J］. 电镀与涂饰，2011，30（3）：27–30.

［39］ 瞿鑫鑫，马立群，金传伟，等. 氟化处理对 $La_{0.67}Mg_{0.33}Ni_{2.25}Co_{0.75}$ 贮氢合金电化学性能的影响［J］. 稀有金属材料与工程，2011，40（3）：543–546.

［40］ 北京有色金属研究总院. 一种提高稀土镁基储氢合金循环寿命的表面处理方法：中国，CN201210581638. X［P］. 2012-07-02.

［41］ Chao D L, Chen Y G, Zhu C R, et al. Composition optimization and electrochemical characteristics of Co-free Fe-containing AB_5-type hydrogen storage alloys through uniform design［J］. Journal of Rare Earths, 2012, 30（4）：361–366.

［42］ Boussami S, Khaldi C, Lamloumi J, et al. Electrochemical study of $LaNi_{3.55}Mn_{0.4}Al_{0.3}Fe_{0.75}$ as negative electrode in alkaline secondary batteries［J］. Electrochimica Acta, 2012, 69: 203–208.

［43］ 柳大利. 低成本免退火 $MmNi_{4.36-x}Al_{0.54}Cu_x$ 储氢合金配方优化［D］. 长春：长春理工大学，2012.

［44］ 倪成员. 特种 MH/Ni 电池用稀土系储氢电极合金的制备与电化学性能［D］. 长沙：中南大学，2012.

［45］ 黄玲，黄奇书，雷一锋，等. 无锗钕 $La_{1-x}Ce_x$（NiCoMnAlCuSnFeB）$_{5.1}$ 储氢合金的电化学特性［J］. 材料研究与应用，2013，2：97–102.

［46］ Young K, Chao B, Huang B, et al. Effects of Cu-substitution on $La_{0.62}Ce_{0.38}$（NiCoMnAlSiZr）$_{5.3}$ Metal Hydride Alloy［J］. Journal of Alloys and Compounds, 2014, 588: 235–241.

［47］ Fan Y P, Liu B Z, Zhang B Q, et al. Microstructures and Electrochemical Properties of $LaNi_{3.55}Co_{0.2-x}Mn_{0.35}Al_{0.15}Cu_{0.75}$（$Fe_{0.43}B_{0.57}$）$_x$（$x$ = 0–0.20）Hydrogen Storage Alloys［J］. Materials Chemistry And Physics, 2013, 138（2–3）：803–809.

［48］ Fan Y P, Peng X Y, Liu B Z, et al. Microstructures and Electrochemical Hydrogen Storage Performances of $La_{0.75}Ce_{0.25}Ni_{3.80}Mn_{0.90}Cu_{0.30}$（$V_{0.81}Fe_{0.19}$）$_x$（$x$=0–0.20）alloys［J］. International Journal of Hydrogen Energy, 2014, 39（13）：7042–7049.

［49］ Jiang W Q, Mo X H, Wei Y Y, et al. Hydrogen Storage Properties of Co-free La-Mg-Ni-Based Alloys［J］. Rare Metal Materials And Engineering, 2013, 42（5）：891–896.

［50］ 简良. 无错钕 A_2B_7 型稀土镁基储氢合金的研究［D］. 北京：北京有色金属研究总院，2014.

［51］ Yao Q R, Tang Y, Zhou H Y, et al. Effect of Rapid Solidification Treatment on Structure and Electrochemical Performance of Low-Co AB_5-type Hydrogen Storage Alloy［J］. Journal of Rare Earths, 2014, 32（6）：526-531.

［52］ Zhu W, Tan C, Xu J B, et al. Effect of Ni Substitution for Co on the Electrochemical Properties of $La_{0.75}Mg_{0.25}Ni_{2.7+x}Co_{0.4-x}Mn_{0.1}Al_{0.3}$（x=0-0.4）Hydrogen Storage Alloys Synthesized by Chemical Co-precipitation plus Reduction Method［J］. Journal of the Electrochemical Society, 2014, 161（1）：A89-A96.

［53］ Hu W K, Denys R V, Nwakwuo C C, et al. Annealing Effect on Phase Composition and Electrochemical Properties of the Co-free La_2MgNi_9 Anode for Ni-metal Hydride Batteries［J］. Electrochimica Acta, 2013, 96: 27-33.

［54］ 王培培. $MmNi_{5-x}$（CoMn）$_x$ 储氢电极合金的制备及电化学性能［D］. 桂林：桂林电子科技大学，2010.

［55］ Yao Q R, Zhou H Y, Wang Z M, et al., Electrochemical Properties of the $LaNi_{4.5}Co_{0.25}Al_{0.25}$ Hydrogen Storage Alloy in Wide Temperature Range［J］. Journal of Alloys and Compounds, 2014. 606: 81-85.

［56］ K Young, T Ouchi, B Reichman, et al. Improvement in the Low-temperature Performance of AB_5 Metal Hydride Alloys by Fe-addition［J］. Journal of Alloys and Compounds, 2011, 509（28）：7611-7617.

［57］ 中国科学院长春应用化学研究所. $AB_{4.7}$ 非化学计量比储氢合金的超熵变方法：中国，CN201110248840.6［P］. 2012-05-02.

［58］ Chao D L, Zhong C L, Ma Z W, et al. Improvement in High-temperature Performance of Co-free High-Fe AB_5-type Hydrogen Storage Alloys［J］. International Journal of Hydrogen Energy, 2012, 37（17）：12375-12383.

［59］ 倪成员，周怀营，王仲民，等. 宽温型 AB_5 储氢合金结构及其电化学性能研究［J］. 稀有金属，2012，2：229-235.

［60］ Young K, Ouchi T, Banik A, et al. Gas Atomization of Cu-modified AB_5 Metal Hydride Alloys［J］. Journal of Alloys and Compounds, 2011, 509（14）：4896-4904.

［61］ Guo P P, Lin Y F, Zhao H H, et al. Structure and High-temperature Electrochemical Properties of $La_{0.60}Nd_{0.15}Mg_{0.25}Ni_{3.3}Si_{0.10}$ Hydrogen Storage Alloys［J］. Journal of Rare Earths, 2011, 29（6）：574-579.

［62］ Wang Q N, Chao D L, Zhou W H, et al. Influence Factors of Capacity Loss after Short-time Standing of Metal-hydride Electrode and its EIS Model［J］. Journal of Rare Earths, 2013, 31（8）：772-777.

［63］ Kong L, Chen B, Young K, et al. Effects of Al- and Mn-contents in the Negative MH Alloy on the Self-discharge and Long-term Storage Properties of Ni/MH battery［J］. Journal of Power Sources, 2012, 213: 128-139.

［64］ Jang I S, Kalubarme R S, Yang D C, et al. Mechanism for the Degradation of $MmNi_{3.9}Co_{0.6}Mn_{0.3}Al_{0.2}$ Electrode and Effects of Additives on Electrode Degradation for Ni-MH Secondary Batteries［J］. Metals and Materials International, 2011, 17（6）：891-897.

［65］ Liu B Z, Li A M, Fan Y P, et al. Phase Structure and Electrochemical Properties of $La_{0.7}Ce_{0.3}Ni_{3.75}Mn_{0.35}Al_{0.15}Cu_{0.75-x}Fe_x$ Hydrogen Storage Alloys［J］. Transactions of Nonferrous Metals Society of China, 2012, 22（11）：2730-2735.

［66］ 廖兴群，秦毅红. 掺杂 Y 对 AB_5 型储氢合金及密封电池性能的影响［J］. 电池，2013，1：45-48.

［67］ 株式会社三德. 储氢合金、负极和镍氢二次电池：中国：CN201180050063.2［P］. 2013-06-12.

［68］ Dong X P, Yang L Y, Li X T, et al. Effect of Substitution of Aluminum for Nickel on Electrochemical Properties of $La_{0.75}Mg_{0.25}Ni_{3.5-x}Co_{0.2}Al_x$ Hydrogen Storage Alloys［J］. Journal of Rare Earths, 2011, 29（2）：143-149.

［69］ 黄显吞. Re-Mg-Ni 系合金储氢及电化学性能研究［D］. 南宁：广西大学，2011.

［70］ Young K, Chao B, Liu Y, et al. Microstructures of the Oxides on the Activated AB_2 and AB_5 Metal Hydride Alloys Surface［J］. Journal of Alloys and Compounds, 2014. 606: 97-104.

［71］ Monnier J, Chen H, Joiret S, et al. Identification of a New Pseudo-binary Hydroxide during Calendar Corrosion of（La,Mg）$_2Ni_7$-type Hydrogen Storage Alloys for Nickel-Metal Hydride Batteries［J］. Journal of Power Sources, 2014, 266: 162-169.

［72］ 周媛媛，崔ær武，李锦春，等. La 系储氢合金表面氟化处理技术［J］. 中国表面工程，2011，1：56-60.

［73］ Huang H X, Huang K L. Effect of Fluorination Treatment on Electrochemical Properties of $M1Ni_{3.5}Co_{0.6}Mn_{0.4}Al_{0.5}$

Hydrogen Storage Alloy［J］. Journal of the Brazilian Chemical Society［J］. 2012, 23（5）：951-957.

［74］ Kim J H, Yamamoto K, Yonezawa S, et al. Effects of Ni-PTFE Composite Plating on AB₅-type Hydrogen Storage Alloy［J］. Materials Letters, 2012, 82: 217-219.

［75］ Li P, Zhang J, Zhai F Q, et al. Effect of annealing treatment on the anti-pulverization and anti-corrosion properties of $La_{0.67}Mg_{0.33}Ni_{2.5}Co_{0.5}$ hydrogen storage alloy［J］. Journal of Rare Earths, 2015, 33（4）：417-424.

［76］ 欧阳希. LaNi₅储氢合金的成分优化机制和性能研究［D］. 北京：北京科技大学，2012.

［77］ Yang S Q, Han S M, Li Y, et al. Study on the Microstructure and Electrochemical Kinetic Properties of $MmNi_{4.50-x}Mn_xCo_{0.45}Al_{0.30}$（$0.25 \leqslant x \leqslant 0.45$）Hydrogen Storage Alloys［J］. Materials Science and Engineering: B, 2013, 178（1）：39-44.

［78］ Balogun M S, Wang Z M, Chen H X, et al. Effect of Al Content on Structure and Electrochemical Properties of $LaNi_{4.4-x}Co_{0.3}Mn_{0.3}Al_x$ Hydrogen Storage Alloys［J］. International Journal of Hydrogen Energy, 2013, 38（25）：10926-10931.

［79］ Lv P, Wang Z M, Peng Y, et al. Effect of Cu Content on Structure, Hydrogen Storage Properties and Electrode Performance of $LaNi_{4.1-x}Co_{0.6}Mn_{0.3}Cu_x$ Alloys［J］. Journal of Solid State Electrochemistry, 2014, 18（9）：2563-2572.

［80］ 高志杰. 稀土-镁-镍系 A_2B_7 型储氢合金结构和电化学性能研究［D］. 兰州：兰州理工大学，2013.

［81］ 王可. 合金化元素和退火处理对（La,Gd）-Mg-Ni 系 A_2B_7 型储氢合金电化学性能的影响［D］. 兰州：兰州理工大学，2014.

［82］ 林振，罗永春，高志杰，等. 钆对 La-Mg-Ni 系 A_2B_7 型储氢合金微观结构和电化学性能的影响［J］. 中国稀土学报，2011，29（3）：344-350.

［83］ 李静. A 端元素对稀土-镁-镍系 A_2B_7 型储氢合金结构和电化学性能的影响［D］. 兰州：兰州理工大学，2014.

［84］ Gao Z J, Luo Y C, Lin Z, et al. Effect of Co Substitution for Ni on the Microstructure and Electrochemical Properties of La-R-Mg-Ni-based Hydrogen Storage Alloys［J］. Journal of Solid State Electrochemistry, 2013, 17（3）：727-735.

［85］ Li R F, Xu P Z, Zhao Y M, et al. The Microstructures and Electrochemical Performances of $La_{0.6}Gd_{0.2}Mg_{0.2}Ni_{3.0}Co_{0.5-x}Al_x$（$x$=0-0.5）Hydrogen Storage Alloys as Negative Electrodes for Nickel/metal Hydride Secondary Batteries［J］. Journal of Power Sources, 2014, 270: 21-27.

［86］ 魏范娜. La_4MgNi_{19} 储氢合金的结构与性能研究［D］. 镇江：江苏科技大学，2013.

［87］ 苏耿. 镍氢电池负极关键技术研究及混合动力车用电池研制［D］. 长沙：中南大学，2012.

［88］ Yang S Q, Liu H P, Han S M, et al. Effects of Eectroless Composite Plating Ni-Cu-P on the Electrochemical Properties of La-Mg-Ni-based Hydrogen Storage Alloy［J］. Applied Surface Science., 2013, 271: 210-215.

［89］ 葛静，张沛龙，朱永明，等. 金属氢化物储氢装置的研究进展［J］. 新材料产业，2014，7: 55-60.

［90］ Lototskyy M V, Yartys V A, Pollet B G, et al. Metal Hydride Hydrogen Compressors: A Review［J］. International Journal of Hydrogen Energy, 2014, 39（11）：5818-5851.

［91］ 刘晓鹏，蒋利军，陈立新. 金属氢化物储氢装置研究［J］. 工厂动力，2011，1: 33-35.

［92］ Anbarasu S, Muthukumar P, Mishra S C. Thermal Modeling of $LmNi_{4.91}Sn_{0.15}$ Based Solid State Hydrogen Storage Device with Embedded Cooling Tubes［J］. International Journal of Hydrogen Energy, 2014, 39（28）：15549-15562.

［93］ Li S L, Chen W, Luo G, et al. Cycling Performance of La（$Ni_{3.8}Al_{1.0}Mn_{0.2}$）$_x$（x=0.94-1.0）Alloys［J］. Journal of Alloys and Compounds, 2012, 532: 68-71.

［94］ Matsuda J, Nakamura Y, Akiba E. Lattice Defects Introduced into LaNi₅-based Alloys during Hydrogen Absorption/Desorption Cycling［J］. Journal of Alloys and Compounds, 2011, 509（27）：7498-7503.

［95］ Pandey S K, Singh J, Srivastava O N. Synthesis, Characterization and Hydrogen Absorption/Desorption Behaviours of La（$Ni_{0.80}Fe_{0.20-x}Mn_x$）$_5$ Alloys［J］. Energy Environ. Focus, 2014, 3（2）：189-195.

［96］ Borzone E M, Baruj A, Blanco M V, et al. Dynamic Measurements of Hydrogen Reaction with $LaNi_{5-x}Sn_x$ Alloys［J］.

International Journal of Hydrogen Energy, 2013, 38（18）：7335-7343.

［97］ Sharma V K, Kumar E A. Effect of Measurement Parameters on Thermodynamic Properties of La-based Metal Hydrides［J］. International Journal of Hydrogen Energy, 2014, 39（11）：5888-5898.

［98］ Odysseos M, Rango P De, Christodoulou C N, et al. The Effect of Compositional Changes on the Structural and Hydrogen Storage Properties of（La-Ce）Ni_5 Type Intermetallics Towards Compounds Suitable for Metal Hydride Hydrogen Compression［J］. Journal of Alloys and Compounds, 2013, 580（Suppl 1）：S268-S270.

［99］ Luo G, Hu X C, Li S L, et al. Hydrogen Storage Properties of $La_{1-x}Y_xNi_{5-y}Al_y$ Alloys［J］. Rare Metal Materials and Engineering, 2012, 41（10）：1693-1699.

［100］ Qian X J, Huang G Q. Improvement in Hydriding Property of $LaNi_{4.8}Al_{0.2}$ Alloy Encapsulated by SiO_2 sol［J］. Fusion Engineering and Design, 2014, 89（12）：2975-2980.

［101］ Liu S X, Ren Y Q, Zhang J Y, et al. Effects of Element Substitution and Magnetic-Heat Treatment on Hydrogen Storage Properties of $La_{0.67}Mg_{0.33}Ni_{3-x}M_x$（M=Co,Cu）（x=0,0.5）Alloys［J］. Rare Metal Materials and Engineering, 2011, 40（4）：655-660.

［102］ Tousignant M, Huot J. Hydrogen Sorption Enhancement in Cold Rolled $LaNi_5$［J］. Journal of Alloys and Compounds, 2014, 595:22-27.

［103］ 张磊，李世春. ANi_5（A=La, Ca, Y）型储氢合金的电子结构与储氢性能分析［J］. 稀有金属材料与工程，2014，2：418-422.

［104］ 李蒙. RE-Mg-Ni 系 $AB_{3.8}$ 储氢合金制备及性能研究［D］. 北京：北京有色金属研究总院，2011.

［105］ H J Kwon, J W Kim, J H Yoo, et al. Control of Hydrogen Storage Properties of（La,Ce,Nd,Pr）（Ni,Co,Mn,Al）$_5$ Alloys with Microstructural Parameters［J］. Journal of Alloys and Compounds, 2013, 570: 114-118.

［106］ 马进成，张早校，王玉琪，等. $LaNi_{4.7}Al_{0.3}$ 储氢合金 PCT 与动力学性能研究［J］. 功能材料，2013，（7）：1053-1058.

［107］ M V Blanco, E M Borzone, A Baruj, et al. Hydrogen Sorption Kinetics of La-Ni-Sn Storage Alloys［J］. International Journal of Hydrogen Energy, 2014, 39（11）：5858-5867.

［108］ Roman V Denys, Volodymyr A Yartys, Colin J. Webb. Hydrogen in $La_2MgNi_9D_{13}$: The Role of Magnesium［J］. Inorganic Chemistry, 2012, 51（7）：4231-4238.

［109］ 梁志彬. La-Mg-Ni 系储氢合金及 Zr、Nb 取代的第一性原理研究［D］. 太原：太原科技大学，2014.

［110］ Zhao S, Cai C Z, Tang J L, et al. Electrochemical Properties Prediction of（La, Ce, Pr, Nd）$_2MgNi_9$ Hydrogen Storage Electrode Alloys by Using Support Vector Regression［J］. Advanced Science Letters, 2012, 17（1）：191-194.

［111］ Matylda N Guzik, Bjørn C Hauback, Klaus Yvon. Hydrogen Atom Distribution and Hydrogen Induced Site Depopulation for the $La_{2-x}Mg_xNi_7$-H System［J］. Journal of Solid State Electrochemistry, 2012, 186: 9-16.

［112］ Serin V, Zhang J X, Magén C, et al. Identification of the Atomic Scale Structure of the $La_{0.65}Nd_{0.15}Mg_{0.20}Ni_{3.5}$ Alloy Synthesized by Spark Plasma Sintering［J］. Intermetallics, 2013, 32: 103-108.

［113］ 应燕君，程利芳，曾小勤，等. 添加 Co 对 $AB_{3.5}$ 型储氢合金结构及性能影响的理论与实验研究［J］. 无机材料学报，2012，27（6）：568-574.

［114］ 姚柳. Mg_3Y、Mg_3Ag 和 $LaMg_2Ni$ 合金的储氢性能［D］. 广州：华南理工大学，2010.

［115］ Lin H J, Ouyang L Z, Wang H, et al. Phase Transition and Hydrogen Storage Properties of Melt-spun $Mg_3LaNi_{0.1}$ Alloy［J］. International Journal of Hydrogen Energy, 2012, 37（1）：1145-1150.

［116］ Poletaev A A, Denys R V, Solberg J K, et al. Microstructural Optimization of $LaMg_{12}$ Alloy for Hydrogen Storage［J］. Journal of Alloys and Compounds, 2011, 509（Suppl 2）：S633-S639.

［117］ 南京航空航天大学. 非晶态储氢合金：中国，CN201010516572.7［P］. 2011-03-16.

［118］ 李霞，赵栋梁，张羊换，等. 球磨 La_2Mg_{17} 与 Ni 复合合金的电化学储氢性能研究［J］. 功能材料，2013，19：2898-2903.

［119］ Capurso G, Naik Mehraj-ud-din, Russo S L, et al., Study on La-Mg Based Ternary System for Hydrogen Storage［J］.

Journal of Alloys and Compounds, 2013, 580（Suppl1）: S159–S162.

［120］ Hu F, Zhang Y H, Zhang Y, et al. Microstructure and Electrochemical Hydrogen Storage Characteristics of CeMg$_{12}$+100wt%Ni+Ywt%TiF$_3$（Y=0, 3, 5）Alloys Prepared by Ball Milling［J］. Journal of Inorganic Materials, 2013, 28（2）: 217–223.

［121］ 钢铁研究总院. 一种高容量 RE-Mg-Ni-Co 基储氢合金及其制备方法: 中国, CN201310693364.8［P］. 2014–04–02.

［122］ 邹长城. Mg-Ni-Y 和 Mg-Cu-Y 合金的长周期结构和储氢性能［D］. 广州: 华南理工大学, 2012.

［123］ Wang Y Y, Xin G B, Li W, et al. Superior Electrochemical Hydrogen Storage Properties of Binary Mg–Y Thin Flms［J］. International Journal of Hydrogen Energy, 2014, 39（9）: 4373–4379.

［124］ 孙海泉. 纯 Mg 及 Mg-Nd 超细粉体的制备及其储氢性能［J］. 稀有金属材料与工程, 2012, 41（10）: 1819–1823.

［125］ Liu T, Qin C G, Zhu M, et al. Synthesis and Hydrogen Storage Properties of Mg–La–Al Nanoparticles［J］. Journal of Power Sources, 2012, 219: 100–105.

［126］ 尚宏伟. 稀土镁基 AB$_2$ 型 LaMgNi$_4$ 系储氢合金电化学性能及气态储氢性能的研究［D］. 包头: 内蒙古科技大学, 2013.

［127］ Yang T, Zhai T T, Yuan Z M, et al. Hydrogen Storage Properties of LaMgNi$_{3.6}$M$_{04}$（M=Ni, Co, Mn, Cu, Al）Alloys［J］. Journal of Alloys and Compounds, 2014, 617: 29–33.

［128］ Shtender V V, Denys R V, Paul–Boncour V, et al. Hydrogenation Properties and Crystal Structure of YMgT$_4$（T=Co, Ni, Cu）Compounds［J］. Journal of Alloys and Compounds, 2014, 603: 7–13.

［129］ Zhai T T, Yang T, Yuan Z M. An Investigation on Electrochemical and Gaseous Hydrogen Storage Performances of As–cast La$_{1-x}$Pr$_x$MgNi$_{3.6}$Co$_{0.4}$（x=0–0.4）Alloys［J］. International Journal of Hydrogen Energy, 2014, 39（26）: 14282–14287.

［130］ Belgacem Y B, Khaldi C, Boussami S, et al. Electrochemical Properties of LaY$_2$Ni$_9$ Hydrogen Storage Alloy, Used as an Anode in Nickel–metal Hydride Batteries［J］. Journal of Solid State Electrochemistry, 2014, 18（7）: 2019–2026.

［131］ 包头稀土研究院, 瑞科稀土冶金及功能材料国家工程研究中心有限公司, 天津包钢稀土研究院有限责任公司. 一种钇 – 镍稀土系储氢合金, 中国, CN201410429202.8［P］. 2014–08–28.

［132］ 包头稀土研究院, 瑞科稀土冶金及功能材料国家工程研究中心有限公司, 天津包钢稀土研究院有限责任公司. 一种钇 – 镍稀土系储氢合金及含该储氢合金的二次电池: 中国, CN201410427259.4［P］. 2014–08–28.

［133］ 包头稀土研究院, 瑞科稀土冶金及功能材料国家工程研究中心有限公司, 天津包钢稀土研究院有限责任公司. 添加锆、钛元素的 A$_2$B$_7$ 型稀土 – 钇 – 镍系储氢合金: 中国, CN 201410427220.2［P］. 2014–08–28.

［134］ Yan H Z, Kong F Q, Xiong W, et al. New La–Fe–B Ternary System Hydrogen Storage Alloys［J］. International Journal of Hydrogen Energy, 2010, 35（11）: 5687–5692.

［135］ Xiong W, Li B Q, Wang L, et al. Investigation of the Thermodynamic and Kinetic Properties of La–Fe–B System Hydrogen–storage Alloys［J］. International Journal of Hydrogen Energy, 2014, 39（8）: 3805–3809.

［136］ 王利, 闫慧忠, 李宝犬, 等. 硼对 La$_{17}$Fe$_{76}$B$_7$ 型储氢合金结构和电化学性能的影响［J］. 中国稀土学报, 2013, 31（1）: 78–83.

［137］ Wang L, Yan H Z, Xiong W, et al. The Influence of Boron Content on the Structural and Electrochemical Properties of the La$_{15}$Fe$_{77}$B$_8$–type Hydrogen Storage Alloy［J］. Journal of Power Sources, 2014, 259: 213–218.

［138］ Wang Q, Chen Z Q, Chen Y G, et al. Hydrogen Storage in Perovskite–Type Oxides ABO$_3$ for Ni/MH Battery Applications: A Density Functional Investigation［J］. Industrial & Engineering Chemistry Research, 2012, 51（37）: 11821–11827.

［139］ 杨亮. H$_2$ 分子在 LaFeO$_3$（110）表面吸附的第一性原理研究［D］. 兰州: 兰州理工大学, 2013.

［140］ 冯治棋. LaMO$_3$（M=Fe、Ni）纳米晶薄膜的制备及其在碱性水溶液中的电化学性能研究［D］. 兰州: 兰州理工大学, 2013.

［141］ 韩选利，李斌强，朱彦平，等. Ni 替代对钙钛矿氧化物 LaNi$_y$Fe$_{1-y}$O$_{3-\delta}$ 电化学性能的影响［J］. 科学技术与工程，2014，8：237-241.

［142］ 齐文娟，罗永春，康龙，等. 碳包覆 LaFeO$_3$ 的合成及其在碱性溶液中的电化学性能［J］. 无机材料学报，2012，27（12）：1243-1250.

［143］ 戴培华，张国庆，王文旭，等. LaNiO$_3$/Pd 复合薄膜电极材料在碱性溶液中的电化学行为研究［J］. 中国稀土学报，2014，32（5）：570-579.

［144］ Su G, He Y H, Liu K Y. Effects of Co$_3$O$_4$ as Additive on the Performance of Metal Hydride Electrode and Ni-MH Battery［J］. International Journal of Hydrogen Energy, 2012, 37（16）：11994-12002.

［145］ Tian X, Liu X D, Yao Z Q, et al. Structure and Electrochemical Properties of Rapidly Quenched Mm$_{0.3}$Ml$_{0.7}$Ni$_{3.55}$Co$_{0.75}$Mn$_{0.4}$Al$_{0.3}$ Hydrogen Storage Alloy［J］. Journal of Materials Engineering and Performance, 2013, 22（3）：848-853.

［146］ 中南大学. 磁场作用下熔体快淬制备 AB$_5$ 型储氢合金的方法：中国，CN201210013469.X［P］. 2013-07-04.

［147］ 肖方明. RE-Mg-Ni 系稀土镁基储氢合金的制备工艺探索及其结构与性能［D］. 广州：华南理工大学，2012.

［148］ Nwakwuo C C, Holm T, Denys R V, et al. Effect of Magnesium Content and Quenching Rate on the Phase Structure and Composition of Rapidly Solidified La$_2$MgNi$_9$ Metal Hydride Battery Electrode Alloy［J］. Journal of Alloys and Compounds, 2013, 555: 201-208.

［149］ Zhang Y H, Cai Y, Yang T, et al. Influence of Melt Spinning on the Electrochemical Hydrogen Storage Kinetics of RE-Mg-Ni-Based A$_2$B$_7$-Type Alloys［J］. Rare Metal Materials and Engineering, 2013, 42（11）：2201-2206.

［150］ 先进储能材料国家工程研究中心有限责任公司. 制备镍氢电池负极材料储氢合金粉的方法：CN201210013853.X［P］. 2012-07-04.

［151］ 株式会社三德. 稀土-镁-镍基储氢合金的制造工艺：中国，CN201180040552.X［P］. 2013-05-01.

［152］ 赣南师范学院. 一种稀土镁镍基储氢合金电解共析合金化方法：中国，CN201410410919.8［P］. 2014-08-20.

［153］ 董小平，庞艳荣，王青，等. 放电等离子烧结制备镧镁镍储氢合金［J］. 材料热处理学报，2014，5：20-23.

［154］ 刘静，李谦，周国治. 磁场辅助烧结法制备 La$_{0.67}$Mg$_{0.33}$Ni$_3$ 储氢合金［J］. 稀有金属材料与工程，2013，2：392-395.

［155］ Liu J J, Han S M, Li Y, et al. Phase Structure and Electrochemical Characteristics of High-pressure Sintered La-Mg-Ni-based Hydrogen Storage Alloys［J］. Electrochimica Acta, 2013, 111: 18-24.

［156］ Tian X, Yun G H, Wang H Y. Preparation and Electrochemical Properties of La-Mg-Ni-based La$_{0.75}$Mg$_{0.25}$Ni$_{3.3}$Co$_{0.5}$ Multiphase Hydrogen Storage Alloy as Negative Material of Ni/MH Battery［J］. International Journal of Hydrogen Energy, 2014, 39（16）：8474-8481.

［157］ Gao J, Yan X L, Zhao Z Y, et al. Effect of Annealed Treatment on Microstructure and Cyclic Stability for La-Mg-Ni Hydrogen Storage Alloys［J］. Journal of Power Sources, 2012, 209: 257-261.

［158］ 苑慧萍，李志念，赵旭山，等. 热处理对 Nd-Mg-Ni 储氢合金结构和性能的影响［J］. 稀有金属，2013，3：341-347.

［159］ 李蒙，朱磊，尉海军，等. La-Mg-Ni 系 A$_5$B$_{19}$ 相储氢合金热处理工艺研究［J］. 稀有金属，2012，36（2）：236-241.

［160］ Wang B P, Chen Y Z, Wang L, et al. Effect of Annealing Time on the Structure and Electrochemical Properties of La$_{0.72}$Nd$_{0.08}$Mg$_{0.2}$Ni$_{3.4}$Al$_{0.1}$ Hydrogen Storage Alloys［J］. Journal of Alloys and Compounds, 2012, 541: 305-309.

［161］ 潘崇超，刘晓芳，杨白，等. 磁场热处理温度对 Nd$_{0.75}$Mg$_{0.25}$（Ni$_{0.8}$Co$_{0.2}$）$_{3.8}$ 储氢合金倍率性能的影响［J］. 稀有金属材料与工程，2011，40（1）：134-137.

撰稿人：闫慧忠　蒋利军　肖方明　赵栋梁　李星国　苑惠萍

稀土发光材料研究

一、引言

稀土元素特殊的电子构型，使其成为新材料的宝库，而稀土发光材料则是这宝库中五光十色的瑰宝。稀土离子的发光特性，主要取决于稀土离子 4f 壳层电子的性质。稀土离子的一般电子构型是（Xe）（4f）^{N}（5s）^{2}（5P）^{6}，随着 4f 壳层电子数的变化，稀土离子表现出不同的电子跃迁形式和极其丰富的能级跃迁。研究表明，稀土离子的 $4f^N$ 电子组态中共有 1639 个能级，能级之间的可能跃迁数目高达 199177 个，可观察到的谱线打 30000 多条，如果再涉及 4f ~ 5d 的能级跃迁，则数目更多，因而稀土离子可以吸收或发射从紫外到红外区的各种波长的光而形成多种多样的发光材料。稀土离子的优异发光特性为利用其制作高效发光材料奠定了基础。

稀土发光材料曾在发光学和发光材料的发展中起着里程碑的作用，1908 年 Becguerel 发现稀土锐吸收谱线；1959 年 发现用 Yb^{3+} 作敏化剂，Er^{3+}，Ho^{3+}，Tm^{3+} 作激活剂的光子加和现象，为上转换材料研发奠定基础；1964 年 YVO_4：Eu ，Y_2O_3：Eu 和 1968 年 Y_2O_2S：Eu 等彩电红粉的出现，使彩电的亮度提高到一个新水平；20 世纪 70 年代出现的红外变可见上转换材料，从理论上提出反 Stokes 效应；1973 年发现稀土三基色荧光粉（$BaMgAl_{10}O_{17}$：Eu^{2+}，$MgAl_{11}O_{19}$：Ce，Tb，Y_2O_3：Eu），使电光源品质提高到一个新层次；1974 年在 Pr^{3+} 离子的化合物中发现光子剪裁，即吸收一个高能的光子，分割成两个或多个能量较小的光子；90 年代出现稀土长余辉荧光粉（$SrAl_2O_4$：Eu，$SrAl_2O_4$：Eu，RE）。

20 世纪 50 年代末中国稀土分离技术的突破，高纯单一稀土氧化物被制备出来，为发展稀土发光材料提供了物质条件。中国于 60 年代中后期开始研发稀土发光材料。近 30 年来稀土发光材料已在中国众多领域获得重要而广泛的应用。70 年代研制出高压汞灯用的 Y（P，V）O_4：Eu 红粉；用于彩色电视的 Y_2O_3：Eu 和 Y_2O_2S：Eu 红粉；80 年代开发出灯用稀土三基色荧光粉、X光增感屏、红外变可见上转换材料等；90年代研制出等离子显示（PDP）用的稀土荧光粉，稀土长余辉材料等多种荧光粉；21世纪初大力开发白光LED（发光二极管）用荧光粉。目前，中国稀土发光材料产业已在国际上占有一席之地。

稀土发光材料品种多、应用面广，已知的稀土发光材料品种达到300种以上。目前稀土发光材料主要应用于节能灯、半导体照明、平板显示、闪烁晶体等领域，已成为节能照明、信息显示、光电探测等领域的支撑材料之一，为技术进步和社会发展发挥着日益重要的作用[1, 2]。发光材料发展的趋势表明，稀土发光材料逐渐取代非稀土发光材料，已成为发光材料研究与应用的主导，并是发光材料研究的重点和前沿。因此，国内外的竞争非常激烈。

稀土发光材料不仅成为中国稀土应用的主要领域之一，也是实现稀土资源高值化最重要的途径之一。中国具有丰富的稀土资源，为中国稀土发光产业的发展奠定了基础。

二、稀土发光材料领域近年的最新研究进展

稀土发光材料按应用领域，可大致分为三大类：①照明用稀土发光材料；②显示用稀土发光材料；③特种稀土发光材料，其中照明用稀土发光材料用量最多。

（一）照明用稀土发光材料

在照明领域稀土发光材料用量最多，其最主要是用于紧凑型节能荧光灯，也广泛地应用于细管径荧光灯、冷阴极荧光灯、高压汞灯、金属卤化物灯、半导体光源、平面光源等照明器件。紧凑型节能荧光灯和细管径荧光灯主要用于室内普通照明；冷阴极荧光灯主要用于液晶背光源、景观照明和广告灯等；高压汞灯和金属卤化物灯主要用于道路、广场等室外照明；半导体光源和平面光源属新型光源，尤其是半导体光源现今的发展势头非常强劲。

1. 灯用稀土三基色荧光粉

1973年，荷兰飞利浦公司首先提出了灯用稀土三基色荧光粉。灯用稀土三基色荧光粉由稀土离子激活的红、绿、蓝三种荧光粉组成。用稀土三基色荧光粉制造的荧光灯不仅在发光效率上较以前的普通照明光源有极大的提高，而且克服了以前的电光源在发光效率和显色性上不能统一的缺点。主要应用的稀土三基色荧光粉：红粉为$Y_2O_3:Eu$，绿粉为$MgAl_{11}O_{19}:Tb, Ce$或（La, Ce, Tb）PO_4，蓝粉为$BaMgAl_{10}O_{17}:Eu$。由于其光效和光色同时能达到较高水平，而被视为绿色节能的新型发光材料，因此发展很快，已成为极其重要的灯用荧光粉。中国灯用稀土三基色荧光粉产品的质量接近世界同类产品的水平，其产量从1985年的1.2t，发展到2010年的近8000t，已成为世界稀土荧光灯及灯粉的主要产地。

自2011年起，白光LED的迅猛发展进入照明领域，逐步挤占稀土节能灯市场，随着照明产业产品更新换代，中国灯用稀土三基色荧光粉产销量呈现急剧下降趋势。2011年

为8000t，2012年为4500t，2013年为3600t，2014年预计2500～3000t。稀土三基色荧光粉产业面临着危机，众多的荧光粉厂面临着停产、倒闭、整合或转产的局面。

稀土荧光粉产量主要取决于灯用三基色荧光粉产量，由于白光LED所需稀土荧光粉很少，灯用稀土三基色荧光粉产销量急剧下降，导致总的荧光粉产量下降：从2010年为9398t；2011年为8660t；2012年为5245t；2013年为4337t；2014年有更大的下降。稀土荧光粉的总产量减少，产值也相应减少。

目前，灯用稀土三基色荧光粉的研究相对较少，如报道磷酸盐体系的绿色、蓝色灯用稀土荧光粉的研发，以解决超长直管形荧光灯的色差，进而减少用粉量；研究$BaMgAl_{10}O_{17}:Eu$（BMA）蓝粉劣化机理以及利用W–O及Mo–O等电荷迁移带的近紫外吸收，实现稀土离子的近紫外光有效激发等的研究。

由于液晶本身不发光，背光源就成为液晶显示器件不可缺少的关键元件。其中，CCFL（冷阴极荧光灯）背光源以技术成熟、直径小、成本低等优点，在液晶显示（LCD）面板中处于较为重要的地位。CCFL背光源用三基色荧光粉基本沿用节能荧光灯用三基色荧光粉，红粉为$Y_2O_3:Eu$，绿粉为$(La, Ce)PO_4:Tb$，蓝粉为$BaMgAl_{10}O_{17}:Eu$，但这种组合却只能实现70%～72%的电视标准（NTSC）色域范围，从而导致液晶显示颜色还原效果欠佳。通过开发新型宽色域型荧光粉、改变荧光粉的色坐标范围以拓宽LCD的色域显示范围，如采用峰值波长更长的钒酸盐红粉$YVO_4:Eu$、峰值波长更小的铝酸盐绿粉$BaMgAl_{10}O_{17}:Eu$，Mn和色纯度更好的氯磷酸盐蓝粉$(Ba, Sr, Ca)_5(PO_4)_3Cl:Eu$可以实现90%以上电视标准（NTSC）色域范围。CCFL灯管的管径比三基色节能灯更细，紫外线的轰击强度大幅增加，这也对荧光粉稳定性提出更高要求。

自2012年起，在白光LED背光源技术快速发展的影响下，CCFL背光源及其荧光粉的需求急剧萎缩，2014年CCFL及其荧光粉退出了历史舞台。

2. 白光LED用荧光粉

1993年日本日亚化学公司成功地突破了高亮度蓝光GaN二极管的制备技术，并将其推向产业化生产。在此基础上，出现的白光发光二极管（简称白光LED）作为一种新型全固态照明光源，深受人们的重视。由于其具有众多的优点，广阔的应用前景和潜在的市场，被视为21世纪的绿色照明光源，已引起各国政府的大力支持并寄予厚望。一些发达国家与地区如日本、韩国、欧洲及美国等对白光LED的发展制定了国家级的发展计划。白光LED及其稀土荧光粉的研发和产业化已成为照明领域和发光材料主流和热门[3]。

白光LED照明具有三个最为重要的优点：节能，环保，绿色照明。另外，白光LED还具有小型化，长寿命，平面化，可设计性强等优点。

白光LED是一个综合性较强的集成器件，其包括芯片、衬底、荧光粉、涂覆及封装、驱动及系统集成技术、智能化及网络化技术、检测技术以及创新应用技术等。其中稀土荧光粉对白光LED性能起着关键作用。综合考虑技术成熟度和成本等因素，目前白光LED普遍采用"蓝光LED+荧光粉"方式实现，因此，必须使用稀土荧光粉进行荧光转换才能获得白光以及调整发光颜色、色坐标、显色指数、色温等。

白光 LED 要求荧光粉在更低能量的紫外、紫光、甚至蓝光激发下有较高的发光效率。因此，普通的灯用荧光粉不适用，必须开发新型高效的白光 LED 用荧光材料，目前主要使用的发光材料为：

铝酸盐体系：$(Y, Gd)_3Al_5O_{12}:Ce$ 黄粉；$(Y, Lu)_3Al_5O_{12}:Ce$ 绿粉；$Y_3(Ga, Al)_5O_{12}:Ce$ 绿粉；

氮化物体系和氮氧化物体系：$(Sr,Ca)_2Si_5N_8:Eu$ 红粉；$(Sr,Ca)AlSiN_3:Eu$ 红粉；β – 塞隆：Eu 绿粉。

硅酸盐体系：$(Ba, Sr)_3SiO_5:Eu$ 橙红粉；$(Ba, Sr)_2SiO_4:Eu$ 绿粉与黄粉；

近年来，人们围绕着白光 LED 荧光粉开展了大量的研究工作，并取得有益进展：

（1）蓝光 LED 激发的新型荧光粉开发。结合蓝光（460nm）LED 芯片所用的 $Y_3Al_5O_{12}:Ce$（YAG：Ce）开展了掺杂、改性以提高光效和显色性的研究，包括添加适用的红色荧光粉以提高显色性；在铝酸盐黄粉基础上通过 Lu、Ga 等的取代研发出了高效、稳定的铝酸盐；研发出小粒度和高结晶度铝酸盐黄色荧光粉制备技术及产品，初步解决了形貌和结晶度差的难题。其中庄卫东等[4]利用部分二价元素对 $Y_3Al_5O_{12}:Ce$ 中铝及钇的取代，同时利用 F^- 取代 O^{2-} 补偿产生的带负电中心电荷，显著提升了该系列荧光粉的发光效率及稳定性；同时还深入研究了荧光粉组成、结构、电负性等与其吸收光谱之间的关系，提高了发光效率和稳定性，因此获得了多项具有核心知识产权的新型铝酸盐 LED 荧光粉体系，所生产的铝酸盐黄色荧光粉的光效、形貌和稳定性等综合性能达到同期国外先进水平。

在白光 LED 用发光材料方面，经典铝酸盐荧光粉的技术开发重点已由亮度提升转化为向短波（绿色 – 黄绿色）发射调控，以满足高显色低色温白光 LED 封装需求，且开始注重产品批次稳定性的控制、高结晶度荧光粉的烧成、高光效小粒径荧光粉制备技术的开发、无损后处理技术的改善，以提高荧光粉的光效和稳定性。

在氮化物/氮氧化物荧光粉方面，目前商业化的氮化物红色荧光粉主要为 $M_2Si_5N_8:Eu^{2+}$ 和 $MAlSiN_3:Eu^{2+}$（M 为 Ca，Sr，Ba）红色荧光粉两体系。氮化物荧光粉的制备，国外主要采用高温高压的合成技术，庄卫东等[5, 6]开发的常压高温氮化技术，实现了氮化物红粉的常压制备。

在硅酸盐基质中已成功实现了绿、橙红色高显色性荧光粉的合成，但仍存在稳定性不足以及与 LED 组合得到的光源显色指数不高等问题。

（2）目前，对各种体系中稀土化合物在紫光（400nm）或紫外光（360nm 等）LED 激发下的发光性能研究报道很多。研究白光 LED 用紫光和紫外激发的黄色、红色、绿色、橙色、蓝色等各种的荧光粉。研究在紫光或紫外光 LED 激发下红、绿、蓝三种荧光粉的组成、结构与光谱特性的相关性，研究三种荧光粉的配比以获得不同色温的白光 LED。

（3）研究了荧光粉的制备工艺，助熔剂的影响规律，特别是在制备过程中的基本科学问题，以保证荧光粉的质量及其稳定性，提高产品批次的稳定性。研究细颗粒荧光粉的制备工艺。

研究了荧光粉的表面处理和改性技术、浆料的配制技术以及相应的涂覆技术，通过包膜以改善荧光粉的性质。开展了稀土荧光粉在白光 LED 器件中的二次特性的研究。

（4）现有的 LED 照明光源使用直流电作为驱动，在工作时必须经交、直流电源转换。因此，开发可直接使用交流电驱动的新型 LED 照明产品是产业发展的一个新方向，但该技术必须解决交流周期性供电导致的发光频闪和提高发光效率等问题。长春应用化学研究所等利用长余辉稀土荧光粉的荧光寿命特性制成的交流 LED，改善了频闪问题，并取得了较好进展。

（5）白光 LED 主要采用荧光粉与硅胶混合封装工艺，由于荧光粉导热性能较差，器件会因工作时间过长从而导致硅胶老化加快，最终致使器件失效，缩短器件使用寿命。因此，不能满足大功率白光 LED 制备的要求。通过远程封装可以很好地解决这一问题。LED 远程荧光粉器件是将荧光粉附着在基板（通常是硅胶）上，并与蓝光 LED 光源分开，从而降低芯片产生的热量对荧光粉发光性能的影响；业已制备相应的 LED 荧光陶瓷，即 $YAG:Ce$ 陶瓷与 $Y_2O_3:Eu$ 陶瓷组成的复合体，再通过蓝光 LED 芯片激发产生白光。由于荧光陶瓷的热导率高，而且在封装过程中也无须使用树脂或硅胶……曾有报道制备出 $YAG:Ce^{3+}$ 的微晶玻璃，该微晶玻璃具有良好的耐久性与稳定性，使用寿命大幅提高，并且兼具良好的发光效果。

近年来，由于稀土荧光陶瓷具有高热导率、高耐腐、高的稳定性及优异光输出性能等特点，可较好的满足高能量密度的大功率白光 LED 的应用需求。具有高烧结活性、高分散性的微纳粉体已经成为高光学输出性能的高透明度稀土光功能陶瓷制备的重要前提，尤其是具有石榴石结构的铝酸盐荧光粉，也已逐渐成为该领域的研究热点。

从 2011 年起 LED 灯用稀土荧光粉产量逐年上升。2011 年国内需求量 LED 荧光粉约 10t，2012 年国内需求量 LED 荧光粉约为 34t，比 2011 年增长 240%，2013 年 LED 荧光粉需求量为 47t，再增长 28%，预计未来将会持续保持高速增长，2014 年需求量达到 100t。

3. 金属卤化物灯用发光材料

金属卤化物灯具有光效高、光色好、寿命长、功率范围大等优点，正在逐步替代高压汞灯应用于泛光照明领域，在厂矿、场馆、园林、道路、工地、影视等照明领域有很好的应用前景。稀土金属卤化物发光材料是影响金属卤化物灯性能的关键材料。金属卤化灯主要分为钪钠灯及镝灯两类，其中，钪钠灯的发光材料主要是由碘化钪、碘化钠组成，以及碘化钍、碘化锂及碘化铯等化合物，镝灯系列金属卤化物灯的发光材料，实际是由稀土（镧系）元素卤化物与碱金属卤化物组合而成，稀土元素多数采用镝，其次是钬、铥、铒的卤化物。北京有色金属研究总院从事该材料的研发和生产。

4. 无汞荧光灯

无汞荧光灯利用惰性气体放电（如 Xe，172nm）来激发发光材料，不存在汞蒸气污染环境。

对水银荧光灯，汞蒸气的激发主要在 254nm，如果取可见光平均波长在 500nm，当荧光粉量子效率为 100%，则能量转换效率为 51%，而无汞荧光灯的能量转换效率为 34%，因而要使无汞荧光灯具有竞争力，就应开发量子效率大于 100% 的 VUV 激发可见光。人们期待着通过量子剪裁来提高效率，即吸收一个高能光子而发射两个或多个低能光子以实现量子效率超过 100%。近年来，在这方面已有较多的报道，但实际应用仍有一段距离。

基于电磁感应原理的无极荧光灯因照度均匀性高、显色性好、寿命长、汞含量低，更适合隧道、高速公路和铁路照明。虽然无极灯仍可采用传统三基色节能灯用荧光粉，但无极荧光灯对荧光粉的光效和稳定性要求更高，特别是无极灯的工作温度甚至超过 100℃，对荧光粉耐热性能要求高，因而灯的光效和寿命均未达到最佳状态，这也是发光材料需要解决的共性技术难题。

（二）显示用稀土发光材料

20 世纪 60 年代，先后发明各种平板显示器件（FPD），在 90 年代以前，阴极射线管（CRT）产业独霸世界彩电显示产业。90 年代，各种彩色平板显示器件如 PDP，FED 的出现和发展，形成 FPD 与 CRT 并驾齐驱的局面。21 世纪初，以 LCD 为主的 FPD 平板显示器快速发展，统治市场，导致 CRT、PDP、FED 等显示器退出历史舞台，显示用稀土发光材料的生产也日益萎缩。

目前世界的显示器产业正向高清晰度大屏幕方向发展，高清晰度电视（HDTV）的要求是：高分辨率，高画质，大画面，数字传输和接收。

1. CRT 用荧光粉

CRT（阴极射线管）用绿色荧光粉主要是（Zn，Cd）S：Cu，Al，蓝色荧光粉是 $ZnS：Ag$。1964 年 $YVO_4：Eu$ 和 $Y_2O_3：Eu$ 红色稀土荧光粉被研制出来，使彩色电视机（彩电）的质量发生了质的飞跃，从而使彩电进入了千家万户。

普通 CRT 彩电和显示器普遍被认为无法满足高清晰度、数字化、平板化的要求，最终将退出主流市场。由于以 LED 为背光源的液晶显示器件的迅速发展，加速 CRT 彩电将退出历史舞台，彩电用荧光粉的需求量也急剧减少，目前仅中国彩虹集团保留少量生产，供应国外市场。

2. FED 用荧光粉

为克服 CRT 彩电重而厚的缺点，研发轻而的薄新型高清晰度大屏幕平板显示器件，其中一个重要方向是采用与 CRT 相同原理即电子射线激发发光的场发射显示器（FED）。尽管 Pixel 公司 1994 年在法国 Motpelier 建立了世界上第一座 FED 生产厂，但在大尺寸 FED 彩电显示器商品化至今仍未实现，FED 荧光粉制备和应用技术也不成熟。

近年来，长春应化所等在 FED 发光材料方面的研究取得可喜进展。开发出一些新型高效 FED 荧光材料：如 $LaOCl：Tb^{3+}$（蓝粉－低 Tb 浓度掺杂，绿粉－高 Tb 浓度掺杂），

LaOCl：Tm^{3+}（蓝光），LaOCl：Sm^{3+}（橙黄光），LaOCl：Tb^{3+}/Sm^{3+} 及 LaOCl：Tm^{3+}/Dy^{3+}（白光），（Zn，Mg）$_2GeO_4$：Mn^{2+}（绿色），Ca_5（PO_4）$_3F$：Ce^{3+}，Mn^{2+}（白光），Ca_2Gd_8（SiO_4）$_6O_2$：Ce^{3+}，Mn^{2+}（白光及黄光）等，其发光亮度、显色性等性能指标接近或超过现有商用材料（Y_2SiO_5：Ce 蓝粉及 ZnO：Zn 蓝绿粉）及文献报道数值。并利用敏化剂和激活剂离子之间的部分能量传递以及不同激活离子共掺杂的方法来调整材料发光颜色。

3. PDP 用荧光粉

等离子体平板显示（PDP）具有屏幕大、分辨率高、响应快、色彩丰富、颜色稳定、视角宽，＞160°、机体薄而轻；不产生有害的辐射，不易受外界磁场的影响；结构整体性能好，抗震能力强，可在极端条件下工作；制造工艺与设备价格较低等显著优点，被认为在大屏幕平板数字电视中具有很强的竞争力。PDP 是一种气体放电的平板显示器，在 PDP 中惰性气体通常采用 Xe 或 Xe–He 混合气体，其主要发射波长位于真空紫外（VUV）为 147nm，还有 130nm 和 172nm，惰性气体在电压的作用下发生气体放电，使惰性气体变为等离子体状态，放出紫外线，紫外线激发荧光粉，就发出各种颜色的光。

PDP 所用的荧光粉由红、绿、蓝三种荧光粉组成。目前实际应用的 PDP 荧光粉是：红粉为（Y，Gd）BO_3：Eu^{3+}、绿粉为 Zn_2SiO_4：Mn^{2+} 或 $BaAl_{12}O_{19}$：Mn^{2+} 及蓝粉为 $BaMgAl_{10}O_{17}$：Eu^{2+}。但目前所使用的 PDP 荧光粉在 PDP 的高能量真空紫外射线辐照下存在明显不足，如出现红色荧光粉色纯度较差，绿色荧光粉余辉时间偏长，蓝色荧光粉稳定性较差等问题，为此，研制与开发新型 PDP 荧光粉已成为需要解决的问题。

梁宏斌报道[7]，$Sr_{7.7}Eu_{0.3}$（Si_4O_{12}）Cl_8（SSOC：Eu^{2+}）在 147nm 的真空紫外光激发下，积分强度为日产商品荧光粉 BAM（$BaMgAl_{10}O_{17}$：Eu^{2+}）的约 148%；在 $3kV–25\mu A \cdot cm^{-2}$ 的阴极射线激发下，积分强度为 BAM 的约 280%。此外，该材料发射光的色坐标为（0.136，0.298），是一种青（蓝绿）色发射，若与现有的 RGB 三基色荧光粉配合使用，可明显扩大显示色域；结合 SSOC：Eu^{2+} 具有快衰减（约 $0.9\mu s$）特性，该材料可能在宽色域 3D–PDP 或者 3D–FED 方面有潜在应用。

随着以 LED 为背光源的显示器件的迅速发展，2015 年世界上最后一家 PDP 器件厂家即将关闭，等离子体平板显示（PDP）也将退出舞台。然而真空紫外发光材料有可能应用于太空和航天领域，因此，真空紫外发光材料的研发仍有报道。

（三）特种稀土发光材料

稀土发光材料除应用于显示和照明以外、还广泛用于其他场合，如防伪、保健、探测、指示、装饰、促进动植物生长等。在特种稀土发光材料领域 X 射线稀土发光材料发展较早，但随着计算机技术的应用，这类发光材料的市场逐渐萎缩；而稀土长余辉荧光粉、上转换发光材料、稀土光转换材料等发展较为迅速，有可能成为量大面广的特种稀土发光材料。

1. 稀土长余辉荧光粉

长余辉发光材料是指在阳光或人工光源的短时间照射后，可以把光能储存起来，在较长的时间内仍能持续发光的材料，又名蓄光材料。20世纪90年代以来人们在 $SrAl_2O_4:Eu^{2+}$ 的基础之上加入 Nd 或 Dy 研制出可实际应用的高效的长余辉发光材料，其发光强度和余辉时间是传统硫化物发光材料的数倍，其余辉长达 10h 以上，无放射性，而且耐热性、抗氧化性和化学稳定性好。由于其特有的物理性质，已广泛应用于传统的应急照明的微光显示系统和装潢美化，在飞机、机场、地铁、建筑装潢、消防设施、公路、铁路、汽车、路牌、剧院、商厦、工艺美术等众多场合得到广泛的应用。

能产生长余辉发光特性的激活离子主要为 Eu^{2+}，此外 Ce^{3+}、Tb^{3+}、Pr^{3+}、Mn^{2+} 等离子也存在长余辉发光现象。Eu^{2+} 在碱土铝酸盐体系中主要呈现为 $d-f$ 宽带跃迁发射，其发射波长随基质组成和结构的变化而变化，发射波长主要集中在蓝绿光波段。由于 Eu^{2+} 在紫外到可见区比较宽的波段内具有较强的吸收能力，所以 Eu^{2+} 激活的材料在太阳光、日光灯或白炽灯等光源的激发下就可产生由蓝到绿的长余辉发光。辅助激活剂在基质中本身不发光或存在微弱的发光，但可以对 Eu^{2+} 的发光强度特别是余辉寿命产生极其重要的影响。现在发现的一些有效的辅助激活剂主要是 Dy^{3+}、Nd^{3+}、Ho^{3+}、Er^{3+}、Pr^{3+} 及 Y^{3+} 和 La^{3+} 等稀土离子和 Mg^{2+}、Zn^{2+} 等非稀土离子。

由于铝酸盐类耐水性差，颗粒表面需要进行物理化学修饰，况且又很难制备出蓝、红色长余辉发光材料。最近硅酸盐类发光材料成为研究的热点，但其余辉时间，发光性能和铝酸盐类相比仍有一定差距。从目前来看，发展稀土离子掺杂的硅酸盐体系长余辉材料，进而改进其余辉时间和发光亮度是长余辉材料研究的重要发展方向。

2. X射线稀土发光材料

X射线荧光粉是当 X 射线穿过物体时，形成一个 X 射线潜像，并通过增感屏转变成光学图像，其发出的荧光强度与先前吸收的 X 射线的量成正比。

与普通 $CaWO_4$ 增感屏相比，稀土荧光粉增感屏具有感光增强、图像清晰、辐照剂量减小等优点。应用的 X 射线稀土发光材料主要有：$R_2O_2S:Tb(R=Gd,La,Y)$、$LaOX:R^{3+}(R=Tb, Tm, Ce; X=Cl, Br)$、$BaFX:Eu^{3+}(X=Cl, Br)$、$RTaO_4:M(R=La, Gd, Y; M=Tm, Nb)$ 等。性能优异的 X 射线稀土发光材料 $RTaO_4:M$ 是美国杜邦公司开发的。国内，北京大学在 X 射线稀土发光材料方面做过一些非常有意义的工作。

由于计算机技术的应用，X 射线增感屏及其稀土发光材料的用量在逐年下降。

3. 上转换发光材料

红外变可见上转换材料是一种能将看不见的红外光变成可见光的新型功能材料，它能将几个红外光子"合并"成一个可见光子，也称为多光子材料。这种材料的发现，在发光理论上是一个新的突破，被称为反斯托克斯（Stokes）效应，而按照 Stokes 定律，发光材料的发光波长一般总大于激发光波长。为有效实现双光子或多光子效应，发光中心的亚稳态需要有较长的能级寿命。稀土离子能级之间的跃迁属于禁戒的 f—f 跃迁，因而有长的寿命、符合该条件。迄今为止，所有上转换材料均只限于稀土化合物。

稀土上转换发光材料目前应用的主要领域：大部分稀土激光器的输出波长都在红外区，利用稀土上转换材料可实现可见与紫外短波长激光器；利用稀土上转换材料获得红、绿、蓝可见光后，可用于彩色显示如已用于 $1.06\mu m$ Nd^{3+} 红外激光的显示；用于生物医学的荧光诊断，其主要优点是使用红外光激发，不会激发和破坏天然生物材料，避免被测物本身自荧光的干扰，因而可提高检查的对比度；也正在免疫分析、防伪、红外传感器、太阳能光伏器件制备等领域展示出诱人的应用前景。

迄今为止，主要的上转换发光材料按基质可分为四类：①稀土氟化物、碱（碱土）金属稀土复合氟化物，如 LaF_3、YF_3、$LiYF_4$、$NaYF_4$、$BaYF_5$、BaY_2F_8 等；②稀土卤氧化物，如 $YOCl_3$ 等；③稀土硫氧化物，如 La_2O_2S、Y_2O_2S 等；④稀土氧化物和复合氧化物，Y_2O_3，$NaY(WO_4)_2$ 等。在基质中，一般由 Yb^{3+}–Er^{3+}，Yb^{3+}–Ho^{3+}，Yb^{3+}–Tm^{3+} 等组成敏化剂—激活剂离子对而发光。其中稀土掺杂的氟化物上转换发光材料由于具有声子能量小，非辐射弛豫小而备受关注。

近年来，稀土上转换发光微纳米材料的研究已成为热点，并有大量的报道。张洪杰等[8]采用微波反应法在不加任何表面活性剂的水中，成功合成了形貌可控、结晶度高、发光性质优良的掺杂 Yb^{3+}，Er^{3+} 的 $BaYF_5$ 纳米粒子，在980nm激光激发下实现了相应稀土离子的上转换发光，并得到了 Er^{3+} 很强的红光发射，成功实现了下转换和上转换发光。同样的条件下合成出具有磁/光双功能的葡萄干状纳米晶[9]。葡萄干状 GdF_3：20% Yb^{3+}/0.5% Tm^{3+} 纳米晶的可见及近红外光谱中出现了六个发射峰，葡萄干状 GdF_3：20%Yb^{3+}/2%Ho^{3+} 纳米晶在980nm激光的激发下显示出明亮的绿光，它的发射光谱包括非常强的绿光峰545nm（$^5F_4$，$^5S_2 \rightarrow {}^5I_8$）和相对比较弱得红光峰650nm（$^5F_5 \rightarrow {}^5I_8$）。$GdF_3$：20%$Yb^{3+}$/2%$Er^{3+}$ 的红色上转换发光光谱包括了相对弱的绿光发射峰550nm（$^4S_{3/2} \rightarrow {}^4I_{15/2}$），520nm（$^2H_{11/2} \rightarrow {}^4I_{15/2}$）和非常强的红光发射峰650nm（$^4F_{9/2} \rightarrow {}^4I_{15/2}$），这说明掺杂不同的稀土离子时，样品展现出相应稀土离子的上转换发光。

4. 稀土光转换材料

太阳光经大气层到达地面的光线中，波长为 290～400nm 的紫分光部分对植物生长不利，且对高聚物有较强的光氧化破坏作用，而植物进行光合作用主要靠叶绿素完成，叶绿素含量越高，光合作用的强度就越大。光生态学表明：400～480nm 的蓝光区和580～700nm 的红橙区对植物光合作用十分有利，可明显提高植物叶绿素含量。稀土光转换剂能将太阳光中的部分紫外光转换成作物生长所需的红橙光，以增强作物的光合作用，并有效地改善农作物的光照条件，提高太阳光的利用率，从而达到促进作物增产、增收、优质、早熟的目的。同时，还可以减少紫外光对薄膜的破坏作用，延长薄膜的使用寿命。稀土光转换薄膜已在农业上发挥了重要的作用。长春应化所合成了稀土羧酸类光转换剂，使紫外光转换为红光，取得良好的效果。用于光转换农膜中，对农作物的产量、质量及农膜的降解都能改善，且病虫害明显下降，蔬菜可增产 10%～25%。光转换剂并可作为高级防伪材料，太阳能利用等。

目前硅太阳能电池是较理想而常用的硅太阳能电池，它存在的问题是对太阳能各个波段的光未能充分利用，转换效率不高。根据材料的光谱特点，目前国内外正在开展将紫外光或红外光转变为硅太阳能电池吸收的可见光的稀土光转换剂的研究。其方案是在太阳能电池表面涂覆一层稀土光转换剂来提高太阳能电池转换效率[10]。

5. 稀土闪烁体

在高能粒子（射线）作用下发出闪烁脉冲光的发光材料称为闪烁体。闪烁晶体是在高能粒子或射线作用下发出脉冲光的一种单晶态发光材料，在核医学成像、高能物理、安全检测、地质勘探、工业测控等领域有着广泛应用。以 X- 射线计算机断层扫描成像（X-CT），正电子发射计算机断层扫描成像（简称 PET）和正电子发射断层扫描成像（SPECT）等为代表的核医学成像检测技术的发展和普及，是近年来闪烁晶体产业发展的最大推动力，而高能物理实验和国际反恐形势的变化则对闪烁晶体的性能不断提出更高、更新的要求。闪烁晶体按化学组成可分为氧化物型和卤化物型两类，其中很多重要的闪烁晶体都富含稀土元素[11, 12]。

三价铈离子（Ce^{3+}）激活的稀土闪烁晶体因其荧光寿命短、发光效率高而被用于高端核医学影像设备——探测器的核心材料。稀土闪烁晶体：$Lu_2SiO_5：Ce$（LSO）（用于 PET，SPECT），CeF_3 和掺 Ce^{3+} 的材料（$BaF_2：Ce$，GSO：Ce，LSO：Ce，YAG：Ce，YAP：Ce，$LaBr_3：Ce$ 等）在快闪烁体中占有极重要的位置。$Lu_2SiO_5：Ce$ 是用于 PET 最佳的高效闪烁体。

目前，获得广泛应用的 LSO（$Lu_2SiO_5：Ce$）、LYSO（$(Lu，Y)_2SiO_5：Ce$）、用于中子探测的 $Cs_2LiYCl_6：Ce$ 以及被誉为第四代闪烁晶体的 $LaBr_3：Ce$ 等都是稀土闪烁晶体的典型代表。其中，$LaBr_3：Ce$ 是最近十几年来无机闪烁晶体领域的最大发现，它具有高光输出、高能量分辨率、快衰减等优异性质，综合性能几乎全面超越传统的 NaI：Tl 和 CsI：Tl 等晶体，因此一经面世便迅速成为闪烁晶体材料及相关应用领域的研究热点。$LaBr_3：Ce$ 特别适合 PET 等核医学成像设备对闪烁晶体的性能要求，在该领域具有很大的市场潜力，同时它也可广泛应用于其他领域以有效改善相关仪器的探测水平。$LaBr_3：Ce$ 的发现使人们对稀土卤化物型闪烁晶体的研究热潮，$LuI_3：Ce$、$CeBr_3$、$SrI_2：Eu$ 等一系列性能优异的闪烁晶体也相继被发现。但由于稀土卤化物极易潮解，这些晶体的产业化开发严重受制于晶体生长用高纯无水金属卤化物原料的批量制备技术和供应水平，北京有色金属研究总院近年来开展了高纯稀土溴化物原料的制备技术开发，产品性能基本满足了溴化物晶体生长需要。

苏锵等利用微下降法生长单晶光纤，制备了直径为 1.0mm、长度可达 520mm 的单根石榴石闪烁单晶光纤。通过晶体生长参数的优化，获得了具有高光产额和快荧光衰减性质的高密度稀土闪烁单晶光纤。

6. 稀土纳米发光材料

纳米发光材料是指颗粒尺寸在 1 ~ 100nm 的发光材料。人们对稀土离子掺杂的纳米发光材料研究的极大兴趣，在理论上，主要探讨表面界面效应和小尺寸效应对光谱结构及其性质的影响；在应用上，从材料的制备和加工入手，寻找材料的应用及功能器件制造的途径。

稀土纳米发光材料和其他性能结合在一起成为多功能发光材料已成为研究热点。比如磁光多功能成像，它既具有核磁共振成像组织分辨率及空间分辨率高的优点，又具有荧光成像可视化形态细节成像的优点，因此提高了诊断灵敏度和精确度。因此该领域的研究目前正成为化学、物理以及材料界的又一研究热点。纳米技术和分子生物学的交叉促进了稀土纳米发光材料的迅猛发展。至今，稀土纳米发光多功能材料的应用尚处于探索阶段。

近年来，多功能稀土纳米发光材料及其复合材料在生物医学方面有许多报道，尤其是稀土上转换纳米发光材料的控制合成及其在生物医学领域应用的基础研究。开发了包括高分子自组装或嫁接、溶胶－凝胶法、水热法、静电纺丝等方法等制备多种稀土化合物多功能纳米复合材料，以及这些材料在生物检测、成像以及疾病诊疗等领域的应用探索。

据董相廷报道[13]，采用静电纺丝技术制备的稀土掺杂的稀土氧化物纳米纤维、纳米带和空心纳米纤维作为前躯体，使用双坩埚法，合成了稀土，合成了稀土掺杂的稀土氟化物、硫氧化物、氯氧化物、溴氧化物和碘氧化物纳米纤维、纳米带和空心纳米纤维，如 $NaYF_4 : Eu^{3+}$，$YF_3 : Tb^{3+}$，$Y_2O_2S : Eu^{3+}$，$LaOCl : Yb^{3+}/Er^{3+}$，$LaOBr : Nd^{3+}$，$LaOI : Yb^{3+}/Ho^{3+}$ 纳米纤维、纳米带和空心纳米纤维，并对其发光特性和形成机理进行了深入研究。

陈学元等[14]采用热分解法，通过高温前躯体逐层注射的方法合成了发光性能优良的 $LiLuF_4 : Ln^{3+}$ 核壳结构上转换纳米晶。多层核壳包覆显著提高了材料的上转换发光性能，其中 16 层包覆材料的上转换发光绝对量子产率达到了 5.0%（Er^{3+}）与 7.6%（Tm^{3+}），为目前已报道稀土掺杂上转换纳米晶的最高值。特别是该纳米晶经表面修饰后可作为上转换荧光探针实现对疾病标志物的高灵敏特异性检测。

林君等[15]用叶酸（FA）作为肿瘤靶向分子，合成了介孔 SiO_2 壳直接包覆上转换发光纳米粒子的复合材料 $β–NaYF_4 : Yb^{3+}$，$Er^{3+}@mSiO_2$。上转换荧光成像和激光共聚焦显微镜成像表明 FA 修饰后的样品具有明显的肿瘤细胞靶向性；以 $NaYF_4 : Yb^{3+}/Er^{3+}$ 作为核，pH 和热双重敏感的聚（异丙基丙烯酰胺－丙烯酸）[P（NIPAM–co–MAA）] 作为壳，设计了一种新型无机－有机杂化微球 $NaYF_4 : Yb^{3+}/Er^{3+}@SiO_2@ P$（NIPAM–co–MAA）。此杂化微球在环境 pH 值由 7.4 变化到 5.0 的过程中，可以快速释放出抗癌药物 DOX，同时药物的释放可通过上转换发光强度的变化来进行检测。

张洪杰[16]利用双功能的 PEG 分子将核－壳结构的上转换纳米粒子 $NaYF_4$:Yb/Er/Tm 共价嫁接到纳米氧化石墨上，并将光敏剂分子负载到了氧化石墨表面，合成了纳米复合物。该纳米复合物集光动力学治疗、光热治疗和上转换荧光成像多种功能于一身，有望作为多功能的纳米诊疗探针应用于荧光成像导向的光动力学治疗和光热治疗。证明了该复合材料具有高的光动力学和光热治疗效果。证明两种治疗效果的协同效应。

周蕾等[17]建立了基于稀土纳米上转换发光技术的生物应急检测系统（UPT-POCT）以及产业化平台。

（四）稀土配合物发光材料

稀土有机配合物通过有机配体的强紫外吸收和配体向稀土离子的有效能量传递使稀土离子发出强烈特征荧光。由于发光的单色性较好，在激光、防伪、生物医学、光放大、OLED、光伏电池、农用转光膜等领域具有很强的应用背景。

1. 稀土有机配合物光致发光材料

近年来，随着近紫外或蓝紫光LED芯片技术发展和效率提高，稀土配合物用作近紫外激发有机荧光粉的研究得到了人们的重视[18]。美国Strouse小组[19]制备了一种乙酰丙酮（acac）包覆的Y_2O_3：Eu纳米颗粒。利用有机配体acac作为天线分子，敏化Y_2O_3的缺陷能级以及Eu^{3+}离子发光，可以得到一种近紫外光（350～370nm）激发的白色荧光粉。尽管在370nm激发下的光致发光量子产率仅为18.7%，但制作的白光LED器件发光效率可达100lm W^{-1}。

龚孟濂等[20]合成了一种具有扩展共轭结构的有机配体用于敏化铕离子，其激发光谱可以拓展到420nm附近。将这种配合物涂覆在395nm的InGaN芯片上用作紫外光激发的有机荧光粉，可以得到Eu^{3+}的特征红光发射。苏成勇等[21]利用一种多咪唑盐（PyNTB）组装了一类发白光的混金属配合物Eu:Ag（PyNTB）。郑向军等[22]利用一发蓝光的配体部分敏化稀土铽离子发绿光及铕离子发红光，通过调节不同稀土离子的含量得到以三基色混合而成的白光。

针对稀土配合物发光材料的紫外耐受性问题，Carlos等[23]报道了他们通过光点击化学方法设计的紫外稳定的稀土配合物发光材料，稳定时间大于10h。黄春辉等利用一类八羟基萘啶的衍生物得到了能够具有良好紫外耐受性能的稀土铕配合物发光材料（紫外辐照数百小时发光亮度未见明显衰减）。而且该系列材料具有很好的热稳定性（分解温度大于400℃），高的发光量子产率（约84%）[24]。

2. 稀土配合物电致发光材料

OLED（Organic Light-Emitting Diode）具有主动发光、发光效率高，发光色纯度好，颜色鲜艳，功耗低、器件超轻薄、具有柔性等诸多优点，利于全色显示，在照明及显示领域均具有良好的发展前景。发光材料（红、蓝、绿）是OLED显示器件的重要组成部分，它直接决定着器件性能及用途。稀土配合物电致发光的色纯度高，并且可以利用配体激发三重态提高器件的量子效率，具有良好的发展前景。但目前多数稀土金属配合物有机发光器件存在稳定性和寿命不佳的问题。

稀土配合物电致发光材料及器件国内外有许多报道。杜晨霞等报道了一种新型的螯合锌离子的席夫碱作为中性配体的锌-铕双金属配合物［EuZnL（tta）$_2$（μ-tfa）］，除了席夫碱外，还有一个三氟乙酸根作为桥联配体来连接锌和铕离子。这种特殊的3d-4f结构的双金属配合物可以升华通过真空蒸镀制作器件。由于锌席夫碱结构具有良好的电子传输能力，因此非常有利于电荷注入到铕配合物中。器件ITO/TPD（30nm）/［EuZnL（tta）2（μ-tfa）］:CBP（10%，30nm）/TPBI（30nm）/LiF/Al起亮电压4.3V，13.8V时可以达到较纯的铕特征发光1982.5cd·m^{-2}；最大电流效率9.9cd·A^{-1}，功率效率5.2lm·W^{-1}，外量子效率7.4%；100cd·m^{-2}的实用亮度下，电流效率为5.9cd·A^{-1}；300cd·m^{-2}时，电流效率仍然可保持为3.7cd·A^{-1}，器件的效率衰减幅度很小。

Samuel等[25]在2012年发表于*Organic Electronics*中报道，将Eu（DBM）$_3$（phen）掺杂在空穴传输为主的CBP和电子传输为主的PBD混合主体材料中，发光层厚度达90nm。通过优化CBP与PBD的比例，可以很好地调节载流子的平衡传输。最终，经过优化的CBP与PBD的比例为30∶70，器件ITO/PDOT∶PSS（40nm）/PVK（35nm）/CBP∶PBD∶Eu（5%，90nm）/TPBI（35nm）/LiF/Al表现出最大电流效率10.0cd·A^{-1}，100cd·m^{-2}的实用亮度下，电流效率为8.2cd·A^{-1}，外量子效率4.3%。

Hongyan Li等[26]利用过渡金属配合物发光材料、设计双发光层器件结构并引入稀土配合物作为载流子注入敏化剂，成功制备出一系列蓝、绿、红、白色有机电致发光器件。其中：蓝色器件的最大电流效率为54.27cd/A，最大功率效率为56.59lm/W；绿色器件的最大电流效率为119.36cd/A，最大功率效率为121.73lm/W；红色器件的最大电流效率为65.53cd/A，最大功率效率为67.20lm/W；纯白光器件的最大电流效率为54.25cd/A，最大功率效率为54.95lm/W；暖白光器件的最大电流效率为56.27cd/A，最大功率效率为57.39lm/W。

Ivan H. Bechtold等[27]研究了Tb（ACAC）$_3$TDZP在CBP作为主体材料时电致发光的传能机理。当把空穴传输材料NPB换成MTCD，并引入主体材料CBP后才得到较纯的Tb（III）的特征发射光谱，最大亮度达到1673cd/m^2，最高效率为0.86cd/A。

Liu Y等[28]二吡啶吩嗪（DPPZ）作为中性配体，配合物Eu（DBM）$_3$（DPPZ）用于PLED，最大EQE为2.5%，最大亮度1783Cd/m^2，为目前基于Eu的PLED的最好结果。

近年来在近红外稀土配合物电致发光材料方面也开展了许多研究。Marina A. Katkova等[29]合成了一基于SON配体（2-2（2-苯并噻唑-2-）苯酚）的一系列近红外发射的稀土元素（Pr，Nd，Ho，Er，Tm和Yb）配合物并对其电致发光性能作出了表征。其中最高辐照效率的器件是基于Nd和Yb的，分别达到了0.82mW·W^{-1}和1.22mW·W^{-1}。

卞祖强等[30]报道了一种基于吡啶-羟基萘啶的三齿阴离子配体，将其用于三价稀土离子Nd，Yb，Er的敏化，并以热蒸镀的方法制备了OLED器件。Nd，Er和Yb的最大红外辐射强度和最大外量子效率（EQE）分别为25μW·cm^{-2}，0.019%；0.46μW·cm^{-2}，0.004%；86μW·cm^{-2}，0.14%。

Mikhail N. Bochkarev等[31]报道了一系列基于全氟代苯酚作为单齿配体，2，2'-联吡啶等作为中性配体的一系列稀土配合物Ln（OC$_6$F$_5$）$_3$（L）$_x$，并将其作为发光层制作了一系列器件。由于 TPD 与发光层之间产生强的 580nm 激基复合物发射，尽管也获得典型的 f-f 跃迁发射，但红外发射效率偏低。

W. P. Gillin 等[32]报道了基于全氟代化合物 Er(F-TPIP)₃掺杂在全氟代配体 Zn(F-BTZ)₂中作为发光层的光放大器件。由于避免了 C-H 振动对于红外发射的淬灭，器件的量子效率可达 7%，远高于一般非全氟代配体 Er 配合物的效率，展示了稀土红外材料在光通信领域的利用前景。该材料也实现了在 OLED 中的应用，将电能转为红外光子。

几十年来，许多具有很高发光效率的稀土配合物被合成报道，但是，一直未能作为荧光材料在照明和显示等领域得以应用。其原因在于达到应用的材料必需具有良好的综合性能，如高的发光亮度和量子产率；在近紫外或蓝光激发下，具有大的吸收截面和宽的激发范围；环境友好；良好的紫外光耐受性等。而且能够应用于 OLED 显示或照明的稀土配合物材料，还需要具有良好的载流子传输性能，有利于将电能高效转化为光能，以及良好的热稳定性、成膜性，以便有效地制作发光器件。目前，第 3 及 3.5 代基于 TADF 材料的 OLED 兴起之后，稀土发光材料的 OLED 有被冷落的趋势，但稀土独特的窄带发射特性仍是作为显示材料最有魅力之处。

稀土发光材料在新兴领域也具有广阔的应用前景，如稀土荧光应力探针、用于测热的稀土温度敏感发光材料以及利用掺稀土的电子俘获材料作为检查射线剂量的固体剂量器和各种放射治疗剂量器等。

三、国内外研究进展比较

尽管中国已成为世界稀土荧光灯及灯粉的主要产地，灯用三基色荧光粉品质与国外领先水平基本相当，但仍存在粒径大、稳定性差、昂贵稀土元素 Tb、Eu 等用量大、荧光粉涂覆制过程中消耗量大等问题，例如国内尚未完全掌握小粒径荧光粉的产业化和（La，Ce）PO₄: Tb 前驱体等制备技术。

随着传统的白炽灯等照明灯具逐步退出照明市场，白光 LED 及其稀土荧光粉的研发和产业化已成为照明领域和稀土荧光材料主流和热门，各国争相研发新荧光粉。

在白光 LED 用氮化物荧光粉的制备，国外主要采用高温高压的合成技术，并基本实现产业化。日本的三菱化学、电气化学等企业在氮化物荧光粉制备技术和产品方面均占据领先地位。但该工艺对设备要求高、生产成本高，国内庄卫东等[5, 6]开发的常压高温氮化技术，实现了氮化物红粉的常压制备。然而由于国内产业化技术开发起步晚以及装备落后等方面的原因，虽然发光效率等核心性能与国外基本相当，但与国外产品在结晶度、耐候性能、粒径控制方面还存在一定差距。目前国内外在氮化物系列荧光粉研究的重点逐渐转移至荧光粉品质的提升，如开发大粒径氮化物红粉生长技术、氮化物红粉耐候性提升技术。已开发出高结晶度及一次粒径超过 $10\mu m$ 的氮化物红粉，亮度提升 10%，满足了显色指数大于 90、光效大于 100lm/W 的白光 LED 封装需要等。

在高端背光源液晶显示领域具有广泛潜在应用前景的 β-Sialon 氮氧化物荧光粉，其合成条件更加苛刻，国外采用高温高压烧结炉进行合成；而国内高温高压制备氮氧化物荧光粉尚处于探索阶段，国产氮化炉的压力仅为 10MPa 左右，难以满足基本的合成条件。虽然目前普遍使用的氮化物/氮氧化物荧光粉的核心专利被日本三菱化学和 NIMS 等国外企业、研究机构拥有，但因氮化物/氮氧化物荧光粉的结构具有多种可变化性，且其开发仍处于起始阶段，尚有开发新型氮化物/氮氧化物荧光粉开发及取得自主知识产权的空间。

2014 年 3 月，科锐（CREE）宣布白光功率型 LED 实验室光效达到 303lm/W，而目前 LED 批量产品效率在 130lm/W 以上。尽管，国产稀土荧光粉所制成白光 LED 器件的光效与国外产品相当，但产品制备工艺和质量稳定性与国外尚有差距。

在金属卤化灯方面，美国 APL、韩国的 MICROCHEM 等企业在金属卤化灯用卤化物发光材料造粒、提纯技术等方面拥有绝对的优势，两者占有约 80% 以上的全球市场份额。国内北京有色金属研究总院在从事该材料的研发和生产。虽然中国金属卤化物灯的产量很高，但主要是传统的石英金属卤化物灯，而国际上的金属卤化物灯逐步向陶瓷金属卤化物灯发展。陶瓷金属卤化物灯集高压钠灯的发光效率高和石英金属卤化物灯的光色、显色指数高等优点为一身，其光效可达 120lm/W 以上，显色指数一般大于 85，甚至可达 95，寿命可超过 15000h，是一种优质的节能照明光源。

目前，尽管稀土长余辉发光材料的研制与应用在中国已经取得较好的成果，主要由中国生产，但仍存在一些有待解决的问题，如需要延长余辉时间、提高初始发光亮度；发光颜色仍比较单一，以发射约 520nm 的绿光和蓝绿光为主，缺乏性能优良发红光的稀土长余辉材料；铝酸盐长余辉材料遇水不够稳定等问题，有待深入研究稀土长余辉发光材料的机理以及开发新的应用领域。

上转换发光材料的研究是目前国际上的前沿研究领域，国内外有许多报道，研究的重点是通过基础研究。研究上转换材料的组成、结构、形成工艺条件与性能的对应关系；研究新的上转换机制；改善上转换发光材料的生物相溶性以实现其在各方面的应用。

目前，闪烁晶体 LSO（Lu_2SiO_5:Ce）已在商用 PET 中获得广泛应用，美国拥有该晶体生长技术，而国内制备技术也尚未过关。被誉为第四代闪烁晶体的 $LaBr_3$:Ce 等稀土闪烁晶体，由于稀土卤化物极易潮解，这些晶体的产业化开发严重受制于晶体生长用高纯无水金属卤化物原料的批量制备技术和供应水平。美国的 Sigma-Aldrich 公司是目前高纯金属卤化物的主要供应商，技术水平居世界领先地位，市场份额几乎占全球的 90%，但相关产品售价非常昂贵，高达每千克数千美元，且制备技术严格保密，国内目前尚不具备此类原料的自主供应能力，因此相关闪烁晶体材料的发展对大批量、低成本的高纯无水稀土卤化物原料供应具有十分迫切的需求。

稀土纳米发光材料目前尚处于探索与研发阶段。该领域的研究目前正成为化学、物理以及材料界的前沿课题。稀土纳米发光材料和其他性能结合在一起成为多功能发光材料已成为国内外研究的热点，纳米技术和分子生物学的交叉促进了稀土纳米发光材料的迅猛发展。

稀土配合物电致发光材料及器件已成为国内外研究的热点。OLED用稀土配合物发光材料的研究国内外的竞争非常激烈，已有大量报道，但目前多数稀土配合物有机发光器件仍存在着稳定性差和寿命短的问题。

必须指出，中国稀土发光材料总体研究水平仍落后于国外，主要表现为以仿制为主，缺乏原创性的成果及具有自主知识产权的核心专利。

四、本学科发展趋势与展望

稀土发光材料是稀土资源高值化的重要应用领域，对改善人们的生活品质也具有十分重要的意义。目前中国稀土发光材料产业进入一个关键转折时期，应改变观念、开拓创新。

针对未来具有极大应用前景的新型稀土发光材料，需打破中国稀土发光材料自主创新能力不足、长期处于跟踪模仿的发展现状，加强基础研究、探索荧光粉的组分、结构与发光性能及稳定性的内在关系，开发新型稀土发光材料。开发出适合规模化生产的新型稀土发光材料先进制备技术。开发OLED用发光材料及其低成本规模化制备技术；开发规模化制备生物影像光控释药等用稀土纳米材料的晶粒可控生长技术、表面修饰技术及无损分散技术；提升上转换发光效率和实现量子剪裁下转换发光效率的新材料及技术，以及对温度和压力敏感的新型稀土发光材料，拓展其应用领域。

发展中国新型稀土发光材料，拟在如下方面开展深入研究：

（1）探索和建立稀土发光材料完善的理论体系是探找新型稀土发光材料的基础。加强研究稀土在高能区的能级图，深入开展稀土内4f电子的运动规律的研究，包括研究辐射和非辐射跃迁概率，发光效率，光谱强度理论与超灵敏跃迁，晶场理论与光谱劈裂等。

（2）研究稀土激活离子在各种基质中的光吸收和发射。研究稀土化合物的合成、组成、结构、局域环境对称性、价态、缺陷、尺度等对光学性质的影响；探索稀土发光材料的组分、结构与发光性能的相互关系及其内在作用机制；寻求能对蓝光、紫光或紫外光LED激发的最佳基质和激活离子，开发适合于紫外光激发的红、绿、蓝荧光粉及蓝光激发的白光LED用荧光粉。

（3）研究敏化过程与能量传递的规律，开发新的传递途径与敏化途径，以及量子剪裁等光能高效利用机理。通过基质敏化和能量传递等方式调节发光材料的最佳激发波长和不同组分之间的关系，提高发光效率。

（4）探索稀土发光材料新的制备方法，发展具有自主知识产权的关键制备技术。开发制备小粒径、高结晶度、高光效、耐光衰型荧光粉的产业化制备技术；低成本、低能耗的自动化产业化技术及装备；利用新型加热技术及装备改造传统荧光粉技术；发展高纯稀土卤化物合成与提纯的一体化技术和装备；研究小粒径、高性能稀土发光材料以及荧光粉表面修饰的制备技术，以改善稀土发光材料粒径、形貌、表面结晶性能、稳定性；探索稀土纳米发光材料新的制备方法。

加强工艺技术研究，注意助熔剂选择、价态变化、反应过程以及产业化生产工艺等研究，保证质量稳定性；系统掌握荧光粉组成、制备工艺、后处理工艺以及表面修饰对粉体的晶体结构、颗粒形貌、表面状态的影响，尤其是对制灯工艺和制灯后的光效和光衰的影响。

针对中国新型、高性能白光 LED 用稀土发光材料特别是氮化物/氮氧化物发光材料研究开发与国外先进水平存在较大差距，要突破氮化物/氮氧化物的常压低成本、连续化的规模化制备共性技术及装备，并实现氮化物荧光粉可控制备，开发出适合大功率 LED 的光功能陶瓷。

（5）开拓稀土发光材料的新应用。

—— 参考文献 ——

［1］ 洪广言，稀土发光材料——基础与应用［M］. 北京：科学出版社，2011.

［2］ 刘荣辉，黄小卫，何华强，等. 稀土发光材料技术和市场现状及展望［J］. 中国稀土学报，2012，30（3）：265.

［3］ 刘荣辉，何华强，黄小卫，等. 白光 LED 荧光粉研究及应用新进展［J］. 半导体技术，2012，37（3）：221.

［4］ 庄卫东，胡运生，龙震，等. 含二价金属元素的铝酸盐荧光粉及制造方法和发光器件：中国，200610114519.8［P］. 2006-11-13.

［5］ 罗新宇，庄卫东，胡运生，等. 一种硅基氮化物红色荧光体及其制备方法：中国，CN200910147787.3［P］. 2009-06-19.

［6］ Hu Y S, Zhuang W D, He H Q, et al., High temperature stability of Eu^{2+}-activated nitride red phosphors［J］. Journal of Rare Earths, 2014, 32（1）：12-15.

［7］ Zhang S, Liu Z Y, Liang H B, et al., A potential cyan-emitting phosphor $Sr_8（Si_4O_{12}）Cl_8:Eu^{2+}$ for wide color gamut 3D-PDP and 3D-FED［J］. Journal of Materials Chemistry C, 2013, 1: 1305-1308.

［8］ Pan S H, Deng R P, Feng J, et al., Microwave-assisted synthesis and down- and up-conversion luminescent properties of $BaYF_5:Ln（Ln=Yb/Er, Ce/Tb）$ nanocrystals［J］. CrystEngComm, 2013, 15: 7640-7643.

［9］ Wang S, Su S Q, Song S Y, et al., Raisin-like rare earth doped gadolinium fluoride nanocrystals: microwave synthesis and magnetic and upconversion luminescent properties［J］. Cryst EngComm., 2012, 14: 4266-4269.

［10］ 洪广言. 稀土光转换材料在太阳能利用方面的应用，中国化学会第十三届应用化学年会论文集（光盘），长春，2013 年 8 月 23-26 日.

［11］ 余金秋，何华强，刘荣辉，等. 无机闪烁材料：中国，CN201310733515.8［P］. 2013-12-26.

［12］ Yu J Q, Cui L, He H Q, et al., Laser-excited luminescence of trace Nd^{3+} impurity in $LaBr_3$ revealed by Raman spectroscopy［J］. Chinese Physics Letters, 2012, 549: 32-38.

［13］ 于文生，董相廷，吴尚，等. 基于静电纺丝技术构筑稀土发光一维纳米结构、发光特性及其形成机理［C］. 第五届全国掺杂纳米发光材料性质学术会议，哈尔滨，2014 年 8 月，42-43.

［14］ Huang P, Zheng W, Zhou S Y, et al., Lanthanide-Doped $LiLuF_4$ Upconversion Nanorobde for the detection of

Disease Biomarkers［J］. Angewandte Chemie International Edition, 2014, 53: 1252–1257.

［15］ Dai Y L, Ma P A, Cheng Z Y, et al., Up–Conversion Cell Imaging and pH–Induced Thermally Controlled Drug Release from NaYF$_4$:Yb^{3+}/Er^{3+}@Hydrogel Core–Shell Hybrid Microspheres［J］. ACS Nano, 2012, 6: 3327.

［16］ Wang Y H, Wang H G, Liu D P, et al., Graphene oxide covalently grafted upconversion nanoparticles for combined NIR mediated imaging and photothermal/photodynamic cancer therapy［J］. Biomaterials, 2013, 34: 7715–7724.

［17］ 周蕾，郑岩. 稀土纳米上转换材料首次在生物领域的实际应用［C］. 第八届全国稀土发光材料研讨会暨国际论坛论文摘要集，昆明，p30，2014 年 11 月 11 日.

［18］ Alexander H. Shelton, Igor V. Sazanovich, Julia A. Weinstein, et al., Controllable three–component luminescence from a 1,8–naphthalimide/Eu（III）complex: white light emission from a single molecule［J］. Chemical Communications 2012, 48: 2749–2751.

［19］ Dai Q L, Foley M E, Breshike C J, et al., Ligand–Passivated Eu:Y$_2$O$_3$ Nanocrystals as a Phosphor for White Light Emitting Diodes［J］. Journal of the American Chemical Society, 2011, 133: 15475–15486.

［20］ Wang H H, He P, Liu S G, et al., New multinuclear europium（III）complexes as phosphors applied in fabrication of near UV–based light–emitting diodes［J］. Inorganic Chemistry Communications, 2010, 13: 145–148.

［21］ Liu Y, Pan M, Yang Q Y, et al., Dual–Emission from a Single–Phase Eu–Ag Metal–Organic Framework: An Alternative Way to Get White–Light Phosphor［J］. Chemistry of Materials 2012, 24: 1954–1960.

［22］ Ablet A, Li S M, Cao W, et al., Emission of Codoped Ln–Cd–organic Frameworks［J］. Chemistry – An Asian Journal, 2013, 8: 95–100.

［23］ Patrí cia P. Lima, Mariela M. Nolasco, Filipe A. A. Paz, et al., Photo–Click Chemistry to Design Highly Efficient Lanthanide β–Diketonate Complexes Stable under UV Irradiation［J］. Chemistry of Materials, 2013, 25: 586–598.

［24］ 卞祖强，卫慧波，丁飞，黄春辉. 一种稀土铕配合物及其作为发光材料的应用：中国，CN201110139842.1［P］. 2011–05–27.

［25］ Zhang S Y, Graham A. Turnbull, Ifor D.W. Samuel，Highly efficient solution–processable europium–complex based organic light–emitting diodes［J］. Organic Electronics, 2012, 13: 3091–3095.

［26］ Li H Y, Zhou L, Teng M Y, et al., Highly efficient green phosphorescent OLEDs based on a novel iridium complex［J］. Journal of Materials Chemistry C, 2013, 1: 560.

［27］ Alessandra Pereira, Hugo Gallardo, Gilmar Conte, et al., Investigation of the energy transfer mechanism in OLEDs based on a new terbium β–diketonate complex［J］. Organic Electronics, 2012, 13（1）: 90–97.

［28］ Liu Y, Wang Y F, He J, et al., High–efficiency red electroluminescence from europium complex containing a neutral dipyrido（3,2–a:2′,3′–c）phenazine ligand in PLEDs［J］. Organic Electronics, 2012, 13（6）: 1038–1043.

［29］ Marina A. Katkova, Anatoly P. Pushkarev, Tatyana V. Balashova, et al., Near–infrared electroluminescent lanthanide［Pr（III），Nd（III），Ho（III），Er（III），Tm（III），and Yb（III）］N,O–chelated complexes for organic light–emitting devices［J］. Journal of Materials Chemistry, 2011, 21（41）: 16611–16620.

［30］ Wei H B, Yu G, Zhao Z F, et al., Constructing lanthanide［Nd（III），Er（III）and Yb（III）］complexes using a tridentate N, N, O–ligand for near–infrared organic light–emitting diodes［J］. Dalton Transactions, 2013, 42（24）: 8951–8960.

［31］ Anatoly P. Pushkarev, Vasily A. Ilichev, Alexander A. Maleev, et al., Electroluminescent properties of lanthanide pentafluorophenolates［J］. J Journal of Materials Chemistry C, 2014, 2（8）: 1532–1538.

［32］ Ye H Q, Li Z, Peng Y, et al., Organo–erbium systems for optical amplification at telecommunications wavelengths［J］. Nature Materials, 2014, 13（4）: 382–386.

撰稿人：洪广言　庄卫东　卞祖强　刘荣辉　尤洪鹏　梁宏斌等

稀土超导材料研究

一、引言

1911 年，荷兰科学家卡麦林·翁纳斯（Kamerlingh Onnes）发现汞在 4.2K 附近出现零电阻现象，开辟了一个对于物理科学具有伟大意义和结果的超导领域[1]。1933 年德国物理学家迈斯纳（W. Meissner）和奥克森菲尔德（R. Ochsenfeld）等人发现了超导体的另一基本性质：完全抗磁效应（迈斯纳效应），即处于超导态的物体其内部磁通密度始终为零，而与达到超导态的路径无关[2]。零电阻现象和迈斯纳效应统称为超导体的两个基本性质。自发现超导现象以后，世界上众多研究单位投入了巨大的人力、物力、财力来寻找具有高的超导转变温度的材料。到目前为止，被发现的超导体包括元素、合金和化合物等在内总数达五千余种。在 1986 年以前，超导临界转变温度 T_c 升高的很慢，最高纪录是 Nb_3Ge 的 23.4K[3]。

1986 年 4 月，瑞士苏黎世 IBM 实验室的 J. G. Bednorz 和 K. A. Müllerr 发现了稀土氧化物陶瓷物质 $La_{2-x}Ba_xCuO_4$ 超导体[4]，其 T_c 值高达 35K。这种超导体的发现，开创了研究和探索高 T_c 超导体的新局面。此后一年内，中，美，日的科学家不断刷新超导临界转变温度记录，使 T_c 值迈向液氮温区。1987 年 2 月，中国的赵忠贤、陈立泉，美国休斯敦的朱经武小组和亨茨威尔（Huntsville）的吴茂昆小组[5]相继报道了 T_c 为 80 ~ 92K 的超导体。赵忠贤等人[6]首先宣布了 $YBa_2Cu_3O_{7-x}$ 超导体的组分，其超导转变温度 T_c=92.8K。这一发现开创了高温超导体的新时代。随后，相继发现了 $Bi-Sr-Ca-Cu-O$ 系[7]、$Tl-Ba-Ca-Cu-O$ 系[8]、$Hg-Ba-Ca-Cu-O$ 系[9]等高温超导体。其中 $HgBa_2Ca_2Cu_3O_{8+x}$ 在 30 万个大气压下的超导转变温度已达 164K，这是迄今为止超导转变临界温度的最高纪录。

经过近 20 多年来深入广泛的研究，YBCO、TBCCO、BSCCO、HBCCO 四大类氧化物超导材料体系的基本特性已经比较清楚，基于这些材料所制备的超导薄膜、超导线带材、超导块体等也都逐步走上了实际应用的初始阶段。由于高温超导体的转变温度高于液氮温区，相对于低温超导体，突破了超导材料应用的温度瓶颈，使制冷成本大幅降低，超导技术的大规模应用变为可能。

Y–Ba–Cu–O 超导体是人们发现的第一个临界温度超过液氮温度的氧化物超导体。随后，人们通过用稀土元素 Nd、Sm、Gd、Eu、Yb 等替代 Y，获得了一系列 T_c 在 90K 左右的高温超导体，即 Nd–Ba–Cu–O、Sm–Ba–Cu–O、Gd–Ba–Cu–O 等。这类超导体被称为稀土基钡铜氧化物超导体，简称 REBCO。REBCO 超导体的完整结构为正交相，具有通式 REBa$_2$Cu$_3$O$_7$，其中 RE 为稀土元素 Y、Nd、Sm、Gd、Yb 等。

近年来，高温超导材料的研究逐渐集中到以钇钡铜氧为代表的稀土钡铜氧体系。虽然该体系的超导转变温度（92K）在四大氧化物超导体系（YBCO、TBCCO、BSCCO、HBCCO）中最低，但是其超导电性能在液氮温度最好，而且结构稳定，最为关键的是它相对于 TBCCO、HBCCO 体系没有有毒元素；相对于 BSCCO 体系，用其制备的线带材不需要金属银，因而具有极大的成本优势。因此，以钇钡铜氧为代表的稀土钡铜氧高温超导材料成为当前的研究热点。

二、本学科领域近年的最新研究进展

（一）YBCO 超导体结构与性质

1. YBCO 晶体结构

YBa$_2$Cu$_3$O$_{7-x}$ 是一种具有缺氧钙钛矿结构的复杂氧化物，如图 1 所示。这种结构是由钙钛矿 ABO3 型结构衍生而来的，其 A 位为半径较大的 Y 离子和 Ba 离子，B 位为半径较小的 Cu 离子。三层钙钛矿单元沿 c 轴方向堆砌成一个 YBa$_2$Cu$_3$O$_{7-x}$ 晶胞，上层和底层的 A 位为 Ba 离子，中间层的 A 位为 Y 离子，该晶胞的晶格常数为：$a=3.821$Å，$b=3.885$Å，$c=11.676$Å。

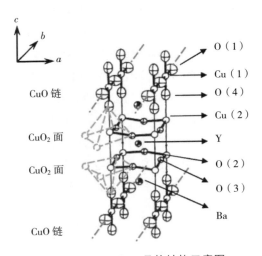

图 1　YBa$_2$Cu$_3$O$_{7-x}$ 晶体结构示意图

这种结构的一个很重要的特点就是其中存在有两种不同的铜原子（Cu1 和 Cu2）以及四种不同的氧原子（O1、O2、O3 和 O4）。其中 Cu1 和 O4 沿 b 轴方向形成 Cu-O 链：-Cu1-O4-Cu1-O4-；而 Cu2 与周围的 O2、O3 沿 a-b 平面构成 Cu-O 面。通过对 $YBa_2Cu_3O_7$ 加热可以去除 Cu-O 链上的 O4，从而生成四方相的 $YBa_2Cu_3O_6$（空间群为 P4/mmm，晶格常数：a=3.857Å；c=11.819Å）。四方相的 $YBa_2Cu_3O_6$ 没有超导性。大量的研究工作集中在研究 Cu-O 链与 Cu-O 面的作用上。YBCO 与其他高温超导体的一个共同特点就是它们具有层状结构。在一个 YBCO 晶胞的三个铜原子中，有两个铜原子（Cu2）位于 Cu-O 面，该 Cu-O 面称为导电层，超导电子主要在这层中流动；另外一个铜原子（Cu1）位于 Cu-O 链，Cu-O 链形成电荷库层。导电层中的载流子数由整体的化学性质和导电层与电荷库层间电荷转移量所控制。电荷转移量又与结构、原子的氧化态及电荷转移和电荷库层中的金属原子的氧化或还原间的竞争有关。$YBa_2Cu_3O_{7-x}$ 的氧含量可以有很大的变化，从 x=0（正交相）到 x=1（四方相），此时 $YBa_2Cu_3O_{7-x}$ 的 c 轴晶格常数增大。这一氧含量的变化是 Cu-O 链中的氧原子变化引起的。这种氧含量的变化主要影响是改变链上铜原子的氧化态。一般来讲，其氧化态决定与它周围原子的数目与配位。氧含量改变的次要影响是电荷库层和导电层中间的电荷转移。这种电荷的重新分布可由导电层中的铜原子氧化态的变化测出。一种比较精确量度这种氧化态变化的方法是利用这种铜原子（Cu2）的价键长计算价键和（bond valence sum）。这样的计算给出临界转变温度（T_C）与导电面上铜原子的有效电荷之间的关联。这种强烈的相关性说明材料制备过程中氧含量的控制对材料的性能有至关重要的影响。

2. YBCO 的基本特性

（1）高不可逆场。

在众多的超导材料中，目前仅 NbTi，Nb_3Sn，Bi-2223，YBCO 和 MgB_2 是已经应用的和可能应用的五种超导材料。它们都属于第二类超导体，这五种超导体由于晶体结构和晶格常数的不同使它们的外加磁场—临界温度曲线（H-T 相图）有很大的差别，如图 2 所示。它们的超导性质在外加磁场到达上临界场 H_{c2}（T）之前都不会消失，特别是 Bi-2223 和 YBCO 的上临界磁场（H//ab 面）能够超过 100T。但超导体的实际应用却局限于一个更小的磁场下，即在不可逆场 H^*（T）以下。因为当外加磁场超过 H^*（T）时，超导体的临界电流密度就会消失，超导材料的外加磁场与温度的关系如图 3 所示。而 Bi-2223 在 77K 的不可逆场 H^*（77K）只有约 0.2T，远远小于 77K 的上临界场 H_{c2}（77K）（垂直于超导层 Hc_2 的量级为 50T，这样小的不可逆场就阻碍了 Bi-2223 在 77K 的应用。而 YBCO 在 77K 的不可逆场 H^*（77K）约为 5 ~ 7T，远高于 Bi-2223 的不可逆场，是目前在液氮温区强磁场下的应用环境中首选的高温超导材料。YBCO 薄膜在液氮温区的临界电流密度可达 MA/cm^2。

（2）低微波表面电阻。

YBCO 超导材料除具有高的不可逆场外，还具有低微波表面电阻的优点。与直流情况

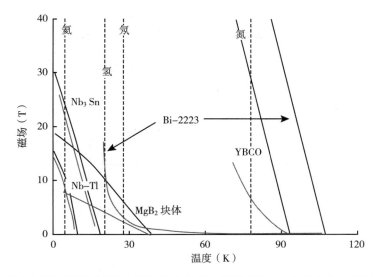

图 2　几种超导材料的上临界场（虚线）和不可逆线（实线）的示意图

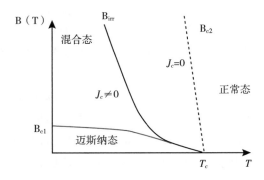

图 3　外加磁场与温度关系示意图

不同，在高频交变电磁场中，超导体的电阻不等于零。在超导体中通以电流，在直流电流情况下，超导电子毫无阻力地通过超导体。此时超导体两端没有电压降，电场为零。当电流反向时，超导电子运动方向需要改变，而由于超导电子有惯性，必须有外力才能改变它的运动方向，所需要的外力是由外加的电场产生的。在高频情况下，超导电子不停地改变运动方向，就需要超导体内存在交变的电场。由于电场的存在，同样会使正常电子运动，从而产生损耗。也就是说在高频情况下超导体具有电阻，记为 R_S。

　　YBCO 高温超导薄膜的微波表面电阻 R_S 比常规金属铜材料小几个数量级，如图 4 所示。用它制成的无源微波器件具有极低的插入损耗和极高的品质因子等优点。与正常导体相比，高温超导薄膜器件的性能成数量级地提高，而体积也相应地大大减小。高温超导薄膜器件的磁场穿透深度与频率无关，可以用来构造无色散的传输结构，设计出利用正常导体难以得到的器件。

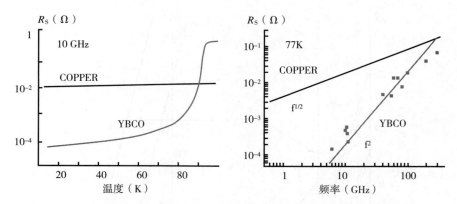

图 4　YBCO 薄膜材料与铜在不同温度和不同频率的微波表面电阻比较示意图

3. 各向异性以及弱连接特性

YBCO 以及其他铜氧化物超导体的层状结构导致了它们的正常态或超导态性质存在着强烈的各向异性。即 YBCO 沿 a–b 平面的性质与沿 c 轴方向的性质存在明显的差异。这种强烈的各向异性说明 YBCO 薄膜的生长取向对薄膜的性能有重要的影响。YBCO 薄膜在基片上主要有两种生长取向：YBCO 的 c 轴方向与基片表面垂直，称为 c 轴生长；YBCO 的 a 轴方向与基片垂直，称为 a 轴生长。由于超导电流主要在 a–b 平面传导，这就要求超导薄膜沿 c 轴外延生长。

需要注意的是薄膜生长中应尽量避免 a 轴生长，因为 a 轴生长容易给薄膜引入 90° 角的晶界，这对薄膜内超导电流的传输非常不利。另外，即使是 c 轴取向的薄膜，a、b 轴取向的差异也会给薄膜材料引入不同角度的晶界。如果晶界角大于 5°，也将会引起超导临界电流的大幅降低，因此 YBCO 生长中的取向控制是制备工艺中的关键问题。

总的来说，稀土高温超导材料主要有三个方面的应用：基于零电阻的超导强电应用；基于零电阻和约瑟夫森效应的弱电应用；以及基于抗磁性的应用等。这三种应用需要不同的材料形态：薄膜、块材、带材等。

（二）稀土高温超导薄膜

YBCO 在所有高温超导材料中结构单一，易于获得结晶良好的单相薄膜，其临界转变温度达 92K，临界电流密度（Jc）在 10^6A/cm^2 以上，特别是 YBCO 薄膜具有优异的微波性能，在液氮温度、10GHz 下，其微波表面电阻（Rs）比 Cu 低两个数量级。用其制作的微波器件可以做到极窄的带宽、极低的插损、高的带外抑制、高的 Q 值等，可广泛用于星载、机载和地面通信系统中，市场前景良好。

目前 YBCO 高温超导薄膜研究工作主要集中在以下几个方面：

（1）与高温超导 Josephson 结相关的 YBCO 薄膜生长技术，如超薄膜的制备、光滑平整表面的获得等。

（2）大面积 YBCO 双面薄膜的制备技术，主要解决 3 英寸及以上薄膜两面一致性、面内均匀性以及如何经济、可靠、大规模快速沉积等。

（3）异质外延多层膜的生长，主要将铁电、压电、磁性、导电的氧化物薄膜与 YBCO 超导薄膜集成生长以及性能研究。

YBCO 薄膜的应用在很大程度上取决于薄膜的制备技术。YBCO 薄膜制备技术大致可以分为物理方法和化学方法两大类。当前国际上 YBCO 薄膜的制备技术中，非常具有代表性的主要有五种：①脉冲激光沉积法（PLD）；②溅射法（Sputtering）；③多元共蒸发法（Co-Evaporation）；④金属有机化学气相沉积法（MO-CVD）；⑤三氟乙酸盐 - 金属有机沉积法（TFA-MOD）。

1. 脉冲激光沉积法

脉冲激光沉积（pulsed laser deposition，PLD）是 20 世纪 80 年代后期发展起来的新型薄膜制备技术。这种技术在高温氧化物超导薄膜的研制上获得了巨大成功，现在仍然受到广大研究者的青睐。其原理是：利用激光打在 YBCO 靶表面，使靶局部产生高温，一定量的物质以各种各样的粒子形态从靶面溅射出来，在高能激光作用下，气化产物电离，产生羽辉。溅射出的粒子以较高的能量到达基片表面，形成 YBCO 薄膜。由于激光束产生的高温足以使任何物质蒸发，所以，薄膜成分接近靶材的成分。PLD 方法沉积速率快，达到 10nm/min，可以大大降低薄膜与基片之间的扩散和其他杂质对薄膜的污染。此外，PLD 还可适应非常宽的真空度范围，其脉冲能量、脉冲功率等参数容易调节，因此该方法具有很强的适应性。由于 PLD 中粒子能量较高，使得其在基片表面的扩散能力较强，因而容易形成结构良好的薄膜。

然而，PLD 法由于其羽辉来源于一点，只能在空间中产生细长的等离子体，所以为了实现大面积薄膜的制备，必须使衬底运动来实现等离子体在衬底上的扫描，从而保证薄膜成分、膜厚的均匀性。这些额外的控制机构必然会增加设备的复杂性。PLD 法生长的 YBCO 薄膜表面平整度较差，通常薄膜表面存在高密度的颗粒状晶粒，这些小颗粒是与激光束对靶的烧蚀过程所形成的直径较大的原子团簇有关，是脉冲激光沉积的一个主要缺点。PLD 生长的 YBCO 薄膜表面存在高密度的小颗粒，薄膜的刻蚀性能一般不好，不太适合制作微波电路及微波器件。

2. 溅射法

溅射法（sputtering）是 20 世纪 70 年代发展起来的制备薄膜的技术。溅射 YBCO 超导薄膜的原理是荷能离子轰击 YBCO 靶材表面，使原子（或分子）从靶材表面溅射并沉积在加热的衬底上形成具有化学计量比的薄膜。目前无论是直流溅射（DC sputtering）还是射频溅射（RF sputtering），都能够制备出高质量的 YBCO 超导薄膜。虽然由于工作气体离子对靶组分原子的溅射率的不同，存在膜成分和靶成分的偏离，但是可以保证大面积范围内薄膜组分、厚度的均匀性，制备的薄膜表面光滑，结构致密，适宜于微波器件的制备。其中直流磁控溅射技术由于其设备简单，操作方便，工作稳定而受到人们的重视。

溅射法的缺点是沉积速率较慢，最高只能达到每分钟几纳米的速率，如何成功解决这个问题是磁控溅射法制备 YBCO 薄膜实现商业化的前提条件。目前溅射法制备出的薄膜面积较小，最大仅 3 英寸。

3. 多元共蒸发法

多源共蒸发法（co-evaporation）按照加热方式的不同可以分为电子束加热和电阻式加热。该法对 YBCO 中的三种金属元素从三个蒸发源（Y、Cu 和 BaF_2）分别蒸发而沉积到加热的衬底上形成 YBCO 薄膜。采用 BaF_2 作为蒸发源，主要是因为：Ba 是一种很活泼的金属，很容易被氧化，在蒸发过程初期，Ba 的表面被氧化形成难以蒸发的氧化层，而氧化层底下的 Ba 的蒸气压非常高，会形成爆发式的蒸发。多源共蒸发法最关键的步骤就是控制各个蒸发源的蒸发速率。通常采用石英晶体振荡器或质谱议测定每种蒸发源的沉积速度，并用反馈信号控制蒸发速度。在 YBCO 沉积过程中要给薄膜表面提供一定的氧分压，满足 YBCO 成相的需要，从而获得良好织构的 YBCO 薄膜；同时又要保证蒸发腔体中有足够高的真空度（约 $10^{-3}Pa$），使粒子以定向方式传递保证成分均匀。即在同一真空腔体中实现的三个数量级的压力差。另外，在大面积薄膜的制备中还要实现衬底的运动，保证制备的 YBCO 薄膜的均匀性比较良好，这些因素都大大增加了薄膜沉积设备的复杂性。然而，德国慕尼黑大学和 Theva 公司成功地掌握了该技术，采用该方法以每分钟几十纳米的沉积速率在直径为 20cm 的铝酸镧基体上成功地制备了高质量的 YBCO 薄膜，是世界上面积最大的薄膜，临界电流密度大于 $3MA/cm^2$（77K，0T），处于该领域的领先地位。

4. 金属有机化学气相沉积法

金属有机化学气相沉积（metal organic chemical deposition，MOCVD）是一种利用气态的先驱反应物，通过原子、分子间化学反应的途径生成固态薄膜的技术。这种方法由两个过程组成：①源物质或前驱物首先由气体载体（如氩气）输运到反应区域；②前驱物质在加热的基片表面反应沉积。高温超导薄膜的生长速率、成分以及膜厚的均匀性等是由沉积环境的传热、传质、动量传输所控制，其中前驱物的化学设计和传输控制都是制备高质量薄膜的关键。

采用 MOCVD 法制备 YBCO 薄膜，设备简单，不需要高真空环境，薄膜均匀性好，特别是沉积速率高，易于进行工业化生产。同时还可以在一些特殊的场合，如不规则的衬底上制备薄膜。MOCVD 法制备超导薄膜是实现工业化生产可能的方式之一。

但是，采用 MOCVD 方法制备的超导薄膜也存在许多缺点。第一，薄膜与衬底的附着力不好，薄膜易从衬底上脱落；第二，薄膜沉积速率过快，薄膜结构疏松表面粗糙，颗粒密度大，微波表面电阻较大等，这些都不利于其在微波中应用。另外，MOCVD 法的前驱液（Y、Ba、Cu 的易挥发有机化合物）价格昂贵，也限制了其发展。

5. 三氟乙酸盐-金属有机沉积法

三氟乙酸盐—金属有机物沉积（metalorganic deposition method using trifluoroacetates，TFA-MOD）技术是金属有机沉积（MOD）技术的一种。MOD 方法使用的是分子量大的羧化合物，并以普通的溶剂如二甲苯作为溶剂。在 MOD 方法中使用的羧化物具有低的反应活性，化合物之间的反应较少。在这个过程中，所用的初始试剂是对水不敏感的，溶液中的前驱体和初始试剂保持一样的形态，溶液只是初始试剂的简单混合，因而溶液的形成过程非常简单。

TFA-MOD 方法由 Gupta 等人于 1988 年发明用于 YBCO 薄膜的制备，它以 Y，Ba，Cu 的三氟乙酸盐为原料，甲醇作溶剂，经过一些列的低温分解和高温烧结等热处理之后得到 YBCO 薄膜。1999 年，Smith 等人首先报道采用此方法在单晶基片上获得 J_c 值大于 1M A/cm^2（77K，OT）的 YBCO 薄膜，引起了人们广泛的关注。近年来采用 MOD 技术制备的超导涂层 J_c 已经大于 5M A/cm^2（77K，OT），并成为 YBCO 涂层导体制备的一种主要技术路线。它与磁控溅射、金属有机化学气相沉积和脉冲激光沉积（PLD）等技术相比，因不需要昂贵的真空系统，原材料利用率高、速率高，成分容易控制，可实现在复杂形状表面制备高质量的薄膜等特点，成本低，大规模产业化潜力巨大。

6. YBCO 薄膜的应用

基于高温超导薄膜的应用主要包括两个方面：①高温超导滤波器；②高温超导 SQIUD。前者已经在移动通信基站开展应用，并已开发出针对 3G 和 4G 移动通信用的超导滤波器系统，带外抑制度 > 90dB，单通道噪声系数 < 1.0dB；后者除了在矿物探测方面开展了一些研究工作之外，主要集中在医学方面，即心磁的测量。

我们知道，目前心电图冠心病诊断的漏诊率达 40%，而采用高温超导量子干涉器（SQUID）的心磁仪能测量到的信号则丰富得多，可以作为心电图的重要补充，对疾病的早期诊断治疗意义重大。北京大学和中科院物理所共同研制成功的拥有自主知识产权的 SQUID 心磁仪，在高温 SQUID 磁强计抗干扰能力和心磁测量方面的研究取得了重大突破。其高温 SQUID 心磁测量系统可以在简易磁屏蔽环境下测量人体和兔子的心磁信号，并且与北大医院合作，在简易磁屏蔽室内开展了中国首次的动物心磁实验研究，与心电图进行了对比。结果表明心磁信号在一些方面能够比心电图更早地反映心脏病变。这标志着中国研制的高温 SQUID 心磁测量系统已经可以用于心脏疾病的研究，具有非常吸引人的应用前景。

（三）稀土高温超导块材

高温氧化物超导体是一种陶瓷材料，用常规陶瓷烧结工艺制备的氧化物超导体是由许多细小的晶粒组成，在整体上表现为弱连接的颗粒超导性行为，而氧化物超导体又是一种各向异性材料，结晶取向无规则的烧结体不可能具有高临界电流密度（J_c），而且 J_c 在磁场下急剧下降，无法达到实际应用的要求。

1988 年，AT&T 贝尔实验室的 S. Jin 等人[10] 报道了一种称为熔融织构生长（MTG）工艺制备 YBaCuO（YBCO）超导体的方法，用该方法制备的 YBCO 超导体的密度大于烧结材料，减少了弱连接，同时显示出明显的 c 轴择优取向，J_c 比烧结材料要高出 1～2 个数量级，在 77K 温度和自场条件下达到 104A/cm² 的量级，而且 Jc 随外场的变化不大。在此基础上，一系列改进的熔化生长工艺相继被报道，生长"单畴"超导块材成为发展方向。

1. 熔化法制备 YBCO 超导块材

由图 6 所示的 Y–Ba–Cu–O 伪二元相图可以看出，将 $YBa_2Cu_3O_7$（123）相加热到 1200℃以上，使其分解为 Y_2O_3（200）和富 Ba 富 Cu 的液相（L），随后冷却时，200 相与 L 相发生包晶反应，生成 Y_2BaCuO_5（211）相，当从包晶转变温度冷却时，211 相与 L 相反应生成 123 相。123 相成核以后，沿 *ab* 面长大。这种生长是通过 211 相与液相界面的 Y 元素向 123 相与液相的界面扩散来维持，扩散动力来自两种界面处 Y 的浓度梯度。在 123 晶粒长大的同时，新的 123 相晶粒以面对面的形态成核。这种成核不断重复，形成了片层状结构，直至发生畴与畴的碰撞为止，从而生成晶粒定向取向的多畴结构。

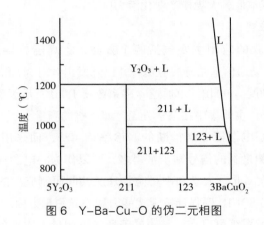

图 6　Y–Ba–Cu–O 的伪二元相图

在 S. Jin 等人报道的熔融织构生长（MTG）工艺的基础上，一些改进的熔化工艺相继被提出，如改进的熔融织构生长（MMTG）工艺[11]、淬火熔化生长（QMG）[12]工艺或称为熔化粉末熔化生长（MPMG）工艺[13]等。图 7 给出了几种主要熔化工艺的示意图。

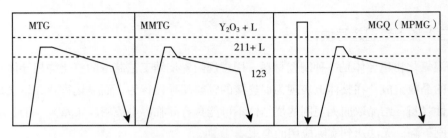

图 7　各种熔化工艺的示意图

（1）熔融织构生长（MTG）。

将 123 相烧结体升温至 1100℃，使其部分熔化，分解成 211 相和 L 相。从 1100℃缓慢降温至 900℃，生成 c 轴择优取向的 123 相。由于从过高的温度缓慢降温，使 211 颗粒粗化，阻碍了 123 相的连续生长，通常得到多畴样品，且畴间连接不理想。

（2）改进的熔融织构生长（MMTG）。

为了避免 211 颗粒的粗化，在 1100℃ 短时间保温后，快速冷却到 123 相包晶反应温度以上的大约 1020℃，然后缓慢冷却。这种改进的工艺不仅使在包晶反应后被俘获在 123 相晶体中的 211 颗粒细化，而且改善了畴间的连接。但是这种方法得到的 211 颗粒仍然不够精细弥散。由于 MMTG 工艺取代了 MTG 工艺，得到了实际应用，通常在提到 MMTG 工艺时也简称为 MTG 工艺。

（3）淬火熔化生长（QMG）。

将 123 相加热到 Y_2O_3+L 相温区后用铜板淬火，将淬火片研磨成粉均匀混合后再成型，然后加热到 211+L 相温区，以 Y_2O_3 为核进行 211 相的包晶反应，再用 MMTG 工艺冷却。采用这种淬火熔化生长工艺可以获得具有精细弥散的 211 相的微观组织，使材料的 J_c 得到较大幅度的提高。

（4）顶部籽晶技术。

在晶体生长的过程中，为了抑制自发成核和控制结晶取向得到 c 轴取向的单畴材料，在改进的熔融织构生长工艺的基础上使用了顶部籽晶技术。利用籽晶的晶体取向引导材料生长，使之生成具有完整 c 轴取向的单畴 YBCO 超导块。常常选用熔点比 YBCO 高的同族氧化物超导晶体作为籽晶，因为它们之间具有好的晶格匹配性，而且在 YBCO 生长过程中不会熔化。表 1 为用差热分析仪测量得到的多种 RE-123 相超导材料的包晶反应温度 T_f[14]，为籽晶的选择提供了依据。

表 1　RE-123 相的包晶反应温度

元素	Nd	Sm	Eu	Gd	Dy	Y	Ho	Er	Yb
T_f（℃）	1090	1060	1050	1030	1010	1000	990	980	900

$NdBa_2Cu_3O_{7-\delta}$（Nd-123）和 $SmBa_2Cu_{33}O_{7-\delta}$（Sm-123）的包晶反应温度较高，容许在 YBCO 块的熔融织构生长工艺中设置较高的熔化温度，有利于 Y-123 相的充分分解，又不会导致籽晶熔化丧失对 YBCO 晶体生长方向的诱导作用。图 8 为采用顶部仔晶技术生长的 YBCO 超导块材。

通过样品表面结晶形貌的宏观观察可以简单地判断样品的结晶状况。图 8（a）为结晶良好的单畴样品，其顶表面以籽晶为中心分成四个扇区，没有自发成核的结晶。非单畴样品大致有两种类型，一种是由于籽晶熔化形成的［见图 8（b）］，另一种是由非籽晶的自发成核形成的［见图 8（c）］。前者显示出多于 4 个的扇区，后者是无规则的多晶。

（a） （b） （c）

图8　MMTG样品的宏观形貌

（a）结晶良好的单畴试样；（b）籽晶熔化形成的非单畴试样；（c）非籽晶自发形核形成的非单畴试样

2. YBCO超导块的掺杂

当采用123成分和MTG工艺制备大尺寸样品时，由于在高温下液相流失的缘故，样品容易变形而且疏松。大样品中的取向晶体的尺寸比较小，这些小晶体被大角度晶界分开，阻碍电流回路的连通。因而材料的Jc也不会很高。为此，需要对超导块材的掺杂进行了研究。

211相的掺杂。为了提高样品的致密度，将成分选择为$Y_{1.8}Ba_{2.4}Cu_{3.4}O_7$，相当于在123相中添加40mol%的211相。由于211相的熔点高，在MMTG过程中始终保持固态，形成类似海绵状的组织，可以保持较多的液相。除此以外，过量的211相还有降低123相分解温度的作用，进一步减少了液相的流失，使得通过211相和液相反应进行的123相的生长得以持续。含有过量211相的样品与123相样品比较，空隙少，形状规则，而且Jc得到提高[15]。加入过量211相引入钉扎中心的事实已由透射显微镜的观察结果证实[16]。由于211相的尺度（约1μm）远大于相干长度，本身并不能成为钉扎中心，但由211相诱发的位错和层错的尺度可以与相干长度比拟，起到磁通钉扎的作用。Ogawa等人[17]的研究结果表明，少量Pt（0.3%～1.0%）的掺杂有细化YBCO中211相颗粒的作用。块材磁滞回线的展宽表明Pt的掺杂有效地增加了磁通钉扎。扫描电镜和能谱分析结果显示Pt通常是以Pt、Ba和Cu的化合物沉淀相存在。除此以外，发现$BaSn_3$[18]、CeO_2[19]和Rh[20]等对细化211相也有明显效果。

3. 批量化制备单畴YBCO超导块材

YBCO熔融织构块材作为一种产品，除了必须有好的超导性能和机械性能以外，工艺的重复性和实现批量化生产也是至关重要的。批量生产30mm直径YBCO单畴超导块的工艺过程如下所述[21]。

采用固态反应工艺制备初始粉。Pt粉按0.2～0.5重量百分比加入至烧成的$Y_{1.8}Ba_{2.4}Cu_{3.4}O_{7-y}$粉中，以增加超导体的磁通钉扎力，提高临界电流密度。采用单轴模压的方法以15～20MPa的压强将充分混合的初始粉压成直径为35mm的坯料。经熔融织构生长，样品的最终直径为30mm。

在制备单畴YBCO的工艺中，通常使用Al_2O_3基片作为垫底材料。但是Al_2O_3容易与

YBCO 中的低熔点相发生反应，从而改变样品的成分，不利于样品的晶体生长。为了避免这一缺点，用 MgO 单晶片将样品和 Al_2O_3 片分开，因为熔化的 YBCO 和 MgO 单晶不发生反应。另外，在压制样品时，样品底部的 YBCO 粉末中掺入了 15% 重量比的 Yb_2O_3，降低熔点避免底部的自发成核以及 MgO 对样品结晶的引导。

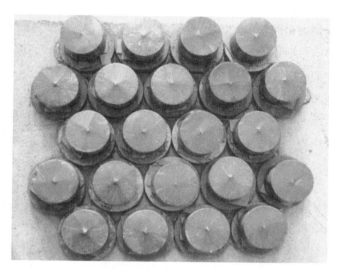

图9　单炉生长样品的照片

YBCO 样品入炉前，将 Sm-123 籽晶置于样品上表面的中心。

YBCO 的晶体生长是在有效尺寸为 27cm×27cm×27cm 的箱式电阻炉中进行的。该加热炉为六面加热和六面控温，从而保证了横向炉温的均匀性和一定的纵向温度梯度。一次可以生长直径为 30mm 的样品 22 块。全部样品置于一块大的 SiC 板上，因为 SiC 有较好的导热性，可以使样品上的温度更均匀。首先以 200℃/h 的速度将样品加温到 1045 ~ 1050℃（在 Sm-123 籽晶的包晶反应温度之下，不会造成籽晶晶体结构的破坏），使之半熔，在该温度下保持 1.5h 后，快速降温至 1010℃（刚刚在 Y-123 相的包晶转变温度之上），然后以 0.3℃/h 的速率慢冷到 975℃，随后炉冷至室温。图9 显示了单炉生长 22 块样品的照片。

因为样品密度几乎达到了它的理论值，需要长时间的氧化处理，才能完成由四方到正交相的转变，成为具有良好超导性能的材料。在大约 500℃ 使用流动氧气氛处理需要 7d，使用高压氧化装置，在 2MPa 压力下，时间可以缩短一半。

4. YBCO 超导块材的应用

超导块材主要用于超导磁悬浮。北京有色金属研究总院研制出来的超导磁悬浮演示装置，该装置直径约 50cm，可浮起 200kg 的重量。2000 年，由西南交通大学、北京有色金属研究总院和西北有色金属研究院共同研制出世界上第一台高温超导磁悬浮演示车。

（四）稀土高温超导带材

高温超导材料远远超过常规导体的大电流承载能力（比铜高 100 倍以上），使人们对其在强电领域中的应用报有极大的希望。BSCCO 超导带材的粉末装管、轧制、高温退火的加工技术在 20 世纪 90 年代早期首先取得突破，并很快实现了商业化生产。但由于其价格昂贵（需要大量的银）、以及磁场下的性能较低，不仅严重制约了其应用范围，而且大规模应用的前景堪忧。21 世纪初，以钇钡铜氧为代表的稀土钡铜氧超导带材的制备技术获得突破。2004 年 7 月美国 IGC-SuperPower 公司宣布制备出 100m 长 I_c 达 70A 的钇钡铜氧超导带材，标志着稀土钡铜氧超导带材研发已突破长度瓶颈，解开了超导技术大规模应用的序幕。为了与 BSCCO 相区别，人们把以 YBCO 超导带材为代表的稀土钡铜氧超导带材称作第二代（second generation）HTS 线材（或带材）或根据其制备工艺称作 HTS 涂层导体（coated conduetor），而把 BSCCO 称作第一代（first generation）HTS 线材。

同铋系材料相比，钇系超导体的钉扎力较强，超导临界电流密度要比铋系超导体高出两个数量级，在液氮温度（77K）下具有很高的不可逆场（高达 7T），因此，钇系比铋系具有更好的磁场特性。由于采用廉价的金属基带，使得制备钇系超导体的成本低于铋系超导体，规模化制备性价比甚至可以低于金属铜导线，而采用金属镍也使其机械性能大幅改善。第二代稀土高温超导带材基本架构是由金属合金基带、种子层、阻挡层、帽子层、稀土钡铜氧超导层、保护层以及稳定层等构成，是一种多层结构。涂层导体的最底层为金属基带层，由于 ReBCO 系超导材料是硬、脆的氧化物，要制造长的超导带材，必须将超导材料沉积在柔性的金属基带上。为了避免超导层与金属基带之间的互扩散，并提供 ReBCO 双轴织构生长所需的模板（template），需要在超导层与金属基带之间加入过渡层（bufferlayer）。过渡层一般是由单层或多层氧化物组成，其作用主要为：①阻止基带与超导层之间互扩散，这种互扩散会严重影响带材的超导性能；②要在过渡层上实现高 J_c 的超导层，需要过渡层具有连续、平整、无裂纹、致密、高温下化学性能稳定的表面；③为了克服大角晶界的弱连接以获得高几的超导带材，过渡层需将基带的双轴织构顺延到超导层。超导层之上是稳定层，一般是 Ag 或者 Au，厚度为约为 $1\mu m$。除了保护超导层表面不被破坏以外，还起着与引线的连接以及失超保护作用。

第二代高温超导带材由金属合金基带、种子层、阻挡层、帽子层、稀土钡铜氧超导层、保护层以及稳定层等构成，是一种多层结构。在 YBCO 带材的研制中，如何得到具有双轴织构特性的 YBCO 超导层是关键技术之一。围绕织构特性的来源、传递和加强，目前国内外形成了主要的三条技术路线：①美国橡树岭国家实验室提出的通过大变形量的轧制加工并进行高温退火获得具有双轴织构特性的 Ni 合金基带，即轧制辅助双轴织构基带（RABiTS）路线[22]；②日本 Fujikura 公司 Iijima 等[23]提出，并由美国洛斯阿拉莫斯国家实验室等[24]进一步发展在非织构的基带上采用离子束轰击迫使沉积的氧化物薄膜取向生长获得双轴织构氧化物薄膜的方案，即离子束辅助沉积（IBAD）路线；③ Bauer 等提出、以德国 Theva 公司为主发展的在氧化物薄膜沉积时，使非织构基带与沉积源以某一角度倾斜布置使氧化物薄膜获得织构取向的方法，即倾斜基片沉积（ISD）路线[25-27]。在基带上获得了双轴织构特性之后，几乎各种薄膜沉积方法，如蒸发、溅射、脉冲激光沉积、化学溶液沉积、化学气相沉积等，都可以成功制备出延续双轴织构特性的氧化物过渡层。而主要的制备 YBCO 层方法则有金属有机气相沉积（MOCVD）、金属有机沉积法（MOD）、脉冲激光沉积（PLD）、蒸发（evaporation）等方法。这些方法都能制备出性能优良的 YBCO 带材，但各自具有不同特点。综合而言，在制备效率方面 MOCVD 占有优势，而 MOD 在降低带材成本上更具潜力。

目前，国际上至少有 4 家单位都制备出了长度超过 500m，I_c（A/cm）超过 300A/cm 的带材。美国超导公司采用 RABiTS+MOD 技术路线制备 YBCO 涂层导体。在 75μm 轧制辅助双轴织构的 NiW 合金基带上采用反应溅射法分别沉积厚度为 75nm 的 Y_2O_3 种子层、75nm 的钇稳定性氧化锆（YSZ）缓冲层和 75nm 的 CeO_2 帽子层，最后采用 MOD 法制备厚度为 0.8μm 的 YBCO 薄膜。美国超导公司采用 RABiTS/MOD 制备 YBCO 涂层导体的最大长度为 520m，I_c 平均值为 105A（300A/cm）。并且美国超导公司也是唯一一家能够提供较大产量 YBCO 涂层导体的厂商。美国 Superpower 公司采用 IBAD–MgO+MOCVD 路线制备 YBCO 涂层导体。他们首先将商用的 Hastally 基带进行电化学抛光，表面粗糙度（RMS）达到 2nm 以下，然后溅射沉积非晶的 Al_2O_3 阻挡层和非晶的 Y_2O_3 种子层，再采用 IBAD 沉积约 10nm 的 MgO 织构层，接着溅射生长 30nm 的 MgO 外延薄膜，在 MgO 薄膜上再生长 30nm 的 $LaMnO_3$ 模板层，最后用 MOCVD 方法沉积超导层薄膜。目前该公司报道他们已经能够制备出 1400m 的 YBCO 超导带材，但并没有给出他们的超导性能。该公司制备的 1065m 长 YBCO 超导带材的最小电流是 282A/cm，整个带材的负载电流是 300 ~ 330A·m。该方法还具有相当高的制备效率：在 4mm 宽度的基带上，IBAD 沉积 MgO 的速率达到 360m/h，溅射生长 MgO、LMO 的速度达到了 345m/h，MOCVD 生长 YBCO 也达到了 135m/h。日本 Fujikura 公司采用 IBAD 技术以 5m/h 的速率沉积 $Gd_2Zr_2O_7$（GZO），然后采用 PLD 在 10m/h 的速率下沉积 CeO_2 缓冲层和 YBCO 超导层。该公司 2011 年度制备出了长度为 816.4m，平均电流为 572A 的 YBCO 涂层导体，其 $I_c×L$ 值到达 466981Am，创造了世界记录。日本 Showa 公司采用 RABiTS+MOD 技术路线也制备出了长度超过 500m，I_c（A/cm）值大于 300A/cm 的 YBCO 涂层导体。近年来韩国在第二代高温超导带材方面发展突飞猛进，其中 Sunam 公司 2014 年宣布在不锈钢衬底上制备出的千米级带材临界电流达到 600 多安培，$I_c×L$ 值到达了 618770Am。

三、国内外研究进展比较

近年来，美国、日本、欧洲各国以及韩国均投入大量人力、物力、财力支持第稀土超导材料的产业化研究，因此，他们在国际上处于领先地位。欧洲紧随其后。韩国起步较晚，但近年来投入了充足的经费，并在世界范围内引进高级人才，发展极为迅速，尤其是在第二代高温超导带材方面的研究迅速崛起为世界上领先的国家。

（一）高温超导薄膜

在大面积 YBCO 薄膜的研制上已经开展了较多的研究，其中美国、德国的研究起步较早，水平一直保持领先，而日本、韩国、俄罗斯、中国等也先后开展了大面积薄膜的制备，都取得了相当好的结果。在所有的研究小组中，德国慕尼黑技术大学采用的多元共蒸发方法被公认为是目前最成功的制备方法。该方法已用于批量生产（Theva 公司）YBCO 双面薄膜，而这也是目前唯一商业化的 YBCO 薄膜沉积方法。德国莱比锡（Lei Pzig）大学采用 PLD 可翻面沉积 4 英寸双面 YBCO 薄膜，德国 FZK. 采用对靶分别对两面同时沉积 3 英寸双面 YBCO 薄膜，美国杜邦采用离轴溅射（Off-axis）沉积、PLD 法可制备 3 英寸双面 YBCO 薄膜。我们国家北京有色金属研究总院和中科院物理所也都实现了 3 英寸双面薄膜的小批量制备，但重复性和稳定性都存在一定的问题。

（二）高温超导块材

在块材方面，中国和国际水平差距不大。北京有色金属研究总院已经实现了批量化制备，并可以向用户提供。在块材性能方面，磁浮力稳定在 $14N/cm^2$ 以上。在冻结磁通方面，中国由于条件有限，开展的工作较少。日本曾报道在 4.2K 下可以冻结 5T 磁场。

（三）高温超导带材

超导技术的大规模应用需要最多的就是线带材，因此，国外近年来超导研究的主要经费都放在了第二代高温超导带材上面。美国国会在 2001 年批准了"加速涂层导体创新工程"（ACCI）计划，该计划主要强调了 Y 系高温超导带材的重要性，并制订了相应的电力工业长远规划，旨在推动高温超导在强电领域的发展、应用及产业化。美国国会责成 Los Alamos National Laboratory（LANL）和 Oak Ridge National Laboratory（ORNL）负责该项工程；协作单位主要有美国能源部所属各国家实验室、多所大学以及多个商业公司。美国 LANL 实验室和 SuperPower 公司合作，侧重于 IBAD 技术的研究；ORNL 实验室和 American Superconductor Company（AMSC）公司合作，侧重于在 RABITS 基带上制备 Y 系带材的研究。在此分工之下，美国第二代高温超导带材研发及产业化发展迅速，并成为世界领头羊。其中美国 SuperPower 公司截至 2009 年一直就是 $I_c \times L$ 值世界纪录的保持着，也是 IBAD+MOCVD 技术路线的代表；而美国超导公司（AMSC）成为 RABiTS+MOD 技术路线的代表，直到现在，也一直是世界上第二代高温超导带材出货量最大的公司。

国际上 2004 年即制备出百米级二代超导带材，而中国在 2011 年才有百米带材出现，在长带方面和国际上的差距甚大。但近几年，由于企业的介入和投入的加强，中国在二代带材方面的研发取得了重大进展。2011 年企业开始介入，苏州新材料研究所、上海超导技术公司、上创超导技术公司等专门从事第二代高温超导带材的研发的公司相继成立。其中苏州新材料研究所采用的是 IBAD+MOCVD 路线，上海超导技术采用 IBAD+PLD 技术路线。通过产学研结合，目前，苏州新材料研究所、上海超导技术公司等都已制备出千米级第二代高温超导带材，临界电流都超过 200A/cm。中科院电工所采用苏州新材料研究所的带材已经绕制出第一个基于中国自己的二代带材的超导线圈，77K 下中心场强达到 0.5T。

四、本学科发展趋势与展望

（一）YBCO 高温超导薄膜

在许多微波器件（如高灵敏度滤波器、集成器件、延迟线、低频器件等）集成子系统的研制中，高质量的大面积薄膜是非常必要的，所以大面积 YBCO 薄膜是当前研究的重点。各种沉积方法都力图将薄膜尺寸做大，而在制备大面积 YBCO 薄膜时，如何保证大面积内的均匀性是一个难点。

由于 YBCO 薄膜的某些应用中需要将基片双面成膜以提高器件性能，如某些滤波器用 YBCO 作接地面，可降低 30% 的插损，所以 YBCO 双面薄膜成为了当前超导薄膜研究中的重点和热点。

（二）超导块材

1. 多籽晶技术制备单畴超导块

顶部籽晶已成功地应用在块状超导材料的制备工艺中，生长出直径 100mm 的 YBCO 块状超导材料。但是生长这样大的块状材料需要很长的时间，为了缩短工艺时间以及生长更大的超导块材，多籽晶技术将是一个重要的发展方向。利用这种技术，M. Sawamura 等人成功地生长出 DyBaCuO 单畴超导块，中国成功地生长出 YBCO 单畴超导块（见图 10），俘获磁场分布的测量结果证实了这种材料的单畴性。

2. 超导块的连接

单畴超导块的尺寸和形状受到工艺方法的限制，超导块的连接是增大尺寸和制备复杂形状材料的一种方法。近来有许多关于熔融织构 YBCO 材料连接方法研究的报道[18, 19]，大多数研究人员认为使用填充粉作为焊料以薄片形式夹在单畴 YBCO 块之间，通过加压和再次的 MMTG 工艺处理可以将两块材料以强耦合的方式连接在一起。作为焊料的材料也是超导的 REBaCuO 材料，包晶分解温度一般比被焊接材料的低 20 ～ 50℃。例如，对 YBaCuO 材料，焊料可以使用 TmBaCuO、掺 Ag 的 YBaCuO 或 YbBaCuO。在使用 TmBaCuO 作为焊料的焊接材料中，焊接部分的 J_c 往往有较明显的降低，但最近也有在 77K 下 J_c 达到 $3.4 \times 10^4 A/cm^2$ 的报道[20]。

图 10　多籽晶法制备的超导块形貌和俘获磁通分布

3. 轻稀土 –Ba–Cu–O 超导材料

与 YBaCuO 材料相比，LREBaCuO 材料的 J_c 更高，并且在外磁场下表现出很强的峰值效应。YBaCuO 材料易于生成具有固定的超导相成分的 $YBa_2Cu_3O_7$（Y–123），但轻稀土 –Ba–Cu–O（LREs: La，Nd，Sm，Eu，Gd）材料易形成可变成分的 $LRE_{1+x}Ba_{2-x}Cu_3O_y$ 固溶体，特别是在大气条件下生长时，LRE^{3+} 容易替代 Ba^{2+} 形成具有四方结构的 LRE_{1+x} $Ba_{2-x}Cu_3O_y$ 固溶体，导致材料超导转变温度（T_c）的下降。因此，如何有效地抑制 LRE 对 Ba 位的替代，形成稳定的高 T_c 相是未来的一个研究方向。

（三）第二代高温超导带材

超导技术的大规模应用对实用化稀土高温超导带材的要求：第一，载流能力。对强电应用领域而言，超导带材必须具有较高的工程临界电流密度（J_e），在 77K 下 J_e 应大于 $10000A/cm^2$。对于在 0.5 ~ 10T 磁场范围内运行于 20 ~ 77K 温度区间的超导设备，超导材料还应有更高的磁通钉扎能力；第二，交流损耗。强电应用要求高温超导体应具有较小的交流损耗，以减少它的运行成本，提高设备的安全性。高温氧化物超导材料为层状结构，具有明显的各向异性，晶粒间大量的弱连接使得高温超导体的交流损耗与传统超导体有很大差别，如在垂直于磁场的情况下，交流损耗和超导体的尺寸（如带材的厚度等）成正比；第三，导电稳定性。由于其很强的非线形性，高温超导材料一旦过载，将会出现烧掉导线的事故。为避免此种情况的发生，超导层外面一般需配置一层具有良好导热性的铜或不锈钢作为稳定层或保护层；第四，机械强度。高温超导铜氧化物材料都是多元氧化物陶瓷材料，不像金属材料那样容易直接制成具有载流能力很高的柔软导线。因此，制备得到的线材或带材还必须采取机械加工后方可使用。目前，对多芯秘系超导线材用不锈钢在其两侧加固后，其机械强度已达到 250MPa，最小弯曲半径已达 2cm。同样工艺也已应用于 YBCO 超导带材，例如美国超导公司发明的中性轴导线可同时解决超导层在使用过程中的受力和导电稳定性问题；第五，价格。和传统的超导体相比，高温超导体必须具有一定的价格优势才能被市场所接受。目前，铜导体的性价比为 2 ～ 5$/（kA·m）。据预测，已商业化的第一代铋系高温超导线材的最终市场价格为 50$/（kA·m）；目前，第二代 Y 系高温超导带材将约为 300$/（kA·m），显然距离商业化还有很多工作要做。因此，第二代高温超导带材未来能否真是实现产业化关键在于成本能否大幅降低，而降低成本的途径只有提高性价比和成品率以及新的低成本制备技术路线。

为了提高性价比，目前的主要工作方向：①提高超导涂层厚度的研究。YBCO 超导体的临界电流密度随厚度增加而下降，因此，仅仅简单增加涂层厚度并不能提高超导带材的临界电流，虽然已经开展了很多关于厚度和临界电流密度的关系的研究，但到目前尚没有完全的解决；②磁场下超导带材性能的提高。由于大电流的通过必然产生一个强磁场，而磁场又反过来又会降低临界电流。因此，如何保证磁场下带材有高的临界电流是当前研究的重点方向。

由于第二代高温超导带材的制备中涉及 9 道工艺，每一道都需要在纳米尺度上进行控制，因此，在线监测和工艺参数的稳定是目前的研究重点，也是提高成品率的关键。

第二代高温超导带材目前有多种技术路线，大部分都能制备出高性能的超导带材，但每一种都有优缺点。因此，探索一种新的低成本制备技术也有很多研究组在进行。

（四）稀土超导材料的应用前景

自从 1986 年稀土氧化物超导体被发现，经过近三十年来深入广泛的研究，其所制备的薄膜、带材、块体等都逐步走上了实际应用的阶段。近年来，随着稀土高温超导材料制备技术的进步和材料性能的提高以及成本的下降，将会极大的推动了超导技术的应用。

第一，输电电缆。传统电缆由于受电阻影响，电流密度只有 300 ～ 400A/cm^2，而高温超导电缆的电流密度可超过 10000A/cm^2，其传输容量比传统电缆要高 5 倍左右，功率损耗仅相当于后者的 40%，可以极大地提高电网的效率、输配电密度、稳定性、可靠性及安全性，改善电能质量。据专家预测，按现在的电价和用电量计算，如果中国输电线路全部采用超导电缆，则每年可节约 400 亿元。

第二，超导电机。超导线圈磁体可以将电机的磁场强度提高至 5T，这样超导发电机的单机发电容量比常规发电机提高 5 ～ 10 倍，而体积却减小 1/2，整机重量减轻 1/3，发电效率提高 50%。同样，电动机也是如此。

第三，超导储能装置。利用超导线圈通过整流逆变器将电网过剩的能量以电磁能形式储存起来，在需要时再通过整流逆变器将能量馈送给电网或作其他用途。据预测，到 2020 年全世界对超导储能装置的需求将在 15 亿美元左右。

第四，超导限流器。它是利用超导体的超导态一常态转变的物理特性来达到限流要求，它可同时集检测、触发和限流于一身，可以显著提高电网的稳定性和可靠性、改善电能质量、降低电网的建设成本和改造费用并提高电网的输送容量，被认为是当前最好的而且也是唯一的行之有效的短路故障限流装置。据预测，超导限流器的国际市场在 2020 年左右将有望达到 35 亿美元。

第五，超导磁体。与常规磁体相比，超导磁体的优点是其耗能小，可以达到较高的磁感应强度。如用传统方法产生 10T 的磁场，其耗电功率近 2000kW，每分钟需冷却水约 5t，技术上也比较困难，但是使用超导磁体，其耗电功率仅为几百瓦。高场超导磁体在磁悬浮列车、磁分离装置、高能加速器、核聚变装置、磁性扫雷技术、核磁共振成像、核磁共振和磁流体推进等方面具有重要的应用价值。

第六，高温超导滤波器。超导电子器件具有功耗低、体积小、重量轻等特点，因而在卫星通信中受到高度重视。美国由海军实验室牵头，组织了十几所大学和公司研制了多种超导器件，安装在杜瓦瓶内，载入卫星，发射升空以考察它们在空间的性能。在这一工作过程中，成功地解决了制冷和包装的问题，并终于把载有超导器件的卫星发射到了轨道上。目前已成功地向地面发回数据，超导技术的优越性开始显示出来。由于超导滤波器具有高灵敏度和信噪比，美国已考虑将超导滤波器使用在导弹及其武器系统上。此外，已证明具有超导滤波器子系统的 3G 移动通信系统可以在覆盖面积、容量、误码率、抗干扰能力及接受机功率等方面大幅度地改善 3G 系统原有的性能。未来，在移动通信领域具有潜在的应用前景。

第七，超导量子干涉器件在弱磁信号探测方面的应用。超导量子干涉仪（SQUID）是目前人类所掌握的能测量弱磁场的手段中最灵敏的磁测量传感器，它的灵敏度比现有其他任何方法都要好 2 ~ 3 个数量级，可以探测强度为地磁场十亿到百亿分之一的磁信号，在弱电磁检测领域具有不可被替代的优越性。世界上目前已知有六家公司提供包括 dc 和 rf 在内的高温超导 SQUID 产品，灵敏度从 100fT/ Hz1/2 到 1pT/ Hz1/2，并已形成小规模市场。实验室中最好的灵敏度约为 13fT/Hz1/2。SQUID 产业（包括为某种应用所必需的配套系统）年产值在几千万美元。

另外，利用高温超导带材还可以用于超导变压器、电流引线、超导电磁弹射、超导磁悬浮等装置上以及军事上等。美国能源部认为，超导电力技术是 21 世纪电力工业唯一的高技术储备。并预计在世界范围内，2020 年超导电力技术产业将达 900 亿 ~ 1000 亿美元。

—— 参考文献 ——

[1] Onnes H K. Further experiments with liquid helium. C. "On the change of electric resistance of pure metals at very low temperatures, etc. IV. The resistance of pure mercury at helium temperatures." Comm. Phys. Lab. Univ. Leiden; No. 120b, 1911.
Onnes H K. "Further experiments with liquid helium. D. On the change of electric resistance of pure metals at very low temperatures, etc. V. The disappearance of the resistance of mercury." Comm. Phys. Lab. Univ. Leiden; No. 122b, 1911.

Onnes H K. "Further experiments with liquid helium. G. On the electrical resistance of pure metals, etc. VI. On the sudden change in the rate at which the resistance of mercury disappears." Comm. Phys. Lab. Univ. Leiden；No. 124c, 1911.

［2］ Meissner W and Ochsenfeld R. Einneuer EffektbeiEintritt der Supraleitfähigkeit［J］. Naturwissenschaften, 1933, 21（44）:787–788.

［3］ Gavaler J R, Janocko M A and Jones C K. Preparation and properties of high–T_cNb–Ge films［J］. Journal of Applied Physics,1974, 45（7）: 3009–3032.

［4］ Bednorz G and M ü ller K A. Possible highT_c superconductivity in the Ba–La–Cu–O system［J］. Zeitschriftf ü rPhysik B Condensed Matter,1986, 64（2）: 189–193.

［5］ Wu M K, Ashburn J R, Torng C J, et al. Superconductivity at 93 K in a new mixed–phase Yb–Ba–Cu–O compound system at ambient pressure［J］. Physical Review Letters, 1987, 58（9）:908–910.

［6］ 赵忠贤. Sr（Ba）–La–Cu 氧化物的高临界温度超导电性［J］. 科学通报，1987，32（3）：177–180.

［7］ Maeda H, Tanaka Y, Fukutomi M. A New High–T_c Oxide Superconductor without a Rare Earth Element［J］. Japanese Journal of Applied Physics,1988, 27（2）: L209–L210.

［8］ Sheng Z Z and Herman A M. Bulk superconductivity at 120 K in the Tl–Ca/Ba–Cu–O system［J］. Nature, 1988, 332: 138–139.

［9］ Schilling A, Cantoni M, Guo J D, et al. Superconductivity above 130 K in the Hg–Ba–Ca–Cu–O system［J］.Nature, 1993, 363: 56–58.

［10］ Jin S, Tiefel T H, Sherwood R C, et al. High critical currents in Y - Ba - Cu - O superconductors［J］. Applied Physics Letters,1988, 52（24）: 2074–2076.

［11］ Salama K, Selvamanickam V, Gao L, et al. High current density in bulk $YBa_2Cu_3O_x$ superconductor［J］. Applied Physics Letters,1989, 54（23）: 2352–2354.

［12］ Murakami M, Morita M, Doi K, et al. A New Process with the Promise of High J_c in Oxide Superconductors［J］. Japanese Journal of Applied Physics, 1989, 28（1）: 1189–1194.

［13］ Fujimoto H, Murakami M, Gotoh S, et al.Adv. Supercond. II［M］. Tokyo: Springer–Verlag, 1990.

［14］ Murakami M, Sakai N, Higuchi T, et al. Melt–processed light rare earth element–Ba–Cu–O［J］. Superconductor Science and Technology, 1996, 9（12）: 1015–1032.

［15］ Murakami M. Processing of bulk YBaCuO［J］. Superconductor Science and Technology,1992, 5（4）: 185–204.

［16］ Wang R K, Ren H T, Xiao L, et al. Processing of bulk YBaCuO［J］. Superconductor Science and Technology, 1990, 3（7）: 344–346.

［17］ Ogdwa N, Hirdbayashi I, Tanaka S. Preparation of a high–J_cYBCO bulk superconductor by the platinum doped melt growth method［J］.Physica C,1991, 177（1–3）: 101–105.

［18］ McCinn P, Chen W, Zhu N, et al. Microstructure and critical current density of zone melt textured $YBa_2Cu_3O_{6+x}$/Y_2BaCuO_5 with $BaSnO_3$ additions ［J］. Applied Physics Letters,1991, 59（1）: 120–148.

［19］ Ogawa N and Yoshida H. Adv. Supercond. IV［M］. Tokyo: Springer–Verlag, 1992.

［20］ Yoshida M, Ogawa N, Hirabayashi I, et al. Effects of the platinum group element addition on preparation of YBCO superconductor by melt growth method［J］. Physica C, 1991, 185–189: 2409–2410.

［21］ Ren H T, Xiao L, Jiao Y L, et al. Processing and characterization of YBCO superconductors by top–seeded melt growth method in batch process［J］. Physica C, 2004, 412–414: 597–601.

［22］ Goyal A, Norton D P, Budai J D, et al. High critical current density superconducting tapes by epitaxial deposition of $YBa_2Cu_3O_x$ thick films on biaxially textured metals［J］. Applied Physics Letters, 1996, 69（12）: 1795–1797.

［23］ Iijima Y, Tanabe N, Kohno O, et al. In–plane aligned $YBa_2Cu_3O_{7-x}$ thin films deposited on polycrystalline metallic substrates［J］. Applied Physics Letters,1992, 60（6）: 769–771.

［24］ Wu X D, Foltyn S R, Arendt P N, et al. Properties of $YBa_2Cu_3O_{7-\delta}$ thick films on flexible buffered metallic substrates

［J］. Applied Physics Letters,1995, 67（16）: 2397–2402.

［25］Hasegawa K, Fujino K, Mukai H, et al. Biaxially Aligned YBCO Film Tapes Fabricated by All Pulsed Laser Deposition［J］. Applied Superconductivity,1996, 4（10–11）: 487–493.

［26］Ma B, Koritala R E, Fisher B L, et al. High critical current density of YBCO coated conductors fabricated by inclined substrate deposition［J］. Physica C, 2004, 403（3）: 183–190.

［27］Prusseit W, Nemetschek R, Semerad R, et al. Evaporation–the way to commercial coated conductor fabrication［J］. Physica C, 2003, 392–396: 801–805.

撰稿人：丁发柱　古宏伟

稀土晶体材料研究

一、引言

随着高纯单一稀土化合物和人工晶体制备技术的进步，稀土元素在人工晶体中尤其是在光功能晶体材料，如激光晶体、闪烁晶体、电光晶体、磁光晶体、非线性光学晶体以及复合光功能晶体中的应用愈加广泛和重要。稀土元素在激光晶体和闪烁晶体中已显示出了无与伦比的优越性，成为新型激光晶体和闪烁晶体中不可或缺的组成部分。新的稀土激光晶体和闪烁晶体的研究和开发，推动了高性能的激光器和核辐射探测器的发展，并不断推动着相关高技术行业的进步。

稀土激光晶体是一类品种最多、使用最广泛的激光材料，是激光技术发展的重要基础。稀土激光晶体是指稀土离子掺杂到基质晶体中形成的激光材料。除 Y^{3+}、La^{3+}、Gd^{3+}、Lu^{3+} 外，其他大多数稀土离子都可用作激光激活离子。基质材料种类繁多，大致归纳为三大类：氧化物，如 Al_2O_3、Y_2O_3、Sc_2O_3 等；氟化物，如 CaF_2、BaF_2、SrF_2、LaF_3、$LiYF_4$（LYF）、$LuLiF_4$（LLF）、BaY_2F_8 等；含氧酸盐，如 $Y_3Al_5O_{12}$（YAG）、$YAlO_3$（YAP）、$Ca_5(PO_4)_3F$、Y_2SiO_5（YSO）、YVO_4、$YAl_3(BO_3)_4$、$CaWO_4$ 等。根据实际应用需求和重要性，激光晶体可划分为五大类：高功率激光晶体、中低功率激光晶体、中红外激光晶体、可见光激光晶体和自拉曼激光晶体。

稀土闪烁晶体是指以稀土元素为基本组成或者以稀土离子为发光中心、在吸收 γ 射线、X 射线或其他高能粒子后能够发出快衰减紫外或可见光的光功能晶体。由于 Y^{3+}、La^{3+}、Gd^{3+} 和 Lu^{3+} 离子的 4f 轨道电子数分别为零、半充满和全充满的稳定结构，它们属于光学惰性，适合于做基质材料。而 Ce^{3+} 和 Eu^{2+} 具有一个宽而强的 5d–4f 跃迁，不仅可以有效吸收能量，呈现较强的发射强度，而且其光谱为宽的带谱、荧光寿命短，因而常用作发光中心或激活剂。按照化学成分，稀土闪烁晶体还可以进一步划分为稀土硅酸盐、稀土铝酸盐和稀土卤化物闪烁晶体。其中，Eu^{2+} 发光的闪烁晶体的开发和应用相对较早，例如 20 世纪 50 年代发现的 LiI:Eu 晶体、60 年代发现的 CaF_2:Eu 晶体。不过，由于 Ce^{3+} 激活的稀土闪烁晶体具有密度高、发光效率高和衰减时间短的特点，所发射的闪烁光经过光电倍增管、硅光二极管或雪崩二极管等光电转换器收集、放大后所制成的闪烁晶体探测器被广泛应用于高能物理、核物理、核医学、地质勘探和安全检查等核辐射探测技术领域，因而自 90 年代以来，一个又一个 Ce^{3+} 激活的闪烁晶体相继被发现、研究或应用，使稀土闪烁晶体的发展出现了突飞猛进的局面。

二、本学科领域近年的最新研究进展

（一）高功率激光晶体

高功率激光晶体又分为高平均功率激光晶体和高峰值功率激光晶体。前者主要是应用于激光加工、激光武器等；后者主要是应用于超快激光器件、超强超短激光大工程、激光聚变点火工程等。

1. 高平均功率激光晶体

高平均功率晶体中以石榴石型含氧酸盐晶体最为重要，包括掺钕或掺镱的钇铝石榴石晶体和钆镓石榴石晶体。其中，掺钕钇铝石榴石（Nd:YAG）和掺镱钇铝石榴石（Yb:YAG）晶体，由于其激光性能和物理化学性能均十分优异，且易于生长大尺寸、高光学质量的晶体，适宜用作高功率固体激光器的工作介质，一直是各发达国家激光晶体材料发展的重点，并不断向着大尺寸、高光学质量方向发展。目前，美国 Northrop Grumman 公司下属的 Synopitcs 公司已实现了 Φ25mm（直径）×（200～300）mm（长度）Nd:YAG、Yb:YAG 晶体的规模化生产，VLOC 公司和 Laser Materials 公司已实现规模化生产尺寸大于 Φ100mm×300mm 的 YAG 激光晶体。晶体光学质量优异，干涉条纹能够达到 0.1 条 / 英寸以下、消光比大于 35dB、单程损耗系数小于 0.001cm^{-1}，产品质量一致性好，处于世界领先水平。

此外，针对高平均功率固体激光器对复合工作介质的需求，国外还重点发展了基于 Nd:YAG 和 Yb:YAG 晶体的热扩散键合技术，美国 Onyx Optics 公司和 Synoptics 公司在这方面一直走在世界前列。目前已能够制备出多种材质、各种结构的键合激光晶体元件，YAG 键合晶体的键合面达到 Φ150mm 以上。较高的激光晶体材料技术水平很好地支持了军用、民用固体激光器的发展。2009 年 3 月，Northrop Grumman 公司基于 Nd:YAG 键合激光晶体板条作为工作介质的固体激光器通过相干合成实现了超过 105kW 的激光输出[1]。2013 年 8 月，波音公司基于 Yb:YAG 晶体的盘片激光器，实现了 30kW 激光输出，激光器的电光转换效率高达 30%，具有优异的光束质量和良好的稳定性[2]。

钆镓石榴石 GGG 系列晶体 $Gd_3Ga_5O_{12}$（GGG）、$Gd_3Sc_2Ga_3O_{12}$（GSGG）是另外一组重要的激光基质，被美国利弗莫尔国家实验室（LLNL）选为固体热熔激光器的激光工作介质[3]。GGG 晶体的密度为 $7.09g/cm^3$，熔点为 $1720\,℃$，莫氏硬度为 7.5，晶格常数为 1.2383nm。GGG 作为激光基质的优点在于：① GGG 容易在平坦固 – 液界面下生长，不存在杂质、应力等集中的核心，整个截面都可有效利用，由此容易得到应用于大功率激光器的大尺寸板条 GGG 晶体。同时，GGG 有较宽的相均匀性，可在较高拉速下（5mm/h）生长出尺寸大、光学均匀性好的晶体。② GGG 中的 Nd^{3+} 分凝系数为 0.52，故 Nd^{3+} 在 GGG 中容易实现高浓度掺杂，有利于提高泵浦效率，这在大功率情形下是非常重要的。而 Nd^{3+} 在 YAG 中的分凝系数仅为 0.1 ~ 0.2，很难得到掺杂浓度高、质量好的 Nd:YAG 晶体。③ Nd^{3+} 取代 Gd^{3+} 属于同态取代，Nd^{3+} 的激光上能级没有显著的发光淬灭。

除了石榴石系列激光晶体外，掺钕氟化钇锂（Nd:YLF）晶体也达到了较高的技术水平[4]。美国 Synoptics 公司已能够生长 $\Phi100mm \times 130mm$ 以上尺寸的 Nd:YLF 晶体，并实现了批量化生产。美国通用原子公司采用 Nd:YLF 晶体作为工作介质的液体冷却激光系统，于 2011 年实现了超过 100kW 激光输出。

2. 高峰值功率激光晶体

高峰值功率激光是指脉冲宽度短、峰值功率高的脉冲激光。随着激光材料和激光技术的发展，激光脉冲宽度由 ns 量级减小到 ps，甚至 fs 量级；而峰值功率由 kW、MW 提高到 TW、PW 量级。其中，太瓦（$1TW=10^{12}W$）级以上的超强超短激光，为人类开展科学研究提供了全新的实验手段与极端的物理条件，是当前非常重要的科学前沿领域之一，世界上各发达经济体正竞相发展。过去，掺钛蓝宝石（简称钛宝石，$Ti:Al_2O_3$）晶体是高峰值功率激光晶体的一个典型代表。不过，随着二极管泵浦全固态激光技术的发展，Yb^{3+} 离子掺杂的激光晶体越来越受到人们的重视，包括掺镱磷灰石结构晶体、Yb:YAG、掺镱氟化钙（$Yb:CaF_2$）、掺钕氟化钙（$Nd:CaF_2$）、掺钕氟化锶（$Nd:SrF_2$）等晶体。

Yb^{3+} 离子的激光运转属于典型的三能级系统。例如 Yb:YAG 晶体的激光下能级为 $612cm^{-1}$，只是室温热能的 3 倍，这使得 Yb^{3+} 离子激光下能级上的粒子热布居数高达 5.3%，因此导致高的激光阈值。考虑到 Yb^{3+} 离子的 $4f^{13}$ 壳层电子受外界影响大，在晶场中具有强的电 – 声子耦合效应，利用强场（外晶场）耦合作用增加 Yb^{3+} 离子的基态能级劈裂，降低激光下能级的热布居比例，从而可以实现强场耦合 Yb^{3+} 离子准四能级激光运转。

$Yb:Gd_2SiO_5$（Yb:GSO）为稀土正硅酸盐类晶体，属于单斜晶系，空间群为 $P2_1/c$，$[OGd_4]$ 四面体和 $[SiO_4]$ 四面体通过顶角连接形成二维网络，形成了平行（100）面的层状结构。因此，GSO 晶体易沿着（100）面开裂。Gd 离子在 GSO 晶体结构中存在 7 氧配位（格位 II）和 9 氧配位（格位 I）两种格位。Yb:GSO 晶体中格位 II 的黄氏因子数值是格位 I 的 4 倍，格位 II 中的 Yb^{3+} 能级分裂值将大于格位 I。Yb:GSO 中 Yb^{3+} 基态 $^2F_{7/2}$ 能级分裂值达到 $1067cm^{-1}$，这样 Yb^{3+} 离子在激光下能级上的粒子热分布比例（0.6%）比 Yb:YAG 晶体小一个数量级。因此，Yb:GSO 在 1088nm 具有非常低的激光泵浦阈值，可以实现准四能级系统运转，得到连续或脉冲式的高效激光输出。采用 LD 泵浦在 Yb:GSO 晶体中获得低阈值、宽调谐超快激光输出：974nm LD 泵浦，波长为 1092.5nm，是迄今为止实现激光输出中心波长最长的 Yb 激光材料，阈值仅为 77mW，斜效率高达 86%；获得 97nm 的宽调谐输出；并实现了连续锁模 639fs 激光脉冲输出。此外，还发现 Yb：LYSO、Yb：GYSO 等混晶，Y 离子的添加可以改善单晶的生长特性、光谱和激光性能。与文献报道的 Yb：LSO 和 Yb：YSO 单晶的光谱性能相比，Yb：LYSO 混晶具有更宽的调谐特性，获得了 1030 ~ 1111.1nm 的宽调谐激光输出，调谐带宽为 81.1nm。在 Yb：LYSO 混晶中实现了斜率效率高于 90% 的激光输出。

Yb：Sc_2SiO_5（Yb：SSO）晶体具有高热导率（7.5$Wm^{-1} \cdot K^{-1}$），且是唯一具有负折射率温度系数（dn/dT=-6.3×$10^{-6}K^{-1}$）的晶体，其基态能级分裂达 1027cm^{-1}，激光下能级上的粒子热布局为 0.73%。该晶体具有优异的激光性能：采用厚度为 140μm 和 150μm 的 Yb：SSO 微片，先后实现 75W（$M_2 < 1.1$）和 280W 高光束质量、高功率连续激光输出，298fs、平均功率达 27.6W（$M_2 < 1.1$）的锁模超快激光输出。最近，又在该晶体中实现了 SESAM 被动锁模 73fs 超快激光输出。

进入 21 世纪，具有宽光谱性能的稀土离子掺杂碱土氟化物激光材料在全 LD 泵浦超强超短激光领域的应用受到人们关注。2004 年，法国科学家 V. Petit 等采用 LD 泵浦，在 Yb：CaF_2 晶体首次实现了低阈值、高效率的激光运转；同年实现了 LD 泵浦的飞秒激光运转，脉冲宽度为 150fs（飞秒）[5]；2009 年，这一数值刷新为 99fs。与国际上同步，中国科学院上海硅酸盐研究所开展了 Yb：CaF_2 晶体的研究，并取得了很多重要的研究成果：2008 年德国 Jena 大学正在建设的全固态拍瓦激光工程（POLARIS）采用该研究所和德国晶体生长研究所分别提供的 Yb：CaF_2 晶体（Φ28mm×20mm）实现了全 LD 泵浦的脉宽为 192fs、峰值功率为 1TW 的激光输出，被认为"对激光聚变领域具有里程碑的意义"[6]。2014 年，POLARIS 工程采用尺寸为 Φ65mm×34mm 的 Yb：CaF_2 晶体进一步实现了输出能量为 16.6J、脉宽为 150fs 的激光输出，峰值功率突破了 110TW。随着激光装置输出功率的提升，未来对 Yb：CaF_2 晶体的尺寸要求直径大于 100mm。

当前聚变激光驱动器主要是采用钕掺杂磷酸盐玻璃作为增益介质，由于磷酸盐玻璃热导率低，激光系统只能单次工作，未来要实现聚变能源必须要求重频（约 10Hz）运转。为此，国际上多个国家都在寻求钕玻璃的替代材料，包括 Yb:YAG（法国、日本等）、Yb:CS-FAP（氟磷酸锶钙）（美国）、Nd:CaF_2/SrF_2（美国）等。掺 Yb^{3+} 磷灰石结构的晶体主要包括 Yb:CS-FAP 和氟磷酸钙（Yb:C-FAP）等，它们的光谱性能优良，具有泵浦阈值低、增益大和效率高等优点。美国 LLNL 实验室多年来对这类晶体进行了系统的研究，并希望它们能成为惯性约束核聚变的增益介质，在"水星"激光器（Mercury Laser）计划中产生 100J 的激光输出。目前已经在这类晶体中取得了 55J 的基频激光输出和 22.7J 的倍频激光输出。但是，热导率低（约 2W/mK）和晶体尺寸小（Φ<70mm）依然是制约其实际应用的主要障碍。因此，2012 年美国利弗莫尔国家实验室开始关注热导率高、易于生长大尺寸的 Nd:CaF_2/SrF_2 激光晶体（国际上 CaF_2 单晶最大尺寸可达 Φ440mm）。

（二）中低功率激光晶体

中低功率激光晶体的代表是掺 Nd^{3+} 的钒酸钇晶体（$Nd：YVO_4$），其激光发射截面大，是 $Nd：YAG$ 的 4 倍多，有利于获得高效率低阈值的激光输出，可实现 1340nm 和 1060nm 激光连续运转。目前 LD 泵浦的 $Nd^{3+}：YVO_4$ 激光器效率已达到 50% 以上；吸收系数大，使得较小尺寸的晶体就能充分吸收泵浦光，有利于器件的小型化；基质 YVO_4 是单轴晶体，它的吸收及发射光谱具有强烈的偏振性，这与 LD 泵浦源的偏振性相一致，为设计高效率激光器提供了有利条件，是制作 LD 泵浦小型全固化激光器的好材料[7]。

20 世纪 90 年代初，LD 泵浦源的出现和世界光通信产业的迅速崛起，为钒酸钇的应用提供了有利的技术条件和日益广阔的市场。因此，涌现了许多新兴的方法，如改进的提拉法、改进的浮区法、激光加热基座法和顶部籽晶法（TSGG）等。顶部籽晶法是目前较流行的一种晶体生长方法，它能生长出更厚、更大的晶体，现已应用于其他钒酸盐晶体的小规模化生长，但在生长 YVO_4 晶体时却由于没找到合适的助熔剂而难以得到广泛应用。至此，国内外用得最多的仍是改进的提拉法技术，它可以生长出体积较大，质量较好的晶体。

（三）中红外激光晶体

$2 \sim 5\mu m$ 的中红外波段覆盖 H_2O、CO_2 等几个重要的分子吸收带，在医学、遥感、激光雷达和光通信等方面有着重要的应用。目前，中红外激光材料和相关器件研究方面仍然主要集中在以下两个方面：①激光运转在 $1.9 \sim 3.0\mu m$ 附近的 Tm^{3+}、Ho^{3+} 和 Er^{3+} 等稀土离子掺杂的 YAG（钇铝石榴石）、YAP（铝酸钇）、YLF（氟化钇锂）、LLF（氟化镥锂）、CaF_2 等激光晶体材料及其激光器件；② Cr、Fe 等掺杂 ZnSe 等 II–VI 族半导体材料及其激光器，其激光波段主要在 $2 \sim 5\mu m$。

$2\mu m$ 波段 Ho^{3+}、Tm^{3+} 离子单掺或共掺的 YLF、LLF 以及 YAP 等激光晶体是国外重点发展的对象。捷克 Crytur 公司能够批量生产出直径超过 50mm 且无散射的 Tm：YAP 晶体。美国 Synoptics 公司生产的 Tm：YLF 和 Ho：YLF 晶坯直径达到 70mm 以上，晶体无散射、无双晶。目前，Tm：YLF、Ho：YLF 和 Tm：YAP 晶体在国外已实现的激光输出分别达到 200W、70W 和 100W。

$3\mu m$ 波段激光是长波红外光参量振荡器的泵浦源，在医疗上有着非常重要的应用，国外重点发展了 Er：YAG、Er：YSGG、Er：GSGG 等晶体，目前 Er：YAG 晶坯直径达到 100mm，平均输出功率超过 15W，Er：YSGG 和 Er：GSGG 晶体也已产品化多年，在医疗及长波红外 OPO 上获得了广泛的应用。

（四）可见光激光晶体

目前，采用激光晶体产生可见光激光的主要途径有：① LD 泵浦的腔内倍频 $1\mu m$ 波段激光；②自倍频激光晶体；③近红外 LD 泵浦上转换可见光激光等。

LD 泵浦腔内倍频 Nd^{3+} 激光是目前最为成熟的一种技术，一般采用 Nd∶YLF 或 Nd∶YVO$_4$ 晶体作为激光介质，KTP 或 LBO 为倍频材料，产生 532nm 绿色激光。Nd∶YAB、Yb∶YAB 自倍频绿光激光器也是目前性能较好的激光光源。与腔内倍频激光器相比，自倍频激光器实现绿光输出在原理上更简单，是一种比较实用和经济的方法。与 Nd∶YAB 相比，Yb∶YAB 由于在倍频波段没有自吸收，是最有希望获得实用化的自倍频晶体，当前存在的主要问题是晶体质量较差。用 LD 泵浦 Yb∶YAB 晶体，获得了 10W 以上的基频光输出，斜效率在 70% 以上，自倍频激光输出也在 1W 以上。

以 Er^{3+}，Ho^{3+}，Tm^{3+} 为激活离子的红外泵浦上转换可见光激光有良好的应用前景，一直是人们努力研究的一个方向。早在 1971 年，贝尔实验室的 Johnson 等采用 960nm 泵浦 Yb，Er∶BaY$_2$F$_8$ 和 Yb，Ho∶BaY$_2$F$_8$ 晶体分别获得了 670nm 和 551.5nm 的可见光激光输出[8]。1997 年，采用钛宝石泵浦 Er，Yb∶LYF 获得了 37mW 的 551nm 激光输出[9]。2002 年，采用钛宝石泵浦 Er∶LLF 获得了 213mW 的绿光激光输出，斜效率为 35%[10]。一般情况下，基质声子能量越低越有利于能量上转换发光，在 Ba$_2$ErCl$_7$ 和 Cs$_3$Er$_2$Cl$_9$ 等新晶体中获得了强度比 Er:LYF 大二个数量级的上转换绿光。

随着以 Nichia 公司为代表的蓝光（InGaN）半导体激光器产品实现了商业化生产，可提供波长在 440 ~ 450nm 的瓦级激光输出，二极管泵浦的掺 Pr^{3+} 全固态激光器引起了人们的关注。Pr^{3+} 高能态电子能从 4f5d 能级直接向下跃迁，产生数种颜色的可见光，包括深红色（695nm 和 720nm），红色（约 640nm），橙色（约 605nm），绿色（约 522nm）以及蓝色（约 490nm）。这使得 Pr^{3+} 成为稀土掺杂激光材料中一种非常重要的可见光波段激活离子。其可以在 InGaN 激光器的泵浦下不通过倍频技术直接产生蓝绿、红橙可见激光，降低了系统的复杂性，具有高效、紧凑和成本低的优点。

2005 年，汉堡大学 G. Huber 课题组 A. Richter 等首次采取 GaN 半导体激光器泵浦 Pr:YLF 晶体，实现了 639.7nm 激光输出。随后，Pr:LuAlO$_3$、Pr:YAP 晶体等获得了可见光波段的激光输出。2013 年，厦门大学的徐斌等采用 444nm InGaN 泵浦长 8mm、0.2at.% 掺杂的 Pr:YLF 晶体，获得了 607nm 橙光激光输出，斜效率达到 42%，且光斑模式具有较高的质量。

（五）自拉曼激光晶体

Nd^{3+}、Yb^{3+} 掺杂的双钨酸盐激光晶体如 KY（WO$_4$）$_2$（KYW）、KGd（WO$_4$）$_2$（KGW）和 KLu（WO$_4$）$_2$（KLuW）等是典型的自拉曼激光晶体。Nd 掺杂的双钨酸晶体在人眼安全的自拉曼激光输出方面取得了很好的结果，显示出良好的应用前景。掺 Yb 的晶体具有吸收系数大（可达 40cm^{-1}）和发射截面大的特点，其吸收峰的中心波长位于 980nm 附近，其荧光谱的带宽也比较宽。用钛宝石和 LD 泵浦 Yb∶KYW 和 Yb∶KGW 的斜效率分别高达 86.9% 和 78%[11]。该类晶体在输出功率和脉冲宽度等方面已经达到了飞秒激光器的使用要求，显示了广阔的应用前景。

（六）稀土硅酸盐闪烁晶体

1. 稀土正硅酸盐闪烁晶体

稀土正硅酸盐闪烁晶体的化学通式为 Ln_2SiO_5：Ce（Ln=Y，Gd，Lu），其中包括 Lu_2SiO_5：Ce（LSO：Ce）、Gd_2SiO_5：Ce（GSO：Ce）、Y_2SiO_5：Ce（YSO：Ce）以及它们之间的固溶体（$Lu_{1-x}Y_x)_2SiO_5$：Ce（LYSO：Ce）等（表1）。1983 年，日立公司的 Takagi 等首次报道 GSO：Ce 晶体具有优异的闪烁性能[12]，该晶体的密度约为 $6.71g/cm^3$，衰减时间在 60ns，尤其是抗辐照损伤能力大于 10^8rad，是已知闪烁晶体中抗辐照能力最好的，加之该晶体的温度稳定性较好，所以很快被应用于石油测井等地质勘探领域。但其光输出较低和易于开裂的缺点限制了它在更广范围的应用。20 世纪 90 年代初，C.L.Melcher 用 Lu 替代 GSO：Ce 晶体中的 Gd 离子合成出了硅酸镥（LSO：Ce），发现该晶体不仅密度高、光输出高，而且衰减时间可以达到 40ns，是一种性能优良的闪烁晶体，特别适合于用作正电子断层扫描仪（PET）的核心探测器件[13]。随着对 PET 位置分辨能力要求的提高，美国的 CTI 公司、日本的日立公司、德国的西门子公司、俄罗斯的 RAMET 公司等都加强了对 LSO：Ce 晶体生长、闪烁性能和器件的研究[14]。由于单纯的 LSO：Ce 晶体中存在 ^{176}Lu 放射性同位素，造成晶体的背景噪声较高，所以国际上一直在试图用 Y 或 Gd 等其他稀土离子部分地取代 Lu 离子[15]。2012 年乌克兰闪烁材料研究所发现，通过调节稀土格位 Lu/Gd 组分的含量可以调制晶体的能带结构，并进而获得更高光输出、更快衰减时间和更低低余辉的 LGSO：Ce（Gd 占稀土格位的相对含量为 40at.%）[16]。目前，LYSO：Ce 闪烁晶体已经成为一个成熟的产品走向应用市场，先后被西门子、通用电气和菲利普公司选作正电子断层扫描仪 PET 的

表 1　铈掺杂稀土硅酸盐闪烁晶体的主要性能

晶体	密度（g/cm^3）	熔点（℃）	有效原子数 Z_{eff}	衰减长度（cm）	发射主峰（nm）	光输出（Photons/MeV）	衰减时间（ns）
NaI:Tl	3.67	651	51	2.59	410	40000	230
BGO	7.13	1050	75	1.12	480	9000	300
LSO:Ce	7.41	2100	66	1.14	420	27000	38/>2000
GSO:Ce	6.71	1950	59	1.39	450	8000	60/600
YSO:Ce	4.54	1980	39	4.43	420	10000	37
LPS:Ce	6.23	1900	64	1.38	385	30000	30
GPS:Ce	6.71	1720	–	–	390	36000	46
YPS:Ce:	4.04	1775	–	–	362	25% of LYSO:Ce*	30
SPS:Ce	3.3	1860	–	–	384	24% of LYSO:Ce*	33

*: 从 X 射线激发发射谱积分强度得到的相对光输出。

核心探测材料，但对其性能进行优化和提升的工作仍在继续。西门子公司的 Suprrier 和 Melcher 等发现通过共掺杂 Ca 或 Yb 离子可以显著提高光输出、改善能量分辨率、缩短衰减时间、降低余辉强度等[17]。这一现象被解释为晶体中的部分 Ce^{3+} 被转化成了 Ce^{4+}，从而改变了此前关于 Ce^{4+} 不利于产生闪烁光的传统观念[18]。在中国，上海硅酸盐所、重庆 26 所和北京第十一所等单位相继开展了 LYSO:Ce 晶体的生长技术研究，晶体尺寸已经达到 Φ80mm×240mm，晶体的闪烁性能也达国际先进水平[19]。北京高能所和浙江大学等已经研制出基于 LYSO:Ce 晶体的小动物 PET 用晶体阵列成像仪[20]。用 LYSO:Ce 闪烁晶体制成的 γ 射线探测器有着非常广阔的应用，包括核医学成像（PET、CT、SPECT）、油井钻探、高能物理和核物理实验、安全检查、环境监测等方面。

2. 稀土焦硅酸盐闪烁晶体

稀土焦硅酸盐系列是 RE_2O_3–SiO_2 二元体系中 RE_2O_3 : SiO_2=1：2 的一个中间化合物。Ce 掺杂的稀土焦硅酸盐 $RE_2Si_2O_7$（RE=Y，Lu，Gd）是继正硅酸盐之后的又一闪烁晶体系列，主要包括 $Lu_2Si_2O_7$:Ce（LPS:Ce），$Gd_2Si_2O_7$:Ce（GPS:Ce），$Y_2Si_2O_7$:Ce（YPS:Ce）和 $Sc_2Si_2O_7$:Ce（SPS:Ce）。与正硅酸盐相比，焦硅酸盐闪烁晶体具有熔点较低、稀土含量较少以及制备成本较低等优势。但 YPS:Ce 密度太小，LPS:Ce 光输出较低，只有 GPS:Ce 性能较好。2009 年，日本北海道大学 S.Kawamura 通过固相烧结研究了一系列 GPS:Ce 多晶粉体的物相结构和闪烁性能，发现 GPS:10%Ce 粉末样品的光产额可达 GSO:Ce 单晶的 1.8 倍[21]。2011—2013 年，日本东北大学、日本 C&A 公司和乌克兰闪烁材料研究所通过提拉法、顶部籽晶法和浮区法分别制备出了 La/Ce 和 Sc/Ce 共掺杂的焦硅酸钆（$Gd_2Si_2O_7$），发现 La 掺杂浓度达到 10% 时既能克服该晶体的不一致熔融问题，又能使该晶体的光输出和能量分辨率分别提高到 40000Photons/MeV 和 4.4%@662keV[22]。鉴于 Gd 离子具有非常大的中子吸收截面，该晶体可望作为一种高灵敏的中子探测材料，日本 C&A 公司已经把（Gd，La）$_2Si_2O_7$:Ce 闪烁单晶作为一个新产品推向市场。在国内，中国科学技术大学的 Yong Li 等采用溶胶凝胶法制备得到 GPS:Eu 纳米晶，发现 Eu 的掺杂浓度不影响 GPS 的晶体结构。他们还通过溶胶凝胶法制备了 Ce^{3+}、Tb^{3+} 掺杂的 GPS 荧光粉，发现 Ce^{3+}、Tb^{3+} 之间可以在 GPS 基质中实现相互的能量传递。上海光机所和上海硅酸盐在国内率先开展了 LPS:Ce 晶体的生长和性能研究，并发现空气气氛下退火使该晶体的光输出大幅提高、氢气气氛退火后再度下降的现象[23]，因此认为原先光输出低于理论预测值的原因是晶体中存在着与非硅原子结合的氧空位，从而为该晶体的性能改进提供了方向。

（七）稀土铝酸盐闪烁晶体

1. 钙钛矿型结构的稀土铝酸盐闪烁晶体

在开发稀土硅酸盐闪烁晶体的同时，A.Lempicki 在 1995 年报道了具有钙钛矿结构的 $LnAlO_3$（Ln=Y，Gd，Lu）的闪烁性能，它的显著特点是光衰减时间短、密度大——对伽马射线的阻止能力强和光输出高，这使得它特别适合于飞行时间（Time of Flight）型 PET

器件。LuAP:Ce 的发现引起了世界闪烁晶体界的广泛关注，尤其是捷克的 Crytur 公司、俄罗斯的 BTCP（Bogoroditsk Techno-Chemical Plant）等纷纷加强了对它的生长技术、闪烁性能和器件的研究。CERN 的 Crystal Clear collaboration 研究小组于 2000 年开始了工程化研究，BTCP 在 CERN-ISTC 项目基金的资助之下在 LuYAP：Ce 晶体的生长和性能优化方面取得了长足的进展，最近有报道称他们采用提拉法成功地长出了 $\Phi 25mm \times （180 \sim 210）mm$ 的（$Lu_{0.7}Y_{0.3}$）AlO_3 的晶体。但由于该晶体在生长过程中容易发生相分解——这是该晶体研究开发中所遇到的最大技术障碍，这使得该晶体的研究进展迟迟落后于 LSO：Ce 的研发。为降低其生长难度，研究者向其中掺入一些其他的元素，发展固溶型的 $Lu_x（RE^{3+}）_{1-x}AP$：Ce 晶体，其中 RE 主要是 Y 和 Gd，最近才把 x 提高到 0.7 左右，在中国，上海硅酸盐所和重庆第 26 所也已开发出 Y：Lu=3：7 的 LuYAP：Ce 晶体，性能与国际水平相当[24]。但由于制作成本较高以及光输出随着 Lu 含量的增加而急剧下降，至今仍未实现商业化生产。

2. 石榴石结构的稀土铝酸盐闪烁晶体

最近几年，具有石榴石结构的 $Ln_3Al_5O_{12}$（Ln=Y，Gd，Lu）体系成为氧化物闪烁晶体中的后起之秀。它们不仅光输出高、衰减时间短，而且具有比较好的能量分辨率和比较小的温度依赖性。由于该晶体结构中存在多个阳离子格位，这为 YAG 和 LuAG 闪烁材料的掺杂改性提供了广阔的空间，已经发现基质掺杂 Gd^{3+}、Ga^{3+}、Ce^{3+}、Pr^{3+} 等离子后晶体的优异性能，例如，利用布里奇曼法生长的高浓度 Ce^{3+} 掺杂的 LuAG、YAG 光输出可以分别达到 25000Photons/MeV 和 21000Photons/MeV[25]。但 Lu 或 Y 离子很容易占据结构中的 Al 离子格位形成 Lu_{Al} 或 Y_{Al} 反位缺陷，它们会在晶体禁带中形成浅能级陷阱，捕获电子从而阻止或延迟电子与空穴的直接复合，形成了闪烁光中的慢成分，导致闪烁响应速度降低[26]。捷克科学家 Martin Nikl 等根据带隙理论的计算结果，将 Ga 离子掺入 LuAG 晶体后，发现其低温下的热释光曲线随着 Ga 含量的增加显著降低，这被认为是 Ga^{3+} 降低了导带底能级位置，从而把浅陷阱能级"湮没"，当 Ga 含量为 20% 时，$Lu_3（Ga，Al）_5O_{12}$：Ce 石榴石不仅光产额大于 LuAG：Ce 晶体，而且衰减时间中的慢分量也可得到明显抑制，这被认为是带隙工程理论在闪烁晶体研究中获得应用的成功范例[26, 27]。镓石榴石如 $Lu_3Ga_5O_{12}$、$Gd_3Ga_5O_{12}$ 是固体激光器的晶体基质或者作为外延生长的基体，但是它们发光微弱到可以忽略，掺杂 Ce^{3+} 离子的 5d-4f 跃迁发光也会因为 Ce^{3+} 离子的 5d 态淹没在基质的导带中而导致光淬灭。日本东北大学 Kamada 等通过调节 Gd、Ga 浓度，发现用 Gd^{3+}、Ga^{3+} 离子分别替代 $Ln_3Al_5O_{12}$ 基质中的适量 Lu 和 Al 离子后所形成的另一个多组分石榴石晶体 Ce：$Gd_3（Al_{1-x}Ga_x）_5O_{12}$（GGAG）具有非常优异的闪烁性能，它在室温下的光输出达到 56000Photons/MeV，能量分辨率为 4.4%@662keV[28]，这是迄今为止在氧化物闪烁晶体中报道的最大光输出和最佳的能量分辨率。特别是通过共掺杂 Mg^{2+} 或 Ca^{2+} 离子，Ce:GGAG 晶体的衰减时间和时间分辨率分别达到 40ns 和 200ps，且 Mg^{2+} 的效果比 Ca^{2+} 离子更加明显[29]。这种通过共掺杂大大加快晶体光响应速度的效应被解释为 Ce:GGAG 中的 Ce^{3+} 被转化成了 Ce^{4+}，该现象为深化人们对稀土离子发光机理的认识提供了新的研究课题。

（八）稀土卤化物闪烁晶体

由于高能物理实验和核医学学成像的需要，国际上许多科研单位对 Ce^{3+} 激活的快衰减闪烁体材料进行了广泛的探索和研究。随着研究的深入，晶体品种正逐渐由稀土氧化物（含氧酸盐）和氟化物闪烁晶体向稀土氯化物、溴化物和碘化物以及多元金属卤化物扩展。

目前已发现和正在研究的稀土卤化物闪烁晶体品种已多达数十种，多数是在近十多年里被发现的，并且主要为 Eu^{2+} 和 Ce^{3+} 激活的氯化物、溴化物和碘化物等非氟卤化物晶体。根据化学组成的特点，稀土卤化物闪烁晶体主要可分为四类：① Ce^{3+} 激活的稀土三卤化物（LnX_3，Ln=Ce，Y，La，Gd，Lu 及其混合；X=Cl，Br，I 及其混合）系列晶体，例如 $LaCl_3$：Ce 晶体[30]、$LaBr_3$：Ce 晶体[31]、$CeBr_3$ 晶体[32]、LuI_3：Ce 晶体[33]等。② Ce^{3+} 激活的碱金属和稀土金属卤化物复盐晶体，包括以 K_2LaBr_5：Ce 晶体[34]和 K_2LaI_5：Ce 晶体[34]为代表的 R_2LnX_5：Ce（R=K，Rb；Ln=La，Ce）晶体系列，以及数量众多、具有 Elpasolite（钾冰晶石）结构的 A_2BLnX_6：Ce（A=Li，K，Rb，Cs；B=Li，Na，Cs；Ln=Y，La，Ce，Gd；X=Cl，Br）系列晶体[35]。③ Eu^{2+} 激活的碱土金属卤化物（MeX_2：Eu，Me=Ca，Sr，Ba 及其混合；X= Cl，Br，I 及其混合）系列晶体，例如 CaI：Eu 晶体[36]、SrI：Eu 晶体[37]、$BaCl_2$：Eu 晶体[38]、$BaBr_2$：Eu 晶体[39]、BaClBr：Eu 晶体[40]等；④ Eu^{2+} 激活的碱金属和碱土金属卤化物复盐晶体，较为关注的是 RMe_2X_5（R=Li，Na，K，Rb，Cs；Me=Ca，Sr，Ba）系列晶体，如 $CsBa_2Br_5$：Eu 晶体[41]、$CsBa_2I_5$：Eu 晶体[42]等。

稀土非氟卤化物闪烁晶体的光输出较高、能量分辨率较好，大多数优于以往发现的氧化物（含氧酸盐）和氟化物闪烁晶体，有的甚至优于在核辐射探测应用领域占据统治地位近半个世纪的 NaI：Tl 和 CsI：Tl 晶体，因而在低能射线探测方面具有非常强的竞争优势。

1. Ce^{3+} 激活的稀土三卤化物闪烁晶体

Ce^{3+} 激活的稀土三卤化物晶体中，$LaCl_3$：Ce 晶体和 $LaBr_3$：Ce 晶体首先由荷兰科学家 Guillot 分别于 1999 年和 2001 年发现的，都属于六方晶系，密度分别为 3.86g/cm^3 和 5.29g/ cm^3，熔点分别为 859℃ 和 783℃。它们都具有高光输出（≥ 40000Photons/MeV）、快衰减时间（≤ 40ns）、高的能量分辨率（≤ 5%@662keV）、好的线性响应和小的余辉，特别适合于低强度混合场中对伽马射线的探测[43]。与 $LaCl_3$：Ce 相比，$LaBr_3$：Ce 在较低的 Ce 浓度下即具有好的闪烁性能，并且密度较大，能量响应线性更好，是迄今为止发现的能量分辨率最好的无机闪烁晶体。2010 年以来，围绕 $LaBr_3$：Ce 开展了 Ca、Sr、Ba 共掺杂实验，发现 Sr 共掺杂能够把 $LaBr_3$：5%Ce 晶体在 662keV 的能量分辨率提高到 2%，这个值刷新了无机闪烁晶体的世界纪录[44, 45]。目前，法国圣戈班集团生长出最大尺寸已经达到 $\Phi5'' \times 5''$ 的 $LaBr_3$：Ce 晶体，实际应用的体积达几百个立方厘米[46]。以 $LaBr_3$：Ce 晶体为基础制造的辐射探测器已在 γ 射线探测以及核医学成像（PET,SPECT）、空间科学研究、安全检查、地质勘探、环境监测等方面获得较广泛的应用，而且应用市场还在进一步扩大。

$LaBr_3$：Ce 晶体的闪烁性能固然很好，但它面临的问题依然不少[47-50]。首先，卤化镧

（铈）晶体较大的脆性是开发大尺寸高质量晶体的一个严重制约因素。为此，一些研制者希望通过异价离子掺杂来提高 $LaBr_3$：Ce 晶体的断裂韧性，并申请了专利。但最近，圣戈班公司的研究人员认为[51]，Hf^{4+}、Zn^{2+} 和 Zr^{4+} 等离子并未进入晶格，只有 Sr^{2+} 和 Ca^{2+} 能少量地进入到晶体晶格中，这些异价离子对 $LaBr_3$：Ce 晶体的机械性能（机械强度、硬度、韧性等）没有任何改进。其次，晶体的吸潮和潮解性非常严重，完全不能暴露在空气中，造成晶体生产和器件制作难度大、成本高。再次，该晶体中天然存在的少量 ^{138}La 放射性同位素和作为杂质存在的 ^{227}Ac 放射性核素及其衰变子体 ^{227}Th、^{223}Ra、^{219}Rn、^{215}Po、^{211}Pb 和 ^{211}Bi 等会产生 β - 衰变和 α - 衰变，致使晶体存在较强的放射性本底，降低了探测器的信噪比[52]。最后，高纯度无水 $LaBr_3$：Ce 原料目前还不能实现大规模生产，价格居高不下，这在很大程度上限制了 $LaBr_3$：Ce 基辐射探测器的应用和推广。为降低 $LaBr_3$：Ce 晶体的潮解性，北京玻璃院通过 F 离子掺杂获得了比较好的效果[53]；为了避开 ^{138}La 放射性同位素的干扰，美欧等国的科研人员把目光投向了具有本征闪烁特性的 $CeBr_3$ 晶体上，因为它的光输出为 59000Photons/MeV，在 662keV 能量激发下的分辨率（4.4%）与 $LaCl_3$ 相当，对 ^{60}Co 的闪烁效率（9%）达到或略优于 $LaBr_3$：Ce（7.3%），时间分辨率（93ps）优于 $LaCl_3$（约 350ps）和 $LaBr_3$：Ce 晶体（260ps）[54]。2014 年，法国 Saint-Gobain 和荷兰 SCIONIX 已经可以制作出 Φ75mm×75mm 的 $CeBr_3$ 晶体，尽管它也有潮解性，但掺入适量的 Cl 离子可以得到一定程度的抑制[55]。预计其未来在高灵敏度的辐射探测技术领域将发挥越来越重要的作用。

除六方晶系的掺铈稀土三卤化物如 $LaCl_3$：Ce、$LaBr_3$：Ce 和 $CeBr_3$ 等晶体之外，四方晶系的掺铈稀土三碘化物晶体，包括 LuI_3：Ce 晶体、YI_3：Ce 晶体和 GdI_3：Ce 晶体等，也具有 NaI：Tl 晶体 2 倍以上的光输出（≥ 90000Photons/MeV）[33]和较高的探测灵敏度而受到各方关注，美国 RMD 公司已经采用 LuI_3：Ce 晶体研制出硬 X 射线成像屏[56]。

2. Ce^{3+} 激活的钾冰晶石型闪烁晶体

近几年来，在碱金属和稀土金属卤化物复盐晶体中化学组成为 A_2BLnX_6：Ce（A=Li，K，Rb，Cs；B=Li，Na，Cs；Ln=Y，La，Ce，Gd；X=Cl，Br）的钾冰晶石型结构的稀土卤化物晶体颇受关注。业已发现，Cs_2LiYCl_6：Ce（CLYC）[57]、$Cs_2LiLaCl_6$：Ce（CLLC）[57]、$Cs_2LiLaBr_6$：Ce（CLLB）[58]、Cs_2LiYBr_6：Ce[59]、$Rb_2LiLaBr_6$：Ce[60]、Rb_2LiYBr_6：Ce[60]和 Cs_3GdBr_6：Ce[61]等大都具有高达 20000 ~ 60000Photons/MeV 的光输出和优于 6%@662keV 的能量分辨率，是能够同时对 γ 射线和中子进行探测的材料（表 2）。

在上述晶体中尤以 CLYC 晶体发现得最早[62]，研究较为深入。当其中的 Li 离子被 ^6Li 置换后，Ce：Cs_2LiYCl_6 晶体表现出能够同时探测 γ 射线和中子的能力[63]。目前，美国 RMD 公司已经生长出直径 0.5 ~ 2 英寸等不同规格的 CLYC 晶体，在 662keV 伽马射线激发下的能量分辨率由最初的 7% 改善至 3.6%[64]。特别是含 95% 的 ^6Li 同位素 Ce：Cs_2LiYCl_6 晶体的光输出可达 73000 光子/中子。它不仅对热中子和快中子有很高的探测效率，而且具有同时分辨 γ 射线和中子的能力，因而在国土安全、核安全检查方面应用潜力巨大[65, 66]。

表2 一些钾冰晶石型结构的闪烁晶体的性能[67]

	Cs$_2$LiLaCl$_6$: Ce	Cs$_2$LiLaBr$_6$: Ce	Cs$_2$LiYCl$_6$: Ce
密度（g/cm^3）	3.5	4.2	3.3
发射主峰（nm）	400	410	390
衰减时间（ns）	60400, …	55270, …	401800, …
γ 的光输出（Photons/MeV）	约35000	约60000	约20000
中子的光输出（Photons/ n）	约110000	约180000	约7000
中子的 γ 等效能量（MeV）	约3.1	3.2	约3.1
能量分辨率（@662keV）	3.4%	2.9%	3.6%
脉冲形状甄别（PSD）	优秀	可以	优秀

此外，其他一些 Ce^{3+} 激活的同结构晶体，如 CLLC 晶体和 CLLB 晶体，当富含 ^{6}Li 同位素时也是较好的中子探测材料，有望替代 ^{6}Li 玻璃和 ^{6}LiI:Eu 晶体等传统的热中子探测材料，成为新一代的伽马 – 中子双探测材料。由于同晶置换和固溶性，A$_2$BLnX$_6$:Ce 可演变出数十种不同组分的变种，因而 Ce^{3+} 激活的钾冰晶石型结构的晶体已成为当前国际 γ 射线 /热中子探测领域的热点和前沿。

3. Eu^{2+} 掺杂的碱土金属卤化物闪烁晶体

Eu^{2+} 离子的 5d–4f 跃迁属于电偶极和自旋均允许的稀土离子，发光强度大，量子效率高，但发光衰减时间比 Ce^{3+} 离子的 5d–4f 跃迁至少延迟了一个数量级。不过，在安全检查和工业应用中，高光输出和好的能量分辨率对探测器的重要性要超出衰减时间的重要性。因此具有高光输出和微秒级衰减时间的 Eu^{2+} 激活的碱土金属卤化物闪烁晶体依然受到重视。这其中的典型代表就是 SrI$_2$:Eu[37]。

早在 1968 年美国学者 Robert Hofstadter 报道了该晶体的闪烁性能并申请了发明专利，但由于受当时原料质量或生长技术的限制其性能优势并未充分显示出来。一直到 2008 年，美国的科研人员再次生长并研究了 SrI$_2$: Eu 晶体的浓度效应，发现该晶体的光输出可达 120000Photons/MeV，高于 LaBr$_3$: Ce 且不含放射性同位素，对 662keV 射线的能量分辨率达 2.6%，这是迄今为止光输出最高、能量分辨率最好的卤化物闪烁晶体[68]。因此，美国 LLNL、LBNL、ORNL 国家实验室和 RMD 公司组成一个庞大的研发团队对 SrI$_2$: Eu 的生长技术、封装工艺和闪烁性能进行攻关，如今已经生长出直径 2 英寸的晶体[69]。日本采用石墨坩埚的微下拉法技术生长出了直径 1 英寸的 SrI$_2$:Eu 晶体，发射波长为 435nm，衰减时间为 0.6 ~ 1.6μs，但该晶体的性能对 Eu 的含量、晶体尺寸和几何形状有较大的依赖性。

除 SrI$_2$: Eu 晶体外，近几年国际上对 CaI : Eu 晶体[36]、BaI$_2$: Eu 晶体[70]，以及 BaCl$_2$: Eu 晶体[38]、BaClBr : Eu 晶体[71]、BaBrI : Eu 晶体[42, 72, 73] 等掺 Eu 的碱土金属卤化物晶体及混盐晶体进行了广泛研究（表3）。美国 LBNL 实验室发现，BaBrI : Eu 晶体的光输出高达 97000Photons/MeV，能量分辨率为 3.4%@662keV[42]，并通过提高原料

纯度和改进晶体生长工艺，使 $BaCl_2$：Eu 晶体的光输出得到显著提高，能量分辨率已达到 3.5%@662keV[74]。

表 3　一些 Eu^{2+} 激活的碱土金属卤化物闪烁晶体

晶体	密度（g/cm^3）	光输出（Photons/MeV）	衰减时间（ns）	发射主峰（nm）	能量分辨率（@662keV）
CaBr₂:Eu	3.35	36000	2500	448	9.1%
CaI₂:Eu	3.96	110000	790	470	8%
SrI₂:Eu	4.6	120000	1200	435	3.0%
BaCl₂:Eu	3.89	52000	25（15%）；138（21%）；642（61%）	406	3.5%
BaClBr:Eu	4.5	52000	285（14%）；546（56%）	405	3.55%
BaBr₂:Eu	4.78	49000	35（8%）；415（47%）；814（44%）	408	6.9%
BaBrI:Eu	5.2	97000	70（1.5%）；432（70%）；9500（28.5%）	413	3.4%
BaI₂:Eu	5.15	38000	513（95%）	426	5.6%

4. Eu^{2+} 掺杂的复杂卤化物闪烁晶体

近几来研究的掺 Eu^{2+} 卤化物晶体，除了碱土金属卤化物外，还有组成更为复杂的碱金属和碱土金属卤化物复盐晶体，包括通式为 RMX_3：Eu、R_2MX_4：Eu 和 RM_2X_5：Eu（R=Cs；M=Ca，Sr，Ba；X=Cl，Br，I）等系列晶体。美国 LNAL 实验室和荷兰代尔夫特理工大学做了大量的工作[41, 42, 71, 75, 79-82]，发现许多 Eu^{2+} 激活的卤化物复盐和混盐晶体具有较优的闪烁性能。其中，最值得关注的是属于 RM_2X_5：Eu 系列的 $CsBa_2Br_5$：Eu 复盐晶体[41, 71]和 $CsBa_2I_5$：Eu 复盐晶体[42, 73, 75]。这两种闪烁晶体的光输出都很高，分别达到 92000Photons/MeV 和 102000Photons/MeV，发光光谱的主峰位于 430 ~ 435nm，并且它们的能量分辨率也较好，$CsBa_2I_5$：Eu 晶体达到 2.3%@662keV，优于 SrI：Eu 晶体和 $LaBr_3$：Ce 晶体[75]。与 SrI_2：Eu 晶体相似，$CsBa_2I_5$：Eu 晶体也具有较好的能量响应线性，但也不同程度地存在自吸收和易潮解等问题，且闪烁性能受 Eu^{2+} 掺入浓度和温度的影响较大。

三、国内外研究进展比较

（一）激光晶体

中国激光晶体研究始于 20 世纪 60 年代初，先后经历了探索阶段和研制与发展阶段，现已进入发展壮大阶段。目前，激光晶体的生产规模迅速扩大，晶体尺寸不断增大，质量不断提高；晶体元件由单一介质走向了复合结构；激光晶体的研究由"人工合成晶体"转变到"晶体结构设计与性能调控"。多种激光晶体实现了产品化，基于提拉法的中、小尺寸的 Nd：YAG 晶体和 Nd：YVO_4 晶体更是实现了规模化生产。在新型激光晶体材料研发领域，重点开展了稀土掺杂碱土氟化物激光晶体的结构设计与性能调控，形成了以 Yb，Na：CaF_2、Nd，Y：CaF_2 和 Nd，Y：SrF_2 为代表的新型激光晶体，并在国内外重点大型激光工程中得到了应用。

1. 高平均功率激光晶体

目前国内直径 60 ~ 80mm 的 Nd：YAG、Yb：YAG 和 Nd：YVO_4 晶体已经实现了规模化生产，年产值超过 2 亿元，并突破了直径 100mm Nd：YAG 和 Yb：YAG 晶体生长关键技术，晶体质量接近于国外先进水平，但在损耗系数、光学均匀性和质量一致性方面与国外还存在着较大差距，晶体光学精密加工、镀膜技术水平较低。用于高功率、高亮度激光器的 YAG 激光晶体热扩散键合技术已经逐步成熟，基于 Nd：YAG、Yb：YAG 等基质的热扩散键合晶体已在激光器件上获得了推广应用，基于 Nd：YAG 键合晶体板条的高功率固体激光器实现了超过 10kW 激光输出。

Nd：GGG 口径已经达到了 Φ145mm，并实现了 500Hz、10kW 的激光输出。

提拉法生长的 Nd：YLF 晶体直径达到了 50mm，获得了工程应用，但工艺尚不稳定，未能实现批量生产。

2. 高峰值功率激光晶体

尽管国际上 CaF_2 晶体的最大尺寸可达到 Φ440mm，但是由于稀土离子的掺杂导致晶体的热导率下降，使得高光学均匀性、大尺寸 Yb：CaF_2 激光晶体生长比较困难。国际上报道所使用的 Yb：CaF_2 激光晶体最大尺寸 Φ65mm×43mm；国内唯一开展 Yb：CaF_2 激光晶体的研制单位为中科院上海硅酸盐研究所，目前所能达到的最大尺寸为 Φ60mm，与国际领先水平相当，并在德国大型全固态拍瓦激光工程 POLARIS 上得到了应用。Nd：CaF_2 晶体在 20 世纪末曾经被作为激光惯性聚变点火工程的候选增益介质，但由于发射截面小（不到钕玻璃的 1/2）、Nd 离子团簇产生严重的浓度猝灭效应等而一直没有得到实际应用。基于"局域配位结构调控"的学术思想，中科院上海硅酸盐所通过共掺并调整掺杂离子 Y^{3+}、Nd^{3+} 的比例，实现了激活离子 Nd^{3+} 在晶格中的微观局域配位结构的控制和设计，从而使得该晶体的光谱参数可以在一定范围进行调控：发射波长 1040 ~ 1070nm、发射带宽（FWHM）15 ~ 31nm、发射截面（1.5 ~ 3.5）×$10^{-20}cm^2$、寿命 200 ~ 1000μs 等。由此赋予了 Nd：CaF_2 晶体材料新的生命力：2012 年 3 月首次采用钛宝石泵浦实现了 Nd，Y：CaF_2 晶体的激光输出[77]；特别是 2013 年 9 月获得超短脉冲激光输出，脉宽突破了之前掺 Nd 晶体材料的皮秒（ps）量级，达 103fs[78]。这是国际上首次在掺 Nd 激光晶体中实现百飞秒（fs）量级的超短激光输出。目前，中国工程物理研究院激光聚变研究中心已把 Nd、Y 共掺的 CaF_2/SrF_2 激光晶体列为激光聚变能源的重点候选增益介质材料。

3. 中红外激光晶体

中国在 2μm 波段的激光晶体研究方面取得了较大的进展。目前，Tm：YAP 晶体直径达到了 40mm，并实现了小批量生产，晶体已在中国中波红外固体激光器型号工程上获得了应用，实现了近 100W 的 2μm 线偏振激光输出，但晶体内部存在的弥漫性散射等缺陷尚没有解决，晶体质量尚需进一步提高。

Tm：YLF 和 Ho：YLF 晶体毛坯直径达到了 50mm，在相干多普勒侧风雷达、中波红外固体激光器上获得了应用，其中 Tm：YLF 实现了超过 70W 激光输出，Ho：YLF 实现了近 40W 激光输出，但晶体内部的"光路"、"晶界"等缺陷，尚没有完全解决，工艺不够稳定，离产品化尚有一定距离。

Tm：YAG 和 Ho，Tm，Cr：YAG 等晶体主要用于民用医疗领域，近几年来国内这几种晶体已经实现了产品化，形成了货架产品，具备了一定的销售规模，基本能够满足相关器件应用需求。

此外，2 ~ 3μm 波段的 Er：YSGG、Cr，Er：YSGG 晶体已实现 LD 泵浦和闪光灯泵浦 400mW 和 1J 的 2.79μm 激光输出。

（二）闪烁晶体

中国闪烁晶体的研制始于20世纪50年代末，但直至80年代仅有掺铊碘化钠（NaI：Tl）晶体得到实际应用。80 年代中科院上海硅酸盐所发现掺 Eu_2O_3 有助于提高 BGO 晶体的辐照硬度，开启了稀土元素在闪烁晶体中的应用。90 年代，中国又先后开发了氟化钡（BaF_2）晶体、自激活的氟化铈（CeF_3）晶体、掺 Y^{3+} 的钨酸铅（PWO：Y）晶体，以及 Eu^{2+} 激活的碘化锂（LiI：Eu）和氟化钙（CaF_2：Eu）晶体，Ce^{3+} 激活的稀土正硅酸盐（包括 GSO：Ce、LSO：Ce）晶体等，不仅为稀土闪烁晶体家族增添了许多新成员，还为一些国际高能物理实验工程（例如 LEP、SSC、LHC、SLAC 等）提供了大量优质的闪烁晶体产品，在国际闪烁晶体界和核辐射探测领域拥有较高的知名度和影响力。进入 21 世纪以来，中国在新型稀土闪烁晶体，特别是在稀土氧化物和稀土卤化物闪烁晶体的研究和开发方面呈现出品种不断增多、体积不断扩大和产业化速度不断加快的可喜局面。

1. 稀土氧化物闪烁晶体

中国最早开展稀土正硅酸盐（GSO 和 LSO）晶体生长的单位是上海光机所。21 世纪初，上海硅酸盐所和中电集团重庆 26 所以用户需求为牵引，系统研究了 LSO 和 LYSO 晶体的生长工艺和闪烁性能，获得了许多重要认识。丁栋舟首次发现 Lu 格位上随 Y 含量的升高，Ce 周围的晶体场强度降低，斯托克斯位移增大[19]。同时，针对 LYSO：Ce 晶体结构对称程度低的特点开展了各向异性研究，确认该晶体的折射率、透过率、发光机制等并没有显著的各向异性[82]，只是晶体的热膨胀系数沿着 a、b 及 c 轴方向的呈递减的趋势，特别是在 400 ~ 1500℃ 范围内，热膨胀系数的各向异性相对其他温度区间内而言差异更小[83]，说明 LYSO：Ce 晶体在该温度区间可以承受更强的热冲击。这些认识对于晶体加工、应用甚至 LYSO：Ce 陶瓷的开发都是非常有利的。目前，重庆 26 所、北京第 11 研究所和上海硅酸盐所基本上都攻克了晶体开裂、着色和发光不均匀等问题，确定了 Ce 离子的最佳掺杂浓度，已生长出 Φ（60 ~ 85）mm×200mm 的 LYSO：Ce 晶体，光输出与国际水平相当，能量分辨率约为 9%@662keV，并开始了小批量的产品销售[84]。重庆第 26 所还与中科院高能所联合研制出小动物 PET 用 LYSO 晶体阵列成像仪[20]，填补了国内空白。

上海光机所在稀土铝酸盐晶体研究方面一直走在全国的前列，2011 年率先生长出 LuAG：Pr 闪烁晶体[85]，2014 年成功生长出 Φ98mm 和 Φ30mm ×（30 ~ 45）μm 的超薄 Ce：YAG 闪烁晶体，并与上海应用物理研究所合作研制出基于超薄 Ce：YAG 晶体的高分辨 X 射线探测器，并实现了高分辨成像，且图像质量与捷克 CRYTUR 公司相比具有更好的对比度和更高的分辨率。中国工程物理研究院在国产 Yb：YAG 和 Yb：YAP 晶体中测得 400ps 左右的超快闪烁光，这是目前强脉冲辐射探测领域获得的最快闪烁信号[86]。

2. 稀土卤化物闪烁晶体

法国 Saint-Gobain 公司拥有 $LaCl_3$：Ce 晶体和 $LaBr_3$：Ce 晶体的专利权，并对 $LaBr_3$：5%Ce 和 $LaCl_3$：10%Ce 两个最优组分的晶体产品分别注册了 BriILanCe380™ 和 BriILanCe350™ 商标，目前重点开发和生产性能较优的 $LaBr_3$：Ce 晶体，是全球最主要的开发商，生产规模最大，技术水平最高。其研制的晶体样品最大尺寸已达 Φ5" × 5"。Φ3" × 3" 及以下尺寸的晶体封装件及探测器件已经商品化，其中 BriILanCe380™ 产品的能量分辨率可达 2.5% ~ 2.9%@662keV，正在核辐射探测的各个领域中推广使用。

为了打破法国 Saint-Gobain 公司的垄断局面，美国 GE 公司发明了基于 $LaCl_3$–$LaBr_3$ 固溶体掺铈的闪烁晶体，但迄今为止仍没有产品推向市场。北京玻璃研究院在成功开发出快衰减的 CeF_3 闪烁晶体之后，又率先在中国开发了 $LaCl_3$：Ce 晶体和 $LaBr_3$：Ce 晶体，同时研究了卤化铈（CeF_3、$CeCl_3$ 等）掺杂 $LaBr_3$ 晶体的生长和性能，发现 F、Cl 掺杂能够使 $LaBr_3$：Ce 晶体的耐潮性得到一定程度的改善，且闪烁性能并未明显劣化，个别指标甚至更优，由此获得了国家发明专利[87]。目前该单位已经成功生长出 Φ3" × 3"$LaBr_3$ 晶体，测得的能量分辨率为 2.6% ~ 2.9%@662keV，基本达到法国 Saint-Gobain 公司的水平，相关产（样）品已在中国军工科研单位获得应用。近年来，国内一些公司也开始了 $LaBr_3$：Ce 晶体的开发。

美国 RMD 公司拥有 $CeBr_3$ 晶体和 LnI_3：Ce（Ln=Lu，Y，Gd）晶体的专利权，技术水平全球最高，相关晶体产（样）品的尺寸可达 Φ1" × 1" ~ Φ3" × 3"，并开始了小规模生产。北京玻璃研究院也开展了 $CeBr_3$ 晶体，目前样品尺寸可达 Φ40mm × 40mm，处于国内领先水平。

但必须指出的是，近几年报道的新型稀土卤化物闪烁晶体几乎都是由国外首先发现或首次合成的，国内依然处于跟踪他人的状态，主要工作集中在晶体尺寸的增大、性能优化和生长技术的改进方面。此外，由于非氟稀土卤化物原料易于潮解和氧化，高纯无水稀土卤化物原料的合成技术和产品被 Sigma-Aldrich 等极少数跨国试剂公司所垄断，产品售价极为昂贵，每千克高达数万元。国内目前除了北京有研稀土公司之外尚无其他单位能够稳定地生产出高纯度的无水卤化物原料。由于受原料和制备技术的限制，中国对非氟稀土卤化物闪烁晶体进行研究的单位不多，研发的晶体品种也相对较少，与国外的差距还比较大。

四、本学科发展趋势与展望

（一）激光晶体

近年来，固体激光在国防和切割、焊接、打标、表面熔覆、增材制造、医疗、美容等民用领域的获得了越来越广泛的应用，需求的迅速发展使得固体激光器不断向着高功率、大能量、高光束质量、多波段、紧凑结构方向发展，这对工作介质——激光晶体材料提出了相应的需求，要求激光晶体不断向更大尺寸、更高光学质量、全波段、复合结构方向发展。未来激光晶体的发展趋势及对能力的需求主要可以归纳为：

（1）成熟激光晶体的大尺寸生长：尽管激光晶体有数百种之多，但真正实用化的激光晶体主要有：Nd∶YAG、Yb∶YAG、Ti∶Al_2O_3、Nd∶YLF 等。随着激光技术的迅猛发展，激光器对激光晶体尺寸的要求越来越大，甚至是越大越好。因此，势必要加强对激光晶体生长技术和生长装备的研究和开发。

（2）激光晶体的复合技术：随着激光技术的发展，激光器件越来越小型化，从而需要把不同性能的晶体复合起来。比如，为了改善热扩散，把激光晶体和未掺杂晶体复合；为了改变激光波长，把激光晶体和非线性晶体复合；为了实现被动调 Q，把激光晶体和可饱和吸收体复合；为了抑制放大自发辐射，把激光晶体和激光波长吸收材料复合；等等。因此，势必要加强对晶体加工技术、高温等静压和键合设备的研究与开发。

（3）新波长激光晶体：常见的激光器工作波长主要局限于近红外，随着激光技术的发展，不同领域的应用需要各种波段的激光晶体，包括可见光波段、中远红外波段等。因此，新波长、新激活离子激光晶体的发展是永恒的主题。

（4）激光晶体的结构设计和性能调控：纵观激光晶体走过的发展历程，主要的研究工作就是把不同的激活离子和大自然已经存在的各种矿物组合起来，形成不同性能的激光晶体。目前已经在 350 多种基质晶体和 20 多种激活离子，约 70 个波段上实现了受激发射。这种依靠大自然"恩赐"的发展模式基本上已经难以为继了。尽管晶体具有有序、刚性的物质结构，实际上通过激活离子局域结构的设计可以实现激光性能的调控，从而提高现有激光晶体材料的激光性能。

（二）稀土闪烁晶体

作为辐射探测器的关键核心材料，闪烁晶体的应用领域目前已经从传统的核物理和高能物理实验向环境监测、工业测控、核医学成像、安全检查、油井勘探、空间科学研究等与人民生活和经济建设密切相关的领域扩展。为了满足不同应用领域的需求，当今闪烁晶体的科技发展呈现以下趋势：

（1）对高性能闪烁晶体的热切追求。由于民用核辐射的剂量一般都很低，因此要求闪烁晶体的性能必须具备高光输出（L.Y. ≥ 70000Photons/MeV）、快衰减（$\tau \leqslant 40ns$）、高能量分辨率（≤ 4%@662keV）、低本底和低余辉的特性。为此，除掺 Ce^{3+} 激活的闪烁晶体之外，Eu^{2+} 掺杂的闪烁晶体将更接近这一目标。此外，一些新的掺 Pr^{3+}、Yb^{3+} 或 Yb^{2+} 的快响应稀土闪烁晶体，如 $LuAl_5O_{12}$：Pr、$Lu_{2.25}Y_{0.75}Al_5O_{12}$：Pr[88]、YAP：Yb、$SrI_2$：Yb[89] 也将受到高度关注。从而促使闪烁晶体的化学组成从稀土氧化物（含氧酸盐）晶体向非氟的稀土卤化物晶体拓展。但随着组成的复杂化，晶体的制备难度也越来越大。

（2）多维多尺度闪烁体和闪烁探测器的集成。传统闪烁晶体在向大尺寸和高均匀性方向发展，而新型闪烁材料的形态正从单晶块体材料向多晶、薄膜、阵列和纤维材料的方向发展，呈现出材料制备、晶体加工与器件制作一体化发展的趋势。

（3）探测功能的多样化。传统闪烁晶体对辐射粒子的探测通常是单一的 γ 射线或 X 射线探测材料，但在反应堆、加速器和外层空间等实际的服役环境中却是多种辐射的混合场，因此要求闪烁晶体不仅能够满足对单一粒子的探测，同时还能对多种粒子和多种能量进行分辨和探测，如，能够同时区分闪烁光与 Cherenkov 辐射或同时甄别 γ 射线、质子或中子的双读出探测材料。

（4）理论计算对研发新型闪烁晶体的作用在日益增强。传统的"炒菜式"和"试错法"探索模式耗时耗力，效率低下，而建立在以分子、原子层次的理论计算和借助于高通量组分合成的筛选方法则大大加快了新晶体的研发速度，再配合以浮区法、微拉法等快速生长单晶技术，可以最大限度地缩短研究周期和提高研究效率，快速获得性能优异的组分和结构，抢占知识产权的制高点。

终上所述，稀土晶体领域未来的发展方向一方面是对现有晶体的优化，使其满足高质量、高均匀性、大尺寸化和多维化，另一方面也要不断探索性能更加优异的新晶体，实现晶体的结构设计、性能调控和系统集成。

<h2 style="text-align:center">—— 参考文献 ——</h2>

［1］ Marmo J, Komine H, McNaught S, et al. Joint high power solid state laser program advancements at Northrop Grumman ［J］. Proceding of SPIE, 2009, 7195: 719507.

［2］ Ahmed M A, Negel J P, Piehler S, et al. Advanced Solid State Lasers［M］. 2014, Page AM2A.1.

［3］ Vetrovec J, Active mirror amplifier for high-average power［J］. SPIE, 2001, 4270: 45-55.

［4］ Baldochi S L, Ranieri I M, A Short Review on Fluoride Laser Crystals Grown by Czochralski Method［J］. Acta Physica Polonica A, 2013, 124:286-294.

［5］ Lucca A, Debourg G, Jacquemet M, et al. High power diode-pumped Yb^{3+}:CaF_2 femtosecond laser［J］. Optics Letters, 2004, 29: 2767-2769.

［6］ Siebold M, Hornung M, Boedefeld R, et al. Terawatt diode-pumped Yb: CaF_2 laser［J］. Optics Letters, 2008, 33: 2770-2772.

［7］ Yu H H, Liu J H, Zhang H J, et al. Advances in Vanadate laser crystals at a lasing wavelength of 1 micrometer［J］. Laser & Photonics Review, 2014, 8（6）: 847-864.

［8］ Johnson L F, Guggenheim H J, Infrared-pumped visible laser［J］. Applied Physics Letters, 1971, 19: 44.

［9］ Mobert P E A, Heumann E, Huber G, Green Er³⁺:YLiF₄ upconversion laser at 551nm with Yb³⁺ codoping: a novel pumping scheme［J］. Optics Letters, 1997, 22: 1412.

［10］ Heumann E, Bär S, Kretschmann H, Huber G, Diode-pumped continuous-wave green upconversion lasing of Er³⁺:LiLuF₄ using multipass pumping［J］. Optics Letters, 2002, 27: 1699.

［11］ Kuleshov N V, Lagatsky A A, Podlipensky A V, et al. Pulsed laser operation of Yb-doped KY（WO₄）₂ and KGd（WO₄）₂ ［J］. Optics Letters, 1997, 22（17）: 1317-1319.

［12］ Takagi K, Fukazawa T. Cerium-activated Gd₂SiO₅ single crystal scintillator［J］. Applied Physics Letters, 1983,42: 43.

［13］ Melcher C L, Schweitzer J S. A promising new scintillator: cerium-doped lutetium oxyorthosilicate［J］. Nuclear Instruments and Methods in Physics Research Section A , 1992, 314: 212-215.

［14］ Peter Bruyndonckx, Cedric Lemaîˆtre, Dennis Schaart, et al. Towards a continuous crystal APD-based PET detector design ［J］. Nuclear Instruments and Methods in Physics Research Section A, 2007, 571:182-186.

［15］ Starzhinsky N G, Sidletskiy O T, Grinyov B V, et al. Luminescence kinetics of crystals LSO co doped with rare earth elements［J］. Functional materials, 2009, 16（4）: 431.

［16］ Sidletskiy O, Belsky A, Gektin A, et al. Structure−Property Correlations in a Ce-Doped（Lu,Gd）₂SiO₅:Ce Scintillator ［J］. Crystal Growth & Design, 2012, 12: 4411-4416.

［17］ Suprrier M A, Szupryczynski P, Kan Y, et al. Effects of Ca²⁺ Co-Doping on the Scintillation Properties of LSO:Ce［J］. IEEE Transactions on Nuclear Science, 2008, 55（3）: 1178-1182.

［18］ Blahuta S, Bessiere A, Viana B, et al. Evidence and Consequences of Ce in LYSO: Ce, Ca and LYSO: Ce, Mg Single Crystals for Medical Imaging Applications［J］. IEEE Transactions on Nuclear Science, 2013, 60（4）: 3134-3141.

［19］ Ding D Z, Liu B, Wu Y T, et al. Effect of yttrium on electron-phonon coupling strength of 5d state of Ce³⁺ ion in LYSO:Ce crystals［J］. Journal of Luminescence, 2014, 154: 260-266.

［20］ 尹红，徐扬，李德辉，等. 小动物 PET 成像用 LYSO 闪烁晶体阵列研究［J］. 压电与声光, 2014, 36（3）: 406.

［21］ Kawamura S, Higuchi M, Kaneko J H, et al. Phase Relations around the Pyrosilicate Phase in the Gd₂O₃-Ce₂O₃-SiO₂ System［J］. Crystal Growth & Design, 2009, 9（3）:1470-1473.

［22］ Gerasymov I, Sidletskiy O, Neicheva S, et al. Growth of bulk gadolinium pyrosilicate,single crystals for scintillators［J］. Journal of Crystal Growth, 2011, 318（1）: 805-808.

［23］ 冯鹤，丁栋舟，李焕英，等. 退火对提拉法生长 Lu₂Si₂O₇：Ce 晶体闪烁性能得影响［J］. 无机材料学报, 2009, 24: 1054-1058.

［24］ 彭博栋，盛亮，任国浩，等. Lu₀.₃Y₀.₇AP 闪烁晶体发光特性测量［J］. 中国核科学技术进展（第一卷）, 2009: 79.

［25］ Yoshikawa A, Chani V. Growth of optical crystals by the micro-pulling-down method［J］. MRS Bulletin, 2009, 34（4）: 266-270.

［26］ Nikl M, Yoshikawa A, Kamada K, et al. Development of LuAG-based scintillator crystals- A review［J］. Progress in Crystal Growth and Characterization of Materials,2013,59:47-72.

［27］ Liu S P, Feng X Q, Zhou Z W, et al. Effect of Mg²⁺ co-doping on the scintillation performance of LuAG:Ce ceramics［J］. Phys Status Solidi RRL, 2014, 8（1）: 105-109.

［28］ Kamada K, Kurosawa S, Prusa P, et al. Cz grown 2-in. size Ce:Gd₃（Al,Ga）₅O₁₂ single crystal; relationship between Al, Ga site occupancy and scintillation properties ［J］. Optical Materials, 2014, 36: 1942-1945.

［29］ Kamada K, Nikl M, Kurosawa S, et al. Alkali earth co-doping effects on luminescence and scintillation properties of Ce doped Gd₃Al₂Ga₃O₁₂ scintillator ［J］. Optical Matererials. 2015,41:63-66.

［30］ van Loef E V D, Dorenbos P, Kramer K, Gudel H U. Scintillation properties of LaCl₃: Ce³⁺ crystals: Fast, efficient, and high-energy resolution scintillators［J］. IEEE Transactions on Nuclear Science, 2001, 48:341-345.

［31］ van Loef E V D, Dorenbos P, van Eijk C W E, et al. Scintillation properties of LaBr$_3$:Ce^{3+} crystals: fast, efficient and high-energy-resolution scintillators［J］. Nuclear Instruments and Methods in Physics Research Section A, 2002, 486:254-258.

［32］ Shah K S, Glodo J, Higgins W, et al. CeBr$_3$ scintillators for gamma-ray spectroscopy［J］. IEEE Transactions on Nuclear Science, 2005, 52:3157-3159.

［33］ Glodo J, Loef E V D v., Higgins W M, Shah K S. Mixed Lutetium Iodide Compounds［J］. IEEE Transactions on Nuclear Science, 2008, NS-55:1496-1500.

［34］ Glodo J, Loef E V D v., Dorenbos P, et al. Scintillation properties of K$_2$LaX$_5$:Ce^{3+}（X=Cl,Br,I）［J］. Nuclear Instruments and Methods in Physics Research Section A, 2005,537:232-236.

［35］ Pactrik Doty F, Zhou X W, Yang P, et al. Elpasolite Scintillators［R］. Sandia Report. SAND 2012-9951.

［36］ Cherepy N J, Payne S A, Asztalos S J, et al. Scintillators With Potential to Supersede Lanthanum Bromide［J］. IEEE Transactions on Nuclear Science, 2009, 56:873-880.

［37］ van Loef E V, Wilson C M, Cherepy N J, et al. Crystal Growth and Scintillation Properties of Strontium Iodide Scintillators［J］. IEEE Transactions on Nuclear Science, 2009, 56: 869-872.

［38］ Yan Z, Bizarri G, Bourret-Courchesne E. Scintillation properties of improved 5% Eu^{2+} doped BaCl$_2$ single crystal for X-ray and g-ray detection［J］. Nuclear Instruments and Methods in Physics Research Section A, 2013, 698:7-10.

［39］ Gundiah G, Bizarri G, Hanrahan S M, et al. Structure and scintillation of Eu^{2+}-activated solid solutions in the BaBr$_2$-BaI$_2$ system［J］. Nuclear Instruments and Methods in Physics Research Section A, 2011, 652:234-237.

［40］ Gundiah G, Yan Z W; Bizarri G, et al. Structure and scintillation of Eu^{2+}-activated BaBrCl and solid solutions in the BaCl$_2$-BaBr$_2$ system［J］. Journal of Luminescence, 2013, 138: 143.

［41］ Borade R, Bourret-Courchesne E, Derenzo S. Scintillation properties of CsBa$_2$Br$_5$:Eu^{2+}［J］. Nuclear Instruments and Methods in Physics Research Section A, 2011, 652:260-263.

［42］ Bizarri G, Bourret-Courchesne E D, Yan Z, et al. Scintillation and optical properties of BaBrI:Eu^{2+} and CsBa$_2$I$_5$:Eu［J］. IEEE Transactions on Nuclear Science, 2011, 58: 3403-3410.

［43］ 卢毅，宋朝晖，谭新建，等. 溴化镧/氯化镧电流型闪烁探测器性能研究［J］. 原子能科学技术，2014，48（1）：158.

［44］ Alekhin M S, Weber S, W.Krämer K, Dorenbos P. Optical properties and defect structure of Sr^{2+} co-doped LaBr$_3$:5%Ce scintillation crystals［J］. Journal of Luminescence, 2014, 145: 518.

［45］ Yang K, Menge P R, Buzniak J J, et al. Performance improvement of large Sr^{2+} and Ba^{2+} co-doped LaBr$_3$:Ce^{3+} scintillation crystals［C］. in: Proceedings of the 2012 Nuclear Science Symposium and Medical Imaging Conference, Anaheim, California, 2012, pp.308.

［46］ Giaz A, Pellegri L, Riboldi S, et al. Characterization of large volume 3.5″ × 8″ LaBr$_3$:Ce detectors［J］. Nuclear Instruments and Methods in Physics Research Section A, 2013, 729:910-921.

［47］ Birowosuto M D, Dorenbos P. Novel γ- and X-ray scintillator research: on the emission wavelength, light yield and time response of Ce^{3+} doped halide scintillators［J］. Physica Status Solidi A, 2009, 206（1）: 9-20.

［48］ Roberts O J, Bruce A M, Regan P H, et al. A LaBr$_3$:Ce Fast-timing Array for DESPEC at FAIR［J］. Nuclear Instruments and Methods in Physics Research Section A, 2014, 748: 91-95.

［49］ Cazzaniga C, Nocente M, Tardocchi M, et al. Response of LaBr$_3$（Ce）scintillators to 14MeV fusion neutrons［J］. Nuclear Instruments and Methods in Physics Research Section A, 2015, 778:20-25.

［50］ Pani R, Cinti M N, Fabbri A, et al. Excellent pulse height uniformity response of a new LaBr$_3$:Ce scintillation crystal for gamma ray［J］. Nuclear Instruments and Methods in Physics Research Section A, 2015, 787: 46-50.

［51］ Benedetto A, Valladeau S, Richaud D. The effect of LaBr$_3$:Ce single crystal aliovalent co-doping on its mechanical strength［J］. Nuclear Instruments and Methods in Physics Research Section A, 2015, 784:17-22.

［52］ 高峰，张建国，杨祤方，等. LaBr$_3$:Ce 闪烁探测器自发本底的研究［J］. 核电子学与探测技术，2012，

32（5）：514.

［53］ 桂强，张春生，邹本飞，等. 溴（氟）化镧（铈）晶体生长与性能研究［J］. 人工晶体学报，2013，42（4）：639.

［54］ Guillaume Lutter, Mikael Hult, Robert Billnert, et al. Radiopurity of CeBr$_3$ crystal used as scintillation detector［J］. Nuclear Instruments and Methods in Physics Research Section A, 2013,703: 158.162.

［55］ Wei H, Martin V, Lindsey A, et al. The scintillation properties of CeBr$_{3-x}$Clx single crystals［J］. Journal of Luminescence, 2014, 156: 175–179.

［56］ Marton Z, Nagarkar Vivek V, et al. Novel High Efficiency Microcolumnar LuI$_3$:Ce for Hard X–ray Imaging［J］. Journal of Physics: Conference Series 2014, 493: 012017.

［57］ Glodo J, van Loef E, Hawrami R, et al. Selected Properties of Cs$_2$LiYCl$_6$, Cs$_2$LiLaCl$_6$, and Cs$_2$LiLaYBr$_6$ Scintillators［J］. IEEE Transactions on Nuclear Science, 2011, 58:333–338.

［58］ Shirwadkar U, Glodo J, van Loef E V, et al. Scintillation properties of Cs$_2$LiLaBr$_6$（CLLB）crystals with varying Ce^{3+} concentration［J］. Nuclear Instruments and Methods in Physics Research Section A, 2011, 652: 268–270.

［59］ Bessiere A, Dorenbos P, van Eijk C W E, et al. New thermal neutron scintillators: Cs$_2$LiYCl$_6$:Ce^{3+} and Cs$_2$LiYBr$_6$:Ce^{3+}. IEEE Transactions on Nuclear Science , 2004, 51:2970–2972.

［60］ Birowosuto M D, Dorenbos P, de Haas J T M, et al. Li–based thermal neutron scintillator research；Rb$_2$LiYBr$_6$:Ce^{3+} and other elpasolites［J］. IEEE Transactions on Nuclear Science, 2008, 55: 1152–1155.

［61］ Samulon E C, Gundiah G, Gasc ó n M, et al. Luminescence and scintillation properties of Ce^{3+}–activzated Cs$_2$NaGdCl$_6$, Cs$_3$GdCl$_6$, Cs$_2$NaGdBr$_6$ and Cs$_3$GdBr$_6$［J］. J. Lumin. , 2014, 153: 64.

［62］ Combes C M, Dorenbos P, van Eijk C W E, et al. Optical and scintillation properties of pure and Ce^{3+}–doped Cs$_2$LiYCl$_6$ and Li$_3$YCl$_6$:Ce^{3+} crsystal［J］. Journal of Luminescence, 1999, 82（4）：299–305.

［63］ William M H, Glodo J, Shirwadkar U, et. al., Bridgman growth of Cs$_2$LiYCl$_6$:Ce and ^{6}Li–enriched Cs$_2$^{6}LiYCl$_6$:Ce crystals for high resolution gamma ray and neutron spectrometers［J］. Journal of Crystal Growth, 2010, 312: 1216–1220.

［64］ Nafisah Khan，Rachid Machraf. Neutron and Gamma–ray Detection using a Cs$_2$LiYCl$_6$ Scintillator［J］. EPJ Web of Conferences, 2014, 66: 110181–4.

［65］ Chad M. Whitney, Lakshmi Soundara–Pandian, Erik B. Johnson, et al. Gamma–neutron imaging system utilizing pulse shape discrimination with CLYC［J］. Nuclear Instruments and Methods in Physics Research Section A, 2015 , 784:346–351.

［66］ Budden B S, Stonehill L C, Dallmann N, et al. A Cs$_2$LiYCl$_6$:Ce–based advanced radiation monitoring device［J］. Nuclear Instruments and Methods in Physics Research Section A, 2015, 784: 97–104.

［67］ Glodo J, Shirwadkar U, Hawrami R, et al. Fast Neutron Detection With Cs$_2$LiYCl$_6$［J］. IEEE Transactions on Nuclear Science 2013, 60: 864–870.

［68］ Boatner L A, Ramey J O, Kolopus J A, et al. Bridgman growth of large SrI$_2$:Eu^{2+} single crystals: A high–performance scintillator for radiation detection applications［J］. Journal of Crystal Growth, 2013, 379: 63–68.

［69］ Hawrami R, Glodo J, Shah K S,et al. Bridgman bulk growth and scintillation measurements of SrI$_2$:Eu^{2+}［J］. Journal of Crystal Growth, 2013,379:69–72.

［70］ Yan Z W, Gundiah G, et al. Eu^{2+}–activated BaCl$_2$, BaBr$_2$ and BaI$_2$ scintillators revisited［J］. Nuclear Instruments and Methods in Physics Research Section A, 2014, 735:83.

［71］ Bourret–Courchesne E D, Bizarri G, Borade R, et al. Crystal growth and characterization of alkali–earth halide scintillators［J］. Journal of Crystal Growth, 2012,352（1）:78.

［72］ Bourret–Courchesne E D, Bizarri G, Hanrahan S M, et al. BaBrI:Eu^{2+}, a new bright scintillator［J］. Nuclear Instruments and Methods in Physics Research Section A , 2010, 613: 95–97.

［73］ Shirwadkar U, Hawrami R, Glodo J, et al. Promising Alkaline Earth Halide Scintillators for Gamma–Ray Spectroscopy［J］.

IEEE Transactions on Nuclear Science, 2013, 60:1011.

［74］ Selling J, Birowosuto M D, Dorenbos P, et al. Europium–doped barium halide scintillators for x–ray and gamma–ray detections［J］. Journal of Applied Physics, 2007,101: 034901.

［75］ Alekhin M S, Biner D A, Kraemer K W, et al. Optical and scintillation properties of $CsBa_2I_5:Eu^{2+}$［J］. Journal of Luminescence , 2014, 145:723.

［76］ Su L B, Wang Q G, Li H J, et al. Spectroscopic properties and CW laser operation of Nd, Y–codoped CaF_2 single crystals［J］. Laser Physics Letters, 2013, 10:035804.

［77］ Qin P, Xie G Q, Ma J, et al. Generation of 103 fs mode–locked pulses by a gain linewidth–variable Nd, Y: CaF_2 disordered crystal［J］. Optics Letters, 2014, 39:1737.

［78］ Grippa A Y, Rebrova N V, Gorbacheva T E, et al. Crystal growth and scintillation properties of $CsCaBr_3:Eu^{2+}$ ($CsCa_{1-x}Eu_xBr_3$, $0 \leqslant x \leqslant 0.08$)［J］. Journal of Crystal Growth, 2013,371:112.

［79］ Zhuravleva M, Blalock B, Yang K, et al. New single crystal scintillators: $CsCaCl_3$:Eu and $CsCaI_3$:Eu［J］. Journal of Crystal Growth, 2012, 352:115–119.

［80］ Cherginets V L, Rebrova N V, Grippa A Y, et al. Scintillation properties of $CsSrX_3:Eu^{2+}$ ($CsSr_{1-y}Eu_yX_3$, X = Cl, Br; $0 \leqslant y \leqslant 0.05$) single crystals grown by the Bridgman method［J］. Materials Chemistry and Physics, 2014,143:1296.

［81］ Yang K, Zhuravleva M, Melcher C L. Crystal growth and characterization of $CsSr_{1-x}Eu_xI_3$ high light yield scintillators［J］. Physica Status Solidi–Rapid Research Letters, 2011, 5:43–45.

［82］ Ding D Z, Yang J H, Ren G H, et al. Effects of anisotropy on structural and optical characteristics of LYSO:Ce crystal［J］. Physica Status Solidi B, 2014, 251（6）:1202–1211.

［83］ Ding D Z, Qin L S, Yang J H, et al. Thermal expansion of $Lu_2Si_2O_7$:Ce crystal［J］. Thermochimica Acta, 2014, 576: 36–38.

［84］ 王佳，岑伟，李和新，等. 大尺寸闪烁晶体 Ce：LYSO 的生长［J］. 压电与声光，2013，35（3）：401.

［85］ 崔宏伟，陈建玉，丁雨憧，等. 闪烁晶体的生长及光学性能研究［J］. 人工晶体学报，2011，40（6）：1367.

［86］ 李忠宝，唐登攀，张建华，等. 两种掺闪烁晶体光致激发时间性能研究［J］. 原子能科学技术，2012，46（5）：608.

［87］ 桂强，张春生，张明荣，等. 大尺寸掺氯化铈的溴化镧晶体生长及闪烁性能研究［J］，核电子学与探测技术. 2011, 31（11）：1195.

［88］ Drozdowski W, Brylew K, Wojtowicz A J, et. al. 33000 photons per MeV from mixed ($Lu_{2.25}Y_{0.75}Al_5O_{12}$:Pr scintillator crystals［J］. Optical Materials Express, 4:1207–1212, 2014.

［89］ Alekhin M S, Biner D A, Kraemer K W, et al. Optical and scintillation properties of SrI_2:Yb^{2+}［J］. Optical Materials, 2014, 37:382.

撰稿人：任国浩　苏良碧·张明荣

稀土在钢铁及有色金属中的应用研究

一、引言

工业革命以来，钢铁及有色金属一直是人类使用的最主要的结构材料，是国家工业化的基础，堪称为工程结构材料之王，在未来相当长的一段时期内，这种材料的主导地位仍将难以动摇。进入 21 世纪，节约能源、减轻环境污染已经成为世界各国共同关心的问题，材料的轻量化可以有效降低能源的消耗，对于实现节能环保有着十分重要的意义，因此铝、镁、钛等轻质合金作为结构材料在工业领域中的应用也越来越广泛。稀土是国家的重要战略资源，在新能源、新材料、航空航天、轨道交通、电子信息等领域有着重要的应用。《国家中长期科学和技术发展规划纲要（2006—2020 年）》把稀土材料列为今后重点研究开发对象以满足国民经济基础产业和国防军工高技术发展的迫切需求。

国际上，2010 年美国颁布了新版《国家航天政策》，强调扩大国际合作、增强空间安全及发展商业航天工业；俄罗斯航天局提交"2030 年前空间探索战略"草案，目标是确保俄罗斯航天工业保持世界先进水平；欧洲在阿丽亚娜 –5ECA 基础上，投巨资研发阿丽亚娜 –5ME 和阿丽亚娜 –6 后续构型。中国政府也制定了一系列航空航天规划，在《航天运输系统 2030 发展战略》明确提出：加强航天运输系统建设，提升进入空间的能力，大力发展"神舟"飞船、"天宫"实验站、"嫦娥"探月及深空探测器，而高强、耐热稀土轻合金材料是航空航天必不可少的工程结构材料；随着对汽车排放和可回收性法律的逐步苛刻，西方汽车工业界展望，在未来二十年里，平均每辆汽车上的镁合金用量将达到100 ~ 120kg，届时仅用于汽车的镁合金将超过 500 万 t，所用的稀土将会达到 100 万 t。因此，发展大型汽车用稀土铝 / 镁合金零部件将是 21 世纪稀土应用的又一个非常重要领域。

从总体上看，中国稀土在钢铁及有色金属中应用处于世界前列，为中国的航天发展、国民经济和社会发展做出了应有的贡献，为增强中国的综合国力发挥了积极作用。

二、本学科领域近年的最新研究进展

（一）稀土在钢中的应用进展

1. 稀土加入工艺取得突破

包钢开发成功 VD 精炼炉稀土加入工艺，基本解决了大方坯、大圆坯稀土加入方法问题，使稀土重轨和稀土无缝钢管能够顺利生产。但是稀土收率低为 25%，钢中稀土含量不够只有十万分之几，性能提高还有较大潜力。鞍钢 2014 年在宽厚板坯连铸结晶器在线加稀土丝，取得重大成功，稀土加入工艺平稳，钢坯中夹杂物尺寸均小于 5μm，钢坯各点稀土含量在 0.016% ~ 0.018% 范围内，稀土收率达 80% 以上。

2. 开发了稀土钢新品种

本钢在汽车车轮钢中加稀土效果显著，年产量已达 20 万 ~ 30 万吨。包钢开发的稀土铬重轨钢，成功出口巴西、美国、墨西哥等计 5.7 万吨，也已成功用于中国高速铁路上；还累计生产了风电塔架用 Q345 系列稀土钢宽厚板 28 万吨，受到用户好评；成功开发了高强度稀土微合金热采井专用套管 BT100H，约 1 万多吨，产品的延伸率及横、纵向冲击韧性达到国内领先水平。钢铁研究总院和宝钢不锈钢公司合作，研究了稀土对 430 铁素体不锈钢性能的影响，稀土使该钢横向冲击韧性和高温抗氧化性能大幅度提高。东北大学也研究了铈显著提高 00Cr17 铁素体不锈钢高温抗氧化性的作用。内蒙古科技大学通过在 4Cr13 马氏体不锈钢中加入镧，提高了钢的强度、塑性和耐腐蚀性；在 X80 管线钢中加入 0.01% 的铈，使钢的屈服强度提高 12%、横向 −20℃ 低温冲击功由 275J 提高到 340J，效果显著。他们还在轿车用 IF 钢中，添加 0.024% 的铈，与不加铈的相比，钢的横向冲击韧性由 229.5J 增大到 308.6J，提高了 34.5%。这两项成果意义很大，值得钢厂大力推广。

（二）稀土球墨铸铁的进展

1. 研发了系列稀土球化剂和稀土蠕化剂用于制备球墨铸铁、蠕墨铸铁

近年来，随着对铸铁材料高性能化、高可靠性的追求，稀土已经成为生产高品质铸铁不可或缺的元素，特别是在大型、复杂、特殊铸件的生产中，如采用适量的钇基重稀土复合球化剂，相应的强制冷却、顺序凝固、延后孕育等生产工艺措施，以及必要时添加微量锑、铋元素等，解决了大断面（壁厚 ≥ 120mm）球铁件中心部位的石墨畸变和组织疏松等问题，成功地制作了各种重、大、特型球铁件。为了把核电站的废燃料 U^{235} 铀进行再加工，以利用剩余的 50% 核能，利用钇基稀土复合球化剂制备的多种球墨铸铁制作的重 85t，壁厚为 440mm，能承受 800℃ 供运输和储存核燃料的储运器，获得由德国材料试验协会和物理技术协会颁发的最高级安全证书。

采用钇基重稀土制作断面为 805mm 的球墨铸铁薄板轧辊，可以提高使用寿命 50%，

显著降低了轧辊的折断率。数控桥式双龙门镗铣床的固定横梁。毛坯重量达 123t，该球铁件的本体球化率为 80% ~ 90%，球化级别为 2.5 级，石墨大小 7 ~ 8 级，石墨球数 ≥ 130 个 /mm²，抗拉强度达 677MPa。

2. 在厚大断面球墨铸铁件和离心球墨铸铁管取得突破

研究成功具有高强度（$\sigma_b \geqslant 1000$MPa，最高可达 ≥ 1600MPa）、高韧性（$A \geqslant 11\%$）的奥铁体球铁（ADI），已在汽车、柴油机、拖拉机和工程机械的齿轮、曲轴和各种结构件中应用。采用厚大断面球墨铸铁件代替铸钢件和锻钢件成功地制造出 2MW 风力发电机 16 吨球墨铸铁空心主轴，满足了 –20 ~ –40℃ 的低温，在几十米甚至上百米高空，20 年不更换的要求。

近几年国内离心球墨铸铁管得到迅猛发展。2013 年产量已达到 500 万吨，占世界第一位，占全国球铁铸件的 43% 左右，离心球墨铸铁管的产量，在压力输水管道中使用比例占各种管材的首位。

轨道交通用低温铁素体球墨铸铁件。近年来中国高速铁路快速增长，在高寒地区使用的高速铁路，需采用适用于温度在 –20 ~ –50℃ 之间工作的耐低温铁素体球墨铸铁件。目前，该铸铁件已经在中国开始大量使用。

（三）稀土铝／镁合金研究进展

1. 压铸稀土镁合金的研究进展

AE44 合金是含 Al 镁合金中最典型的耐热型稀土镁合金，该合金具有优异的室温力学性能、高温力学性能和抗蠕变性能，以及抗腐蚀性能、减震性能等，是目前最有潜力的可以广泛应用到高温使役条件下的镁合金之一。但由于其室温强度不够高，因此，研究 AE44 合金在高温或者蠕变条件下的组织变化、蠕变机制以及进一步提高 AE44 合金力学性能等成为近些年来研究的热点之一。对 Mg-4Al 合金的组织和性能的研究结果表明稀土含量在 4wt.% 左右时，合金的综合力学性能和铸造性能最优，并且，在这些合金中，Mg-4Al-4La-0.4Mn 中的 $Al_{11}La_3$ 相比于 $Al_{11}Ce_3$、$Al_{11}Pr_3$ 和 $Al_{11}Nd_3$ 等具有最高的热稳定性，因此该合金力学性能和高温抗蠕变性能都优于研究合金中的其他合金；对 AE44 合金在 175℃ 和 200℃，蠕变应力大于 90MPa 下的蠕变行为研究发现 AE44 合金具有奇异的高应力指数 [$n = 67$（423K）和 $n = 41$（448K）] 和高蠕变激活能（$Q = 221$ ~ 286kJ/mol）；向 Mg-4Al-4La-0.4Mn 合金中加入微量的 B 元素，合金的微观组织发生了显著的改变，共晶区内第二相含量明显下降，加入 0.03% 的 B 时，合金的抗拉强度也提高了 30 多兆帕（MPa），屈服强度提高了将近 10MPa，延伸率提高了 70% 左右；另外，合金的抗盐雾腐蚀性能也提高了将近 50 倍。新型稀土镁压铸合金（AZ91X）、AM – SCI 和 AE44 分别被应用于大马力发动机汽缸罩盖、试制 3 缸发动机缸体和轿车发动机托架上。

2. 变形稀土镁合金的研究进展

对 Mg-Gd-Y 系合金的时效析出行为研究发现，在 Mg-10Gd-5.7Y-1.6Zn-0.7Zr 合金，

其显著的时效硬化效应主要来自于微观组织上极密分布的析出相，在 Gd 含量不太高的 Mg-Gd 合金体系上加入（1 ~ 2）wt.% 的 Zn 可以有效提高合金的固溶强化效果，并产生一个相对较强的时效硬化效应。在 Mg-Y 的基础上添加 Zn 合金元素能够明显降低 Y 在镁中的平衡固溶度，因此 Mg-Y-Zn 合金表现出很弱的时效硬化效应，因此，一般都需要热挤压来实现最优的拉伸性能。14H 相是 Mg-Y-Zn 合金的一种平衡相，具有有序六方结构（$a = 1.112nm$，$c = 3.647nm$），成分比例为 Mg-Y-Zn，原子堆垛顺序为 ABABCACACACBABA，与基体的位相关系为（0001）$_{14H}$//（0001）$_\alpha$ 和 [01-10]$_{14H}$// [11-20]$_\alpha$。在铸态 Mg-Y-Zn 合金中，经常观察到初生金属间化合物颗粒，这种颗粒具有长程周期结构，被称之为 LPSO 相。经过快速凝固过程，这种 LPSO 相能够达到纳米级尺寸和更大的体积比，比如铸态在挤压之后的 LPSO 相，其尺寸为 50 ~ 250nm，合金的屈服强度可高达 600MPa 左右。最近，另外一种 Y 和 Zn 原子占据某些特殊位置的有序单斜相 18R 相（$a = 1.112nm$，$b = 1.926nm$，$c = 4.689nm$）在 Mg-Y-Zn 合金中被观察到，14H 和 18R 是 Mg-Y-Zn 合金中常见的两种 LPSO 结构，在其他合金体系，比如 Mg-Gd-Zn，Mg-Gd-Y-Zn，Mg-Dy-Zn，Mg-Ho-Zn，Mg-Er-Zn，Mg-Tm-Zn，Mg-Tb-Zn，Mg-Y-Cu（-Zn）或者 Mg-Gd-Al 等合金体系中，还有少许其他的 LPSO 相（如 10H 和 24R）被观察到。在 Mg-Gd-Y 系合金，该合金经过变形，其抗拉强度和屈服强度分别可达到 460MPa 和 420MPa 以上，延伸率在 4% 左右，经过 T5 处理，其抗拉强度和屈服强度高达 550MPa 和 475MPa 左右，延伸率也提高到 8% 左右。最新开发的 MB26、NZ30k 和 WE43 分别应用于汽车保险杠、航空航天产品部件上。

3. 医用稀土镁合金的研究进展

镁合金之所以成为生物医用可降解金属植入材料领域的研究热点，其原因有：①良好的生物相容性。镁是人体内仅次于钙、钠和钾的常量元素之一，能够激活多种酶，参与体内一系列代谢过程，促进钙的沉积，是骨生长的必需元素。此外，体内过量的镁可通过尿液排出体外，不会导致血清镁含量的明显升高或沉积于体内而引起中毒反应；②良好的力学相容性。镁合金有高的比强度和比刚度，且密度接近自然骨，其弹性模量约为 41 ~ 45GPa，更接近于人骨的弹性模量，可有效缓解应力遮挡效应，促进骨的生长和愈合并防止发生二次骨折；③完全可降解性。镁具有很低的标准电极电位（–2.37V），易发生腐蚀反应，在含有 Cl$^-$ 的人体体液环境中易生成镁离子被周围机体组织吸收或通过体液排出体外。由于 Mg-RE 合金具有较好的综合机械性能和耐蚀性能，Mg-Y、Mg-Gd、Mg-Dy、Mg-Y-Zn、Mg-Nd-Y-Zr、Mg-Nd-Zn-Zr、Mg-Zn-Y-Nd、WE43（4wt.%Y，3wt.%RE）和 LAE422（4wt.%Li，4wt.%Al，2wt.%RE）被作为生物医用材料进行研究，其中 WE43 系列合金已经开始应用于临床实验研究。目前研究表明，众多稀土元素中，Dy 元素最易作为镁合金添加元素被人体接受。前期研究工作表明，Mg-10Dy 合金具有最佳的综合机械性能和耐蚀性能。针对 Mg-10Dy 合金，研究了合金在生物体中的耐蚀行为，腐蚀层的元素分布和细胞相容性，腐蚀实验在接近人体环境的细胞培养介质中进行。同时，中国成立了全国生物医用镁合金战略联盟。

三、国内外研究进展比较

（一）稀土钢体系

1. 以综合改善强韧性为目标的稀土高强度钢

近年来，高强度钢一直是国外稀土钢的研究热点。美国卡耐基梅隆大学与铁姆肯公司合作研究发现，当质量分数为 0.015wt.% 的稀土镧加入 AF1410 高强度钢中，非金属夹杂物的几何尺寸虽有所增大，但数密度明显减小，可以显著改善 AF1410 钢的断裂韧性。当镧加入量超过 0.06% 时，AF1410 钢的断裂韧性迅速恶化。美国萨吉诺谷州立大学研究发现，对 1010 钢、1030 钢等碳素结构钢进行稀土处理，形成的复合稀土夹杂物可以作为异质形核核心，从而细化晶粒尺寸，提高钢的屈服强度。斯洛伐克工业大学研究发现，稀土铈可以明显改善 R6M5 高强度低合金钢的高温强度，其合理的铈铁合金加入量为 0.1%。西班牙加泰罗尼亚理工大学在研究高强度低合金钢热处理过程时发现，稀土元素主要通过溶质拖拽而不是析出物钉扎在发挥作用，从而实现固溶强化，同时抑制动态再结晶，有效提高钢的高温强度，这说明稀土在高强度钢中已表现出稳定的固溶强化作用。

中国的北京科技大学、钢铁研究总院、东北大学、中科院沈阳金属所在关于稀土在钢中的作用机理研究取得了很大成绩，如稀土在钢液中的物理化学行为，存在形式，特别是晶界偏聚特征，稀土在钢中的微合金化作用等，达到国际先进水平。但近几年，中国稀土高强度钢的研究，严重落后于国外。武钢和太钢稀土钢年产量曾分别达 30 万吨，现在只有为数不多的几个钢种在进行稀土处理，攀钢的稀土钢已经停产。

2. 以改善抗高温氧化性能为主要目标的稀土耐热钢

耐热钢一直是国外稀土微合金钢的研究热点。稀土在奥氏体耐热钢、铁素体耐热钢中的作用体现在改善抗高温氧化性能、改善热加工性能等方面。欧洲、美国、日本、澳大利亚都实现了稳定批量生产。代表性钢号是瑞典的 253MA 钢，稀土含量较高，为 0.03% ~ 0.08%，稀土加入方法是保密的。中国太钢和宝钢特钢公司仿制 253MA 钢，稀土加入方法掌握得不够好，连铸工艺的稳定性与国外存在较大差距，年产量仅 0.3 万 ~ 0.4 万吨，而西方国家的年产量在 15 万吨以上。

3. 以改善耐腐蚀性能为主要目标的稀土不锈钢

稀土在奥氏体不锈钢、双相不锈钢、形状记忆不锈钢等不锈钢中的作用体现在改善耐腐蚀性能和力学性能等方面。韩国延世大学研究表明，超级双相不锈钢在加入稀土后，不但力学性能明显改善，而且还表现出优良的耐腐蚀性能，日本住友金属公司在输油管用不锈钢中至少加入 0.001% 的稀土，抑制位错向奥氏体晶界的聚集，提高不锈钢的抗应力腐蚀开裂能力，美国贝克休斯公司研究开发出一种含稀土的抗点蚀无锰不锈钢，其钢中稀土的加入量为 0.001% ~ 0.5%。俄罗斯阿里亚蒂国立大学研究发现，经稀土处理后，钢的强度、延展性及冲击韧性均有所改善，且抗 H_2S 应力腐蚀开裂、抗氢致裂纹及抗均匀腐蚀能力明显增强。中国在该领域的研究工作仍处于实验室研究阶段，距离产业化还有相当大的距离。

4. 以改善力学性能和耐腐蚀性能为目标的稀土管线钢

稀土在管线钢和无缝管用钢中的作用主要体现在改善力学性能和耐腐蚀性能等方面。俄罗斯阿里亚蒂国立大学的研究发现，经稀土处理后，钢的强度、延展性及冲击韧性均有所改善，且抗 H_2S 应力腐蚀开裂、抗氢致裂纹及抗均匀腐蚀能力明显增强。

乌克兰国家科学院将输送油气管线钢的硫含量降低至 0.002% ~ 0.005%，同时采用稀土处理控制硫化物形态，从而改善钢的抗 H_2S 应力腐蚀开裂性能。日本住友金属公司[24]向高强度钢管加入 0.0003% ~ 0.01% 的稀土，可以提高钢管 T 方向的韧性和抗爆能力。稀土加入到无缝钢管中，可起到类似作用。

中国武钢等围绕低钢级 X65 管线钢曾开展过稀土处理的工业试验，发现稀土可以改善管线钢的横向冲击韧性和低温韧性。但在高钢级 X80 管线钢的稀土应用方面，目前仍停留在实验室研究阶段，中国与国外差距较大，需要加强。

（二）稀土铸铁体系

国外成功地解决了大断面（壁厚 ≥ 120mm）球铁件中心部位的石墨畸变和组织疏松等问题，成功地制作了包括重达百吨的大型球墨铸铁核燃料储运器在内的各种重、大、特型球铁件。

国外奥铁体球铁产量和应用领域迅速增加和扩大，它已广泛地应用于汽车、柴油机、拖拉机和工程机械的齿轮、曲轴和各种结构件。国外已采用先进的 ADI 专业热处理装备，组成专业热处理生产线（中心），使 ADI 生产控制更加精确方便、稳定可靠，产量迅速增加。中国应用高强度、高韧性的等温淬火球铁（ADI）的整体水平还是相对落后，表现在：产品应用领域较窄，规模化生产的技术和装备不配套，生产质量控制手段未能达到精确方便、稳定可靠。尚未形成现代化规模的生产技术，CADI 的研究和应用还有待加强和扩大。

近年来，欧洲许多汽车厂商采用蠕墨铸铁生产发动机缸体，并获得巨大成功：缸筒间联结厚度由 7mm 减为 3mm，单位马力缸体重量减少了 70.2%。而德国的墨铸铁已经在发动机缸体这样的高端产品上得到批量应用，如奥迪、宝马、大众等品牌汽车的气缸体，发动机的比功率有了显著的提高。

德国采用转包法每吨铁水加入 35g 铈进行球化，换算成氧化物同时考虑到工艺出品率，相当于每吨铸件不到 100g 稀土，而中国和日本大约在每吨球铁件 500 多克。2010年来，出于稀土资源的考虑，日本等稀土进口国开展了替代稀土和用量削减的研究，取得了一些基础和应用研究的结果，但还不能达到不用稀土的目的。

（三）稀土铝/镁合金

国外为改善镁合金的耐热性，拓宽其在汽车上的应用范围，将稀土元素作为镁合金的添加剂，开发了稀土镁合金，特别是加入稀土元素后，镁合金可在 150℃下长时间使用。其主要牌号有 AE44、QE22、WE43 及 AZ 系中加入少量稀土来改善镁合金的流动性。但在镁合金的应用方面，国外做了大量的稀土镁合金汽车零部件的开发和应用，如汽缸罩盖、方向盘、转向架、仪表盘、发动机支架、变速箱、铝/镁合金复合发动机等，在航空航天产品上也大量应用稀土镁合金材料，如导弹筒体、仪表箱、仪器支架、卫星侦察平台、飞机蒙皮、机匣、齿轮室、月球车等。中国稀土铝/镁合金的研究具有国际先进水平，特别是发挥稀土资源的优势，重点发展高性能耐热镁合金和高性能铸造镁合金，以稀土镁合金为主要体系，发展强度超过 550 ~ 600MPa、延伸率大于 5% ~ 10% 的超高强变形镁合金。同时中国开发了高成形性镁合金和高塑性镁合金；开发了具有高强度的高阻尼镁合金材料，实现抗拉强度 350MPa 级别时比阻尼系数（SDC）超过 40%；在稀土镁合金的制备加工技术发明也有一定突破，形成以上海交通大学、重庆大学、中国科学院长春应化所、沈阳金属所等为代表的稀土铝/镁合金的研发及中试基地。但中国在应用方面还远远落后于西方国家，主要是稀土镁合金的一些性能参数不全、设计师对稀土铝/镁合金的各种性能了解甚少，在设计时很少应用稀土铝/镁合金材料。

四、本学科发展趋势和展望

国外在稀土高强度钢、稀土耐热钢、稀土不锈钢、稀土管线钢，稀土高速钢、稀土模具钢和稀土表面硬化钢方面，研究成果和产业化发展良好。近年来，由于中国钢产量过剩严重，有关钢方面的国家项目很少，稀土钢几乎没有项目。中国稀土钢的研究和生产，与国外差距不断拉大。

中国是世界稀土资源和产量第一的稀土大国，又是钢产量第一的钢铁大国，钢的品种质量与国外先进水平还有相当大的差距，仍有不少钢材需要进口。用稀土这个高技术材料来强化和提升钢铁传统产业，在低合金钢、特殊合金钢中加入微量稀土，把稀土的资源优势转化为钢材的品种优势和经济优势，具有重要的战略意义。只要国家给予项目经费支持，中国的稀土钢完全可能做大做强。如果中国稀土钢的年产量达到 2000 万 t，仅占中国粗钢产量的 2.5%，则每年使用混合稀土金属（以过剩的元素铈、镧为主）约 1.2 万 t，这有利于稀土元素的平衡利用，促进中国稀土产业的健康发展。

稀土处理作为一种特殊的炉外精炼技术，基本上不需要技术改造投入，一台喂丝机设备仅几万元，试验成功就可以转产。稀土既是优良的夹杂物变质剂，又是一种强效的微合金元素，这是硅钙所不能代替的。钢中加入各种合金元素，如镍、铬、钼、铌、钒、钛等，发达国家已经作了长期而大量的研究工作，但把稀土作为钢中的一种微合金元素，国外受制于资源条件，并未开展全面系统的研究工作。国内外钢厂的实践证明，研制开发稀土微合金钢和稀土处理钢，是改善钢质和开发品种的有效措施之一。稀土微合金钢和稀土处理钢的发展潜力巨大。

包钢决定利用稀土的资源优势大力发展稀土微合金钢和稀土处理钢，目前年产量是10万t，未来几年将有大的发展。本钢的稀土钢产量现有18万t，通过开发新品种，稀土钢的年产量将很快达到30万t以上。鞍钢正在积极开发军工用稀土船板钢等品种，发展趋势良好。太钢作为世界上最大的不锈钢生产厂家，非常关注稀土在不锈钢和耐热钢中的应用技术。宝钢也开展了奥氏体不锈钢中加入稀土的工业试验。

在稀土球墨铸铁领域，随着球化技术的进步，中国将越来越多地采用转包法、盖包法、喷镁法、喂丝法等新的球化处理工艺；重点加强钇基重稀土在厚大断面球铁中的应用技术研究。ADI和CADI在中国的应用正在逐步扩大，这首先需要高质量球铁和高质量含碳化物球铁生产技术；失效硝盐的处理和安全生产、清洁化生产技术；稀土－镁球化处理的清洁生产技术；超大型、大断面、复杂结构、高性能铸铁件的发展以及炉料的复杂化对稀土在铸铁中的应用提出了越来越高的要求，与其对应，高质量、成分稳定的铁水的熔炼、检测和控制技术、先进稳定的球化技术、蠕化和孕育技术是基础保障条件，应大力加强研究和配备。

稀土铝／镁合金领域，目前镁合金的发展更加趋向于发展高温耐热高强镁合金，而稀土镁合金一般都具有较好的高温耐热性能，很多稀土镁合金也具有较高的强度，但是对于铸态镁合金，一般情况下其强度都在400MPa以下，而铸态稀土镁合金在很多领域内都有很大的潜在利用价值，因此，高强度高韧性镁合金的设计和开发已经成为当前乃至未来的一个重要研究发展方向。

在基础研究方面需要解决的问题：①在很多商用稀土镁合金的时效初期阶段形成的析出相的结构和成分目前还不清楚；②在稀土镁合金中的许多析出相都具有很薄的片层结构，随着时效时间的延长，这些片层不会粗化，而回形成几个原子层厚度的原子团簇，关于这种薄片状析出相抗粗化和原子团簇的机理目前尚不清楚；③析出强化模型表明与棱柱面或者基面结合很强的具有大纵横比的析出相具有非常好的强化效果，但是使合金在时效时析出具有这样特征的相还很困难；④目前关于合金在不同温度和不同应力条件下的蠕变机制还不清楚，而对于变形稀土镁合金在变性后以及时效后的蠕变行为，目前还缺少系统的研究。未来的发展主要集中在：

（1）进一步研究稀土元素对镁合金的强韧化、耐腐蚀和抗蠕变的作用机制；

（2）优化稀土镁合金系，研究多组元稀土元素对镁合金的复合强韧化作用，开发高强韧稀土镁合金系；

（3）采用先进的合金制备工艺，通过改变压铸、快速凝固、深度塑性变形工艺以及形变热处理等手段，进一步提高稀土镁合金的性能；

（4）研究微合金化元素对稀土镁合金的作用，用微合金化元素替代部分稀土元素，开发低成本高性能稀土镁合金；

（5）开展稀土镁合金在氢动力汽车的储氢载体应用，其中，镁合金凭借其低密度和高储氢容量（理论值），符合汽车的新能源化、轻量化的趋势，成为储氢材料的研究热点；

急需解决循环稳定性差、吸放氢温度高、吸放氢速度慢等缺点；

（6）开展医用稀土镁合金的研究，重点解决稀土镁合金作为生物医用材料的毒性评价，提高其强韧性和耐腐蚀性，提高其可控降解的能力。

—— 参考文献 ——

［1］李春龙. 稀土在钢中应用与研究新进展［J］. 稀土，2013, 34（3）:78-85.

［2］王龙妹，朱桂兰，徐军等. 稀土在430铁素体不锈钢中的作用及机理研究［J］. 稀土，2008, 29（1）: 68-71.

［3］刘宏亮，刘承军，王云盛等. 稀土管线钢轧制工艺的模型研究［J］. 稀土，2011, 32（3）: 1-7.

［4］Sereda B, Sheyko S, Belokon Y, et al. editors. The influence of modification on structure and properties of rapid steel. Materials Science and Technology Conference and Exhibition, 2011, MS and T'11, October 16, 2011 – October 20, 2011；2011；Columbus, OH, United states: Association for Iron and Steel Technology, AISTECH.

［5］Choudhary P, Garrison Jr W M. The effect of inclusion type on the toughness of 4340 steel［J］. Materials and Manufacturing Processes, 2010, 25（1-3）:180-184.

［6］Torigoe T, Hineno M, inventors；Ferritic-austenitic two-phase stainless steel. US patent 6344094. 2002.

［7］Cabrera J M, Mejía I, Prado J M. Effect of rare-earth metals on the hot strength of HSLA steels［J］. Zeitschrift für Metallkunde, 2002,93（11）:1132-1139.

［8］McGrath M C, Van Aken D C, Richards V L, editors. Effect of cerium on the inoculation of acicular ferrite in hot-rolled Fe-Mn-Al-Si-C steel. AISTech 2010 Iron and Steel Technology Conference, May 3, 2010 – May 6, 2010；2010；Pittsburgh, PA, United states: Association for Iron and Steel Technology, AISTECH.

［9］刘承军，刘宏亮，毛天成等. 稀土对B450NbRE钢耐大气腐蚀性能的影响［J］. 稀土，2008, 29（1）: 81-84.

［10］Li C L, Zhi J G, Wang R. Effect of Rare Earths on Properties of BNbRERail Steel［J］. Journal of Rare Earths, 2003, 21（4）:469-473.

［11］李言栋，刘承军，姜茂发. 不同洁净度条件下253MA钢中夹杂物的析出行为［J］. 东北大学学报，2014,35（11）: 1552-1555.

［12］于宁，刘永刚，张志波等. 汽车钢板冲压性能的内耗谱表征［J］. 上海交通大学学报，2010, 44（5）: 624-627.

［13］Liu H L, Liu C J, Jiang M F. Effect of Rare Earths on Impact Toughness of a Low –Carbon Steel［J］. Materials & Design. 2012, 33: 306-312.

［14］杜晓建，王龙妹，刘晓等. 稀土在耐热钢高温氧化中的作用机制［J］. 稀土，2010, 31（3）:73-76.

［15］Gajewski M, Kasinska J. Effects of Cr – Ni 18/9 Austenitic Cast Steel Modification by Mischmetal［J］. Archives of Foundry Engineering, 2012,12（4）:47-52.

［16］Makarenko V D, Makarenko I O, Ob'edkova V V, et al. Effects of modifying trace components on petroleum pipeline corrosion resistance［J］. Chemical and Petroleum Engineering, 2006,42（7-8）:465-472.

［17］Park Y S, Kim S T, Lee I S, et al. Effects of Rare Earth Metals addition and aging treatment on the corrosion resistance and mechanical properties of super duplex stainless steels［J］. Metals and Materials International, 2002,8（3）:309-318.

［18］18 Kondo K, Yamamoto M, Takano T, et al., inventors；High strength steel pipe for an air bag. US patent 7846274. 2010.

［19］Amaya H, Takabe H, Ogawa K, inventors；Duplex Stainless Steel. US patent 20120177529. 2012.

［20］ Arai Y, Takano T, inventors；Seamless steel tube for an airbag accumulator and process for its manufacture. US patent 8496763. 2013.

［21］ John H, inventor Pitting corrosion resistant non-magnetic stainless steel. US patent 8535606. 2013.

［22］ Petryna D Y, Kozak O L, Shulyar B R, et al., Influence of alloying by rare-earth metals on the mechanical properties of 17g1s pipe steel［J］. Materials Science, 2013,48（5）:575-581.

［23］ Amaya H, Kondo K, Takabe H, et al., inventors；Stainless Steel Used For Oil Country Tubular Goods. US patent 20110014083. 2011.

［24］ 宗鑫，任慧平，金自力. CSP工艺条件下稀土对低碳结构钢热轧过程中再结晶行为的影响［J］. 中国稀土学报，2010，28（4）:484-488.

［25］ Savkin D V, Mishchenko V G. inventors；Hot and Corrosion-Resistant Steel. US patent 20100008813. 2010.

［26］ 林勤，李军，张路明. 高强度耐大气腐蚀钢中稀土提高耐蚀机理研究［J］. 稀土，2008，29（1）:63-66.

［27］ Bursik J, Bursikova V, Jiraskova Y, Abuleil T, Blawert C,Dietzel W, Hort N, Kainer K U. Microstructure and mechanicalproperties of as-cast Mg-Sn-Ca and Mg-Sn-Mn alloys. in:Kainer K U（Eds.）, Magnesium: Proceedings of the 7th InternationalConference Magnesium Alloys and Their Applications.Germany: WILEY-VCH Verlag GambH & Co. KGaA, Weinheim, 2006. 37.

［28］ Yang M B, Pan F S, Cheng L, Shen J. Effects of cerium on as-cast microstructure and mechanical properties of Mg-3Sn-2Ca magnesium alloy［J］. Materials Science and Engineering A, 2009, 512: 132.

［29］ Rokhlin L L. Magnesium Alloys Containing Rare Earth Metals［M］. Taylor & Francis, 2003.

［30］ Nie J F. Effects of precipitate shape and orientation on dispersion strengthening in magnesium alloys［J］. Scripta Materialia, 2003, 48:1009-1015.

［31］ Hadorn J P, Agnew S R. Department of Materials Science and Engineering, University of Virginia, Charlottesville, VA, 22904-4745, USA.

［32］ Mirza F A, Chen D L, Li D J, Zeng X Q. Effect of strain ratio on cyclic deformation behavior of a rare-earth containing extruded magnesium alloy［J］. Materials Science and Engineering A,2013, 588（20）: 250-259.

［33］ Begum S, Chen D L, Xu S, Luo A A. Effect of strain ratio and strain rate on low cycle fatigue behavior of AZ31 wrought magnesium alloy［J］. Materials Science and Engineering A, 2009, 517（1-2）: 334-343.

［34］ Hort N, Huang Y, Fechner D, et al. Magnesium alloys as implant materials—Principles of property design for Mg-RE alloys［J］. Acta Biomaterialia, 2010, 6（5）: 1714-1725.

［35］ Witte F, Hort N, Vogt C, et al. Degradable biomaterials based on magnesium corrosion［J］. Current Opinion in Solid State and Materials Science, 2008, 12（5-6）: 63-72.

［36］ Hort N, Huang Y, Fechner D, et al. Magnesium alloys as implant materials - principles of property design for Mg-RE alloys［J］. Acta Biomaterialia, 2010, 6: 1714-1725.

［37］ Yang Q, Liu X J, Bu F Q, et al. First-principles phase stability and elastic properties of Al-La binary system intermetallic compounds［J］. Intermetallics, 2015,60: 92-97.

［38］ Yu Z J, Huang Y D, Qiu X, et al. Fabrication of magnesium alloy with high strength and heat-resistance by hot extrusion and ageing［J］. Materials Science and Engineering A, 2015, 578: 346-353.

［39］ Yu Z J, Huang Y D, Qiu X, et al. Fabrication of a high strength Mg-11Gd-4.5Y-1Nd-1.5Zn-0.5Zr（wt.%）alloy by thermomechanical treatments［J］. Materials Science and Engineering A, 2015, 622: 121-130.

［40］ Tong L B, Zheng Q X, Jiang Z H, et al. Enhanced mechanical properties of extruded Mg-Y-Zn alloy fabricated via low-strain rolling［J］. Materials Science and Engineering A, 2015,620: 483.

［41］ Yang Q, Bu F Q, Zheng T, et al. Influence of trace Sr additions on the microstructures and the mechanical properties of Mg-Al-La-based alloy［J］. Materials Science and Engineering A, 2014, 619: 256-264.

［42］ Zhang J H, Xu L J, Jiao YF, et al. Study of Mg-Ymm-Zn alloys with high-streng thate levated temperatures processed by water-cooled mold casting［J］. Materials Science and Engineering A, 2014, 610: 139.

［43］ Tong L B, Zheng M Y, Zhang D P, et al. Compressive deformation behavior of Mg–Zn–Ca alloy ［J］. Materials Science and Engineering A, 2013,586: 71.

［44］ Fan J, Qiu X, Niu X D, et al. Microstructure, mechanical properties, in vitro degradation and cytotoxicity evaluations of Mg–1.5Y–1.2Zn–0.44Zr alloys for biodegradable metallic implants ［J］. Materials Science and Engineering C, 2013, 33: 2345–2352.

［45］ Yang Q, Zheng T, Zhang D P, et al. Microstructures and tensile properties of Mg–4Al–4La–0.4Mn–xB（x = 0, 0.01, 0.02, 0.03）alloy ［J］. Journal of Alloys and Compounds, 2013, 572: 129–136.

［46］ Yu Z J, Huang Y D, Qiu X, et al. Fabrication of magnesium alloy with high strength and heat–resistance by hot extrusion and ageing ［J］. Materials Science and Engineering A, 2013, 578: 346–353.

［47］ Zhang J H, Leng Z, Zhang M L, et al. Effect of Ce on microstructure, mechanical properties and corrosion behavior of high–pressure die–cast Mg–4Al–based alloy ［J］. Journal of Alloys and Compounds, 2011,509: 069–1078.

［48］ Liu K, Meng J. Microstructures and mechanical properties of the extruded Mg–4Y–2Gd–xZn–0.4Zr alloys ［J］. Journal of Alloys and Compounds, 2011,509: 3299–3305.

［49］ Yang L, Huang Y, Peng Q, Feyerabend F, et al. Mechanical and corrosion properties of binary Mg–Dy alloys for medical applications ［J］. Materials Science and Engineering B, 2011, 176:1827–34.

［50］ Hanzi A C, Gunde P, Schinhammer M, Uggowitzer P J. On the biodegradation performance of an Mg–Y–RE alloy with various surface conditions in simulated body fluid ［J］. Acta Biomaterialia, 2009, 5:162–71.

［51］ Hanzi A C, Gerber I, Schinhammer M, Loffler J F, Uggowitzer P J. On the in vitro and in vivo degradation performance and biological response of new biodegradable Mg–Y–Zn alloys ［J］. Acta Biomaterialia, 2010, 6:1824–33.

［52］ Wang Y P, Zhu Z J, He Y H, Jiang Y, Zhang J, Niu J L, et al. In vivo degradation behavior and biocompatibility of Mg–Nd–Zn–Zr alloy at early stage ［J］. International Journal of Molecular Medicine, 2012, 29:178–84.

［53］ Dobron P, Balik J, Chmelik F, et al. A study of mechanical anisotropy of Mg–Zn–Rare earth alloy sheet ［J］. Journal of Alloys and Compounds, 2014, 588: 628–632.

撰稿人：牛晓东　孟　健　卢先利　关成君　胡家骢　刘承军

李春龙　刘金海　叶晓宁　邱　鑫　田　政　张德平

稀土高分子助剂研究

一、引言

稀土元素具有独特的 4f 电子结构，丰富的能级跃迁，大的原子磁矩，很强的自旋轨道耦合等特性。这些特性赋予稀土元素及其化合物独特的光、电、磁、热等功能，在一些体系中加入少量的稀土化合物往往产生不同于原体系的性能，因而有"工业味精"之称，被认为是构筑信息时代新材料的宝库[1-2]。稀土在高分子材料中的应用是其应用研究的一个重要方面，涉及有机合成、精细化工、材料加工等领域。已有研究显示稀土化合物在改进高分子材料加工和使用性能等方面具有独特的功效，并赋予高分子材料新的特殊功能[3]。

中国是稀土资源大国，储量世界第一，品种齐全。串级萃取稀土分离方法的提出及其在稀土工业上的普及，使中国成为世界上高纯稀土的生产大国。但中国稀土资源供需不平衡，钕、镨、镝、铽、钬、铒供不应求，而镧、铈、钇等高丰度轻稀土因其应用面窄，用量少而出现积压，因此急需拓宽此类稀土的应用面。与其他元素形成稀土配合物时，稀土元素的配位数可在 3 ~ 12 间变化，使稀土化合物的结构多样化。利用稀土元素的这一性质，可以使稀土元素与大量性能各异的无机、有机配体通过络合配位形成不同结构、性能的新物质，从而开发出低成本、环保、高效、多功能绿色稀土助剂。例如将这种多功能绿色富镧轻稀土作为"维生素"引入高分子材料领域中，一方面能大幅度改善高分子材料的品质，另一方面亦可有效缓解富镧轻稀土积压问题对稀土工业的健康发展带来的不利影响。

在国家"863"计划、科技支撑计划以及各级政府科技项目的支持下，以镧、铈、钇等富镧轻稀土为主要原料的新型稀土功能助剂的研究取得了长足的进步。研究结果表明：稀土助剂在高分子材料中的应用已成为一个新研究领域，稀土助剂在改进高分子材料加工和应用性能以及赋予高分子材料新功能等方面具有独特的功效，目前稀土化合物已在聚氯乙烯多功能助剂、合成橡胶防老剂、聚丙烯 β-晶成核剂、聚酰胺纤维纺织助剂等领域得到了成功的应用。创制的新型稀土助剂与国内外同类功能产品相比，性价比优，打破了国外对高分子高端功能助剂的技术垄断，获得了多项具有中国特色的原创自主知识产权。上述研究成果已经或正在实现产业化，有望促进中国功能助剂技术原创性地实现跨越式发展，形成中国原创具鲜明特色的稀土化工新材料产业链，为相关行业提供相关产品和技术支撑。

二、本学科领域近年的最新研究进展

（一）PVC 助剂

塑料建材是继钢铁、木材和水泥之后新兴的第四代新型建筑材料。塑料建材包括塑钢门窗、塑料管材、建筑防水材料、隔热保温材料、装饰装修材料等。在建筑工程、市政工程、工业建设中用途广泛。建筑材料中，PVC 用量较大。2013 年中国 PVC 表现消费量达1400 万 t，消耗耗助剂约 230 万 t，均居世界第一。现时中国热稳定剂产品结构很不合理。铅、镉类重金属产品占 70% 以上，无毒产品仅占 15%，且效能落后于国外，依赖进口。2009 年中国热稳定剂表观消费量约 37 万 t，其中铅盐类占 50%，金属皂类占 20%，稀土类占 20%，有机钙等占 10%。

稀土热稳定剂较好地解决了无铅化热稳定剂开发过程中存在的初期着色—锌烧—长期高温耐热差—易析出等共性难题。研究表明，稀土热稳定剂热稳定性好，透明性显著，能与锌皂等起协同作用，而且不受硫化污染，存储稳定，还具有无毒环保的优点。由于稀土稳定剂与传统稳定剂配合性良好并能与多数常规稳定剂产生显著的协同效应，稀土稳定剂常与常规稳定剂复合并用，制备成多功能稀土复合稳定剂，获得了同时兼具优良热稳定性和促进塑化功能的稀土功能助剂，产品特别适用于 PVC 硬制品高速挤出，实现了热稳定剂替铅/镉技术突破，减缓 PVC 的变色速度并优于国内外钙/锌产品。由于协同效应，使复合稳定剂对 PVC 的热稳定作用优于单纯的稀土稳定剂。稀土多功能复合热稳定剂因其独特的化学结构，对 PVC 体系还具有一定的偶联、增韧、增容、润滑等作用，可提高物料流动性和 PVC 制品的力学性能。利用协同效应制成的多功能型稀土复合热稳定剂，可广泛用于 PVC 异型材、管材、板材、人造革、透明制品等软硬制品的加工，适用挤出、注塑、压延、吹塑等加工工艺。在制品成型加工中具有用量少、高效、加工性能好、光热稳定性和耐候性优良的特点，符合环境友好型塑料助剂的发展要求。这对推动中国无铅化PVC 加工技术的发展具有重要意义。

为改善无机粒子与 PP、PE、PVC 等基体树脂间的相容性，通常对无机粒子进行表面处理。一种含稀土配合物的复合稀土改性剂可用作无机粒子的表面处理剂，无机粒子经其处理后，可改善在塑料基体中的分散性，提高复合物的抗冲击性能及流动性，有望开发成为一类有效、价廉、环境友好的新型表面处理剂。稀土表面处理剂可提高无机粉体与基础树脂的相容性，使填充改性材料的多种性能发生质的飞跃，大幅度提升其附加值，这不仅有利于无机刚性粒子增韧高分子材料的发展，而且对中国无机粉体传统产业和高附加值产品的发展具有积极的推动作用。稀土表面处理剂应用面很广，可适用于 $CaCO_3$、$Mg(OH)_2$、蒙脱土等体系，在较高的填充量下，经稀土表面处理剂处理的体系中无机粒子分散均匀，且完全呈韧性破坏，而未处理的体系中无机粒子与基体间几乎无任何作用。经过稀土表面处理剂处理过的 $CaCO_3$，在体系中的黏度迅速下降，呈现亲油性，效果较钛酸酯（NDZ-201）处理得更好；稀土表面处理剂在 $CaCO_3$ 表面上的粘接，不仅仅是物理吸附作用，而且还有更强的化学键合发生，即稀土表面处理剂中的以镧为主的轻稀土元素可能与 $CaCO_3$ 中的氧发生配位。这种配位作用的产生赋予了稀土表面处理剂活化 $CaCO_3$ 优异的性能。$Al(OH)_3$、$Mg(OH)_2$ 等是目前首选的无卤阻燃剂，在填充量高时才能获得较好的阻燃效果，同时材料的力学性能和加工性能均严重下降。使用稀土表面处理剂处理这类无机阻燃剂，能够很好解决高填充体系的阻燃性、加工性及力学性能等问题。

稀土多功能发泡－稳定助剂解决了现有 UPVC/碳酸钙发泡复合体系助剂毒性高、功能单一、连续生产时间短、发泡密度偏高的问题。经过双辊动态老化及静态老化研究表明稀土多功能发泡－稳定助剂比国外同类体系具有更优异的热稳定性、润滑性及加工性能。与国内外其他发泡剂相比：①稀土多功能发泡－稳定助剂采用无铅化稳定体系，耐硫化污染，减缓或避免了使用铅盐易产生硫化污染具优良的热稳定性、耐候性：由于稀土具有吸收紫外光，放出可见光特性，进一步减少了紫外光对树脂分子的破坏，故能改善制品的户外老化性能，或同等性能条件下可减少防老化添加剂的用量，节约成本。稀土复合稳定剂低毒、无毒，一方面可改善生产工人环境卫生，保证配料工人体内铅含量不超过卫生标准；另一方面可使制品通过 SGS 国际检测机构的检测，满足 RoHS 认证等卫生要求进入国际市场。②稀土多功能发泡－稳定助剂具优异的发泡调节性，发泡倍率高，泡孔细腻均匀，制品密度小：稀土多功能发泡－稳定助剂是吸放热平衡型发泡剂，具有良好的分散性，能有效地控制和平衡分解产生的热量，使发泡剂的分解不对物料温度产生影响，从而使发泡剂得以平稳分解，保证了物料内外压力的相对稳定和平衡，为物料的平稳挤出创造了有利条件，所得制品的泡孔结构均匀、表面平整光滑、制品减重显著。③稀土多功能发泡－稳定助剂抗析出，发泡成型加工稳定性好，能进行长期稳定的生产。目前，钙/锌无毒金属皂稳定剂产品的主要缺点是稳定效率低，应用于 PVC 硬制品的高效钙/锌稳定剂，成本价格偏高，且在高速挤出过程中易出现"白恶"现象、加工周期短，对 PVC 发泡制品适用性较差。稀土多功能发泡－稳定助剂应用整体配方优化设计原理，通过独特的化合反应和调优复配技术生产而成，抗析出性和长期加工热稳定性好，可减少清模次数，延长加工周期。④稀土多功能发泡－稳定助剂简化配方，配料方便，节时省力，降低成本：配方设计是对制品起决定作用的技术因素之一，配方设计的好坏关系到挤出生产的稳定性，废品率的高低及制品的性能好坏，即影响制品的性价比。PVC 是一种热敏性塑料，制品的优异性能靠添加若干助剂来保证，但各类助剂和原料名目繁多，优劣杂陈，如何优选，合理搭配达到配方制品的高性价比是配方设计追求的目标。⑤应用稀土多功能发泡-稳定助剂,配方中毋需加入稳定剂、润滑剂、调节剂和整泡剂,发泡制品密度在 0.45 ~ 0.75 g/cm³ 可控生产。稀土发泡专用助剂这对促进中国塑料制品轻量化,节约合成树脂有重要作用[4, 5]。

(二)稀土聚丙烯 β-成核剂

聚丙烯(PP)具优良的综合性价比,得到广泛应用。但缺口冲击性能差、高温刚性不足等,制约了在高端领域的应用。可通过改变聚丙烯的结晶形态,从而提高聚丙烯的力学性能和耐热性能,进而提高其使用价值,为实现通用树脂的高性能化,工程化开辟了新途径;目前商品化的 β-成核剂主要是日本的芳酰胺类专利产品。稀土聚丙烯 β-成核剂为含 La^{3+} 和 Ca^{2+} 的混配型异核配合物,是一种全新结构的 PP β-成核剂,与国外芳香酰胺类 β-成核剂相比:①具有更好的成核效果:在聚丙烯中分别加入优选含量的稀土成核剂及芳香酰胺类 β-成核剂时,聚丙烯的结晶温度分别为 118℃和 123℃;②具有更优异的 β-成核选择性:在 141.5℃等温结晶时,添加芳香酰胺类 β-成核剂的样品中 β-晶型含量已低于 50%,而添加稀土成核剂的样品在 143℃仍以 β-晶型为主;③可获得更高的热变形温度:不同含量芳香酰胺类成核剂体系的负载热变形温度可提高 10 ~ 20℃,而稀土体系可提高 15 ~ 40℃;④加工稳定性更优,多次 DSC 循环分析的结果表明,稀土成核剂具有良好的加工稳定性,经过 5 次加热—冷却过程,β-晶型含量仍占大部分;而另一种芳香酰胺类成核剂,第 5 次后主要变成 α-晶型。目前,稀土 β-成核剂的售价仅为日本芳香酰胺产品的 60% 左右,性价比远优于现有同类产品。利用这些特点更好的克服传统弹性体增韧时 PP 的韧性提高而刚性及热变形温度大幅度下降的矛盾,是 PP 高性能低成本化的重要途径之一[6]。

为改善无机粒子与聚烯烃基体树脂间的相容性,通常需对无机粒子进行表面处理。一种含稀土配合物的复合稀土改性剂可用作无机粒子的表面处理剂。无机粒子经其处理后,可改善在塑料基体中的分散性,提高复合物的抗冲击性能及流动性,已开发成为一类有效、价廉、环境友好的新型表面处理剂。稀土表面处理剂可提高无机粉体与基础树脂的相容性,使填充改性材料的多种性能发生质的飞跃,大幅度提升其附加值,这不仅有利于无机刚性粒子增韧高分子材料的发展,而且对中国无机粉体传统产业和高附加值产品的发展具有积极的推动作用。稀土表面处理剂应用面很广,可适用于 $CaCO_3$、$Mg(OH)_2$、蒙脱土等体系,在较高的填充量下,经稀土表面处理剂处理的体系中无机粒子分散均匀,材料呈韧性破坏,而未处理的体系中无机粒子与基体间几乎无任何作用。经过稀土表面处理剂处理过的 $CaCO_3$,在体系中的黏度迅速下降,呈现亲油性,效果较钛酸酯(NDZ–201)处理得更好;稀土表面处理剂在 $CaCO_3$ 表面上的粘接,不仅仅是物理吸附作用,而且还有更强的化学健合发生,即稀土表面处理剂中的以镧为主的轻稀土元素可能与 $CaCO_3$ 中的氧发生配位,这种配位作用的产生赋予了稀土表面处理剂活化 $CaCO_3$ 优异的性能。$Al(OH)_3$、

Mg（OH）$_2$等是目前首选的无卤阻燃剂，在填充量高时才能获得较好的阻燃效果，同时材料的力学性能和加工性能均严重下降。使用稀土表面处理剂处理这类无机阻燃剂，能够很好地解决高填充体系的阻燃性、加工性及力学性能等问题。

（三）稀土橡胶助剂

橡胶的优异性能在许多领域得到广泛应用，生产和应用所需的投资比其他材料低，经济效益显著，因而橡胶工业发展迅速。目前橡胶材料正向高性能化、高功能化、复合化、精细化、智能化方向发展。利用高新技术改造传统橡胶工业已成为历史必然。稀土新材料可用作橡胶的合成催化剂、硫化促进剂、防老剂、补强剂以及橡胶填料的表面处理剂。稀土功能助剂的使用可以延长橡胶的使用寿命、提高橡胶的力学性能、耐热性和耐磨性，使橡胶的多种性能发生质的飞跃，大幅提升橡胶制品的附加值。突破新型橡胶助剂在高性能轮胎（绿色轮胎）节能、环保、安全、耐用等方面的要求，可提高轮胎使用寿命10%以上。

橡胶助剂主要包括橡胶促进剂、硫化剂、防老剂、加工型助剂和其他特种功能性橡胶助剂。目前稀土在橡胶中的应用研究，主要集中于四个方面，一是稀土催化合成橡胶；二是稀土改善橡胶材料的使用性能研究；三是稀土橡胶硫化促进剂的研究；四是稀土橡胶功能性助剂的研发。

稀土催化合成橡胶：用稀土催化剂合成的异戊橡胶和顺丁橡胶在中国已经工业化，其工艺和合成橡胶的性能均优于国外通用的钛系、锂系催化剂的产品。稀土催化丁二烯和异戊二烯共聚橡胶，也正逐步走向产业化。

稀土改善橡胶材料的使用性能：稀土作为填料或者填料的表面改性剂等对橡胶都有一定的补强作用，稀土氧化物、纳米级稀土氧化物以及羧酸稀土填入到橡胶中，可以对橡胶的力学性能有一定改性作用。添加稀土氧化物CeO$_2$可提高硅橡胶的耐热性，特别对颜色有要求的耐热硅橡胶更有价值。将制备的稀土掺杂PMMA微囊粉末填充到天然橡胶中，经力学性能分析发现杨氏模量普遍提高，抗疲劳效果显著，一万次伸张疲劳后，拉伸强度的保持率比参照样品提高两倍以上。

稀土橡胶硫化促进剂：将稀土含硫有机配体配合物用作橡胶硫化促进剂的研究，国外一直未见有报道，国内到20世纪90年代才见报道。经过近20年发展，稀土橡胶硫化促进剂取得了非常大的进步，已形成了具有代表性的稀土橡胶硫化促进剂体系，可概括为：二硫代氨基甲酸稀土促进剂、2-巯基苯并噻唑稀土促进剂、硫代磷酸稀土类促进剂。研究结果表明，稀土硫化促进剂普遍能够改善胶料的硫化速率和焦烧安全性，同时提高胶料的力学性能，是一类具有广阔应用前景的新型硫化促进剂。

稀土作为功能性添加剂：稀土因其电子结构的特殊性而具有光、电、磁等特性，人们已经利用它的这些特性制备了稀土/高分子特种复合材料。近年来，各种功能性橡胶材料及制品也不断涌现，如加入稀土材料，可使橡胶具有荧光、电磁波屏蔽和吸收、磁性能阻燃性能等。

稀土橡胶功能性助剂：利用稀土元素的特性及无机、有机配体的多样性，通过研究特定结构和功能的有机、无机配体与稀土中心离子形成配合物后性能的变化，在理解稀土配合物构效关系的基础上，制备了新型稀土橡胶防老剂。通过热老化、臭氧老化以及红外羰基指数等分析结果表明，添加稀土橡胶防老剂的天然橡胶胶在热氧老化后，醇、酮、酯类等氧化产物生成量相比于添加防老剂 BHT 的硫化胶明显减少，分别采用微分法和积分法计算出了添加不同防老剂天然橡胶的热氧化活化能，添加稀土橡胶防老剂的天然橡胶在不同失重率时的活化能都比市售防老剂的活化能数值都高，新型稀土橡胶防老剂[8]应用于天然橡胶和丁苯橡胶硫化胶中。结果表明添加稀土防老剂的天然橡胶硫化胶在 100℃热空气老化 72h 后的拉伸强度保持率和扯断伸长率保持率分别为 83.9% 和 82.6%，而添加市售防老剂 4010NA 和 RD 的相应的对比性能指标分别为 72.3%、75.8% 和 79.5%、78.0%，说明稀土橡胶防老剂对天然橡胶的热氧老化防护效果较市售防老剂更为明显[7]。一种多功能稀土橡胶助剂[9]，可明显改善橡胶的压缩疲劳性能，使 SBR 硫化胶的压缩疲劳温升降低 20% 左右。此外，多功能稀土助剂的加入使 SBR 在 60℃时的 Tanδ 值明显下降，表明稀土配合物能有效地降低轮胎轮动阻力，提高耐磨性和耐老化性，提高轮胎的使用寿命。

（四）稀土助剂在生产细旦 / 超细旦聚酰胺 6 纤维方面的应用

纺织行业是中国的支柱产业之一，中国也是世界上纤维生产和消费第一大国。但是中国纤维行业存在同质化、规模化、低端化的问题，也严重影响中国产品的国际竞争力。聚酰胺纤维因其强度高，质地柔软，穿着舒适，易染色等有特点而受到青睐，但是中国的聚酰胺纤维也存在同质化严重、产品附加值低的问题。

聚酰胺是指在高分子主链上含有酰胺基团（–CONH–）的一类聚合物，包括脂肪族、半脂肪族及芳香族聚酰胺[10]。聚酰胺在分子链轴向平面的分子链间形成较强的氢键，由于聚酰胺分子链间的氢键使分子链能规整排列，容易结晶。聚酰胺独特的结构赋予其优异的力学性能，这使聚胺被广泛用于制造工程塑料和合成纤维。虽然聚酰胺有众多品种，但目前在国内外，聚酰胺 6 和聚酰胺 66 在聚酰胺产品中占绝对主导地位。

聚酰胺纤维是最早被商业化生产的合成纤维，在化纤工业中占有重要地位。但目前中国聚酰胺 6 纤维生产集约化及技术含量偏低，锦纶品种单一。而且，随着人们生活水平的提高，人们对高品质、高性能聚酰胺纤维的要求，细旦化正在成为高性能、高品质聚酰胺 6 纤维的未来发展趋势。

由于细旦及超细旦纤维具有优异的性能和独特的风格，是一种高技术含量、高附加产值的产品，因而越来越受到人们的青睐。细旦纤维织物具有手感柔软、透气性好、柔顺、舒适、染色性好、耐磨性强等优异性能，可制成穿着舒适的高档纺织物，有很高的经济价值，被称为新一代合成纤维的福音。与丙纶，涤纶相比，聚酰胺纤维由于分子结构所赋予锦纶的天然亲水性，细旦聚酰胺纤维将拥有前者所难以比拟的优势；细旦尼龙纤维是具有高科技附加值的新型纤维，将大幅度提高纤维的品质和价值，是今后尼龙纤维工业的发展方向，因而引起科技工作者越来越多的重视[11, 12]。尽管细旦聚酯纤维、聚丙烯纤维的制造技术早已被研发出来，相关产品已进入市场，但细旦/超细旦聚酰胺纤维的制造技术长期以来一直得未获重大突破。造成这一现状的技术瓶颈有以下两点：①聚酰胺熔体难以承受高拉伸比；② 由于聚酰胺分子间的氢键作用，在熔融纺丝过程中结晶过快、不易被进一步拉伸而制成更细的纤维。

酰胺基团具有一定的与金属离子[13-21]，特别是稀土离子[22-26]发生配位的能力。这为突破细旦超细旦聚酰胺纤维的技术瓶颈提供了机会。稀土离子与酰胺基团之间的络合配位使不同的聚酰胺链段交联起来，可提高聚酰胺熔体强度；稀土与尼龙酰胺基团间的相互作用可降低聚酰胺6熔体的结晶速度，使聚酰胺6纤维在纺丝线上有机会被拉得更细。基于上述想法，北京大学、中科院化学所和杭州师范大学的工作者通过大量实验工作，筛选出含镧、铈、钇的高活性的稀土配合物，以之制备聚酰胺纺丝用的专用稀土助剂。并将稀土助剂引入到聚酰胺6熔体中，开展聚酰胺6纤维的纺丝实验工作。实验结果表明，稀土助剂确实能有效改善聚酰胺6纤维的可纺性。这使生产细旦、超细旦聚酰胺纤维成为可能。研究者通过优化纺丝工艺参数，成功纺出单丝纤度 < 0.5dtex 的超细旦聚酰胺6纤维，并已实现批量化工业生产[27-33]。所生产的超细旦聚酰胺6纤维制成的织物质地柔软爽滑，吸湿透气、舒适性佳，耐磨牢度好，织物体现出其独特的高附加值优势。另外，超细旦聚酰胺6纤维因其直径小，比表面积大，织物孔隙率高，孔径小而均匀的特点，有望用于生产制造各种高性能功能材料如过滤分离材料，吸液贮液材料，保温材料，生物工程材料等。

本项工作发展出一种具有自主知识产权的细旦/超细旦锦纶制造新技术，不仅填补国内空白，丰富锦纶品种，还可以提升锦纶的科技含量，提高中国的科技竞争力，这种基于富镧稀土助剂的源头创新技术使我们占据了聚酰胺6纤维产业链的最高端，有望引领聚酰胺6纤维后续产业链（织造、染整、面料设计及最终产品）的技术革命。近年来，中国聚酰胺纤维工业取得了长足进展，2013年产量达到216万t，与2012年同期相比增长15.43%[34]。聚酰胺纤维产量已超过传统生产地美国和台湾地区，位居世界第一位。根据上述发展趋势，预计未来5年，中国聚酰胺纤维的产业将达到400万t左右，如其中10%的聚酰胺纤维是细旦/超细旦纤维，则基于此项技术的富镧轻稀土的使用量（生产细旦超细旦聚酰胺时，稀土含量0.5%）预计可达2000t，有望在拓展富镧用量上起到重要作用。

（五）稀土助剂在生产细旦/超细旦聚酰胺66纤维方面的应用

在聚酰胺的主要产品中，聚酰胺66为半透明或不透明的乳白色半结晶聚合物，受紫外光照射会发出紫白色或蓝白色光，在常温下为三斜晶型，165℃以上为六方晶型。尼龙66及其改性产品在齿轮传动装置、凸轮、机车摩擦盘、轮胎等耐摩擦、耐磨耗的机械部件中获得广泛应用，并且在安全气囊的应用方面有着无可取代的优势，另外也可用在纺织、汽车、电子电气、包装薄膜等领域[35]。

聚酰胺66大分子链中酰胺键之间易形成氢键，导致聚酰胺66初生丝不能高倍拉伸。为了抑制尼龙66分子间的氢键，得到更好的拉伸比，国内外已经进行了很多探索研究。Vasanthan等[36-37]采用路易斯酸$GaCl_3$对聚酰胺66成功进行了络合－解络合；Richard Kotek等[38]用$GaCl_3$和高分子量聚酰胺66络合，纺丝制得了高模量高强度纤维。吴兴立等[39]及熊祖江等[40]分别用$GaCl_3$和$CaCl_2$屏蔽聚酰胺6分子中的氢键。由于酰胺基团具有与金属离子相互作用的能力，与以上离子相比，稀土离子具有更高的电荷和较大的配位数，因而可能会与聚酰胺发生较强的络合作用。方海林等[41]研究发现，适量稀土矿物的加入对于改善聚酰胺6的拉伸强度、冲击强度以及耐热性等都有很大作用。章成峰等[27]通过引入富镧稀土化合物等添加剂，成功实现了细旦聚酰胺6纤维的熔融纺丝。钇离子[42]已经被引入聚酰胺6中，并发现聚酰胺6的熔点大幅度降低。将钆离子（Gd^{3+}）引入到高分子量的聚酰胺6中，也可以与聚酰胺6发生络合反应，使得结晶程度明显下降，并随着加入量的增多，$GdCl_3$/PA6络合膜对紫外光的吸收能力提高[43]。

林轩等人[44]采用原位分散聚合法制备了一系列稀土氧化物/浇铸（MC）尼龙纳米复合材料。研究结果表明：稀土纳米氧化物可显著改善MC尼龙的力学性能，对MC尼龙同时具有增强和增韧的双重效果。作者认为无机纳米粒子对聚合物基体的增强增韧作用是因为无机纳米粒子与聚合物基体之间强烈的物理化学作用引起的。从MC尼龙和稀土氧化物的分子结构来看，MC尼龙分子间的作用本质与MC尼龙分子与稀土纳米氧化物之间的作用力本质不同，MC尼龙分子之间只存在分子间作用力，其中主要是酰胺键之间的氢键作用，而稀土氧化物纳米粒子表面存在大量的稀土原子、氧原子和羟基，一方面氧原子和羟基可与MC尼龙分子的酰胺键之间形成氢键，另一方面稀土原子存在空的f轨道可与MC尼龙分子的酰胺键形成配位键。由此可见，稀土氧化物纳米粒子与MC尼龙分子间的作用力既有物理作用又有化学作用，比MC尼龙分子间的作用力大得多，稀土氧化物纳米粒子在MC尼龙基体中起到交联点的作用，因此可显著提高MC尼龙的综合性能。

相对于聚酰胺6，聚酰胺66具有更优异的强度、刚度、硬度、纺丝性能和抗蠕变性能，综合性能更好。因而金属离子改性聚酰胺66具有重要的理论意义和应用价值。目前关于稀土离子改性聚酰胺66结构与性能的相关研究报道较少。

基于稀土离子在改性聚酰胺性能方面已显示出的潜在优势和价值，中国科学院化学研究所首次采用醋酸稀土等作为金属离子改性剂，将其添加在尼龙66基体中，制备出了性能优良的改性材料。

通过溶液共混或熔融共混的方法，可制备不同含量的聚酰胺66/醋酸稀土复合材料。研究表明，稀土离子与聚酰胺66分子链存在配位作用，为醋酸稀土改性聚酰胺提供了理论基础。在稀土离子与聚酰胺66的共混体系中，稀土离子起到类似物理交联点的作用，使聚酰胺66分子链的刚性增加。当添加少量醋酸稀土时，聚酰胺66的加工稳定性和流变性能测试不受材料热降解的影响。通过对醋酸稀土/聚酰胺66流变行为的研究发现，当醋酸稀土含量在 0.2wt.% ~ 1wt.% 范围内时，共混物初始加工熔体强度高，随剪切频率的增大，聚合物熔体迅速出现剪切变稀现象，熔体黏度迅速下降，高频时黏度比纯尼龙 66 还低，流动性变好，有利于降低加工能耗。因此，该含量范围内醋酸稀土的加入明显地改善了聚酰胺 66 的加工性能。

稀土离子与酰胺基团之间存在相互作用为稀土离子改性聚酰胺提供了一定的理论基础。醋酸稀土的加入能有效地改善聚酰胺 66 的加工性能。因此稀土离子对聚酰胺结构与性能的影响研究具有重要的理论和实际意义。

目前国内已建成富镧稀土助剂生产线和年产100t细旦/超细旦聚酰胺纤维中试示范线，实现规模化稳定生产。建立生产细旦/超细旦聚酰胺纤维的技术标准和能够满足下游纺织产品加工要求的质量标准，为细旦/超细旦聚酰胺纤维工业化生产提供技术支撑。

三、国内外研究进展比较

目前，全世界商品化的 PVC 等热稳定剂已达数百种，产量最大的仍是传统的铅盐类稳定剂和金属皂类稳定剂，中国也以这两类稳定剂为主。铅盐类稳定剂热稳定性能很好，同时具有良好的介电性、耐候性，价格低廉等优点，使得其用量居高不下。但是铅盐毒性较强，不能用于接触食品的制品，且具有生物积累性，易生成粉尘，在生产和使用过程中会导致操作人员发生慢性铅中毒，废弃后会造成严重的环境污染。金属皂类稳定剂热稳定性一般，但透明性、润滑性较铅盐类好，也常与铅类或有机锡类稳定剂配合使用。由于铅、镉等重金属元素具有较强的毒性，在生产和废弃物处理过程中会对人类健康和生态环境造成损害，近年来，欧美各国已明令禁止使用铅盐。有机锡稳定剂热稳定性好，耐候性、透明性优越，且初期着色性好，但锡仍然是重金属，某些含硫品种与铅、镉或其他可形成硫化物的金属接触会发生交叉污染，且有机锡稳定剂价格昂贵，多数产品有异味，西欧、日本等国不予重点推行。

钙/锌复合稳定剂无毒，是国外的发展重点，但其热稳定性一般，在改进和提高其耐热性时，增加了成本，使其推广不易，国际市场不同品质产品的售价在 2 万 ~ 4 万元/吨。而且锌基稳定剂还有一个致命的缺点，那就是"锌烧"现象，因此这类稳定剂通常不能单独使用。目前国际上钙/锌系列 PVC 配方工艺技术仍处于发展阶段。20 世纪 80 年代，日本开发出类水滑石热稳定剂，这类产品的热稳定效果良好，而且具有良好的透明性、绝缘性、耐候性及加工性的特点，不受硫化物的污染，无毒，能与锌皂起协同作用，但目前水滑石的生产成本较高，热稳定效果尚需要加强。

20 世纪 80 年代，中国最先开发了 PVC 稀土热稳定剂，由于具有无毒、高效、多功能、价格适宜等优点，适用于软、硬质及透明与不透明的 PVC 制品，近年来已成为国内热稳定剂行业研究和发展的主流热点之一。稀土类热稳定剂主要包括资源丰富的轻稀土镧、铈、钕的有机弱酸盐和无机盐，可逐步取代传统热稳定剂及有机锡。通过红外线光谱分析证明，稀土元素具有形成配位络合物的能力，可大量吸收在 PVC 加工中放出的 HCl，能使 PVC 中大部分 Cl⁻（特别是使不稳定的烯丙基氯、叔氯原子）趋于稳定，从而起到对 PVC 的稳定作用。可能由于资源问题，至今尚未见国外有商品化稀土稳定剂问世。新型高效无害化稀土多功能稳定剂作为中国独具特色的无毒稳定剂，其市场需求前景十分广阔。

通过稀土配位、层孔吸附、酸碱中和等多种理念相结合可以构筑具有多元协同作用的新型稀土 – 水滑石类多功能复合稳定剂，通过主 – 客体稀土功能助剂的设计，实现助剂的多功能化特征，实现含铅（镉）稳定剂的全面替代，为中国 PVC 产业的绿色化提供技术支撑。

目前市场上可商品化供应的 β 成核剂只有芳香酰胺类（如 Nu-100），是国外某公司的专利产品，国内也有仿制国外专利的少量试产品。WBG 在提高 PP 韧性方面与国外产品相当（约为 2 倍），而在提高 PP 热变形温度方面，效果远优于 Nu-100。加入不同含量 Nu-100、TMB5 的 PP，HDT 可提高 10 ~ 20℃，而含 WBG 的体系，HDT 可提高 20 ~ 40℃。同时，WBG 具有更高成核效率和选择性：添加 WBG 的 PP 在 143℃等温结晶时形成的 β 晶型还多于 α 晶型，而添加 Nu 的超过 141℃时，α 晶型的含量已超过 β 晶型。经济指标上，WBG 售价仅为国外产品的 60%。WBG 不仅从结构上是一种原始创新的 β 成核剂，而且从技术和经济方面，均有明显优势。

细旦及超细旦聚酰胺纤维因具有透气性好、柔顺、舒适、染色性好、耐磨性强等优异性能，其生产技术含量以及产品附加值都很高，是未来最有潜力的纺织纤维产品之一。但是，由于聚酰胺分子结构特性导致聚酰胺直接细旦化纺丝不能轻易实现，目前，存在技术瓶颈。国外通过采用先进的纺丝设备和严格的纺丝工艺等关键技术可实现单丝纤度在 0.5dtex 左右的超细旦尼龙纤维的直接细旦化纺丝，但是价格高昂，也未形成规模化生产；而在国内，与已成熟的细旦丙纶、细旦涤纶相比，用直接细旦化纺丝生产单丝纤度低于 0.5dtex 的超细旦尼龙纤维的自主技术尚未见报道，也无相应产品问世。杭州师范大学与北京大学有关老师基于长期对稀土离子和聚酰胺的物理化学性质研究，利用酰胺基团与稀土离子之间的络合配位作用来调控尼龙基体的聚集态结构，诸如破坏尼龙基体的氢键、降低尼龙在加工过程中的结晶速度、提高尼龙熔体强度、使尼龙在纺丝过程中承受更大的拉伸强度和更大的形变度，从而制出细旦 / 超细旦聚酰胺 6 差别化纤维。在此基础上研究人员又系统开展了细旦 / 超细旦聚酰胺 6 纤维的研发及工业化生产工作，经过七年有余的实践，采用这种已开发成功的富镧稀土添加剂技术，成功纺出细旦 / 超细旦聚酰胺 6 差别化纤维，并已实现批量化工业生产。所生产的超细旦聚酰胺 6 差别化纤维质地柔软爽滑、吸湿透气、舒适性佳、耐磨牢度好，大大提升了聚酰胺 6 纤维产品的质量和档次，也拓展了富镧轻稀土的应用领域，体现出其独特的高附加值优势。

四、本学科发展趋势与展望

充分利用中国的稀土资源优势，开发稀土化合物在高分子科学中的应用，不仅对解决中国稀土分离产业高丰度轻稀土积压、应用不平衡的难题起到积极的作用，而且可以开发出无毒、高效、附加值高，市场需求大的多功能高分子助剂，满足高分子材料绿色化、高性能化、轻量化需求，为下游的纺织、建筑、汽车、家电、电子、医疗、包装、船舶、运输、航天航空、军工等相关行业提供新产品和技术支撑，促进具有中国特色稀土化工新材料产业链的形成，将资源优势转化为产业和经济优势。经过多年的探索，稀土化合物在高分子工业中的应用研究已经取得令人瞩目的进展，但相关的基础研究和应用研究中仍存在一些缺陷和不足，需要继续丰富和深化理论认识，进一步指导并促进稀土化合物在高分子乃至其他各种工业中应用研究。

── 参考文献 ──

［1］ 徐光宪. 稀土［M］. 北京：冶金工业出版社，1995.

［2］ 黄锐，冯嘉春，郑德. 稀土在高分子工业中的应用［M］. 北京：中国轻工业出版社，2009: 1- 2.

［3］ 吴茂英，刘正堂，崔英德. 稀土高分子材料助剂开发研究进展［J］. 稀土，2004, 25（1）: 63- 67.

［4］ 郑德，姚有为，陈俊，等. 一种聚氯乙烯用长效稀土热稳剂及其应用：中国，CN201010298071.6［P］. 2010-09-30.

［5］ 郑德，姚有为，陈俊，等. 一种用于PVC的稀土热稳定、促塑化剂和PVC的复合助剂及其制备方法：中国，CN201010561801.7［P］. 2010-11-23.

［6］ 蔡博伟，郑德，江焕峰，等. 以间苯二甲酸和2-吡啶甲酸为混合配体构筑的稀土有机配位聚合物及其制备方法与应用：中国，CN201210362236.0［P］. 2012-09-25.

［7］ 冯嘉春，黄锐，郑德，等. 一种聚丙烯的复合β晶型成核剂：中国，CN201110119622.2［P］. 2007-03-12.

［8］ 贾志欣，郑德，周健，等. 一种稀土配合物橡胶防老剂及其制备方法与应用：中国，CN201410217360.7［P］. 2014-05-21.

［9］ 郑德，贾志欣，陈俊，等. 一种稀土配合物橡胶促进剂及其制备方法与应用：中国，CN201210362325.5［P］. 2012-09-25.

［10］ 邓如生，魏运方，陈步宁. 聚酰胺树脂及其应用［M］. 北京，化学工业出版社材料科学与工程出版中心，2002.

［11］ 郭春花，等. 新型细旦锦纶纺丝技术受关注［J］. 纺织服装周刊，2010, 6: 24.

［12］ 李世钊. 细旦及超细旦纤维现状和前景［J］. 合成纤维工业，1994, 17（6）: 22-26.

［13］ Ensanian M. Catastrophic Failure of High-stressed Nylon by Concentrated Hydrochloric Acid and of 'Plexiglas' by Allylbromide［J］. Nature, 1962, 193: 161.

［14］ Dunn P, Hall A J C, Norris T. Failures in Stressed Nylons［J］. Nature, 1962, 195: 1092-1093.

［15］ Roberts M F, Jenekhe S A. Site-Specific Reversible Scission of Hydrogen Bonds in Polymer: An Investigation of Polyamides and Their Lewis Acid-Base Complexes by Infrared Spectroscopy［J］. Macromolecules, 1991, 24:3142-3146.

［16］ Roberts M F, Jenekhe S A. Lewis acid complexation of polymers: gallium chloride complex of nylon 6［J］. Chemistry of Materials, 1990, 2: 224.

［17］ Liu S X, Zhang C F, Proniewicz E, et al. Crystalline transition and morphology variation of polyamide 6/CaCl2 composite during the decomplexation process［J］. Spectrochimica Acta Part A: Molecular and Biomolecular Spectroscopy 2013, 115: 783-788.

［18］黄保贵，陶栋梁，徐怡庄，等. 聚己内酰胺－锌盐相互作用的研究［J］. 光谱学与光谱分析，2003，23（3）：498–501.

［19］Wu Y J, Xu Y Z, Wang D J, et. al.FT–IR spectroscopic investigation on the interaction between nylon 66 and lithium salts［J］. Journal of Applied Polymer Science, 2004, 91（5）：2869–2875.

［20］Xu Y Z, Sun W X, Li W H, et. al. Investigation on the interaction between polyamide and lithium salts［J］. Journal of Applied Polymer Science, 2000, 77, 2685–2690.

［21］Hao C W, Zhao Y, Zhou Y, et al. Interactions between metal chlorides and poly（vinyl pyrrolidone）in concentrated solutions and solid–state films［J］. Journal of Polymer Science Part B–Polymer Physics, 2007, 45（13），1589–1598.

［22］Li X P, Fan X K, Huang K, et al. Al.Characterization of intermolecular interaction between two substances when one substance does not possess any characteristic peak［J］. Journal of Molecular Structure, 2014, 1069: 127–132.

［23］刘 俊，刘少轩，高云龙，等. 聚乙烯吡咯烷酮与苯磺酸铕相互作用研究［J］. 光谱学与光谱分析，2013, 33: 1487–90。

［24］Liu S X, Zhang C F, Liu Y H, et al. Coordination between yttrium ions and amide groups of polyamide 6 and the crystalline behavior of polyamide 6/yttrium composites［J］. Journal of Molecular Structure, 2012, 1021:63–69.

［25］孙文秀，徐怡庄，田文，等. 稀土离子与含酰胺基高分子相互作用的红外光谱研究［J］. 稀土学报，1999，17（专辑）：7.

［26］Xu Y Z, Wu J G, Sun W X, et al. A New Mechanism of Raman Enhancement and its Application［J］. Chemistry – A European Journal.2002, 8（23）：5323–5331.

［27］章成峰，刘毓海，刘少轩，等. 细旦尼龙6纤维加工过程中的晶型转化行为［J］. 中国科学B辑：化学，2009，39（11）：1378–1385.

［28］来国桥，等. 细旦/超细旦锦纶母粒、POY长丝、DTY弹力丝及其制备方法：中国，ZL 200910311395［P］. 2009–12–14.

［29］来国桥，等. 生产细旦或超细旦尼龙纤维的组合物以及生产细旦或超细旦尼龙纤维的方法：中国，ZL 200710099455.3［P］. 2007–05–21.

［30］来国桥，等. 一种尼龙66树脂、尼龙66长丝及其制备方法：中国，ZL201110093112.2［P］. 2011–04–14.

［31］郝超伟，等. 一种尼龙6树脂、尼龙6长丝及其制备方法：中国，ZL201110092912.2［P］. 2011–04–14.

［32］郝超伟，等. 超细旦PA6FDY的开发［J］. 合成纤维工业，2010, 33（6）：60–62.

［33］刘少轩，洪友丽，高云龙，等. 纳米CT成像表征锦纶6中TiO$_2$颗粒分布状况［J］. 高等学校化学学报，2013, 34：269–271.

［34］2014—2020年中国锦纶行业市场分析与前景预测报告，2014年出版，网址：http://www.chinairr.org/report/R02/R0206/201410/15-167756.html

［35］邓如生，魏运方，陈步宁. 聚酰胺树脂及其应用［M］. 北京：化学工业出版社材料科学与工程出版中心，2002.

［36］Clausse D, Dumas J P, Meijer P H. Phase transformations in emulsions［J］. Journal of Dispersion Science and Technology, 1987, 8（1）：1–28.

［37］Song Q W, Hu J Y, Xing J W, et al. Investigation on super–cooling of silver nano composite PCM microcapsules［C］//Textile Bioengineering and Informatics Symposium Proceedings 2008. Hong Kong：［s.n.］，2008, 67–76.

［38］Gutcho M H. Microcapsules and other capsules, advances since 1975［M］. Park Ridge: Noyes Data Corporation, 1979, 340.

［39］吴兴立，李小宁，杨中开，等. 尼龙6的络合与解络合［J］. 北京服装学院学报，2006, 26（4）：1–6.

［40］熊祖江，李小宁，杨中开，等. 聚合物浓度对PA6/氯化钙冻胶体系结构与性能的影响［J］. 合成纤维，2009（7）：25–28.

［41］方海林，袁淑军. 稀土矿物改性尼龙6的研究［J］. 工程塑料应用，1996, 24（2）：5–17.

［42］孙文秀，胡先波，徐怡庄，等. 聚酰胺与稀土离子相互作用的研究［J］. 化学学报，2000, 58（12）：1602-1607.

［43］宋培培，李緦，贾清秀，等. 稀土 Gd3+ 与超高分子质量 PA6 的络合作用［J］. 天津工业大学学报，2011, 30（3）：11-18.

［44］林轩，张兰. 稀土氧化物 /MC 尼龙纳米复合材料的制备及性能研究［J］. 材料导报，2008, 22: 124-126.

撰稿人：陈　俊　郑　德　郝超伟　来国桥　张京楠　马永梅　贺安琪　徐怡庄

稀土玻璃材料研究

一、引言

近10年来是稀土玻璃应用技术研究的高速发展时期，无色光学玻璃、有色玻璃以及其他稀土元素在玻璃中的掺杂应用，在品种开发、性能指标、制备工艺、应用领域等方面均有了极大提高。尤其是随着光电信息产业的高速发展，以氧化镧为主要成分的高折射、低色散镧系光学玻璃在光传输、光转换、光储存和光电显示等领域的应用突飞猛进。为了满足各种高精密新型光电器件对信息采集、传输、存储、转换和显示等性能更高的要求，以及对光学元件更加轻量化小型化的要求，镧系光学玻璃的技术与应用得到了迅猛的发展。

（1）环保型镧系光学玻璃属于稀土新材料领域。镧在光学玻璃中起着重要作用，不仅提高了玻璃的折射率，降低了色散，还提高了玻璃的化学稳定性。然而，因 La_2O_3 中的 La^{3+} 离子场强较高，积聚能力强，易使玻璃分相和析晶，故其引入量受到限制。为此可加入一定量的稀土元素氧化物 Y_2O_3 或 Gd_2O_3 来替代部分 La_2O_3，使组成复杂化，提高玻璃的高温黏度、改善稀土光学玻璃的析晶性能。所以目前的稀土光学玻璃系统大都是含有 La_2O_3、Y_2O_3、Gd_2O_3 等稀土元素氧化物，还含有 Th、Ta、Nb、Ba、Zr、Cd、Pb、Zn 等较重元素和 Si、B、Al、Ca 等较轻元素，使玻璃具有不同折射率和色散，并增加玻璃的稳定性。近十年来，随着数字投影仪、扫瞄器、传真机、数码相机、多媒体手机等产品普及率和更新率快速提高，镧系光学玻璃牌号数量翻了一番，产量提高了十倍，光性指标与质量水平也有了极大提升。

（2）稀土着色玻璃是用稀土元素氧化物着色形成的颜色玻璃；由于稀土元素之间的化学性质非常类似，稀土离子是优良的着色剂，它的特点是着色稳定、色彩雍容华贵的光谱特性。

稀土氧化物与其他着色剂同时使用，可制得许多不同颜色的玻璃，由于它具有独特的柔和美丽的中间色彩和较高的折射率，所以能广泛应用于制造光亮晶莹的玻璃制品。

稀土化合物的着色能力都比较弱，一般引入稀土氧化物在2%～4%之间，玻璃的着色浓度随着着色剂的用量略有加深。基础玻璃组成和熔炼工艺对稀土氧化物的着色无十分明显的影响。在日用玻璃器皿的生产中，一般用价格低廉的稀土精矿和盐类，而稀土滤光玻璃一般用高质量的稀土氧化物。

根据光谱特性的应用范围，稀土有色玻璃可分为两类：①稀土滤光玻璃；②高级器皿和工艺美术品用稀土有色玻璃。

二、本学科领域近年的最新研究进展

（一）稀土光学玻璃成玻性理论的新认识

历史上对于玻璃形成的学说有很多，如查哈里阿森（Zachariasen）认为玻璃是否能形成和形成玻璃的物质的配位数有关。笛卡尔从结晶化学理论出发，认为玻璃的形成原子间的电场强度有关。孙观汉认为玻璃的形成和氧化物键能有关，并把玻璃形成氧化物分为玻璃形成体、中间体和网络外体三类，他认为形成玻璃的氧化物分为网络形成体氧化物、中间体氧化物、修饰氧化物三种。一般来讲，氧化磷、氧化硅、氧化硼、氧化锗等属于网络形成体氧化物，这几种氧化物能单独形成玻璃，在玻璃化合物中起到骨架作用。氧化铝、氧化钆、氧化铍、氧化锑、氧化钛、氧化铋等氧化物不能单独形成玻璃，但是加入玻璃中能部分进入玻璃网络，这部分氧化物属于中间体氧化物。氧化镧、氧化钇、氧化锆、氧化铌等金属氧化物，还包括碱土金属氧化物和碱金属氧化物等，不能进入玻璃网络，存在于玻璃网络内，可以改变玻璃的各项性质。

对于玻璃生成来说，以上学说都有一定的指导意义，但是也有各自的缺陷。随着科技的发展，人们对玻璃的认识越来越深刻，抛去玻璃内部结构不谈，只要冷却足够快，在冷却过程中不形成析晶就会形成玻璃。因此，对于玻璃产业从业人员来说，玻璃形成领域方面主要是研究如何调整组分配比形成玻璃比较容易。

由于稀土氧化物离子半径较大，电场强度大，有较高的配位数，在硼氧四面体中，配位要求也较高，导致在结构中近程有序范围增加，容易产生局部聚集，使玻璃易分相或析晶，因此，研制稀土光学玻璃组分的主旨在于在保证稀土添加量的基础上，在保证其光学性能的基础上，合理配置其他组分，降低稀土在玻璃中的析晶趋势，用较为简易的工艺就能获得各项指标合理的稀土光学玻璃产品。

研究玻璃析晶可以从以下三种角度出发：

1. 动力学观点

从动力学观点出发。根据热力学的观点，玻璃的内能总比成分相同的结晶体内能高，因此总存在着析出晶体的倾向。然而从化学动力学观点来看，由于冷却时熔体黏度增加很快，析晶所受的阻力很大，故也可能不析晶而形成过冷的液体。这就是著名的达曼观点。在液相线温度以上结晶熔化，而在常温时固态玻璃的黏度极大，因此不能析晶。一般析晶在相应于黏度为 104 ～ 106 泊左右温度范围内进行。在此温度范围内析晶过程由两种速度决定，即晶核产生速度与晶核生长速度。以后 Dietzel，Turnbull 和 Uhlamnn 等人作了进一步的分析。作为均匀的结晶过程，在时间 t 内单位体积的结晶 V_L/V 描述如下：

$$\frac{V_L}{V} = \frac{\pi}{3} \cdot I_s \cdot u^3 t^4 \tag{1}$$

其中 I_s 为单位体积内晶核产生速度，u 为晶核成长速度，即：

$$u = \frac{f_s \cdot K \cdot T}{3\pi a_0^2 \cdot \eta} \left[1 - \exp\left(-\frac{\triangle H_f \cdot \triangle T_r}{RT} \right) \right] \tag{2}$$

$$I_s = \frac{10^3}{\eta} \exp\left(\frac{-B}{T_r^3} \cdot \triangle T_r^2 \right) \tag{3}$$

其中 a_0 为分子直径，K 为玻尔兹曼常数，$\triangle H_f$ 为克分子熔化热，η 为黏度，R 为气体常数，$T_r = T/T_m$，$\triangle T_r = T/T_m$，$\triangle T = T_m - T$，T_m 为熔点，$\triangle T$ 为过冷温度。当 $\triangle H_f/T_m < 2R$ 时，$f_s = 1$，$\triangle H_f/T_m > 4R$ 时，$f_s = 0.2$。利用测量的物理参数，可作出所谓温度 – 时间 – 转变（T–T–T）图。

从公式（2）和（3）可以明显的看出，晶核产生速度和生长速度皆决定于黏度。在凝固点（热力学熔点 T_m）附近的黏度越大，就增加了结晶要克服的势垒，玻璃就越难析晶。

2. 相平衡观点

玻璃系统的成分越简单，则在熔体冷却时化合物各组成部分相互碰撞，排列成一定晶格的几率越大，这种玻璃也越易析晶。同理，相应于相图中一定化合物组成的玻璃也较易析晶，而相应于相图中共熔点或相界限组成的玻璃则较难析晶。根据这一观点，库玛宁与穆欣提出了降低玻璃的析晶本领，必须加入在相图中该成分区域内不包含的新成分、或降低相图中该成分区域结晶相成分的含量。杰姆金娜等将常用光学玻璃的成分归纳在 Na_2O-K_2O-SiO_2 基本三元系统中，并得出结晶本领比较小的玻璃成分大都位于石英与白硅石相界线附近。乌鲁索夫斯卡娅进一步补充指出，位于石英结晶区域内的玻璃成分其析晶本领都比较小。

3. 结构化学观点

结构化学观点着重考虑玻璃中不同质点间的排列状态以及其相互作用的化学键强度。因此玻璃的析晶本领主要决定于以下两方面因素。

（1）玻璃结构网络的断裂程度。网络断裂越多玻璃越易析晶。在碱金属氧化物含量相同时、阳离子对玻璃结构网络的断裂作用大小决定于其离子半径。一价离子中随半径增大而析晶本领增加、即 $Na^+ < K^+ < Cs^+$。在玻璃结构网络破坏比较严重的情况下，加入中间体氧化物可使断裂的硅氧四面体重新相连而使玻璃析晶本领下降。在硼酸盐玻璃系统中也有同样的规律性。例如在含钡硼酸盐玻璃中添加网络外体氧化物，如 K_2O、CaO、SrO 等促使玻璃析晶严重，而添加中间体及玻璃生成体氧化物，如 Al_2O_3，BeO，SiO_2 等则使析晶本领减轻。

（2）玻璃中所含网络外体及中间体氧化物的作用。电场强度较大的网络外体离子由于对硅氧四面体的配位要求，使近程有序的范围增加，容易产生局部积聚现象，因此含有电场强度较大的网络外体离子如 Li^+、Mg^{2+}、La^{3+}、Zr^{2+}、In^{3+} 等的玻璃皆易析晶。

当阳离子的电场强度相同时，加入易极化的阳离子（如 Pb^{2+} 及 Bi^{3+} 等）使玻璃析晶本领降低。添加中间体氧化物，如 Al_2O_3、Ga_2O_3、B_2O_3（B^{3+} 位于四面体）时，由于四面体 $[AlO_4]$、$[GaO_4]$、$[BO_4]$ 等带有负电，吸引了部分网络外阳离子使积聚程度下降，因而玻璃析晶本领也减小。

从结构化学观点估计玻璃的析晶本领时，必须对上述两种因素做全面考虑。当玻璃中碱金属氧化物含量较多时（即玻璃结构网络断裂较多），前一因素对析晶起主要影响；当碱金属氧化物含量不多时（即在二氧化硅含量较高的玻璃区域）后一因素起主要作用。

4. 影响玻璃析晶的因素

（1）玻璃成分。玻璃的成分对玻璃的析晶起重要作用，它是引起玻璃析晶的内因。从相平衡观点出发，一般玻璃系统成分越简单，则在熔体冷却至液相线温度时，化合物各组成部分相互碰撞排列成一定晶格的概率越大，这种玻璃也越容易析晶。同理，相应于相图中一定化合物组成的玻璃也容易析晶。当玻璃成分位于相图中的相界线上，特别是在低共熔点上时，因系统要析出两种以上晶体，在初期形成晶核结构时相互产生干扰，从而降低玻璃的析晶倾向，难于析晶。因此从降低熔制温度和防止析晶的角度出发，玻璃成分应当选择在相界线上或共熔点附近。

（2）玻璃的结构因素。在硅酸盐玻璃中，网络的连接程度对玻璃的析晶有重要作用。一般说网络外体含量越低，连接程度越大，在熔体冷却过程中越不易调整成为有规则的排列，即越不易析晶。反之，网络断裂越多（即非桥氧越多）玻璃越易析晶。

（3）分相的作用。分相为均匀液相提供界面，为晶相的成核提供条件，是析晶的有利因素。另外，分相使均匀的玻璃液分成两种互不相溶（或部分溶解）的液相，由于两者折射率因光散射而形成乳浊或失透。

（4）工艺因素。原料成分的变动，配合料称重差错，混合不匀或碎玻璃成分不合适，以及熔制工艺不合理等，都可能由于玻璃成分的波动而发生析晶。

（二）稀土光学玻璃专利申请与新产品开发

1. 从专利分布数据看镧系光学玻璃的历史发展情况

截至目前，检索到镧系光学玻璃方面的专利共 1878 件（含同族）。其相关技术历年专利公布数量如图 1 所示。总体来看，与工艺相关的专利数量较多，但总体呈下降趋势。

具体来看，其发展过程大致可分为四个阶段：1980—1988 年为第一阶段；1989—2003 年为第二阶段；2004—2010 年为第三阶段；2011 年至今为第四阶段。

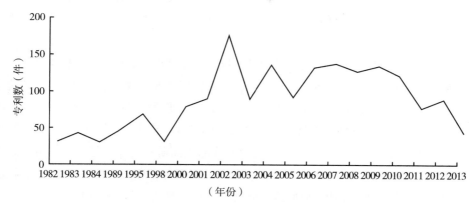

图1　相关专利历年发展状况分布

1980—1998 年是该领域技术发展的初级阶段，相关专利数量较少。日本企业的专利主要集中在配方，而美国、德国的企业在熔炼、成型方面的专利比较多，配方相对较少。

1989—2003 年是该领域技术的快速发展阶段，专利申请出现了蓬勃发展的态势。从 1998 年的 32 件专利激增到 2003 年的 168 件专利。日本企业在光学玻璃技术创新中的崛起，对专利申请有最主要的贡献。在这段时间，日本的企业如 HOYA（保谷）、旭硝子、OHARA（小原）、SUMITA（住田）的配方专利申请居多，而其他地区只有德国 SCHOOT（肖特）的申请较多。

2004—2010 年是该领域技术的平稳发展阶段，每年的专利申请维持在 100 ~ 150 件。虽然在 2004 年由于雅典奥运会对照相机市场的消费刺激，导致 2004—2005 年之间出现了一个小申请高峰，但是总体上还是保持了平稳的态势。在此期间，除了在德国的申请量有所下降，在日本、中国、美国的申请都保持了相对较高的申请量。尤其是在中国，在这段时间，光学玻璃方面的申请出现了较高的态势。这不仅是因为日本企业对华市场的关注度加大，同时也是因为中国本土企业在华申请量的提升。

2011 年至今，该领域技术出现了一个低谷期。日本企业如旭硝子，在这个阶段只找到 2 篇关于该领域配方方面的专利；而德国肖特关于该领域的配方申请也在十位数以下。这与旭硝子、HOYA、肖特等企业纷纷转型有关。

2. 低软化点稀土光学玻璃

近年来，光学摄像设备，尤其是小型光学摄像设备，如卡片相机、单电相机、可拍照手机、监控摄像仪、行车记录仪等得到了广泛的应用，这些光学摄像设备未来主要有两个发展趋势：一是摄像设备的体积越来越小，可以方便地与其他设备进行耦合；二是成像质量越来越高，可满足高清视频应用需求。

从光学系统设计来看，非球面镜片与球面镜片相比有很大的优势，非球面可以提高光学系统的相对口径比，扩大视场角，在提高光束质量的同时，所使用的透镜数比采用球面镜片的少，镜头的形状可以很小，可减轻系统重量；从成像质量方面来看，采用非球面技术设计的光学系统，可消除球差、慧差、像散、场曲，减少光能损失，从而获得高质量的图像效果和高品质的光学特性。

过去，非球面镜片只能通过传统的研磨、抛光工序获得，效率很低、成本高昂，只能应用于高端光学成像设备中。近年来，非球面精密压型技术得到了迅猛发展，与传统非球面加工技术不同，非球面精密压型技术采用的方法是在普通模具中将光学玻璃软化，压制为预制件，然后再将预制件放入具有高精度表面的模具中再次加热，压制为非球面镜片。由于非球面模具的表面精度非常高，压制出的成品表面质量也非常好，直接可以装机使用。这种制作方式的优势在于减少了后续的加工、研磨等工序，不但可以节省大量成本，同时可以降低后续工序中使用的研磨液、研磨粉、黏合剂等有害物质的排放。

非球面压型中使用的精密模具一般采用硬脆材料，必须使用分辨率达到 0.01μm 的超精密计算机数控车床加工，用金刚石磨轮磨削成所期盼的形状精度，再抛光为光学镜面。所以，非球面压型中使用的精密模具成本很高。非球面精密模具如果在较高的温度下（≥ 600℃）工作，精密模具容易在高温下氧化而无法继续使用。因此，光学玻璃是否适用于非球面精密压型，其首要的条件是 T_g 温度低于 600℃，同时，T_g 温度越低，精密模具寿命就越长，非球面镜片的生产成本就越低。因此，近年来，为了满足非球面精密压型的需求，低软化点光学玻璃得到了较大的发展。

低软化点稀土光学玻璃是在环保稀土光学玻璃的基础上，添加碱金属氧化物 Li_2O、二价氧化物 ZnO 等，T_g 温度可显著地下降。

Li_2O、Na_2O、K_2O 同属于碱金属氧化物。碱金属氧化物加入玻璃中，会起到助融作用，降低玻璃的溶解温度，使玻璃融化变得容易。从玻璃结构方面来看，碱金属离子进入玻璃中，能打断玻璃网络。适当的打断玻璃网络，可以降低玻璃的高温黏度，降低玻璃的 T_g 温度。但是，如果过多的碱金属氧化物进入玻璃，玻璃网络将受到严重破坏，将大幅度降低玻璃的化学稳定性、抗析晶性能等。因此，选择合适的碱金属氧化物种类和含量，对实现熔炼工艺、玻璃黏度、化学稳定性、抗析晶性能、玻璃的 T_g 温度、玻璃的膨胀系数等方面的平衡可以起到非常重要的作用。

在同样的百分含量下，Li_2O 破坏玻璃网络的能力最强，与 Na_2O 和 K_2O 相比，降低玻璃 T_g 温度的能力最强。尤其重要的是，与 Na^+ 与 K^+ 离子相比，Li^+ 场强较大，对周围离子的聚集能力较其他两种碱金属离子强，在同样含量的条件下，玻璃膨胀系数会降低。但 Li_2O 加入量不宜过多，否则容易导致玻璃析晶、对铂金坩埚腐蚀加重、化学稳定性下降。

ZnO 加入到玻璃中可以调节玻璃的折射率和色散，并且可以降低玻璃的 T_g 温度。尤其重要的是，ZnO 加入低软化点玻璃系统，可以提升玻璃系统形成玻璃的能力。

表 1　部分镧冕和镧火石类的低软化点光学玻璃组成

组分	部分稀土低软化点光学玻璃构成									
	1	2	3	4	5	6	7	8	9	10
SiO_2	25.00	32.00	30.00	5.2	15.0	11.0	1.0	7.5	6.5	6.5
B_2O_3	15.95	12.00	12.00	29.9	25.0	29.0	15.5	22.0	19.2	19.54
La_2O_3	19.00	17.50	17.50	21.1	25.5	22.0	25.1	25.0	33.9	35.0
Gd_2O_3	0.00	0.00	0.00	4.3	5.0	0.0	0.0	0.0	0.0	0.0
ZnO	21.00	12.00	12.00	3.0	0.0	10.0	28.0	15.5	7.2	18.0
Y_2O_3	0.00	0.00	0.00	10.0	14.4	15.0	0.1	1.0	0.0	0.0
Nb_2O_5	2.10	0.50	5.00	0.5	0.1	0.9	10.0	5.0	6.0	6.5
ZrO_2	5.00	5.50	5.00	8.0	1.0	3.0	6.5	3.0	3.7	3.7
Ta_2O_5	0.00	0.00	0.00	7.0	5.9	8.0	1.0	10.0	4.0	4.0
WO_3	0.0	0.0	0.0	0.0	0.0	0.0	10.0	5.0	7.2	5.7
CaO	8.90	13.50	11.50	0	0.0	0.0	0.0	0.0	0.0	0.0
BaO	0.00	0.00	0.00	5.0	3.0	0.0	0.0	0.0	0.0	0.0
MgO	0.00	0.00	0.00	0.0	0.0	0.0	0.0	0.0	0.0	0.0
SrO	0.00	4.00	4.00	2.0	0.0	0.0	0.0	0.0	0.0	0.0
Li_2O	3.00	3.00	3.00	3.0	3.0	1.0	1.8	5.0	1.0	1.0
Sb_2O_3	0.05	0.00	0.00	0.1	0.1	0.1	0.1	0.1	0.1	0.1
n_d	1.688	1.662	1.696	1.714	1.715	1.742	1.842	1.775	1.805	1.805
v_d	49.7	52.9	48.0	48.8	52.2	51.5	35.4	41.1	40.3	40.6
$T_g/℃$	526	543	541	560	578	550	504	584	558	564

3. 特高折射率稀土光学玻璃

传统的特高折射率光学玻璃主要是以 PbO 为主体，添加部分 SiO_2 和 B_2O_3 作为玻璃网络形成体，添加少量 TiO_2 和 Bi_2O_3。为了提升玻璃的稳定性，添加少量 ZnO、BaO、CdO 等。如苏联定型的 036181 与德国定型的 933209 等牌号。以上的这些特高折射率光学玻璃牌号主要是高折射高色散玻璃，同时含有几种目前不能使用的非环保原料，因此目前已经不再使用。

由于稀土氧化物具备高折射的特点，天然的是制备特高折射率光学玻璃的理想材料，但是由于过去原料、工艺的限制，特高折射率稀土光学玻璃发展较慢。

表2　部分专利中收集的特高折射率稀土光学玻璃组分构成

序号	组分构成				折射率色散	专利号	申请人
	La系元素	其他高折射组分	Si,B,P	R₂O&RO			
1	重量 % La（15~30） Gd（10~30）	Nb（13~27）Ta（5~50）Ti（15~25） Y（10~30）	Si（10 ~ 22） B（10 ~ 24）	Zr（9 ~ 22） Ga（5 ~ 15）	1.87~1.93 29~32.5	CN2008 10236828.1	新华光
2	La+Gd+ Y 45%~65%	Ti+Nb 1%~20%	Si+B 5%~32%		1.89~2.0 32~38	CN2009 10174549.1	HOYA
3	摩尔 % La 5%~30%	Zr+Ta+Ti+Nb+W+Bi 12.5%~20%	B 5%~45%	Zn 10%~ 40%	nd ≥ 1.87	CN2009 80000421.1	HOYA
4	摩尔 % La 10%~50%	Ti 0.1%~22%, Nb+Ta 的总含量小 于 14 质量 %	B 10%~55%	Li+Na+K 小于 5%； Mg+Ca+Sr 小于 5%	1.92~2.2 25~45	CN2009 10151243.4	HOYA
5	摩尔 % La 5%~35%	Ti+Nb 2%~45% W 1%~25%	B 25%~60%	Zn 1%~40%	1.78~2.2 16~40	CN2007 80045504.3	小原
6	摩尔 % La 5%~20% Gd 1%~20% La+Gd+Y+Yb 10%~30%	W+Ta+Nb+ Ti 超过 10wt%	B 15%~45%	Zn 10%~ 45%	nd ≥ 1.86 35~39.5	CN2009 10148965.4	HOYA
7	质量 % La 10%~50%	Ti 0.01%~15%,Ta 0.1%~25%,Nb 5%~ 40%,TiO₂/Nb₂O₅ 为 0.26 以下， GeO₂/ Nb₂O₅ 为 0.38 以下	B 5%~22%		nd ≥ 1.90 38 以下	CN2009 10001182.3	小原
8	重量 % La 20%~55%		B 4%~16%		nd ≥ 1.95 vd ≤ 35	CN2008 10302238.4	光明
9	摩尔 % La₂O₃5%~30%； Y₂O₃0~10% Gd₂O₃ 0~20%；La₂O₃+ Gd₂O₃=10%~30%； La₂O₃/ Σ RE₂O₃= 0.67–0.95（其中 Σ RE₂O₃=La₂O₃+Gd ₂O₃+Y₂O₃+Yb₂O₃+Sc₂O ₃+Lu₂O₃）ZrO₂0.5– 10% ，Ta₂O₅1%~ 15% ；ZrO₂0.5%~ 10% ；Ta₂O₅1%~ 15%（摩尔比）， Nb₂O₅0~8%；TiO₂ 0~8%	Si₂ 0~20% SiO₂+B₂O₃= 15%~50%	ZnO 12%~36%	nd ≥ 1.87 35~40	CN2008 10000235.5	HOYA

序号	组分构成				折射率色散	专利号	申请人
	La 系元素	其他高折射组分	Si,B,P	R₂O&RO			
10	重量 % La₂O₃ 20%~40%	TiO₂ 1%~10% ZrO₂ 3%~10% Nb₂O₅ 10%~30% WO₃ 1%~10%	B₂O₃ 15%~30%	ZnO 1%~25%	1.89~1.91 30~32	CN2007 10051216.0	新华光
11	重量 % La₂O₃+Y₂O₃+ Gd₂O₃+Yb₂O%, 31%~33%	TiO₂ 2%~20% Nb₂O₅ 2%~32%	SiO 2%~22% B₂O₃ 3%~24%	ZnO 8%~ 30%; CaO+BaO +ZnO 10~50%	– 其具有 1.79 或更 高折射率 （nd）和 27 或更高 阿贝数	CN2006 80002489.X	小原
12	重量 % La₂O₃10%~50%		B₂O₃ 2%~45%	La₂O₃, B₂O₃SiO₂ ZnO,ZrO₂ Nb₂O₅, BaO,TiO₂ 和 Sb₂O₃ 的 总含量为 99% 或更多		CN2007 10006345.8	HOYA
13	重量 % La₂O₃ 10%~50%	Nb₂O₅1%~30% TiO₂ 1%~30%	SiO₂ 1%~18% B₂O₃ 3%~24%	大于 6% 但不超 过 25%的 BaO，小于 7%的 CaO, 6% 或更少 的 SrO	> 1.80 28~40	CN2006 10071102.8	HOYA
14	摩尔 % 5%~40% La₂O₃	TiO₂ 5%~40%	SiO₂ 3%~50% B₂O₃ 5%~50%		> 1.80 阿贝数 （υd）为 35 或更小	CN2005 10003478.0	HOYA
15	摩尔 % 5%~20% La₂O₃ 1%~20% Gd₂O₃	WO₃、Ta₂O₅、Nb₂O₅ 和 TiO₂ 的总含量超 过 10wt.%	B₂O₃ 15%~45%	ZnO 10%~45%	超过 1.86 的折射 率（nd）、 < 35 的 阿贝数	CN2005 10052935.5	HOYA
16	重量 % La₂O₃：23~32ZrO₂ +TiO₂+La₂O₃ ≥ 44	Nb₂O₅：12–20.5 ZrO₂：8~10 TiO₂：7~11	SiO₂：6~9 B₂O₃：15~19 SiO₂+B₂O3 < 26	CaO：8~13	折射率 > 1.88, 阿贝数 ≥ 30.4	CN9880 2074.2	康宁

2000年以来，便携式数码光学设备得到了巨大的发展，其发展趋势主要有两点：一是体积越来越小，可以做到很轻薄，方便使用者随身携带；二是成像质量越来越高。折射率高于1.96以上的光学玻璃一般称为特高折射率玻璃，使用在光学成像设备上可以极大地缩短成像的焦距，减少镜头成像所需要的长度，从而大幅度降低镜头的体积。特高折射率光学玻璃的出现，使得镜头小型化，轻薄化成为可能。同时，特高折射率光学玻璃应用于成像镜头可以大大提升镜头的变焦能力，使轻薄成像设备拥有较大的变焦能力。另外，特高折射率光学玻璃与特低折射率玻璃（氟磷酸盐光学玻璃）耦合使用，可以有效减少成像设备的相差、色差等，有效提升成像设备的成像质量。

高折射率光学玻璃为了达到较高的折射率，会加入大量的 La_2O_3、Y_2O_3、Gd_2O_3 等稀土高折射氧化物。但这些氧化物通常来说非常昂贵，随着稀土资源的枯竭趋势，其价格在未来还有很大的上涨预期。TiO_2 是一种常用的化工原料，价格相对于稀土氧化物便宜。TiO_2 加入玻璃组分中能扩大玻璃成玻范围，提升玻璃折射率，同时能提升玻璃的化学稳定性。所以，通常在高折射率光学玻璃中加入一定的 TiO_2，取代部分稀土氧化物，使玻璃成本降低。但是，TiO_2 加入量如果过大，在玻璃熔炼过程中会产生着色，严重降低玻璃的光透过率。所以研究如何加大 TiO_2 在玻璃组分中的含量，同时又能获得光透过率较好的光学玻璃是对于光学玻璃产业持续发展非常重要。

一般来说，高折射率光学玻璃在光透过方面，蓝光透过率较低折射光学玻璃要低。以单反相机镜头为例，一般由几枚至十几枚光学镜片构成，如果采用高折射光学玻璃蓝光透过率较低的话，那么最后到达传感器的蓝光总量将比其他波长的光线少很多，为还原相片的真实色彩带来较大的困难。在光学设计领域，一般用 T400mm 来表征蓝光透过率，T400mm 的值越大，说明蓝光透过率越高。

在制造光学镜片的过程中，通常的工艺是按压型规格把光学玻璃切割为毛坯，然后放入高温模具中，根据其 T_g 温度的不同，升温至 850 ~ 1000℃并保持 15 ~ 20min 使其软化，压制为镜片毛坯。然后再进行研磨抛光等后续工序。这种加工手段在光学制造领域称为二次压型。在二次压型过程中，其升温温度一般处在玻璃的析晶区间，这就要求玻璃具有较好的抗失透性能（抗失透性能包括表面抗析晶性能与内部抗析晶性能）。与较低折射率玻璃相比，特高折射光学玻璃网络形成体如 SiO_2、B_2O_3 等含量就相对较小，玻璃一般析晶性能较一般低折射率光学玻璃要差一些。这就要求玻璃组分配比合理，使得在生产过程和后期二次压型过程中玻璃不产生析晶。

4. 单反相机与智能手机的高速发展对光学玻璃行业的刺激

镧系光学玻璃具有高折射的特质，有助于照相机、手机的轻型化、便携化，适应现在市场的需求。在市场扩大、稀土原材料价格下降的大环境下，镧系光学玻璃的发展将处于一个比较好的宏观经济环境。

（三）稀土滤光玻璃的应用

稀土滤光玻璃是一种光学材料，在光电信息、科学研究和国防等方面有广泛的应用。目前，在最大可能的光谱范围内开发了许多浓度不同的着色剂以及许多不同类型的基础玻璃，促进滤光片的分类研发，获得极好的滤波特性。

1. 滤光片种类

有色滤光玻璃能够在可见光波长范围内进行选择性吸光。在可见波长自 200nm 以上的范围，滤光玻璃片已超过 60 个品种，主要有：

通带滤光片——具有某一波长范围的光线可穿过滤光片；

长波通滤光片——具有长波波长的光线可穿过滤光片；

短波通滤光片——具有短波波长的光线可穿过滤光片；

中性密度滤光片——在可见光谱内，滤光片衰减恒定；

对比度增强型滤光片——专为显示应用而开发的滤光片，可在全彩色显示器上实现超清晰（绿色显示器）和真彩色；

多频带滤光片——波长具有若干频带的光线可穿过滤光片照片滤镜等。

其中彩色玻璃滤光具有以下性能优势：高透过率、高阻断、滤光器曲线几乎不受入射角的影响，优质、可靠和耐用，具有偏振效应；所有有色玻璃类型都能够被用作薄膜镀层的基板来生产干涉滤光片，内部光学和保护性镀膜能力；在生产各种复杂类型的玻璃方面，我们一直对表面质量、拟合误差、超薄和低厚度公差有非常严苛的专业要求。

2. 滤光玻璃应用领域

稀土滤光玻璃应用范围不断扩展，现主要应用于：

（1）消费电子类光学元件中：吸热滤光片／放热滤光片（影印机、幻灯片放映机）、摄像机（符合人类视觉灵敏度）、红外截止滤光片。

（2）工业设备中：机场照明、传感器应用、条形码扫描器、紫外辐射（分子、指纹、纸币识别）、紫外激发可见滤光片、红外截止滤镜。

（3）医学和生物科技中：手术照明（手术室灯）、牙科照明、荧光显微镜、消毒设备。

（4）安全保障中：激光安全、红外线技术、夜晚监测系统、潜望镜。

3. 滤光玻璃应用实例

（1）分光光度计波长准确度的确认。

分光光度计是利用物质对光的选择性吸收现象，进行物质的定性和定量分析。它在物理、化学、生物、医学、食品、环境监测及核能、天文等方面有广泛的应用。衡量分光光度计测定结果正确性的主要性能是波长的准确度和光度的准确度。稀土钬玻璃主要用于波长准确度的检测。

以紫外、可见和近红外分光光度计为例，进行讨论。

波长准确度是指仪器指示器上所指示的波长值与实际波长值的符合程度，可用两者之差（即波长误差）来衡量其准确性。

波长误差对光度测定精度有很大影响，因为任何分光光度计定量分析工作是依靠在一定波长下测量吸收峰吸收值来完成的。如波长有误差，则由于峰两旁陡度处吸收值随波长的变化极为迅速，会造成明显的吸光度误差。如在定性分析中单纯依靠样品的吸收峰来确定波长，可能会造成错误的判断。

根据化学测定的长期实践，一般分光光度计要求在全波段范围达到 0.5nm 的波长精度。

对仪器作精密的波长校正在整个波长范围的不同区域进行。若只在少数的校正点进行波长校正，则不能认为整个波长范围都已正确。

钕玻璃在紫外、可见和近红外波段都具有一系列吸收峰。吸收峰的位置稳定，温度的变化仅仅改变吸收峰值的光度值而不改变波长的位置，使用和保存都较方便，这些条件使钕玻璃成为在紫外、可见和近红外波段比较理想的基准物质。美国国家标准局（NBS）和各国通过各种精密方法测得了钕玻璃的实际波长值，已被大家公认，见表 3。

表 3　钕玻璃的吸收峰位置

序号	波长（nm）	误差（nm）	序号	波长（nm）	误差（nm）
1	241.8	—	10	460.0	± 0.2
2	249.7	—	11	484.5	± 0.2
3	279.37	± 0.05	12	536.2	± 0.2
4	287.5	± 0.1	13	637.5	± 0.2
5	333.7	± 0.1	14	1153	± 1
6	360.9	± 0.1	15	1192	± 1
7	385.9	± 0.2	16	1938	± 2
8	418.7	± 0.2	17	2007	± 2
9	453.2	± 0.2			

检查方法是将钕玻璃放入样品室，按表 3 扫描各谱线，单方向重复扫描三次，读出每次波峰所对应的波长值，并与实际值比较，其差值不应大于 ± 0.5nm 或仪器规定的误差允许范围。在校正波长过程中，应选用正确的仪器操作条件；否则，对波长准确度和光度精度有很大影响

（2）天光滤光镜。

天光滤光镜是彩色摄影所用滤光镜的一种。远距离的风景、山景、雪景或水上场面的摄影，如前所述的空气中有大量散射的紫外光和部分蓝紫光的场合，会导致彩色片上带有蓝色色调，在拍摄远景时也会带上微绿色。

天光滤光镜（用 TB 玻璃）吸收紫外光和部分蓝紫光，加上天光滤光镜不但能使蓝色

色调减少到最小限度，而且也抵消对远景产生的微绿色倾向。

天光滤光镜总的透过率高，以致不需要标准曝光量外再增加曝光量，拍摄时不必取下，这样不但对彩色还原有好处，而且能起到保护镜头的作用。

（四）高级器皿和工艺美术品用稀土有色玻璃

玻璃的优良性能，如坚固耐用，不燃烧，对微生物、水和各种溶液作用稳定等优点，使其可以作为高级器皿和工艺美术品的最佳材料，也是提高玻璃制品艺术价值的重要方法之一。在制造高级器皿和艺术品时，所利用的是玻璃的透明度、光泽、颜色和成型性能，颜色的选择取决于技术要求，以及玻璃艺术家们对美学和艺术的鉴赏能力。

1. 紫色玻璃

玻璃呈紫色，透过紫色光。透过波长范围介于 380 ~ 440nm 之间，它们吸收 460 ~ 700nm 波长的可见光。纯的紫色光对应于 410nm 波长，波长更短的光呈紫红色，而 410 ~ 440nm 波长的光呈浅紫色。紫色玻璃在红色区和近红外区有相当的光透过。

在手工成型高级器皿和装饰玻璃时，浅紫色玻璃最常用的是 Se-Co 组合着色。这种着色一般比较浅，属于硒的玫瑰色素，其色调根据添加的 CoO 而变化。Se-Nd$_2$O$_3$ 组合可得到成型工艺美术品所用的美丽的紫罗兰色调，而且同相当于两种着色剂部分吸收之和相比，这种颜色的强度将更高些。因此，在该情况中出现了违背朗泊—彼尔定律的现象。

用钕的化合物着色很稳定，因为无论是熔炼条件，还是基质玻璃的组分对所获得的色调都没有影响。用钕着色的玻璃，因其透射的带状特性，能显示出色彩的双重闪变现象（二向色性）。薄层状的紫色玻璃带有浅蓝色色调，而厚层则具有浅红色色调。是制造工艺美术品用的紫色双色玻璃。

2. 绿色玻璃

500 ~ 570nm 的波长属于绿光，包括蓝绿、纯绿和黄绿。绿色玻璃在该范围有较高的透过率，而在波长较短和较长方向上透过率则降低。如果玻璃能透过足够强度的蓝光，那它将呈现浅呈蓝绿色，如果玻璃能透过足够强度的蓝光，那它将呈现浅蓝绿色；而光谱的黄、橙和红光区透过加强，则出现黄绿色调 。

为使玻璃成绿色色调，一般最常采用的着色剂有铬、铜、铁离子和稀土镨离子等。单独的稀土镨离子着色呈现黄绿色，但着色能力较弱，镨的使用量比使用过渡元素离子时大得多，如果镨的用量增大，玻璃呈现绿色，颜色纯净美丽，无灰色调，亮度高。

在很少采用的黄 - 绿色调中，在强氧化条件下熔炼的玻璃，铈 - 钛黄色 + 铜蓝色组合 + 镨着成黄 - 绿色，镨在着色剂的浓度较高时，能由黄 - 绿色过渡到更绿的色调。

3. 红色玻璃

610 ~ 670nm 的波长属于红光，其优势的波长是 620nm，玻璃呈紫红色。红颜色的玻璃一贯享有盛名,他的外观很像天然红宝石,所以都把红色玻璃称作红宝石。红色玻璃依据着色强度可分为:玫瑰色、玫瑰色素、饱和红色红宝石和混合色。着色方法有:

(1)用胶体分散的金属(金或铜)着色;

(2)用分子着色剂(硒、硫硒化镉或硫化锑)着色;

(3)用离子着色剂(稀土元素、锰)组合着色或用镍对玻璃着色。

用少量的硒着成玫瑰色玻璃,使用稀土镨钕制剂(2%~3%)时,玫瑰色素色能变为红葡萄酒色,这种色调有时称为钕镨红。与之类似的是所谓的钕红宝石,系紫罗兰色,但由于后者不含镨,它的色调与钕镨红略有差异。铒着色的玻璃为粉红色。

4. 黄色玻璃

铈钛组合着色可获得美丽的金黄色玻璃,该玻璃熔制简便,容易澄清,因为是离子着色,所以不需进行加热显色处理,颜色重复性好。TiO_2本身很难使硅酸盐玻璃着色,只有在CeO_2同时存在,才能使玻璃着成黄色。TiO_2的含量不同,玻璃可着成青黄色、浅黄色、橙黄色乃至棕黄色,这是由于钛离子具有不同的电离能态的缘故。不同条件下,TiO_2在玻璃中出现Ti^{4+}、Ti^{3+}同时存在现象,当然Ti^{4+}和Ti^{3+}存在平衡关系,Ti^{4+}的3d轨道是全空的,不产生d–d轨道电子跃迁,这种状态是无色的,即Ti^{4+}不会使玻璃着色,只引起玻璃强烈的紫外线吸收,而Ti^{3+}能使玻璃着成紫色。CeO_2同样在玻璃中存在Ce^{4+}和Ce^{3+}两种离子价态,平衡状态下Ce^{3+}占优势,比Ce^{4+}多3~5倍,但在可见光区无吸收,对玻璃不产生着色。Ce^{4+}不产生电子跃迁,对可见光区不产生吸收,玻璃也是无色的,但它强烈吸收紫外线,加入量愈多,这种强烈的紫外线吸收愈厉害,导致吸收带往长波方向移动至可见光区,使玻璃产生淡黄色。当玻璃中存在一定数量和比例的铈和钛时,玻璃成黄色,也称铈钛黄玻璃,对于使玻璃着色的原因,存在如下平衡关系。

$$Ti^{4+} + Ce^{3+} \rightleftharpoons Ti^{4+} + Ce^{4+} \qquad (4)$$

也有学者认为可能玻璃中产生了Ce^{3+}–O–Ti^{4+}着色基团所引起的着色。铈钛着色玻璃熔制工艺简单,要在中性、弱还原或弱氧化气氛中进行。在人造宝石用的有色玻璃中,应当注意用氧化铈和氧化钛着色的黄色长寿花。

(五)彩色乳浊玻璃

彩色乳浊玻璃是在基础玻璃成分中同时加入乳浊剂和着色剂而制成,但着色剂用量要比透明彩色玻璃多,因为乳浊玻璃中除了玻璃相外,还有乳浊的晶相。可见光入射到彩色乳浊玻璃时,在玻璃相处产生光线的选择性吸收,而在晶粒处产生光的散射,这样综合作用的结果,使着色剂的作用大为减弱,彩色乳浊玻璃呈现的颜色不是该着色剂在透明玻璃中着成的色彩,而是朦朦胧胧的色彩,仿佛是玉色的效果。该种效果往往是可贵的,利用它可以制造仿碧玉、仿孔雀石、仿玛瑙等制品。

1. 黄色乳浊玻璃

离子着色氟化物乳浊玻璃成分见表4。

表4 离子着色氟化物乳浊玻璃成分

单位：%（质量分数）

编号	SiO_2	Al_2O_3	B_2O_3	CaO	ZnO	Na_2O	K_2O	F	着色剂
1	59.79	10.54	1.41	5.26	9.59	8.32	2.17	3.4	NiO: 0.02；CeO_2: 0.51
2	59.18	10.43	1.40	5.21	9.50	8.24	2.15	3.4	NiO: 0.02；CeO_2: 0.50；TiO_2: 1.0
3	58.33	10.48	1.36	6.04	8.90	8.61	2.09	3.1	NiO: 0.04；CeO_2: 0.98；TiO_2: 0.98
4	58.26	10.28	1.36	5.86	8.74	8.36	2.11	3.0	NiO: 0.03；CeO_2: 0.96；TiO_2: 1.92
5	59.64	10.54	1.41	5.26	9.50	8.32	2.17	3.43	NiO: 0.02；CeO_2: 0.50；TiO_2: 0.25

1～5号均为美国Corning公司的黄色乳浊玻璃成分，都加入As_2O_3为澄清剂，乳浊晶体为CaF_2，着色剂为NiO、CeO_2、TiO。NiO单独着色为棕色，CeO_2和TiO_2为黄色，通过调节NiO、CeO_2和TiO。三者之间比例，可以得到不同深浅的黄色，同时颜色也和热处理有关，在不同温度下的钢化和热处理，能得到牙黄、米黄、棕黄，直到棕色。此5种玻璃成分，均可在坩埚内熔化，熔化温度1450～1550℃，时间4h成形后进行退火，温度为500～550℃，厚度为4mm的5种玻璃，在CIE色度图的坐标与明度见表5。

表5 种黄色乳浊玻璃的色度坐标

编号	色度坐标		明度（%）
	x	y	
1	0.3350	0.3393	51.0
2	0.3415	0.3484	51.2
3	0.3346	0.3476	46.2
4	0.3442	0.3576	48.1
5	0.3376	0.3433	50.1

综合各项性能指标，在 5 种黄色乳浊玻璃成分中，以 5 号最佳成分。

2. 奶油色乳浊玻璃

市场对象牙黄、栗色、奶油黄和米黄感兴趣，康宁公司 USP4，687，751 提出了一类 Fe_2O_3– TiO_2 系统着色剂的奶油色乳浊玻璃，该玻璃以 NaF 为乳浊相，着色剂 Fe_2O_3 和 TiO_2 是必须组分，As_2O_3 和 CeO_2 为辅助着色剂，Fe_2O_3 和 TiO_2 使透明玻璃着黄 – 棕色，颜色产生归因于 Fe^{2+}–O–Ti^{4+} 结构的紫外线吸收和可见光短波部分吸收，在 As_2O_3 存在的条件下，TiO_2 着色更黄，起到稳定颜色的作用，而 CeO_2 本身就着黄色，相关组成见表 6。

表 6　奶油色乳浊玻璃组成示范例

组分	编号						
	1	2	3	4	5	6	7
SiO_2	72.15	71.93	71.29	71.44	71.53	71.38	71.60
B_2O_3	2.00	2.00	2.00	2.00	2.00	2.00	2.00
Al_2O_3	8.37	8.35	8.51	8.26	8.27	8.29	8.35
Na_2O	11.09	11.18	10.92	11.18	11.21	11.07	11.10
CaO	0.77	0.77	0.64	0.78	0.75	0.77	0.78
BaO	2.23	2.24	2.21	2.26	2.31	2.19	2.18
F	4.66	4.80	4.01	4.97	4.97	4.98	4.98
TiO_2	0.27	0.27	0.53	0.75	0.75	0.98	0.94
CeO_2	0.11	0.11	0.10	0.14	0.03	0.10	0.07
Fe_2O_3	0.148	0.195	0.195	0.146	0.151	0.23	0.10
As_2O_3	0.16	0.17	0.16	0.16	0.17	0.16	—
Na_2O(硝酸钠)	0.5	0.5	0.5	0.5	0.5	0.5	0.5
x	0.3071	0.3086	0.3097	0.3080	0.3077	0.3106	0.3063
y	0.3185	0.3202	0.3213	0.3191	0.3189	0.3230	0.3175
R（%）	81.00	81.16	79.52	80.49	80.18	78.99	73.37

3. 紫色乳浊玻璃

除了以氟化物为乳浊剂加入各种着色离子制备彩色乳浊玻璃外，还可用硫酸盐、氯化物和氟化物混合乳浊来制备彩色乳浊玻璃。以硫酸钡、硫酸钙的晶体为乳浊剂，通过控制乳浊剂的晶体生长速度，能得到半透明绢丝光泽的乳浊玻璃，在基础玻璃成分中加 CuO、Cr_2O_3、CoO、NiO、Nd_2O_3 等着色剂，就可形成不同彩色的乳浊玻璃。表 7 为日本紫色乳浊玻璃成分，此类型玻璃成分均可在闭口坩埚中熔化，熔化温度 1400℃，保持 12h，凉缸时间为 4h，玻璃熔化很均匀，加工时不易开裂，可制成高级装饰制品。

表 7　日本紫色乳浊玻璃成分

单位：%（质量分数）

SiO$_2$	Al$_2$O$_3$	B$_2$O$_3$	CaO	BaO	Li$_2$O	Na$_2$O	K$_2$O	SO$_3$	Cl	F	Sb$_2$O$_3$	着色剂
72.1	3.7	0.3	0.4	2.2	0.03	16.5	0.6	0.5	0.4	1.3	0.2	Nd$_2$O$_3$:1.8

彩色乳浊玻璃的熔制工艺与乳浊玻璃相似，不但要考虑乳浊剂的挥发问题，也要考虑到有些着色剂的挥发，彩色乳浊玻璃的用途不同，对性能的要求也不同，必须根据性能和工艺要求来进行成分和工艺的调整。

三、国内外研究进展比较

国外对稀土光学玻璃的研究工作主要集中在配方、熔炼工艺方法及装置等领域的稀土（镧系）光学玻璃制造专利技术等方面，从降低稀土原料引入量等稀土光学玻璃配方优化技术及配套工艺改进等方面入手开展深入研究，从而提高玻璃熔炼过程中稀土原材料有效利用率，以满足不同光学系统对折射率、阿贝数以及透过率等光学性能指标要求；而国内企业则通过积极开展专利引证分析、专利同族分析等研究工作，梳理出本领域的核心专利技术，开展专利侵权分析与绕道专利设计等工作，规避国外专利技术，在稀土光学玻璃核心制造领域打破国外专利技术壁垒，促进国内企业积极创建核心技术，开发更多拥有自主知识产权的产品。具体研究采取的方法包括对国际上光电材料著名制造商 SCHOTT、HOYA、OHARA 等公司的专利进行深入研究，找出不同的技术解决方案与路线，通过降低稀土元素引入量等方法，设计系列稀土光学玻璃配方，提高稀土资源的有效利用；其次，对稀土光学玻璃关键技术如配方、工艺、熔炼及检测设备等，进行分题专利检索、分析、对比，形成专题数据库和分析报告；本报告有如下几个结论：

（1）从专利反应的技术生命周期来看，稀土（镧系）光学玻璃的相关技术进入成熟期。从 2011 年之后，该领域专利的申请趋于一个平缓的状态，甚至有所下滑。专利申请量出现峰值之后下降的趋势意味着该领域技术已经进入成熟阶段，这正好与镧系光学玻璃的实际情况相吻合。

（2）从专利的整体申请量来看，稀土（镧系）光学玻璃的主要竞争对手来自日本。最具竞争力的公司依次为 HOYA、旭硝子和株式会社小原。国内企业需要加大对这些日本企业公开专利的跟踪。

（3）从专利对技术的公开程度来看，该领域的专利对配方组成、熔制工艺、熔炼装置、检测设备等关键技术的公开较为充分。早在 20 世纪 50 年代，德国肖特、美国康宁等公司就对镧系光学玻璃有相关专利的公开。到 80 年代，日本公司也开始涉足该领域。国内以成都光明光电为代表的光学玻璃生产企业在对镧系光学玻璃研究的方面，充分参考借鉴了先前的专利。

（4）从专利申请内容来看，以配方组分专利为重，其次是成型、退火和测试。所以在该领域，配方组成专利的竞争最为激烈。国内企业研发与销售要尤其小心绕开的就是国外公司在配方方面的专利壁垒，尤其是在专题报告的重点专利清单当中提到的重点专利。除此之外，国内企业可以参考已公开的专利，认真分析，进行进一步的专利申请，反守为攻；从外企在华申请专利状况来看，中国是除日本以外，申请量最大的国家。在华申请的专利量在2000年之后，增长速度非常快，这在一定程度上反映了竞争对手对中国市场的重视，以及中国在镧系光学玻璃上起步的缓慢。由于竞争对手在华申请量的扩大，国内企业更需要扩大自己在镧系光学玻璃方面的申请。据了解，成都光明光电已主动开展这方面的专项研究并形成了《稀土（镧系）光学玻璃专利战略研究报告》，建立了稀土光学玻璃专利文献数据库；汇总专利信息，形成主要竞争对手重点专利清单；围绕稀土光学玻璃核心技术领域开展10项专利申请，其中发明8项，PCT国际专利申请3项。

四、本学科发展趋势与展望

（一）新型稀土滤光玻璃

1. 对比度增强型滤光片

超清晰和真实的色彩表现：对比度增强型滤光片只允许显示设备中特定波长的光线透过，而过滤掉其他不相关的波长光线，从而使显示设备达到较高的对比度。此外，全彩色显示器能够更为自然地再现色彩。

单色对比度增强型滤光片能够抑制其他波长光线进行绿光传导，并提供最佳单色显示能力。全彩色镀膜玻璃滤光片能够传导红、蓝、绿光，同时减少其他中间波长的传导。

主要应用于工业生产线显示器、商用航空电子显示器、等电子交易终端机工业设备和安全保障方面的传感器（安全监控系统）。

干涉滤光片：使用干涉效应获得光谱透射，通过把不同折射率的薄膜沉积到基片上来进行制造。光谱范围在200～3000nm之间。具有特殊表面性能和超强热稳定性对于温度和湿度的变化，表现出优秀的耐候性以及非常稳定的光谱特性。

主要应用于：天文仪器中使用的带通滤波器；光电和电信等消费电子类光学元件；测量、测试和控制工程工业设备，条形码扫描器，传感器（工业、汽车和水处理），照相影印等工业设备；半导体显微光刻机；荧光显微镜和拉曼光谱学，分析学：量度、环境、生物科技、化学等医药和生物技术领域；安全保障方面的传感器（安全监控系统）。

2. 近红外滤光片

近红外滤光片（NIR）应用广泛，它使图像传感器传导出最自然真实的图像；它使数码相机拍出和肉眼视觉一样的照片。近红外滤光片是夜视系统的显示和操控界面（NVIS

兼容设备）必不可少的部分；医疗和工业相关的激光安全设备也广泛应用该滤光片。具有可分为专为严苛环境而设计的高防潮性滤光片和专为高精密度光学应用而设计高陡度滤光片。

高防潮性滤光玻璃：在极其恶劣的环境中依然有着卓越的表现。这些镀膜的滤光片能够连续 1000 多个小时保持绝对透明，表面不会产生任何腐蚀现象，从而持续传输超高品质的图像。

高陡度滤光玻璃：光学特性包括在需要透过的波段具有高的透过率，在需要截止的波段透过率极低，并且二者的过渡波段非常窄。此外，在近红外波长区域需要高吸收率滤光片时，这些可见光带通滤光片也是理想的选择。红外边的斜率是非常独特的，保证了对可见光和近红外线的准确分辨与过滤。主要应用于：小型数码相机、单反相机、线扫相机系统、测距仪、手机和平板电脑等消费光学设备；工业和医药和生物技术数码相机，安全和保障领域的监控摄像头和夜视（NVIS）仪器。

3. 晒黑滤光玻璃

具有特定紫外线透射率的滤光片，供日光浴床使用的特殊紫外线滤光玻璃。该晒黑滤光玻璃具有明确定义了安全范围内晒黑辐射的透射率；透明和蓝色滤光片的结合，具有可选择性地透过紫外线和红外线的特性。

主要应用于：原料检测技术灯、油漆/颜料固化设备和法医用技术灯等工业设备和日光浴床（全身或局部）等医药和生物技术领域。

（二）稀土光学玻璃发展展望

1. 稀土光学玻璃新的特点

（1）目前光电产品正向着高像素、高清晰、微型化或大型化、高对比度、高亮度的方向发展，因此对光电材料提出了着色度、内透过率等许多新的要求。

（2）镧系玻璃尤其是 n_d1.95 以上的重镧火石系列玻璃，对光学一致性（2×10^{-5}），着色度（低于 390/410），条纹度（B 级）等指标要求不断提高，重视降低制造成本（减少贵稀土原料用量）工作等。

（3）熔炼生产工艺不断革新。全铂连熔、二次熔炼、精密模压等新工艺迅速提升镧系玻璃产量与质量，产品性能极限不断被刷新。

2. 稀土光学玻璃当前开发热点

（1）各种具有极高折射率（2.0 以上）、极低阿贝数（低于 50）的玻璃牌号；

（2）具有较低软化温度（低至 300℃左右）的光学玻璃材料以提高光学元件精密模压的性能，简化生产工序，提高玻璃利用率；

（3）降低玻璃成本且保持原有性能的原料组成；

（4）提高在蓝光和紫外的透过率，尤其是对于高折射率的玻璃；

（5）继续改进玻璃材料的化学稳定性能，以提高其加工性能和防表面破坏的长期稳定性。

3. 稀土玻璃与光电终端产品研发速度快，周期短

（1）光电终端产品的推出周期缩短（如微单、单电数码相机、3D数码望远镜等），稀土玻璃新牌号及性能改进速度加快，稀土原料需求量持续增加；

（2）单反交换镜头、车载显示与安防监控是增长热点，今后对高端稀土玻璃的数量和性能需求会进一步增加；

（3）材料制造企业将重点对环保化 LaK、LaF、ZLaF 等系列稀土玻璃牌号进行质量与成本优化改进，改善目标产品的 n_d、v_d 稳定性，提高产品内透过率，以满足单反相机材料质量要求。

（4）建立单反材料 CCI（色贡献指数）测试方法；提高色散的准确测量，测试精度 1×10^{-6}；完成与国外公司对标。

根据光学玻璃领域图对玻璃发展趋势进行展望：光学玻璃新牌号的开发目前主要集中在绿色区域，随着技术的不断进步，人们希望今后能在红色区域也能出现新的发明创造（见图2）。

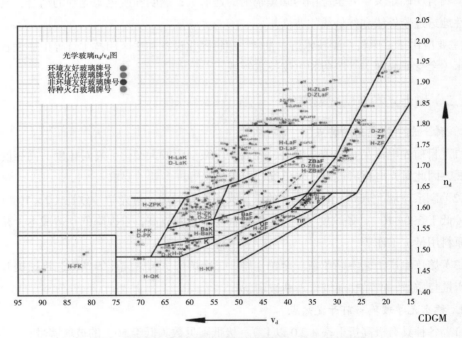

图2　根据光学玻璃领域图对玻璃发展趋势进行展望

—— 参考文献 ——

［1］ Optical Filter Glass 2014 .Germany:Advanced Optics SCHOTT AG.

［2］ 近红外截止滤光片 / 蓝色玻璃滤光片 2014. 上海：肖特（上海）精密材料和设备国际贸易有限公司

［3］ 王承遇，陶瑛. 现代光学制造技术［M］. 北京：国防工业出版社，2012.

［4］ GB/T15488-2010. 滤光玻璃. 中华人民共和国国家质量监督检验检疫总局和中国国家标准化管理委员会发布.

［5］ 王承遇，陶瑛. 玻璃材料手册［M］. 北京：化学工业出版社，2007.

［6］ 王承遇，陶瑛. 玻璃成分设计与调整［M］. 北京：化学工业出版社，2006.

［7］ 聂春生. 实用玻璃组分［M］. 天津：科学出版社，2002.

［8］ 聂春生. 有色玻璃与特种玻璃［M］. 四川：科学出版社，1987.

［9］ 卢安贤. 新型功能玻璃材料［M］. 湖南：中南大学出版社，2005.

［10］ Fujiwara Y, Negishi T. The manufacturing method of glass, optical glass, the glass raw material for press molding, an optical element, and these manufacturing methods: 日本，JP05461420B2［P］. 2014-04-02.

［11］ Fechner J H,Pfeffner J H,Schreder B, Schroeder F,Seneschal K, Zehneschal K,Zimmer J. Antimicrobial phosphate glass with adapted refractive index: 美国，US7704903B2［P］. 2010-04-27.

［12］ Hochrein O, Olribeo H, Pichler W S, et al. X-ray opaque glass useful in dental composites comprises oxides of silicon, aluminum, cesium, zirconium and lanthanum: 日本，JP2010189263A［P］, 2010-09-02.

［13］ 戎俊华，张卫. 高折射率光学玻璃: 中国，CN101941795A［P］.2011-01-12.

［14］ 森定直之. 光学玻璃和使用该光学玻璃的光学装置：中国，CN101896437A［P］.2010-11-24.

［15］ Kittaka Shigeo,Sakaguchi Koichi；Yoda Shinichi,Yonezawa Shigeki,Yono Kentei. Glass, And Glass Processing Method: PCT 专利，WO2010071202A1［P］.2010-06-24.

［16］ Hayashi K. Optical glass, the preform for accurate press molding and its manufacturing method and an optical element, and its manufacturing method: 日本，JP04508987B2［P］. 2010-07-21.

［17］ Ogino M, Oguri F. Optical Glass Which Lightens An Optical Device, A Perform, And An Optical Element. Kr2013016126a, 2013-02-14.

［18］ 匡波. 光学玻璃：中国，CN103771706A［P］. 2014-05-07.

［19］ 萱场德克. 光学玻璃、精密压制成型用预成形体和使用其的光学元件：中国，CN103288344A［P］. 2013-09-11.

［20］ 俣野高宏，佐藤史雄. 模压成型用光学玻璃：中国，CN102992615A［P］. 2013-03-27.

［21］ 根岸智明. 光学玻璃、压制成型用玻璃料和光学元件及其制造方法：中国，CN102745900A［P］. 2012-10-24.

［22］ Ogino M, Onozawa M. Method of manufacturing glass molded body and cloudiness reducing method for glass molded body: 日本，jp2010013292a［P］. 2010-01-21.

［23］ Fujiwara Y, Suu G, Zou X, Zou X L. Method for manufacturing optical glass element: 美国，US8826695B2［P］. 2014-09-09.

［24］ 冯宏、李维民，等. 光学玻璃工艺学［M］. 中国兵器装备集团公司，2007.

［25］ 吕茂钰. 光学冷加工工艺手册［M］. 北京：北京机械工业出版社，1991.

［26］ MIL-G-174B-1986. 美国军用规范——光学玻璃.

［27］ 苏大图，等. 光学测量与象质鉴定［M］. 北京：北京工业学院出版社，1988.

［28］ 李启甲. 功能玻璃［M］. 北京：化学工业出版社，2004.

［29］刘麟瑞，林彬荫. 工业窑炉用耐火材料手册［M］. 北京：冶金工业出版社，2001，1–135；547–558.

［30］胡宝玉，徐延庆，张宏达. 特种耐火材料技术手册［M］. 北京：冶金工业出版社，2004。

［31］任国斌，尹汝珊，张海川，迟秀芳，等. Al_2O_3–SiO_2 实用耐火材料［M］. 北京：冶金工业出版社，1988.

［32］郑国培，有色光学玻璃及其应用［M］. 北京：北京轻工业出版社，1990.

［33］泉谷彻郎，著. 杨淑清，译. 光学玻璃与激光玻璃开发［M］. 北京：兵器工业出版社，1996。

［34］作花济夫，等. 新玻璃手册［M］. 上海：玻璃与搪瓷出版社，1995.

［35］王连发等. 光学玻璃工艺学［M］. 北京：兵器工业出版社，1995.

［36］日本耐火材料技术协会，编，陈应中，刘绳武，译，筑炉工艺学［M］. 北京：冶金工业出版社，1987.

［37］陈金方. 玻璃的电熔化与电加热［M］. 上海：华东理工大学出版社，2002.

［38］王维帮. 耐火材料工艺学［M］. 北京：冶金工业出版社，2003.

［39］蒋亚丝. 光学玻璃新进展［J］. 玻璃与搪瓷，2010，（5）：37–44.

［40］干福熹. 光学玻璃［M］. 北京：北京科学出版社，1982.

撰稿人：李维民　刘　慧　周慧敏　袁晓曲　毛露露　罗　薇

稀土陶瓷材料研究

一、引言

　　稀土陶瓷材料中，稀土既可以作为基质组分，也可以作为掺杂改性元素。稀土在陶瓷中的应用本质上源于稀土元素的金属性、离子性、4f 电子衍生的光学和磁学性能，这四种基本属性是贯穿稀土陶瓷材料发展的主线。其中由于具有 f 电子是稀土离子的独特性，而其相应的物理性质体现为 f 电子层内跃迁（f–f）和层间跃迁（f–d）以及未成对 f 电子展现出来的磁性。因此稀土陶瓷的功能主要包括光学和磁学两大方面。前者主要有稀土透明光学陶瓷，稀土荧光粉和稀土陶瓷釉等各种稀土光学材料，后者主要有稀土永磁材料、稀土磁致伸缩材料、稀土磁致冷材料等各种稀土磁性材料。此外，由于稀土离子半径较大、稀土元素容易与其他元素，尤其是非金属的氮族、氧族和卤素元素结合，而且还具有变价的性质，因此稀土离子可以作为添加剂调整材料内部的微观结构，改变材料的宏观性能，从而得到各种稀土结构陶瓷和稀土改性功能陶瓷。

　　无论是国际还是国内，材料研究和发展都是以学科发展与服务于社会为目的的，现代稀土陶瓷材料体系就是以稀土离子的光学和磁学为主的各种性质作为出发点，通过设计与实现各种相关影响因素从而满足特定材料需求而建立并发展起来的，其内涵既包括结构—性能关系，还涉及陶瓷制备工艺以及陶瓷表征技术。

二、稀土陶瓷材料研究和进展

（一）先进稀土陶瓷材料研究与发展

1. 透明光功能陶瓷

目前已发展的透明陶瓷有 10 多种，其中最重要的有 Al_2O_3、BeO、MgO、Y_2O_3、ZrO_2、

ThO_2 和 $RE_3Al_5O_{12}$（RE =稀土）等。与稀土有关的透明陶瓷主要有稀土倍半氧化物和石榴石结构，前者有 Y_2O_3、Lu_2O_3，而后者主要是 $Y_3Al_5O_{12}$（YAG）和 $Lu_3Al_5O_{12}$（LuAG）及其各种混合金属元素乃至掺杂的衍生物。当前已经商业化以及正在大量研究的稀土基透明陶瓷都是立方晶系为主。

（1）激光透明陶瓷。激光透明陶瓷的基质主要是石榴石 $RE_3Al_5O_{12}$ 以及倍半氧化物 RE_2O_3（RE= 稀土）立方体系，发光中心是 Nd、Er 和 Yb 为主，目前在透明度、热物性、光致发光效率和发光寿命等已经和单晶持平，在光散射等涉及介观—宏观结构的性质综合相比仍存在着改善的空间，但是近期的研究表明在激光输出功率和效率上突出已与单晶基本一致，同时由于与单晶相比陶瓷具有相对较高的机械性能，在抗热损伤方面陶瓷体现出良好前景。当前如何降低激光陶瓷材料的吸收损耗、提高材料性能的一致性与稳定性是激光透明陶瓷走向应用迫切需要解决的问题。在国内，上海硅酸盐研究所长期致力于石榴石透明激光陶瓷的研究工作，全面探讨了掺杂稀土浓度、温度、压强、烧结助剂种类与用量、烧结气氛、冷等静压、成模工艺等因素的影响，而且还提出采用流延成模工艺做成复合激光透明陶瓷以提高热导率的方案[1]。近期国内的典型进展有山东大学发表了非化学计量比原料（不同的 Al_2O_3/Y_2O_3 比例）对 Nd 掺杂 YAG 透明陶瓷烧结和光学性质的影响，提出化学计量比以及 Y_2O_3 不超过 2% 的配方下可以得到透明陶瓷，但是仅有化学计量比的陶瓷才具有一致的晶粒微观结构以及干净的晶界，而非化学计量比不但晶粒几何结构不一致，而且晶界中会析出过量的 Al_2O_3 或者 Y_2O_3，这些第二相会明显消弱发光强度[2]。上海光学与精密机械研究所则讨论了氟化物作为烧结助剂对 YAG 透明性的影响，发现在共掺 0 ～ 1.5wt.% SiO_2 的条件下，0 ～ 0.18wt.% 的氟化物有助于烧结发生，并且提高了透过率，他们认为主要是 F 高温下可以通过 SiF_4 的形成达到去掉 Si 的目的，从而实现烧结助剂在最终产品中被大幅度减少，降低了烧结助剂的存在对陶瓷透光性能的不良影响[3]。清华大学以 La_2O_3 和 ZrO_2 作为组合烧结助剂得到了 $Nd:Y_2O_3$ 激光透明陶瓷，1100nm 的透明性达到 80.98%[4]。总之，国内在激光透明陶瓷的制备与性能改进方面已取得了很大的进步。

另外，近年来也有非石榴石结构激光透明陶瓷的研究，比如 Nd 掺杂 Ba（Zr, Mg, Ta）O_3[5]、$Yb:CaF_2$[6]透明陶瓷等，不过其性能优势不明显或者制备工艺不成熟，仍有待进一步发展。

需要指出的是，稀土离子的长波发光也可以用于红外激光激发下的上转换发光[7]，从而应用于生物成像等领域。这就构成了激光透明陶瓷的另一类非激光应用——上转换透明陶瓷，其中 1.5μm 激光激发下能实现上转换发光的 Er 掺杂 Y_2O_3 透明陶瓷[8]就是典型的例子。

（2）闪烁透明陶瓷。闪烁透明陶瓷与激光透明陶瓷类似，目前也是以石榴石 $RE_3Al_5O_{12}$ 以及倍半氧化物 RE_2O_3（RE= 稀土）立方体系为主。前者的典型例子就是 $Ce:Lu_3Al_5O_{12}$，$Pr:Lu_3Al_5O_{12}$ 后者的典型例子有 $Yb:Lu_2O_3$[9]，此外也有非主流的氟化物陶瓷，

比如 CeF_3[10]等，这类陶瓷虽然在快衰减和光产额具有优势，但是 F 元素及其化合物的强腐蚀性以及晶体结构的非立方性阻碍了透明陶瓷化研究的发展，仍需要在制备技术上取得突破。国内在闪烁透明陶瓷方面紧随国际潮流，主要集中于立方化合物体系（石榴石和倍半氧化物），而且也扩展到非立方的六方、三方乃至单斜体系。最近的典型进展有上海硅酸盐研究所提出了强磁场下注浆成型提高晶粒取向的技术，为推动这类存在单一极轴化合物的透明陶瓷化指明了方向[10]；而且他们也成功获得了高光产额的 Lu 基石榴石与倍半氧化物透明陶瓷[1]。另外，东北大学采用 Gd 掺杂，多稀土组分共烧的方法获得了高透明（$Y_{0.95-x}Gd_xEu_{0.05}$）$_2O_3$ 陶瓷，而且基于稀土硝酸盐获得的混合氧化物纳米片也烧出了高透明性的（$Y_{0.95}Eu_{0.05}$）$_2O_3$ 陶瓷，其 Eu 离子发光可用于 X 射线荧光成像[11, 12]。上海大学则研究了多晶石榴石薄膜的制备和表征，有助于透明陶瓷在材料形态和微观结构表征方面的进步[13]。上海硅酸盐研究所与国外学者合作，在 Mg 促进 Ce:LuAG 透明陶瓷的发光机制研究中结合缺陷表征技术与计算模拟，论证了电子与空位缺陷以及 Ce^{4+} 的作用，为石榴石及其有关闪烁材料的高光产额提供了一种可选机制[14-16]。目前闪烁陶瓷的发光已经持平甚至优于单晶，相关应用研究已受到国内外的关注。不过，相对于单晶的周期性结构，陶瓷的多晶本质更容易产生各种缺陷，因此存在更长时间的慢衰减以及余辉（这也是目前闪烁探测器，尤其是面向高能辐射高速成像的探测器仍以单晶材料为主的主要原因），今后闪烁透明陶瓷的发展方向主要是降低余辉、减少慢衰减成分以及提高发光的能量分辨率，以满足高速成像、高时间和能量分辨率应用的需求。

（3）白光 LED 透明陶瓷。白光 LED 透明陶瓷主要成果是将黄粉 Ce:YAG 透明陶瓷化，从而与芯片组合成白光 LED，由于陶瓷内部的光路传输与粉末内部的是不一样的，因此，这种组合结构实现了全立体发光。近年来非立方体系的材料也有了进展，比如 Penilla 等报道了蓝绿发光的 $Tb:Al_2O_3$ 透明陶瓷[17]。国内在白光 LED 透明陶瓷方面主要集中于 YAG 透明陶瓷，比如上海硅酸盐研究所的石等制备了掺 Ce 的 YAG 透明陶瓷，并且与蓝光芯片组装成 LED，测试了发光光谱、色坐标等技术参数，并研究了热传导对发光的影响，在实用化方面做了有益的探索[18, 19]。另外，烁光特晶科技有限公司与华南师范大学合作，采用 $MgAl_2O_4$ 透明陶瓷作为基质添加 Ce:YAG 黄粉的方法也得到了显色指数和热导率等都有改善的白光 LED 用复合陶瓷材料[20]。总之，鉴于透明陶瓷对材料结构对称性的特殊要求，既要满足高对称性，又要满足 LED 发光的现有材料很少。因此，新材料的探索仍是这一领域的主流。

（4）非发光透明陶瓷。非发光透明陶瓷主要有电光透明陶瓷和磁光透明陶瓷两大类，分别用于电场和磁场下的光传输性质，比如传输方向（折射和散射）等的改变，从而用于光闸、光存储、偏光器和光调制器件等。稀土在电光陶瓷中主要是作为添加剂，比如 La 部分置换 Pb（Zr_xTi_{1-x}）O_3（PZT）陶瓷中的 Pb，并且利用氧气氛下的热压烧结工艺获得了高度透明的 $Pb_{1-x}La_x$（Zr_yTi_{1-y}）$_{1-x/4}O_3$，即 PLZT 铁电陶瓷。La 的掺入进一步畸形化了原有的结构，从而增加了电滞回线的矩形性，增大介电系数、降低矫顽场强、提高机电耦合系数等。同时 La 的加入也提高了陶瓷的透明性，容易得到透光度高于 80% 的透明铁电陶瓷[21]，当前广泛研究的电光陶瓷还有铌酸盐、铪酸盐等。

磁光效应就是在磁场作用下，物质的磁导率、介电常数、磁化方向和磁畴结构等发生变化，从而改变了入射光的传输特性的现象。现有的稀土磁光材料主要是石榴石结构化合物，最为典型，应用最广泛的是 Fe 基石榴石系列 $RE_3Fe_5O_{12}$（RE ＝稀土元素），其中代表材料是钇铁石榴石（$Y_3Fe_5O_{12}$，YIG），但是 YIG 对 $1\mu m$ 以下的光具有较强的吸收，这就意味着不能用于可见光或更短波长的波段，因此，各类改性材料不断被探索出来，典型的有高掺 Bi 的材料和掺 Ce 的材料，后者可以降低光吸收，而且法拉第旋光效应也更大，文献报道在相同波长、相同掺杂数量下是 Bi:YIG 的 6 倍，因此成为当前最具发展前景的磁光材料之一。另一类石榴石结构的稀土磁光材料是 Ga 基材料，以 $Gd_3Ga_5O_{12}$（GGG）为代表，新近的发展还有 $Tb_3Ga_5O_{12}$（TGG）与 Fe 基材料。由于 Ga^{3+} 外层电子全空，基质吸收为紫外短波段，因此这类磁光晶体可以用于可见光波段，而 Fe 的变价性导致基质在可见光区吸收严重，只能用于红外以及微波段。对于稀土基磁光材料而言，稀土离子的光学性质反而成了一个麻烦，比如 TGG 就不能用于 470 ~ 500nm 的绿光波段，这是因为 Tb^{3+} 本来就是绿光发射的发光中心，相应的在这一波段就存在严重的吸收。

不管是电光还是磁光透明陶瓷，虽然其研究报道中在小尺寸薄样品乃至特定波长下的性能与单晶可以比拟甚至占优，但是要如同单晶那样进入实用还需要在尺寸放大时调光性能的保持甚至优化方面开展必要的探索。不过，由于陶瓷相比于单晶，不但成本低，而且容易制备形状不规则的块体，因此这两类透明陶瓷具有很好的发展前景。

当然，非发光透明陶瓷中还包括非常重要的，也是目前商业化的主角的透光陶瓷。它们可以作为可见光和红外光的窗口，不过，近年来该体系并没有新的突破，已有体系的研究已经相当成熟，具体可以参阅有关 AlON[22] 等综述或者书籍[1, 23]。

显然，由于非发光透明陶瓷的性能更多地涉及周期性结构（单晶）的影响，因此更高的性能以及更大尺寸/厚度的透明陶瓷还需要晶粒取向技术的突破和成熟。

2. 稀土纳米陶瓷

稀土纳米陶瓷是传统陶瓷领域与新兴纳米技术相结合的产物。根据最终用途，纳米陶瓷主要可以分为烧结前驱和功能陶瓷两大类。

由于纳米稀土粉末作为添加剂一般是基于稀土大离子半径等与电子作用无关的性质，因此相关的研究在目前主要是面向工业化，提高产品性能的工艺探索和具体技术数据的积累。这方面的典型例子有姚等采用高温烧结法研究了 Dy_2O_3 和 Er_2O_3 对 AlN 粉末烧结的影响，发现这两种稀土氧化物添加剂对于陶瓷烧结的致密化的影响是一致的，可以将烧结程度从 90.7% 提高到 99% 以上[24]；Wang 等研究了稀土化合物和 MgO 共掺时对氮化硅烧结的影响，发现稀土氟化物和稀土氧化物对于陶瓷常规性质（烧结速率、相对密度、晶粒尺寸、弯曲强度等）的影响是一样的，但是更进一步的晶粒取向比例以及热导率却存在完全相反的结果[25]，类似的其他研究还有纳米稀土掺杂 MgO 透明陶瓷烧结[26] 等。

功能性纳米陶瓷主要体现为发光粉，其中上转换纳米荧光粉由于面向生物应用，成为国内外的研究热点，这类材料主要基于倍半氧化物[7, 27]、氟化物、复合氟化物和氟氧化物体系，稀土元素既可以作为基质组分也可以仅作为发光添加剂，各类形貌控制合成技术以及面向生物荧光示踪、各种照明显示（尤其是 LED 显示）以及高发光快速闪烁应用的研究是目前的主流。近期的典型示例有同济大学的闫等利用表面活性剂诱导钨酸盐纳米晶体自组装，一方面，实现了 $Eu^{3+}:NaGdWO_4（OH）_x$ 产物的发光随 Eu/Gd 比例而变，从而获得单一基质白光发射[28]，同样的现象也发生于不含氢氧根离子的稀土基钨酸盐 $NaY（WO_4）_2$ 上[29]，该研究还给出了稀土掺杂钨酸盐在纳米状态下，钨酸根离子仍然可以具有较强的蓝光发射，这与块体状态下钨酸根离子一般将能量转移给稀土离子，而自身则不发光的情况是相反的[30]，这也是这类工作最主要的研究价值之一；另一方面，他们也获得了自组装的 $PbWO_4$ 微米结构，观察到较强的宽带发光[31]，为纳米闪烁材料的研究作出了重要的探索。其他有意义的例子还有中山大学的梁等提出的基于水热法实现 $Eu:Gd_2O_3$ 相转变的方案，而且还发现从立方转变为单斜时，形貌由纳米棒变成了微米晶，这种转变的结果使得红光成分的谱峰得到了宽化，从而提高了发光强度，有助于生物成像应用[32]；另外，他们还在微米 $Eu^{3+}:NaLu（WO_4）_2$ 中发现随着 Eu 浓度的增加，形貌由截顶八面体往椭圆锥转变，相比于同济大学有关轻稀土的类似工作，钨酸根离子同样保留了发光现象，但是以 Eu 红光占优势，因此整体发光偏红白[33]。

需要指出的是，一方面，稀土由于多以寄生或共生矿物的形态存在，因此分离提纯成本高，价格要高于一般工业单质或者化合物；另一方面，根据稀土在地壳中的含量以及分离提纯成本的不同，不同稀土元素的工业价格差别很大，比如 La 和 Lu 的售价差异可以达到十倍以上甚至更高，为了降低产品的经济成本，将含稀土组分的基质改成其他非稀土元素，并且具有同样或者更好发光性能的研究就成为稀土陶瓷荧光粉的一个主流方向。这一领域目前主要集中在一直由 Y 基氧化物或者硫氧化物为主的红色荧光粉方面，已经开发了一批硅酸盐、铝酸盐、锗酸盐、钛酸盐、钨酸盐等红色荧光粉。最近笔者基于小离子的微扰模型，以 Li^+ 作为小离子，在白钨矿结构的 $Eu, Li:NaYW_2O_8$ 荧光粉中实现了红光择优发射，而且发光强度是商业红粉的两倍[30]。

目前可以作为稀土纳米荧光粉激活剂的稀土离子主要是三价的 Sm^{3+}、Eu^{3+}、Tb^{3+}、Dy^{3+} 以及二价的 Eu^{2+}，其中以 Eu^{3+} 和 Tb^{3+} 用得最多，而 Pr^{3+}、Ho^{3+}、Er^{3+}、Tm^{3+} 和 Yb^{3+} 主要作为上转换材料的激活剂或敏化剂。在实际使用中也可以根据不同稀土离子能级的宽度进行共掺使用，比如 Ce^{3+} 的 4f-5d 能级差较大，因此除了自身可以受激发光，还可以将吸收的能量转移给其他稀土离子（敏化），比如 Sm^{3+}、Eu^{3+}、Tb^{3+}、Dy^{3+}、Mn^{2+}、Cr^{3+} 等，从而获得这些离子的发射光。

总之，由于当前基质与稀土离子电子跃迁，尤其是外层 5d 电子的跃迁仍没有成熟的理论模型，而且除了二元合金或金属间化合物，其他化合物体系的结构预测仍然没有建立起来，因此，就稀土基发光材料的研究来说，仍然处于实验试差的阶段。而稀土纳米荧光粉的研究一般是基于已有多晶（微米或更大）荧光粉的研究成果进一步深化，即考虑纳米尺度的独特物理与化学性质对发光的调控，从而获得独特的发光性质。

3. 稀土玻璃陶瓷

稀土玻璃陶瓷的发展主要是两个方向：分相化理论及工艺以及光学研究，前者除了利用玻璃原料直接产生第二相（晶相），也出现了将纳米陶瓷与玻璃原料混熔的技术，目前仍处于工艺摸索和经验规律总结阶段。在光学材料应用方面主要是红外波段的光通信材料、激光材料、闪烁材料和照明显示发光材料为主，大多数研究主要处于光致发光表征或者初步的动力学机制研究阶段。

近年来有关稀土玻璃陶瓷发光材料的典型成果有 Barta 等[34]为了克服溴化物闪烁材料的化学不稳定性，将 $GdBr_3/CeBr_3$ 封装入钠铝硅酸盐玻璃中得到面向闪烁应用的玻璃陶瓷，并且表征了相应的光产额，提出这种玻璃陶瓷有望取代单晶，并且在特殊形状和组成调整方面具有优势；Jeong 等制备了 Er^{3+} 掺杂 $BaLuF_5$ 晶化的玻璃陶瓷，其研究成果表明 Er^{3+} 在玻璃陶瓷中更容易集中分布在纳米晶粒中，具有更低的声子能损耗，从而在 980nm 激光激发下具有比单独晶粒聚集时更高的上转换发光强度，而且衰减时间也更长[35]，Ledemi 等进一步报道了 $Yb^{3+}/Tm^{3+}/Er^{3+}$ 三掺氟磷酸盐玻璃陶瓷通过上转换获得白光的现象[36]；Bagga 等则直接利用 Dy^{3+} 掺杂含纳米晶 $NaAlSiO_4$ 和 $NaY_9Si_6O_{26}$ 的玻璃陶瓷在 350nm 紫外光激发下一步获得了白光输出[37]，此外还有很多其他类似的稀土玻璃陶瓷光学材料的研究成果[38-41]，不再赘述。国内的研究与国外类似，主要集中于稀土掺杂氟化物的玻璃保护型复合材料，氟化物体系主要是 BaF_2，$NaYF_4$ 等[42-45]，比如国内 Zhang 等开发了面向上转换应用的 Ho^{3+}/Yb^{3+} 共掺 $50SiO_2$–$50PbF_2$ 玻璃陶瓷[46]，Huang 等研究了 Tb 掺杂 BaF_2 玻璃陶瓷的闪烁发光性质[42]，而 Chen 等则探讨了 Ga_2O_3 和 YF_3 纳米晶共存时玻璃陶瓷的变色行为[47]。

另外，近年来玻璃陶瓷的研究也涉及其他物理性能，比如 Na 离子快导体玻璃陶瓷 Na_2O–Y_2O_3–R_2O_3–P_2O_5–SiO_2 体系[48]、Ce 掺杂的压电 BaO–SrO–Nb_2O_5–B_2O_3–SiO_2 玻璃体系[49]等。

虽然玻璃在透明性、制备周期、制备工艺和复杂形状等具有比陶瓷更优的表现，但是基质无定形结构的特点一方面限制其应用主要基于局域化的模型，另一方面也导致其热导率等成为材料进入实用的麻烦，这对于激光玻璃尤其严重。无论是激光还是闪烁等方面，当前稀土玻璃陶瓷的实用尝试都不如透明陶瓷和单晶，这有赖于提高光学性能的基础研究的突破。

4. 稀土超导陶瓷

自从 1911 年，荷兰物理学家翁奈斯（Onnes）发现水银的超导现象后[50, 51]，由于超导材料既具有零电阻的特性，又具有抗磁的能力，在诸如磁悬浮列车、无电阻损耗的输电线路、超导电机、超导探测器、超导天线、悬浮轴承、超导陀螺以及超导计算机等强电和弱电方面有广泛应用前景，因此国际上迅速掀起了研究热潮。但是一直到 1986 年为止，在合金方面最高只能达到 23K 左右，这个结论不但有几十年的实验依据，还有巴丁、库柏和施里弗提出了以他们名字第一个字母冠名的 BCS 理论的完美解释（三人由于该理论获得了诺贝尔奖）。1986 年美国国际商用机器公司下属的瑞士苏黎世研究所的 Bednorz 和 Müller 在稀土陶瓷中发现了超导材料从而不但打破了 BCS 理论提出的超导必须有成对电子（库柏对）的观点，而且还同时打破了"氧化物陶瓷是绝缘体"的观念。这种以稀土元素作为基质组分，分子式为 $Ba_2RECu_3O_{7-x}$ 的化合物，不但最低超导温度已经超过以往的记录（30 ~ 35K，La 系列），而且首次获得了超过 90K 的 Y 系列超导陶瓷材料。$Ba_2YCu_3O_{7-x}$ 及其相关的各类离子取代产物已经成为现代超导材料商业应用的主体，也是超导机制研究的主要对象。

2008 年又一类新型稀土超导陶瓷进入了人们的视野——日本东京工业大学细野秀雄教授及团队发现了铁基超导材料 LaFeAsO，超导温度为 26K，当前这类超导材料的最高超导温度纪录是中国科学院物理研究所提出的氟掺杂钐氧铁砷化合物，可以达到 55K（−218.15℃）[52]。

不管是铜基超导体还是铁基超导体，一个共同点就是稀土元素不但参与其中，还属于基质组分，因此这两类材料都属于稀土基陶瓷材料的不同分支。从已有理论研究看，相关的超导来源与稀土离子中电子的强关联作用有关，比如以铜基超导体为例，公认的观点就是空位缺陷引起的超周期性结构是造成超导的结构因素[53]，参考 BCS 理论中有关电子耦合交换的观点，进一步可以认为超导现象的出现也是来自于这种超结构中电子存在的强关联作用，由于超导涉及的是外层束缚不紧密的电子，因此，这种强关联作用主要和稀土的4f 电子有关。至于新近发现的铁基超导体，所提出的相关理论也是基于空位缺陷对结构的调整，同时还考虑了稀土元素和 Fe 的磁性。

（二）先进制备方法的研究与发展

伴随着各种稀土陶瓷材料的开发，相关制备方法也取得了重要发展。除了继续研究传统陶瓷高温炉烧结在具体稀土陶瓷材料体系中的应用[54]，新型制备技术也开始引入陶瓷制备中。其中既包括主要面对纳米陶瓷的各种软化学合成法[55]，也包括面向烧结的微波、放电等离子、热压、高温水热等，近年来稀土陶瓷领域典型的先进制备方法主要有：

1. 仿惰性环境合成技术

不少先进陶瓷材料在基础研究中采用的是价格昂贵且苛刻的合成条件，比如新近出现的面向 LED 应用的氮基化合物就需要在高温和充满氮气的环境中缓慢氮化反应，这种制备方法的生产成本高昂，因此，探讨能实现类似惰性环境的新的合成技术就成了面向这类材料的一个研究方向，比如日本的 Yurdakul 等利用碳热还原＋氮化技术成功从高岭土中制备 Eu^{2+} 激活的 β-SiAlON 发光材料，从而避免了昂贵高纯粉末和长期高温氮化的制备过程，该研究提供了 LED 用氮化物的一条廉价制备路径[56]。

2. 气压高温烧结

与传统热压烧结采用模具加压不同，气压烧结直接利用气体施加压力。比如 Zhao 等采用氮气作为施压气体，Y_2O_3-MgO 作为烧结助剂在 1700℃和 6MPa 下获得致密的 BN/Si_3N_4 复合陶瓷[57]。这种技术有三个明显的优点：①消除了模具污染；②降低了对模具的耐高温和耐高压的要求；③可以利用气体压强各向传递的性质，而不是固体压力的定向传递。此时只需要考虑样品室的耐压和耐高温问题。

3. 反应性烧结

反应性烧结是目前国内外石榴石基透明陶瓷烧结的主要方法。以 $Nd:Y_3Al_5O_{12}$ 透明陶瓷制备为例，其基本出发点就是采用高纯的氧化物原料，充分球磨破碎后干燥粉料，然后压片并冷等静压成型后，在高温下同时发生反应与烧结的过程。其中球磨有助于增加表面缺陷和晶粒应力，从而提高反应活性，而冷等静压则保证在无压或者真空烧结中扩散反应以及烧结过程的短路径。国内的潘等[1] 以及日本的 Yavetskiy[58] 等详细研究了 $Nd:Y_3Al_5O_{12}$ 透明陶瓷制备中的反应性烧结的规律，发现物相的形成具有随温度逐步变化的特色，首先生成其他铝酸盐，更高温度下（一般是 1500℃以上）才进一步产生石榴石，烧结的致密性与原料粉体形貌、真空压力和温度程序有关。另外，不同的稀土掺杂浓度以及不同的基质组分比例（Y/Al）也会影响烧结结果和陶瓷的微结构，最终作用于陶瓷的透明性、吸收和发光等光学性能。

4. 改性微波烧结

正如放电等离子烧结一样，属于各向同时作用的微波烧结已经在陶瓷领域中广泛应用，但是和放电等离子烧结工艺的单调不一样，微波能使用的介质更为广泛，这也就为微波烧结的改性提供了空间，而不仅仅在于微波功率以及温度的常规改进方面。近期出现的微波烧结改性就是与液相和气氛结合合成纳米粒子。比如南京工业大学等利用硝酸盐作为熔盐体系，以石墨作为碳热还原的原料，利用微波熔盐烧结法合成六方相的 Yb，Ln:β-$NaYF_4$（Ln = Er，Tm，Ho）纳米棒，用于上转换材料[59]。

5. 真空复合物理场烧结

常规的真空烧结其实就是真空条件下施加温度场的作用，在此基础上，还可以施加压力场和磁场等。由于温度场必定存在，因此就构成了至少两种物理场的复合式烧结环境。近年来这种烧结技术主要用于氟化物等透明陶瓷的烧结，近期的典型例子有 Kallel 等利用真空热压烧结制备了 $Yb:CaF_2$ 激光透明陶瓷[6]，而国内的李等则进一步联用强磁场辅助注浆成型的工艺，利用真空热压烧结 CeF_3 闪烁透明陶瓷，所得的产物具有很好的晶粒定向[10]。

（三）先进表征方法的研究与发展

进入 21 世纪后，高能辐射源的蓬勃发展、计算机计算能力水平的不断提高和应用数学物理的深入探索都极大改变了材料的表征技术。典型的代表就是同步辐射技术的应用，另外，原来主要用于其他学科领域的技术，比如固态 NMR、电子自旋共振（ESR）、高分辨透射电镜（HRTEM）成像等也随着结构—性能研究的需要以及制样技术的发展日益扩大了各自在稀土陶瓷材料中的应用范围。

目前先进的陶瓷表征方法主要有：

1. 三维电子衍射结构分析

X 射线粉末衍射（XRD）一直是陶瓷材料研究的普适性技术，也是各个陶瓷材料相关机构的必备大型设备，但是随着现代陶瓷材料的组成单元和前驱体向微米和纳米尺度的发展，XRD 在颗粒微观晶体结构方面就难以胜任——这是因为当晶粒尺寸变小时，所得的谱峰会宽化，从而降低了谱峰分辨率，使得物相产生了混淆——比如在宽化且峰背底分辨率不高的时候，六方相层状结构的 ZnS（PDF 89–2177 #）和立方相的 ZnS（PDF 05–0566 #）是难以区分的，如图 1 所示，在谱峰宽化且拖尾的时候是不能确定样品是否为纯的立方相的。

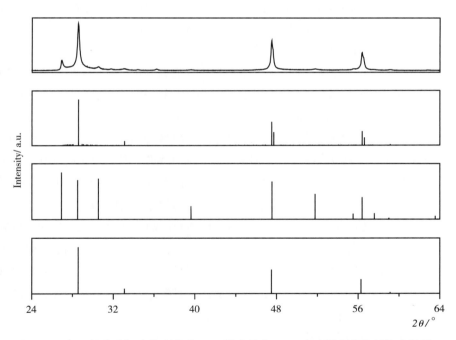

图 1 800℃煅烧水解产物所得的 ZnS 纳米晶的 XRD 实验谱和主物相检索结果

相应地，由于电子束的波长更短，因此就能分辨更小尺寸的物质，常规的电子衍射一般是单个晶带的衍射信息，主要用来明确测试的区域是单晶，并且可以和晶体条纹像一同用于判断晶粒取向。如果从三个不同方向拍摄电子衍射图，就可以确定晶体的三维结构，至少可以定出晶胞。但是这种操作不但需要在拍摄时旋转晶体找出的确属于不同晶带的晶面，而且还需要高精度的设备以及高水平的计算处理能力，这也是三维电子衍射成像技术到现在才开始扩大应用的原因。近期的一个典型应用例子就是有关 GdPO$_4$ 纳米相的研究，长期以来其纳米相一直存在六方和单斜的争论，因此 Peter 等[60]利用三维电子衍射成像技术，直接表征单个纳米晶，获得了单斜晶胞，从而为"单斜论"提供了实验证据。

显然，三维电子衍射成像对于纳米陶瓷粉体的表征以及陶瓷块体中微米或纳米晶粒的表征具有重要意义，而且这种表征是个体的、直接性的，这就有助于获得被平均化或者低分辨化所湮没的结构信息。

2. 同步辐射技术

同步辐射是高速电子在做圆周运动时沿轨道切线方向辐射出来的电磁波，相比于常规实验室光源，同步辐射光不但能量横跨硬 X 射线到红外光，而且具有上万倍以上的亮度，因此能够实现常规光源不能实现的测试。一个典型的示例就是 X 射线吸收精细结构分析，现代的同步辐射光源只要十多分钟就可以获得的谱图改用实验室常规光源要好几天；另一个例子就是粉末衍射如果改用同步辐射光源，谱峰的半高宽可以降到常规实验室光源所测的十倍以下，从而降低由于分辨率低而造成的谱峰重叠，有助于物相和晶体结构的分析，比如，Siqueira 等就利用同步辐射 XRD 的高分辨特性，将 XRD 谱图类似的 Ln_3NbO_7（Ln=La，Pr，Nd，Sm–Lu）区分为三种结构，即（La，Pr，Nd）属于 Pmcn 空间群，而（Sm–Gd）是 Ccmm 空间群，剩下的则是 $C222_1$ 空间群[61]。

同步辐射技术中与陶瓷研究密切相关的测试主要有高分辨 XRD、X 射线荧光（XRF）、微聚焦 X 射线荧光成像、X 射线吸收精细结构（XAFS）、真空紫外发光等。相比于常规实验室测试，同步辐射测试所得的信息更为丰富，而且由于光源的高亮度，因此可以插入各种中间件获得常规实验不能实现的测试。目前国内的同步辐射光源已经发展到第三代。全国共有三台，分别是北京光源、合肥国家光源和上海光源，免费对国内外开放。国内科研工作者基于同步辐射研究陶瓷主要采用的技术包括 XRD、XAFS 和 XRF，其中又以前两者最为常见。最近刘等利用 XAFS 研究了 MgO 存在下 LuAG 中所掺 Ce 的价态，确定 Ce 离子既存在 +3 价，又具有 + 4 价，从而为 Ce^{4+} 提高光产额，加快发光衰减的新机制提供了实验证据[62, 63]。有关石榴石中 Ce 的双价态也存在于多晶掺 Ce 的 LuAG 薄膜中，谢等同样利用近边 X 射线吸收谱证明了这个结论[13]。另外上海硅酸盐研究所的赵等也利用上海光源的微聚焦 X 射线荧光成像获得了 YAG 激光透明陶瓷中 Y 的微米级面分布图，为陶瓷组分的微米级均匀性表征提供了一种技术手段。

3. 缺陷表征与理论模拟的结合

与 XRD、XAFS、XRF 乃至 TEM 等能直接且明确得到相关的材料结构或组成信息不同，常用的缺陷表征技术，即热激励发光（TSL）和电子自旋共振（ESR）只能给出材料中存在的缺陷类型和数量信息，但是不能明确具体的结构或组成来源。因此长期以来，缺陷表征技术只能用于定性或者半定量评价材料，比如长余辉材料可以根据热释光峰所处的温度给出陷阱的深浅信息，闪烁材料可以电子自旋共振明确材料中孤电子的存在。

近年来，随着计算化学的不断发展，结合缺陷表征结果，尝试建模并理论计算验证缺陷模型的综合性技术已经开始在稀土陶瓷研究中获得了应用。最近国内的胡等利用 ESR

和 TSL 技术表征了 Ce，Mg:LuAG 透明陶瓷中 Ce 局域结构的缺陷，并且利用第一性原理建立了氧色心（O⁻）模型，计算了相关形成能，以此来解释缺陷表征结果，从而推测 Mg 掺入后对 LuAG 陶瓷中 Ce 离子发光和价态的影响[15, 16]。另外，他们还结合非化学计量比制备的 LuAG 陶瓷的 XRD 与 ESR 实验结果，利用第一性原理建立反位缺陷模型，计算了存在反位缺陷时的晶胞参数的变化和有关的缺陷形成能，促进了对陶瓷本征缺陷类型的认识。

4. 非常规条件下的测试表征技术

常规的测试与表征一般是在室温和常压下完成的。随着技术和理论的发展，高低温和非常压等极端条件下的测试表征技术已经面世并在稀土陶瓷材料研究中取得了应用。非常规条件的测试一方面可以模拟材料实际服役环境，使得材料的性能评价更为接近实用要求；另一方面可以适合所要研究材料的性能测试的内在要求，比如由于室温下构成物质的粒子热运动较大，即使能级有分裂，也弥散成宽峰，因此精细的能级结构需要在低温下才能看到；同样地，化学键在高压环境下会发生键长与键角的变动，从而影响材料的性能。最近国内的马等利用低温红外吸收光谱表征 $Ce:Y_3Ga_5O_{12}$ 单晶，从谱峰分裂结果探讨能级分裂，认为存在着 Ce 的多发光中心，为反位缺陷的存在提供了新的证据；而且他们也测试了变温（10 ~ 400K）或高压（3 ~ 11.7GPa）下 Ce 的发射光谱并用经验公式模拟，获得了 4f–5d 跃迁的经验参数。而稀土陶瓷方面的非常规测试主要是变温发光测试和变温衰减时间测试，近年来国内在稀土纳米陶瓷发光机制方面用得比较多，通常结合 XRD 等结构表征来探讨发光的能量转移机制，比如梁等结合 XRD 结构精修、变温发光测试和变温衰减测试等探讨了 X 射线激发下 $Eu^{2+}:Sr_8(Si_4O_{12})C_{l8}$ 的高发光产额机制，促进了新型闪烁材料研发的进展[64]。

（四）前沿理论研究及能带／缺陷工程

陶瓷材料属于凝聚态物质，原子之间存在着各种强相互作用，从量子力学的角度看，这就意味着原子周围的电子或者原子轨道不会孤立存在，而是互相作用，互相关联，必须整体考虑，这也是传统陶瓷材料的理论计算模拟一般基于能带模型的原因之一。

需要指出的是，在量子力学成立之前，陶瓷材料研究就已经存在着理论计算模拟工作，只不过这些工作主要是围于宏观或者至多介观体系，而且一般是大量实验数据统计回归得到各种经验模型，比如固溶体中固熔比例计算的 Vegard 规律、固熔体中离子取代的 15% 法则、根据大量颗粒最大直径估计的颗粒平均粒径公式以及近年来对各种稀土离子发光规律的总结和经验公式[65-67]等。

在稀土离子发光材料领域，经典模型最主要的应用就是基于经典电磁理论发展起来的晶体场以及各种偶极相互作用。这些历经各种实验结果检验的宏观模型仍然继续被广泛用于实验现象的解释和指导。比如最近 Bagaev 等在研究倍半氧化物激光陶瓷材料的时候发现掺杂同族的 Zr^{4+} 和 Hf^{4+} 对材料的光学性质影响是不一样的，虽然对于 Nd 掺杂的 Y_2O_3

基质来说，两者都引起了发光的宽化，但是 Nd 的 4f 能级跃迁衰减时间方面，相比于未掺杂的样品，掺 Zr 的下降 5% ~ 6%，而掺 Hf 的则增加了近 30%，这可以归因于 Nd 和 Zr/Hf 偶极—偶极相互作用的差异[68]，而 Kallel 等则详细讨论了 CaF_2 中 Yb^{3+} 离子的能级分裂与晶体场的关系[6]。另一个值得一提的就是基于晶体场理论推导的，常用于激光材料的 Judd-Ofelt 模型及其各种相关的计算。基于实验测试的吸收谱、掺杂组成和衰减寿命，利用该模型就可以计算发射交叉截面、荧光分支比、量子效率和晶场作用参数等信息。这一模型及其相关的激光材料中稀土离子的计算至今仍然在广泛使用[8, 69]。

从理论体系来看，量子力学是基于薛定谔方程而建立起来的，但是这个方程其实是一个范式，必须预先知道与特定体系相关的函数关系才能进行计算，而只有氢原子和类氢离子能提供解析函数，其他的都是基于各种近似模型以及模拟原子轨道的各类基函数。目前主流计算软件，比如 CASTEP、VASP、ABINIT 等都自行创建各自的基函数组，具体基函数组的好坏，其实仍然需要利用计算结果与实验结果的比较来确定并且进一步升级。

目前基于第一性原理的计算已经成功用于稀土陶瓷的研究，实现理论上探讨光、电、磁和力学性能与结构上的关系。比如中山大学的梁等就利用第一性原理进行能带计算，探讨稀土离子能级在能带中的相对位置来解释发光跃迁，同时从结果中提取各种振动频率数据考察晶格振动（声子）对发光的影响，得到了一批前沿性的基础研究成果[70-73]。不过，稀土陶瓷等凝聚态体系或者多体体系中由于存在着各种关联作用，而目前电子关联项仍然是第一性原理计算的弱点，这就造成了计算结果的误差。

缺陷的表征以及模型建立也是稀土陶瓷功能材料进行计算模拟的主要内容，其范围涵盖电、磁、光、声和热等性质的研究。目前的研究主要是基于性能的测试对比以及组成的非化学计量比来判断缺陷是否存在，然后再利用各类技术进行表征并且建立结构模型，基于量子化学计算进行模拟。近期的典型成果有国内的鲁等先在高温下制成 Dy 改性的 $BaTiO_3$ 陶瓷，然后基于电价平衡探讨空位缺陷，利用电子自旋共振技术确定是 Ba 空位，从而确认该介电陶瓷的结构式应该是 $(Ba_{1-x}Dy_{3x/4})(Ti_{1-x/4}Dy_{x/4})O_3$，而不是通常认定的 $(Ba_{1-x}Dy_x)Ti_{1-x/4}O_3$[74]；Rout 等则利用 XRD 精修得到 $Ba_{1-x}La_{2x/3}TiO_3$ 的结构模型，利用化学键和原子占位率确定存在 A 格位空位，然后再辅以拉曼—红外光谱验证[75]；Heechae 等则通过理论计算预言了 Bi^{3+} 掺杂 Y_2O_3 中会产生氧的 Frenkel 点缺陷对，然后再合成样品，利用吸收谱等实验事实进行证明[76]；Patel 基于成对势模拟建立了点缺陷模型，对比了稀土基钙钛矿 $REAlO_3$ 和稀土基石榴石 $RE_3Al_5O_{12}$ 结构中点缺陷的存在规律，以便了解电子陷阱，从而有利于提高闪烁材料的效率，最终计算结果表明钙钛矿中 Al_2O_3 容易过量，而石榴石中则是稀土氧化物 RE_2O_3 容易过量[75]。

就当前的发展而言，稀土陶瓷材料的计算模拟不再局限于传统基于扩散模型的晶粒成长和烧结过程，而是结合新兴的第一性原理计算技术以及各种动力学计算技术，除了继续研究晶粒成长和烧结过程，还扩展到表/界面研究和缺陷研究。其中缺陷的计算模拟与具体材料的合成和表征一起构成了"缺陷工程"——试图理解、设计和制造缺陷来获得所需的陶瓷性能。由于讨论缺陷的时候是在能带这一框架之下的，而能带同时还可以用于发光跃迁能级的解释，因此 Martin Nikl 等提出了更广泛的能带工程的概念用于闪烁陶瓷及其他利用缺陷产生必要性能的功能陶瓷研究。

（五）其他

1. 新材料探索

陶瓷领域一向以产业化为目标，偏于工业应用性研究，其具体体现就是当一种材料体系，比如当基础研究中发现 $BaTiO_3$ 具有优越的压电性能，那么很快就有大量的研究围绕这种材料体系的掺杂改性、制备工艺更新、理论研讨性能等方面展开。同样地，稀土陶瓷材料的主要研究内容是现有公认性能优越的材料体系的改造，至于新材料甚至以前彻底未知的新化合物的探索则主要作为交叉学科或领域而存在。

由于现有技术没办法根据所需性能直接推导出相应的化合物晶体结构，因此已知化合物数据库的筛选以及更麻烦的全新化合物的 Try-and-Error 合成仍然是当前新型材料体系探索的主流。后者所需要投入的人力、财力和时间是非常庞大的，因此利用已有实验规律筛选已知化合物来满足现有材料性能需求就成了大多数新材料探索研究工作的内容。

就目前稀土陶瓷新材料探索成果来看，关于发光材料的研究是主要方向。国内的典型例子有中山大学长期致力于照明显示用稀土基荧光陶瓷的开发，而且近年来还进一步扩展到非常规辐射发光材料的探索，比如电子束和 X 射线束等辐照下材料的发光表征及机制，其近期的主要成果有新型稀土基复合硅酸盐 $Eu^{2+}:BaCa_2MgSi_2O_8$ 的发光[77]、面向三基色 LED 发光的新型稀土基硼酸盐 $Eu^{3+}:La_2CaB_{10}O_{19}$[78]、面向场发射显示用的新型稀土基硼磷酸盐 $Eu^{2+}:Sr_6BP_5O_{20}$[79] 和磷酸盐 $Na_{1+y}Ca_{1-x-2y}u_xTb_yPO_4$[80]、面向 X 射线闪烁成像的氯氧化物 $Eu^{2+}:Sr_8(Si_4O_{12})C_{18}$[64] 以及综合性应用的磷酸盐 $Tb^{3+}:NaCaPO_4$ 等。这些发表于美国化学学会和英国皇家学会旗下刊物上的成果不但给出了相关化合物的优越发光性能，而且详细讨论了各自体系的结构与发光的关系，同时也涉及具体发光性能的影响因素，从而为今后应用型研究的开展奠定了基础。

另外，基于一物多用的思想，发展多功能陶瓷有助于多功能器件和设备的应用，因此多功能陶瓷也成为近年来国际新型稀土陶瓷材料的研究热门。比如国内的 Zhang 等近期报道了基于铁电—压电和荧光属性而开发出来的新的多功能材料 $Sm/Zr:(K_{0.5}Na_{0.5})NbO_3$，该材料不但有橙光发射，而且具有很好的防水性，从而耐候性能高[81]。

2. 传统陶瓷材料

（1）稀土增强结构陶瓷。稀土增强结构陶瓷中稀土离子的作用主要在物相转变、晶间相形成、固熔掺杂和晶粒成长控制等方面发挥作用，从而改善结构陶瓷的各种力学参数。

由于这类陶瓷主要是稀土掺杂的 Si_3N_4、SiC、ZrO_2 等耐高温的工程陶瓷，因此也称为稀土高温结构陶瓷。典型的例子有 Si_3N_4 掺杂稀土 La 或 Y 后，由于稀土的助熔和改善晶界的作用，因此提高了产品的烧结致密度，工作温度最高可达 1650℃，广泛应用于高温燃气轮机、陶瓷发动机和高温轴承等领域。而稀土 Y_2O_3 或者 CeO_2 掺杂的 ZrO_2 则抑制了高温下的晶型转变、体积膨胀而造成的陶瓷破裂，而且还具有增韧的作用，从而使得掺杂 ZrO_2 陶瓷可以作为刀片、模具、陶瓷轴承等耐磨材料[82]。近年来新增的国内例子有 Y 对 $Sc_{2-x}Y_xW_3O_{12}$ 陶瓷热膨胀的调控[83]、稀土氧化物对 α-SiC 液相烧结的影响[84] 和共沉淀产物中稀土氧化物对 ZrO_2 的陶瓷的稳定性作用[85]、稀土氧化物对放电等离子烧结 AlN 的影响[86] 等，国外则有 Kasiarova 团队报道的稀土氧化物作为烧结助剂对 Si_3N_4 和 Si_3N_4-SiC 烧结性和抗热冲击性的影响[87] 等。

（2）稀土增强功能陶瓷。利用稀土元素的化学活泼型和大离子半径等化学性质来改善材料的其他物理效应，这就产生了稀土增强功能陶瓷。常见的有快离子导体（离子导电）、压电、铁电、热电、气敏、热敏、压敏、声敏和湿敏陶瓷等。比如稀土离子导电陶瓷中氧化锆（ZrO_2）掺杂 Y 后，由于 Y^{3+} 与 Zr^{4+} 的电价不一样，因此需要产生大量的氧空位来维持材料的电中性，从而便于 O^{2-} 通过氧空位迁移而导电；热电材料中，方钴矿结构的化合物 $CoSb_3$、$CoAs_3$ 及其固熔产物等可以填充稀土离子调整材料内部的声子散射，从而显著降低声子的热导率，提高热电转化的效率；至于稀土增强敏感陶瓷中，稀土离子作为掺杂的微量杂质可以增强对外界刺激的响应能力，比如 La_2O_3 掺杂后，ZnO 压敏陶瓷的压敏电压显著提高；在 SnO_2 中掺加 CeO_2 可以提高对乙醇的敏感度。

近期关于稀土增强功能陶瓷方面的进展例子有稀土改性锂离子电池电极材料 $Li_{0.30}$（$La_{0.50}Ln_{0.50}$）$_{0.567}TiO_3$[88]、SiC 陶瓷电学性质[89-91]、Ba[Ti_{1-x}（$Ln_{1/2}Nb_{1/2}$）$_x$]O_3 陶瓷介电性质[92, 93]、ZnO 陶瓷线性电阻性质[54, 94] 以及 Ga 对稀土基石榴石化合物压电性质和烧结性质的影响[95]、稀土对 $SrTiO_3$ 热电性质的影响[96]、Y_2O_3-MgO 复合纳米粉对 BN/Si_3N_4 复合材料机械与介电性能的影响[97] 等；另外，许等不但制备了稀土掺杂的 Ce:β-SiAlON，而且进一步利用高分辨电镜技术进行微结构表征，揭示了稀土离子在其中的多种占位现象，从而表明这种材料的发光受到多掺稀土离子的调控作用[98]。

3. 核资源提取和核废物处理

随着现代原子能的发展，不管是军用核武器还是民用核电站，都产生了大量的核废物，常规的深层填埋只是一种粗糙的不安全的处理技术，更先进的技术是将核元素容纳入特定的核废物处理材料，比如陶瓷或玻璃中，以化合的形式填埋能更好防止核泄漏的发生，而且也更为安全。

另一方面，核能利用的前提就是高浓度核元素的获得，这需要完成两个任务，第一就是从矿产中分离出核元素，第二就是核元素的浓缩，从而也需要开发出合适的、能与核元素选择性成键的新型化合物结构。

由于核元素的放射性，因此与核元素所在的锕系元素类似的镧系元素（稀土元素）就成为基础研究的替代物，构成了核化学研究的主体。这也是稀土基陶瓷在核能方面的主要应用方向。

目前这方面的研究主要是离子取代后结构的稳定性以及新型键合基质的探索。前者比较重要，因为核衰变后必然伴随着离子半径的改变，因此能够处理核废物的陶瓷就必须在比较宽的离子半径变动下还能维持原来的结构不变，比如正磷酸盐 REPO₄（RE＝稀土）[99]，近期相关的研究示例有国内 Zeng 等关于 $Ce_{1-x}Pr_xPO_4$（$x = 0 \sim 1$）固溶体的研究[100]等。

三、国内外研究进展比较

相比于其他材料体系，国内在稀土陶瓷材料研究和发展上几乎和国际同时起步。这主要是基于两个主要原因：①稀土陶瓷材料的发展是以高纯稀土元素的获取作为基础的，而高纯稀土元素的提纯技术广泛工业化是在 20 世纪 70 ～ 80 年代——这也是基于用于照明和显示的稀土三基色荧光粉直到 1974 年才面世的原因；而当时中国已经结束政治运动，科研活动已经开始转入正轨；②多年来，中国是世界稀土原料的最大提供商，国家一直致力于稀土经济的建设和发展，不但营造出提高稀土利用效率和产业价值，降低原材料或粗产品生产与利用的舆论环境，而且在稀土相关的科研计划方面给予大量的人力和财力支持，具体表现在从中央到地方，每一类高新科技或者材料发展规划中都有稀土基材料的内容，这就为中国稀土陶瓷材料的发展提供了必要的经济基础和客观环境。

当前国内在稀土陶瓷材料研究方面已经取得了很好的成果，其中部分成果已经处于国际前沿。比如在光功能透明陶瓷领域，上海硅酸盐研究所、上海光学与精密机械研究所、福建物质结构研究所、北京理化研究所、山东大学、东北大学、上海大学和北京人工晶体研究院等单位紧随国际潮流并且自主创新，在石榴石体系和倍半氧化物体系光功能透明陶瓷方面均取得了进展，其中以上海硅酸盐研究所的发展最为显著。该所在国内长期从事透明陶瓷（如 Al_2O_3、MgO、MgF_2、ZnS、BeO、Y_2O_3、$MgAl_2O_4$、PLZT、Sialon、AlN、AlON、Lu_2O_3、$La_2Hf_2O_7$、$Gd_2Hf_2O_7$、$Lu_3Al_5O_{12}$、$Y_3Al_5O_{12}$ 等体系）的研究和开发工作。早在 20 世纪 60 年代，其研制的透明氧化铝陶瓷已经成功地应用在照明用高压钠灯上，而且是国内最早研究 YAG 激光陶瓷的科研单位之一。2006 年 5 月，该所制备的 Nd:YAG 透明陶瓷在国内首次实现了 1064nm 连续激光输出，输出功率为 1.0W，斜率效率为 14%，使中国成为少数几个掌握 Nd:YAG 透明陶瓷的制备工艺并成功实现激光输出的国家之一。随后在 2009—2010 年，再次在 1064nm 激光输出功率上实现国内首次突破 100W 水平，2011 年，国内采用高功率密度泵浦与先进的板条激光技术，使用该所研制的单块 90mm × 30mm × 3mm Nd:YAG 陶瓷板条（散射系数低于 0.004cm⁻¹），实现了准连续 1064nm 激光输出平均功率达 2440W，光光转换效率为 36.5%，进一步增加泵浦功率，实现了准连续 1064nm 激光输出平均功率达 4055W，光光效率 42.7%，与目前日美等制备的高质量激光陶瓷处于同一数量级（日美联合采用相干技术同时泵浦 14 块陶瓷板条实现 105kW 激光输出，单个陶瓷器件获得 7.5kW 激光输出），这些研究结果表明上海硅酸盐研究所掌握的 Nd:YAG 透明陶瓷制备技术水平处于国内领先，国际前沿。相应的 Nd:YAG 实物照片和具体发展路线图分别显示于图 2 和图 3 中。

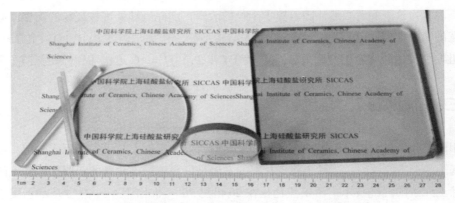

图 2　上海硅酸盐研究所制备的 Nd:YAG 激光透明陶瓷相片

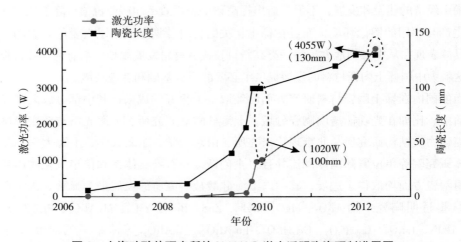

图 3　上海硅酸盐研究所的 Nd:YAG 激光透明陶瓷研制进展图

　　但是，相比于国外已经进入武器级别的实验，国内在激光透明陶瓷方面的发展还有很大的差距，而且就具体激光功率而言，国内仍然处于追赶阶段，这就意味着实用化方面存在着差距。比如 2006 年，上海硅酸盐研究所第一个在国内实现瓦级激光输出，而美国利弗莫尔国家实验室已经利用日本神岛化学公司（Konoshima Chemical Ltd.）提供的透明陶瓷（100mm×100mm×20mm）板条进行热容激光实验，获得了 25kW 的激光输出，然后进一步获得了 37kW 的激光输出[1]。

　　另一方面，上海硅酸盐研究所在闪烁透明陶瓷方面也取得了很好的成果：2005 年在国际上首次报道了 Ce:LuAG 透明陶瓷的研究，成功制备出高光学质量的 Ce:LuAG 闪烁陶瓷（2mm 厚度的陶瓷样品在 550nm 处的透过率接近 80%）；2014 年，通过优化制备工艺，利用二价离子共掺策略，设计制备了闪烁性能优于相应单晶，光产额高达 21900ph/MeV，慢发光分量显著减少的 Ce，Mg:LuAG 闪烁陶瓷[63]，这是第一次在国际上报道二价离子共掺策略在石榴石结构中获得的积极结果，也是国内首次实现陶瓷的光产额高于相应的单晶。该方面的研究工作应邀在 2013 年国际会议 ISLNOM-6 上作了大会报告，获得国际同行的广泛关注。

最近，上海硅酸盐研究所又在国际上率先开展了 Pr:LuAG 透明陶瓷的制备探索和性能研究，目前样品的光学透过率在 310nm 以上的可见光区达到 75% 以上，衰减时间中快衰减分量成分大于 75%，高于晶体最高报道值 45%，已经达到国际领先的水平，同时初步开展了成像实验，经高能物理研究所通过 256 根样品组成 16×16 的阵列，实现了散点图成像，256 根闪烁体位置清晰可辨。

然而，与激光透明陶瓷方面的差距相似，国内的闪烁透明陶瓷研究同样存在着应用性能上的不足。以 Pr:LuAG 闪烁透明陶瓷为例，2012 年，日本 Konashima 公司报道的通过共沉淀法制备的 Pr:LuAG 陶瓷已经超过了单晶的水平，比单晶高 20%[101]，其光产额达到了 21800±1100photon/MeV，对 γ 射线的能量分辨率达到 4.6%，而如上述所示，国内目前仅在透明度和快衰减成分占优势，但是实用化性能还需要进一步发展。至于倍半氧化物闪烁透明陶瓷方面，东芝公司已经在 CT 成像机开始了商业应用，而国内仍处于实验室研究阶段。

同样地，在其他领域也是如此——就基础研究方面，国内已经达到了国际水平，比如稀土纳米陶瓷领域，包括 *Nature*、*Science* 在内的高影响因子杂志经常出现以清华大学、吉林大学、长春光学所等研究纳米发光材料和生物示踪类材料的文章，国外偏工业应用的陶瓷杂志上也有很多国内的纳米陶瓷烧结前驱和改性添加剂的成果；在高温超导陶瓷方面，无论是铜基还是铁基，国内在理论与实验方面都实现与国际接轨，在最近刚出现的铁基超导材料中，甚至建立了国际最高的超导温度纪录，目前，中国已经成立了国家超导研究中心来统一管理协调全国各个有关超导研究的团队，同时也建立了超导国家实验室，组织过多次国际高温超导会议，这意味着中国的高温超导研究不但在国际上占有一席之地，而且处于国际研究的前沿。但是，需要指出的是，在国内仍然聚焦于结构与超导温度的时候，以日本为首的国家已经专注于超导型材的制造以及相应设备系统的整合，开始发展超导经济。另外，在灯用稀土基荧光粉方面，国外要求节能灯的使用寿命在 10000h 以上，3000h 的光衰不超过 8%，并且有高的显色指数，而中国目前的节能灯由于荧光粉质量差，不但显色指数较低，而且 100h 光衰即使好的也在 15%～18%，使用寿命不到 2000h。

因此，国内在稀土陶瓷领域一方面仍需持续加大投入，维持甚至进一步提高当前基础研究与国际同步甚至部分领先的发展势头，另一方面，必须鼓励并且更多支持产业化方面的研发工作，而这一方面的衡量标志就是自有知识产权，即专利和标准的建立，此外还必须重视生产工艺以及器件制造。以稀土永磁体的事实为例，表面上，中国成了全球最大的稀土永磁生产基地，近三百家烧结稀土永磁厂家提供了世界 70% 以上的产能，但是中国的工艺制度不成熟，与日本和德国相比，在产品一致性和单位产量能耗等方面差距很大，成本比日本高出 60%[102]，更严重的是商业化的永磁材料发明权掌握在日本和美国为首的国家中，这就意味着中国生产的稀土永磁材料需要付出专利费，才能在相关材料专利覆盖的国外市场中销售，出口产品的价值由于专利费的外缴而产生的损失是成亿美元计算的。因此，今后国内在稀土陶瓷领域，除了提倡搞好基础研究，以国际领先为目标，还必须提倡新材料和新生产工艺的研发，强调建立自有的知识产权，从而切实服务于中国的稀土经济战略规划。

四、稀土陶瓷材料发展趋势与展望

中国在发展稀土产业的白皮书中说"国家鼓励稀土行业的技术创新。在《国家中长期科学和技术发展规划纲要（2006—2020年）》中，稀土技术被列为重点支持方向。……顺应国际稀土科技和产业发展趋势，鼓励发展高技术含量、高附加值的稀土应用产业。加快发展高性能稀土磁性材料、发光材料、储氢材料、催化材料等稀土新材料和器件，推动稀土材料在信息、新能源、节能、环保、医疗等领域的应用。"[103]

从现有的各种先进稀土陶瓷材料中，发光透明陶瓷产业是"顺应国际稀土科技和产业发展趋势，具有高技术含量、高附加值的稀土应用产业"的代表，这是因为：

（1）稀土在发光透明陶瓷中是基质组分和掺杂组分，比如 Y_2O_3 中，Y 的重量达到 78.7%，而 $Y_3Al_5O_{12}$ 中，Y 的重量也有 45% 左右，因此，发光透明陶瓷是稀土消费的大户，也是稀土相关产品担任主要角色的材料，不像稀土掺杂作为发光中心的荧光粉或者稀土掺杂作为改性材料的半导体功能陶瓷等，1000g 产品所含稀土可能不到 1g，从而产品的质量除了与稀土产品有关，更受限于基质的生产和质量。因此，在中国提高稀土冶炼和分离水平的基础上，直接将高纯稀土原料用于发光透明陶瓷要比用于生产荧光粉等来得经济有效，受限制也小，而且中国目前以上海硅酸盐研究所为龙头，在发光透明陶瓷研发和实用化方面已经与国际同步，有能力与国外展开竞争；

（2）重稀土元素在世界其他国家储量很少，而中国储量也不多，而且不可再生，目前，以 NdFeB 为主的永磁材料一方面在大量消耗 Tb、Dy 重稀土，另一方面轻稀土矿中除了 Nd、Sm 和 Pr 被大量采用，数万吨的 La、Ce 和 Y 的氧化物矿石未得到开发利用而被积压，因此，今后国内稀土产业的一个发展方向就是挖掘这些轻稀土元素的应用领域，而如（1）所述，发光透明陶瓷以 Y 基材料为主，而且 Y 是基质组分，因此大力发展发光透明陶瓷将是提高轻稀土矿利用率的主要途径；

（3）发光透明陶瓷既是当前国内外瞩目的先进材料，也是今后高新材料的发展方向之一，比如激光透明陶瓷是发展固体激光器以及大功率激光光源/武器的关键，而闪烁透明陶瓷同安检反恐、医疗诊断和高能物理等应用密切相关；LED 透明陶瓷服务的白光 LED 是 21 世纪的绿色照明光源，已经被世界各国列入了国家发展战略规划，因此，稀土基发光透明陶瓷产业是当前及今后高新稀土材料产业以及新型稀土陶瓷材料发展的主流方向。

参考文献

［1］ 潘裕柏，李江，姜本学. 先进光功能透明陶瓷［M］. 第一版. 北京：科学出版社，2013.

［2］ Qin H, Jiang J, Jiang H, et al. Effect of composition deviation on the microstructure and luminescence properties of Nd:YAG ceramics［J］. CrystEngComm, 2014, 16（47）:10856-10862.

［3］ Fan J, Chen S, Jiang B, et al. Improvement of optical properties and suppression of second phase exsolution by doping fluorides in $Y_3Al_5O_{12}$ transparent ceramics［J］. Optical Materials Express, 2014, 4（9）:1800-1806.

［4］ Zhang L, Huang Z C, Pan W. High Transparency Nd: Y_2O_3 Ceramics Prepared with La_2O_3 and ZrO_2 Additives［J］. Journal of the American Ceramic Society, 2015, 98（3）:824-828.

［5］ Kuretake S, Tanaka N, Kintaka Y, et al. Nd-doped Ba（Zr, Mg,Ta）O_3 ceramics as laser materials［J］. Optical Materials, 2014, 36（3）:645-649.

［6］ Kallel T, Hassairi M A, Dammak M, et al. Spectra and energy levels of Yb^{3+} ions in CaF_2 transparent ceramics［J］. Journal of Alloys and Compounds, 2014, 584:261-268.

［7］ Yu Y, Qi D W, Zhao H. Enhanced green upconversion luminescence in Ho^{3+} and Yb^{3+} codoped Y_2O_3 ceramics with Gd^{3+} ions［J］. Journal of Luminescence, 2013, 143:388-392.

［8］ Brown E E, Hommerich U, Bluiett A, et al. Near-Infrared and Upconversion Luminescence in Er:Y_2O_3 Ceramics under 1.5 μm Excitation［J］. Journal of the American Ceramic Society, 2014, 97（7）: 2105-2110.

［9］ Yanagida T, Fujimoto Y, Yagi H, et al. Optical and scintillation properties of transparent ceramic Yb:Lu_2O_3 with different Yb concentrations［J］. Optical Materials, 2014, 36（6）:1044-1048.

［10］ 李伟. CeF_3 透明闪烁陶瓷的制备及其性能研究［D］. 上海：中国科学院大学上海硅酸盐研究所，2013.

［11］ Lu B, Li J G, Suzuki T S, et al. Effects of Gd Substitution on Sintering and Optical Properties of Highly Transparent（$Y_{0.95-x}Gd_xEu_{0.05}$）$_2O_3$ Ceramics［J］. Journal of the American Ceramic Society, 2015, 98（8）:2480-2487.

［12］ Lu B, Li J G, Suzuki T S, et al. Controlled Synthesis of Layered Rare-Earth Hydroxide Nanosheets Leading to Highly Transparent（$Y_{0.95}Eu_{0.05}$）$_2O_3$ Ceramics［J］. Journal of the American Ceramic Society, 2015, 98（5）:1413-1422.

［13］ Jianjun X, Xiaoxing Z, Lingcong F, et al. X-ray Absorption Fine Structure Analysis of Valence State of Ce in Polycrystalline Ce:LuAG Films［J］. Nuclear Science, IEEE Transactions on, 2014, 61（1）:428-432.

［14］ Hu C, Liu S, Shi Y, et al. Antisite defects in nonstoichiometric $Lu_3Al_5O_{12}$:Ce ceramic scintillators［J］. Physica Status Solidi（B）, 2015:1-7.

［15］ Hu C, Liu S, Fasoli M, et al. ESR and TSL study of hole and electron traps in LuAG:Ce, Mg ceramic scintillator［J］. Optical Materials, 2015, 45:252-257.

［16］ Hu C, Liu S, Fasoli M, et al. O^- centers in LuAG:Ce, Mg ceramics［J］. Physica Status Solidi（RRL）-Rapid Research Letters, 2015, 9（4）:245-249.

［17］ Penilla E H, Kodera Y, Garay J E. Blue-Green Emission in Terbium-Doped Alumina（Tb:Al_2O_3）Transparent Ceramics［J］. Advanced Functional Materials, 2013, 23（48）: 6036-6043.

［18］ Liu G H, Zhou Z Z, Shi Y, et al. Ce:YAG transparent ceramics for applications of high power LEDs: Thickness effects and high temperature performance［J］. Materials Letters, 2015, 139: 480-482.

［19］ 石云，吴乐翔，胡辰，等. Ce:$Y_3Al_5O_{12}$ 透明陶瓷在白光 LED 中的应用研究［J］. 激光与光电子学进展，2014（05）:180-185.

［20］ 雷牧云，李祯，贺龙飞，等. 白光 LED 用 $MgAl_2O_4$ 荧光透明陶瓷的制备及性能［J］. 硅酸盐通报，2013（02）:299-303.

［21］ 刘光华. 稀土材料学［M］. 第一版. 北京：化学工业出版社，2007.

［22］ Liu X J, Chen F, Zhang F, et al. Hard transparent AlON ceramic for visible/IR windows［J］. International Journal of Refractory Metals & Hard Materials, 2013, 39（SI）: 38–43.

［23］ 施剑林，冯涛. 无机光学透明材料：透明陶瓷［M］. 第一版. 上海：上海科学普及出版社，2008.

［24］ 姚义俊，刘斌，周凯，等. Dy 和 Er 掺杂对 AlN 陶瓷显微结构及性能的影响［J］. 硅酸盐学报，2014（09）：1092–1098.

［25］ Wang Z H, Bai B, Ning X S. Effect of rare earth additives on properties of silicon nitride ceramics［J］. Advanced in Applied Ceramics, 2014, 113（3）:173–177.

［26］ Sanamyan T, Cooper C, Gilde G, et al. Fabrication and spectroscopic properties of transparent Nd^{3+}:MgO and Er^{3+}:MgO ceramics［J］. Laser Physics Letters, 2014,11（6）: 065801.

［27］ Venkatachalam N, Yamano T, Hemmer E, et al. Er^{3+}–Doped Y_2O_3 Nanophosphors for Near–Infrared Fluorescence Bioimaging Applications［J］. Journal of the American Ceramic Society, 2013, 96（9）:2759–2765.

［28］ Lei F, Yan B. Morphology–Controlled Synthesis, Physical Characterization, and Photo- luminescence of Novel Self–Assembled Pomponlike White Light Phosphor: Eu^{3+}–Doped Sodium Gadolinium Tungstate［J］. The Journal of Physical Chemistry C, 2008, 113（3）:1074–1082.

［29］ Lei F, Yan B, Chen H H, et al. Surfactant–Assisted Hydrothermal Synthesis of Eu^{3+}–Doped White Light Hydroxyl Sodium Yttrium Tungstate Microspheres and Their Conversion to $NaY（WO_4）_2$［J］. Inorganic Chemistry, 2009, 48（16）:7576–7584.

［30］ 李梦娜，雷芳，陈昊鸿，等. Li、Eu 掺杂 $NaY（WO_4）_2$ 荧光粉的合成与红色发光［J］. 无机材料学报，2013（12）:1281–1285.

［31］ Lei F, Yan B, Chen H, et al. Surfactant–Assisted Hydrothermal Synthesis, Physical Characterization, and Photoluminescence of $PbWO_4$［J］. Crystal Growth & Design, 2009, 9（8）:3730–3736.

［32］ Wang Z, Wang P, Zhong J, et al. Phase transformation and spectroscopic adjustment of Gd_2O_3:Eu^{3+} synthesized by hydrothermal method［J］. Journal of Luminescence, 2014, 152（0）:172–175.

［33］ Wang Z, Zhong J, Jiang H, et al. Controllable Synthesis of $NaLu（WO_4）_2$:Eu^{3+} Microcrystal and Luminescence Properties for LEDs［J］. Crystal Growth & Design, 2014,14（8）:3767 –3773.

［34］ Barta M B, Nadler J H, Kang Z T, et al. Composition optimization of scintillating rare–earth nanocrystals in oxide glass–ceramics for radiation spectroscopy［J］. Applied Optics, 2014, 53（16）:D21–D28.

［35］ Yang J W, Guo H, Liu X Y, et al. Down–shift and up–conversion luminescence in $BaLuF_5$:Er^{3+} glass–ceramics［J］. Journal of Luminescence, 2014, 151:71–75.

［36］ Ledemi Y, Trudel A A, Rivera V, et al. White light and multicolor emission tuning in triply doped Yb^{3+}/Tm^{3+}/Er^{3+} novel fluoro–phosphate transparent glass–ceramics［J］. Journal of the American Ceramic Society, 2014, 2（25）:5046–5056.

［37］ Bagga R, Achanta V G, Goel A, et al. Dy^{3+}–doped nano–glass ceramics comprising $NaAlSiO_4$ and $NaY_9Si_6O_{26}$ nanocrystals for white light generation［J］. Materials Science and Engineering B–Advanced Functional Solid–State Materials, 2013, 178（3）:218–224.

［38］ Ramachari D, Moorthy L R, Jayasankar C K. Energy transfer and photoluminescence properties of Dy^{3+}/Tb^{3+} co–doped oxyfluorosilicate glass–ceramics for solid–state white lighting［J］. Ceramics International, 2014, 40（7B）:11115–11121.

［39］ Lee G, Savage N, Wagner B, et al. Synthesis and luminescence properties GdF_3:Tb glass–ceramic scintillator［J］. Journal of Luminescence, 2014, 147:363–366.

［40］ Secu C E, Negrea R F, Secu M. Eu^{3+} probe ion for rare–earth dopant site structure in sol–gel derived $LiYF_4$ oxyfluoride glass–ceramic［J］. Optical Materials, 2013, 35（12）:2456–2460.

［41］ Wei Y L, Liu X Y, Chi X N, et al. Intense upconversion in novel transparent $NaLuF_4$:Tb^{3+}, Yb^{3+} glass–ceramics［J］. Journal of Alloys and Compounds, 2013, 578:385–388.

［42］ Huang L H, Jia S J, Li Y, et al. Enhanced emissions in Tb^{3+} –doped oxyfluoride scintillating glass ceramics containing BaF_2 nanocrystals［J］. Nuclear Instruments & Methods in Physics Research Section A–Accelerators Spectrometers Detectors and Associated Equipment, 2015, 788:111–115.

［43］ Zhao Z Y, Ai B, Liu C, et al. Er^{3+} Ions–Doped Germano–Gallate Oxyfluoride Glass– Ceramics Containing BaF_2 Nanocrystals［J］. Journal of the American Ceramic Society, 2015, 98（7）:2117–2121.

［44］ Wang J, Liu C, Zhang G K, et al. Crystallization properties of magnesium aluminosilicate glass–ceramics with and without rare–earth oxides ［J］. Journal of Non–Crystalline Solids, 2015, 419:1–5.

［45］ Zhang W J, Zhang J P, Wang Z, et al. Spectroscopic and structural characterization of transparent fluorogermanate glass ceramics with LaF_3:Tm^{3+} nanocrystals for optical amplifications［J］. Journal of Alloys and Compounds, 2015, 634:122–129.

［46］ Zhang X G, Ren G Z, Yang H. Upconversion and Mid–Infrared Fluorescence Properties of Ho^{3+}/Yb^{3+} Co–Doped $50SiO_2$–$50PbF_2$ Glass Ceramic［J］. Spectroscopy and Spectral Analysis, 2014, 34（8）:2060–2064.

［47］ Chen D Q, Wan Z Y, Zhou Y, et al. Tuning into blue and red luminescence in dual–phase nano–glass–ceramics［J］. Journal of Alloys and Compounds, 2015, 645:38–44.

［48］ Okura T, Kawada K, Yoshida N, et al. Synthesis and Na+ conduction properties of Nasicon–type glass–ceramics in the system Na_2O–Y_2O_3–R_2O_3–P_2O_5–SiO_2（R = rare earth）and effect of Y substitution［J］. Solid State Ionics, 2014, 262（SI）:604–608.

［49］ Liu T Y, Chen G H, Song J, et al. Crystallization kinetics and dielectric characterization of CeO_2–added BaO–SrO–Nb_2O_5–B_2O_3–SiO_2 glass–ceramics［J］. Ceramics International, 2013, 39（5）:5553–5559.

［50］ 黄良钊. 稀土超导陶瓷［J］. 稀土, 1999（02）: 78–80.

［51］ 李春鸿. 稀土超导陶瓷材料研究情况介绍［J］. 稀土, 1988（05）: 66–68.

［52］ 方磊, 闻海虎. 铁基高温超导体的研究进展及展望［J］. 科学通报, 2008（19）: 2265–2273.

［53］ Schafer H, Banko F, Nordmann J, et al. Oxygen Plasma Effects on Zero Resistance Behavior of Yb, Er–doped YBCO （123）Based Superconductors［J］. Zeitschrift Fur Anorganische und Allgemeine Chemie, 2014, 640（10）:1900–1906.

［54］ Rahul S P, Mahesh K V, Sujith S S, et al. Processing of La_2O_3 based rare earth non–linear resistors via combustion synthesis［J］. Journal of Electroceramics, 2014, 32（4）: 292–300.

［55］ Kawamura G, Yoshimura R, Ota K, et al. A Unique Approach to Characterization of Sol–Gel–Derived Rare–Earth–Doped Oxyfluoride Glass–Ceramics［J］. Journal of the American Ceramic Society, 2013, 96（2）: 476–480.

［56］ Yurdakul H, Ceylantekin R, Turan S. A novel approach on the synthesis of beta–SiAlON: Eu^{2+} phosphors from kaolin through carbothermal reduction and nitridation（CRN）route［J］. Advanced in Applied Ceramics, 2014, 113（4）: 214–222.

［57］ Zhao Y J, Zhang Y J, Gong H Y, et al. Gas pressure sintering of BN/Si_3N_4 wave–transparent material with Y_2O_3–MgO nanopowders addition ［J］. Ceramics International, 2014, 40（8B）: 13537–13541.

［58］ Yavetskiy R P, Baumer V N, Doroshenko A G, et al. Phase formation and densification peculiarities of $Y_3Al_5O_{12}$:Nd^{3+} during reactive sintering［J］. Journal of Crystal Growth, 2014, 401: 839–843.

［59］ Ding M Y, Lu C H, Ni Y R, et al. Rapid microwave–assisted flux growth of pure beta– $NaYF_4$:Yb^{3+}, Ln^{3+}（Ln=Er, Tm, Ho）microrods with multicolor upconversion luminescence［J］. Chemical Engineering Journal, 2014, 241:477–484.

［60］ Mayence A, Navarro J, Ma Y H, et al. Phase Identification and Structure Solution by Three–Dimensional Electron Diffraction Tomography: Gd–Phosphate Nanorods［J］. Inorganic Chemistry, 2014, 53（10）: 5067–5072.

［61］ Siqueira K, Soares J C, Granado E, et al. Synchrotron X–ray diffraction and Raman spectroscopy of Ln_3NbO_7（Ln=La, Pr, Nd, Sm–Lu）ceramics obtained by molten–salt synthesis［J］. Journal of Solid State Chemistry, 2014, 209:63–68.

［62］ Liu S, Feng X, Nikl M, et al. Fabrication and Scintillation Performance of Non– stoichiometric LuAG:Ce Ceramics［J］. Journal of the American Ceramic Society, 2015, 98（2）: 510–514.

［63］ Liu S, Feng X, Zhou Z, et al. Effect of Mg^{2+} co-doping on the scintillation performance of LuAG:Ce ceramics［J］. Physica Status Solidi（RRL）-Rapid Research Letters, 2014, 8（1）: 105-109.

［64］ Liu C, Qi Z, Ma C, et al. High Light Yield of $Sr_8Si_4O_{12}C_{l8}$:Eu^{2+} under X-ray Excitation and Its Temperature-Dependent Luminescence Characteristics［J］. Chemistry of Materials, 2014, 26（12）: 3709-3715.

［65］ Dorenbos P. Fundamental Limitations in the Performance of Ce^{3+}-, Pr^{3+}-, and Eu^{2+}-Activated Scintillators［J］. Nuclear Science, IEEE Transactions on, 2010, 57（3）: 1162-1167.

［66］ Birowosuto M D, Dorenbos P. Novel γ-and X-ray scintillator research: on the emission wavelength, light yield and time response of Ce^{3+} doped halide scintillators［J］. Physica Status Solidi（a）, 2009, 206（1）: 9-20.

［67］ Lupei A, Lupei V, Gheorghe C. Electronic structure of Sm^{3+} ions in YAG and cubic sesquioxide ceramics［J］. Optical Materials, 2013, 36（2）: 419-424.

［68］ Bagaev S N, Osipov V V, Kuznetsov V L, et al. Ceramics With Disordered Structure of the Crystal Field［J］. Russian Physics Journal, 2014, 56（11）: 1219-1229.

［69］ Lu Q, Yang Q H, Yuan Y, et al. Fabrication and luminescence properties of Er^{3+} doped yttrium lanthanum oxide transparent ceramics［J］. Ceramics International, 2014, 40（5）: 7367-7372.

［70］ Hou D, Ma C G, Liang H, et al. Electron-Vibrational Interaction in the 5d States of Eu^{2+} Ions in $Sr_{6-x}Eu_xBP_5O_{20}$ （x=0.01-0.15）［J］. ECS Journal of Solid State Science and Technology, 2014, 3（4）: R39-R42.

［71］ Brik M G, Ma C G, Liang H, et al. Theoretical analysis of optical spectra of Ce^{3+} in multi-sites host compounds［J］. Journal of Luminescence, 2014, 152（0）: 203-205.

［72］ Yan J, Ning L, Huang Y, et al. Luminescence and electronic properties of $Ba_2MgSi_2O_7$:Eu^{2+}: a combined experimental and hybrid density functional theory study［J］. Journal of Materials Chemistry C, 2014, 2（39）: 8328-8332.

［73］ Ning L, Wang Z, Wang Y, et al. First-Principles Study on Electronic Properties and Optical Spectra of Ce-Doped $La_2CaB_{10}O_{19}$ Crystal［J］. The Journal of Physical Chemistry C, 2013, 117（29）: 15241-15246.

［74］ Lu D Y, Cui S Z. Defects characterization of Dy-doped $BaTiO_3$ ceramics via electron paramagnetic resonance［J］. Journal of the European Ceramic Society, 2014, 34（10）: 2217-2227.

［75］ Patel A P, Stanek C R, Grimes R W. Comparison of defect processes in $REAlO_3$ perovskites and $RE_3Al_5O_{12}$ garnets［J］. Physica Status Solidi B-Basic Solid State Physics, 2013, 250（8）: 1624-1631.

［76］ Choi H, Cho S H, Khan S, et al. Roles of an oxygen Frenkel pair in the photoluminescence of Bi^{3+}-doped Y_2O_3: computational predictions and experimental verifications［J］. Journal of Materials Chemistry C, 2014, 2（30）: 6017-6024.

［77］ Hou D, Liu C, Ding X, et al. A high efficiency blue phosphor $BaCa_2MgSi_2O_8$:Eu^{2+} under VUV and UV excitation［J］. Journal of Materials Chemistry C, 2013, 1（3）: 493-499.

［78］ Lin H, Hou D, Li L, et al. Luminescence and site occupancies of Eu^{3+} in $La_2CaB_{10}O_{19}$［J］. Dalton Transactions, 2013, 42（36）: 12891-12897.

［79］ Hou D, Xu X, Xie M, et al. Cyan emission of phosphor $Sr_6BP_5O_{20}$:Eu^{2+} under low-voltage cathode ray excitation［J］. Journal of Luminescence, 2014, 146（0）: 18-21.

［80］ Wang Y, Hou D, Zhou L, et al. Low-voltage cathodoluminescence and Eu/Tb L_3-edge XANES of $Na_{1+y}Ca_{1-x-2y}Eu_xTb_yPO_4$［J］. Optical Materials, 2014, 36（4）: 839-844.

［81］ Zhang Q W, Chen K, Wang L L, et al. A highly efficient, orange light-emitting（$K_{0.5}Na_{0.5}$）NbO_3: Sm^{3+}/Zr^{4+} lead-free piezoelectric material with superior water resistance behavior［J］. Journal of Materials Chemistry C, 2015, 3（20）: 5275-5284.

［82］ de Camargo A, Botero E R, Andreeta E, et al. 2.8 and 1.55 μm emission from diode-pumped Er^{3+}-doped and Yb^{3+} co-doped lead lanthanum zirconate titanate transparent ferroelectric ceramic［J］. Applied Physics Letters, 2005, 86（24）2411122-1-3.

［83］ Liu Q Q, Yu Z Q, Che G F, et al. Synthesis and tunable thermal expansion properties of $Sc_{2-x}Y_xW_3O_{12}$ solid solutions［J］. Ceramics International, 2014, 40（6）: 8195-8199.

［84］ Liang H Q, Yao X M, Zhang J X, et al. The effect of rare earth oxides on the pressureless liquid phase sintering of alpha-SiC［J］. Journal of the European Ceramic Society, 2014, 34（12）: 2865-2874.

［85］ Zhao M, Jia Q Y, Liu H W, et al. Ferroelastic Toughening in Rare Earth Oxide Stabilized Zirconia Ceramic［J］. Rare Metal Materials and Engineering, 2013, 421A: 473-476.

［86］ Huang L Y, Li C H, Ke W M, et al. Effect of Rare Earth Oxides on Electrical Properties of Spark Plasma Sintered AlN Ceramics［J］. Journal of Inorganic Materials, 2015, 30（3）: 267-271.

［87］ Kasiarova M, Tatarko P, Burik P, et al. Thermal shock resistance of Si_3N_4 and Si_3N_4-SiC ceramics with rare-earth oxide sintering additives ［J］. Journal of The European Ceramic Society, 2014, 34（14SI）: 3301-3308.

［88］ Vidal K, Ortega-San-Martin L, Larranaga A, et al. Effects of synthesis conditions on the structural, stability and ion conducting properties of $Li_{0.30}$（$La_{0.50}Ln_{0.50}$）$_{0.567}TiO_3$（Ln=La, Pr, Nd）solid electrolytes for rechargeable lithium batteries［J］. Ceramics International, 2014, 40（6）: 8761-8768.

［89］ Lim K Y, Kim Y W, Kim K J. Electrical properties of SiC ceramics sintered with 0.5 wt.% $AlN-RE_2O_3$（RE=Y, Nd, Lu）［J］. Ceramics International, 2014, 40（6）: 8885-8890.

［90］ Kim K J, Lim K Y, Kim Y W. Control of Electrical Resistivity in Silicon Carbide Ceramics Sintered with Aluminum Nitride and Yttria［J］. Journal of the American Ceramic Society, 2013, 96（11）: 3463-3469.

［91］ Tatarko P, Kasiarova M, Dusza J, et al. Influence of rare-earth oxide additives on the oxidation resistance of Si_3N_4-SiC nanocomposites［J］. Journal of The European Ceramic Society, 2013, 33（12SI）: 2259-2268.

［92］ Rotenberg B A, Rubinshtein O V, Shtel Makh S V, et al. Microstructure and dielectric properties of $BaTi_{1-x}$（$Ln_{1/2}Nb_{1/2}$）$_xO_3$ ceramics［J］. Inorganic Materials, 2014, 50（8）: 854-860.

［93］ Paunovic V, Mitic V V, Prijic Z, et al. Microstructure and dielectric properties of Dy/Mn doped $BaTiO_3$ ceramics［J］. Ceramics International, 2014, 40（3）: 4277-4284.

［94］ Wang J J, Zhu J F, Zhou Y, et al. Microstructure and electrical properties of rare-earth oxides doped ZnO-based linear resistance ceramics［J］. Journal of Materials Science- Materials in Electronics, 2014, 25（8）: 3301-3307.

［95］ Sunny A, Viswanath V, Surendran K P, et al. The effect of Ga^{3+} addition on the sinterability and microwave dielectric properties of $RE_3Al_5O_{12}$（Tb^{3+}, Y^{3+}, Er^{3+} and Yb^{3+}）garnet ceramics［J］. Ceramics International, 2014, 40（3）: 4311-4317.

［96］ Liu J, Wang C L, Li Y, et al. Influence of rare earth doping on thermoelectric properties of $SrTiO_3$ ceramics［J］. Jounal of Applied Physics, 2013, 114: 22371422.

［97］ Zhao Y J, Zhang Y J, Gong H Y, et al. Effects of Y_2O_3-MgO nanopowders content on mechanical and dielectric properties of porous BN/Si3N4 composites［J］. Ceramics International, 2015, 41（3A）: 3618-3623.

［98］ Gan L, Xu F F, Zeng X H, et al. Multiple doping structures of the rare-earth atoms in beta-SiAlON:Ce phosphors and their effects on luminescence properties［J］. Nano Scale, 2015, 7（26）: 11393-11400.

［99］ Heuser J, Bukaemskiy A A, Neumeier S, et al. Raman and infrared spectroscopy of monazite- type ceramics used for nuclear waste conditioning［J］. Progress in Nuclear Energy, 2014, 72（SI）: 149-155.

［100］ Zeng P, Teng Y C, Huang Y, et al. Synthesis, phase structure and microstructure of monazite-type $Ce_{1-x}Pr_xPO_4$ solid solutions for immobilization of minor actinide neptunium［J］. Journal of Nuclear Materials, 2014, 452（1-3）: 407-413.

［101］ Yanagida T, Fujimoto Y, Kamada K, et al. Scintillation Properties of Transparent Ceramic Pr:LuAG for Different Pr Concentration［J］. Nuclear Science, IEEE Transactions on, 2012, 59（5）: 2146-2151.

［102］ 国家发展和改革委员会高技术产业司, 中国材料研究学会. 中国新材料产业发展报告 2007: 新材料与资源能源和环境协调发展 ［M］. 北京: 化学工业出版社, 2008.

［103］ 中华人民共和国国务院新闻办公室. 《中国的稀土状况与政策》白皮书［R］. 2012.

撰稿人：潘裕柏　陈昊鸿　石　云

ABSTRACTS IN ENGLISH

Comprehensive Report

Advances in Rare Earth Science and Technology

In the last five years a great progress in Rare Earth science and technology had been achieved. This report organized and edited by the Chinese Rare Earth Society summarized the recent development achieved by Chinese scientists working on Rare Earth science and technology, consisted of a comprehensive report, twelve special topic reports.

In this section of the comprehensive report, the main achievements and breakthroughs in the Rare Earth science and technology researches and developments are reviewed. The main contents and some examples are described simply as follows.

(1) Rare Earth separation and purification. Rare Earth play a critical role in numerous high-tech applications owing to their unique magnetic, optical, and electrical properties. Multiple Rare Earth elements occur together in widespread mineral deposits throughout the world. Rare Earth deposits in China are well known by its large reserves and a wide variety of categorical minerals, especially the ion-adsorption clays of Rare Earth deposits. Currently, China is the global leader in Rare Earth production. The annual output of Rare Earth is 0.1–0.15 million tons in China, contributing to over 90% of world total production. Advantageous extraction techniques of Rare Earth from Baotou mixed Rare Earth minerals, bastnaesite, and ion-adsorption clays of Rare Earth deposits have been developed in China. With the large demands and rapid development of Rare Earth, the issues of resources and environment are more prominent. The important progresses in the Rare Earth environment-friendly separation and industrial application have already incurred worldwide impacts, which possess profound significance in supporting and further directing the Rare Earth industry in China. Based on the development of the Rare Earth industry, comprehensive utilization and cleaner production should still be focused on in the future, to support the sustainable development.

（2）Rare Earth permanent magnetic materials. Rare Earth permanent magnetic materials have become the fastest and largest industry in the development of China's Rare Earth applications. In 2014 sintered Nd-Fe-B magnet production reached 135 thousand tons in China, about four fifths of the world. China has become the world's largest Rare Earth permanent magnet production base, is also an important Rare Earth permanent magnet application market. In recent years, Rare Earth permanent magnet in bulk materials, nanoparticles, magnetic thin film and rare-earth magnet recovery technologies made great progress. In the development of Rare Earth permanent magnet industry technology will be closely around the industry demand of low carbon economy and Rare Earth permanent magnetic materials and device applications, the whole industry chain of balanced development, with Rare Earth resources balanced and efficient use and lead China's Rare Earth permanent magnet industry key technology upgrade as the core, through the industrial planning and policy guidance, perfect technology development and risk investment mechanism, accelerate the new Rare Earth permanent magnetic material industry cultivation and development.

（3）Other Rare Earth magnetic materials. Due to the superior prospect, researches about the magnetic cooling materials working in the low, middle or room temperature range have also attracted great attention. In recent years, the discovery of giant magnetocaloric materials greatly promoted the development of room-temperature magnetic refrigeration technology. In January of the year 2015, the state enterprise of Haier announced the first wine cooler based on magnetic cooling technique in the International Consumer Electronics Show, USA, indicating the high possibility of broad application of the magnetic cooling technique in household appliances. Our basic researches in the magnetocaloric effect, ingredient patent, raw material resources have a strong soft capital advantage. The well-known magnetic refrigeration material La-Fe-Si alloy was discovered by Chinese scientists, which was applied for a patent.

Magnetostrictive material is a kind of smart material. Giant magnetostrictive materials have become an indispensable material in underwater acoustic field, and have been widely used in the fields of high power ultrasonic, actuator and sensor. In recent years, it has made some breakthroughs in the magnetostrictive mechanism, the preparation technologies and the new alloy systems in the Rare Earth giant magnetostrictive materials.

In recent years, the increasing of working frequency of electromagnetic devices needs higher resonance frequency of microwave absorbing materials used. It is pointed out that the Rare Earth magnetic materials with easy planar and/or easy cone anisotropy can be developed as a new type of microwave magnetic materials.

(4) Rare Earth catalytic materials. Rare Earth elements possess 4f orbitals without full electron occupancy and lanthanide contraction, which results in their unique catalytic performance when they are used as active components or as catalyst supports. Currently, Rare Earth catalytic materials play an important role in such areas as the petroleum chemical industry, the catalytic combustion of fossil fuels, automotive emissions control, the purification of industrial waste air, and solid solution fuel cells.

(5) Rare Earth hydrogen storage material.The Rare Earth hydrogen storage material is an important function material in the field of the hydrogen application. At present, the application products of the material are $LaNi_5$ system AB_5-type and RE-Mg-Ni system $AB_{2-3.8}$-type, which are used for the negative electrode materials in metal hydride-nickel (MH-Ni) batteries and the gas phase hydrogen storage device. The research progress of the material in 2010-2015 was reviewed.

(6) Rare Earth luminescent materials. Rare Earth luminescent materials are used in great quantities for lighting, chief among which is the Rare Earth energy-saving lamps. The quality of the Rare Earth phosphor for trichromatic lamp at home has reached the level of analogous product abroad and our country has become the world's major producer of Rare Earth luminescent materials and its lamps. Along with the rapid development of white LED in lighting field since 2011, the production and sales of Rare Earth trichromatic lamp and phosphors have slipped sharply in our country.In recent years, LCD-based flat panel display dominates the market. As a result, the CRT, PDP, FED, and other displays with Rare Earth luminescent material gradually withdrew from the historical stage. To develop novel rare-earth luminescent materials, we should deeply carry out the basic research of Rare Earth luminescence theory, explore new preparation strategy, and extend new application of Rare Earth luminescence materials.

(7) Rare Earth superconductors. Prior to 1986, the superconductors that were used in most application were alloys and compounds like NbTi, Nb3Sn, V3Sn, and NbN, but these materials were used only in liquid helium in very low temperature at about 4.2 K due to the low superconducting transition temperature. However, manufacturing quasi-crystalline wires proved exceptionally difficult. In the last 27years, major breakthroughs have made multi-km lengths of wire, 3-inch double side thin films, and 100 mm diameter single domain bulk possible, although costs remain stubbornly high due to complex processing and limited demand up to now.

（8）Rare Earth crystals. Recent developments and research status of laser crystals and scintillation crystals composed of rare-earth elements in their matrix or doped with rare-earth elements. Several important laser crystals have been mainly introduced, such as Nd:YAG, Yb:YAG, Nd:YLF, Yb:CaF$_2$, Tm:YLF, and Tm:YAP. There will be two future development trends for laser crystals.The first will be to develop high-quality and large-size laser crystals. And the second will be to develop new laser crystals with novel structure and laser performances. Compared to the developed countries, we are better at enlarging the crystal size, improving the crystal qualities as well as modifying the growth technology, however we are poorer in the discovering new compounds and their novel applications with excellent performance. Therefore, it's necessary for us to enforce fundamental research to explore the mechanism and obtain achievements with our own intelligence property in the future.

（9）Applications of Rare Earth in steel, iron and nonferrous metals. Steel and nonferrous metals have always been used as the main structural materials for human beings. They are the foundation of national industrialization and being regarded as the king of the engineering structural materials. In the 21st century, energy saving and environmental pollution reduction has become the common issues concerned by the countries around the world. Overall, China's applications of Rare Earth in steel and nonferrous metals rank in the forefront of the world. These applications significantly contribute to the developments of the aerospace industry, the national economy and society, and play a positive role on the improvement of comprehensive national strength of China.

（10）Rare Earth polymer additives.Research and application of rare-earth compound as polymer processing additives, including non-poisonous rare-earth stabilizer, rare-earth coupling agent, rare-earth β- nucleator, rare-earth photo-sensitizer, rare-earth light converting agent, antibacterial agent, rare-earth additive for manufacturing fine dinier nylon filaments are reviewed.

（11）Rare-earth glass. This report introduces the current situation, classification and application of the rare-earth optical glass and colored glass such as filter glass, arts and crafts glass as well as opaque glass, and analyzes the research dynamics and existing gap between domestic and foreign countries through patent data while the possible development trend in the future was put forward.

（12）Rare Earth ceramics materials. Based on lanthanide unique physical and chemical properties, especially for optics and magnetism, Rare Earth ceramics is an important functional material for laser, scintillation, luminescence, illumination, superconduction, magnetization, photoelectric modulation and other extent applications. At first, the excellent functions of main advanced functional material systems including transparent optical ceramics, nano-ceramics, glass ceramics and superconducting ceramics are illustrated as well as their current problems and challenges. In addition, as the most important subject in modern material research, computational calculation and simulation as well as their applications in Rare Earth ceramics materials are also mentioned, where the concepts and importance of energy band engineering as well as defect engineering are emphasized. Furthermore, other subjects not included in the above, such as searching for novel materials, Rare Earth doped conventional materials and specific ceramics for nuclear energy are also summarized.

In all above parts, the domestic and international developments and analyzed and compared, and the perspectives in coming years are given.

Reports on Special Topics

Advances in Rare Earth Separation and Purification

Rare Earth play a critical role in numerous high-tech applications owing to their unique magnetic, optical, and electrical properties. Multiple Rare Earth elements occur together in widespread mineral deposits throughout the world. Rare Earth deposits in China are well known by its large reserves and a wide variety of categorical minerals, especially the ion-adsorption clays of Rare Earth deposits. Heavy Rare Earth elements, such as terbium, dysprosium, europium, yttrium found in the ion adsorption kinds of ores are more than ten times richer than that in the other Rare Earth ores, such as bastnaesite, monazite which are rich in light Rare Earth. The indicated reserves of heavy Rare Earth in China currently account for more than 80% of the total amount in the world, providing an essential support for the development of Rare Earth industry in China. The researches focusing on Rare Earth metallurgy began in the 1950s in China. Owing to the effort of more than 60 years, the Rare Earth industry has developed rapidly. A series of high efficiency Rare Earth separation and purification technology have been developed with many have been patented. These technologies have been widely used in industrial production of Rare Earth and integral industrial production systems have been built.

Currently, China is the global leader in Rare Earth production. The annual output of Rare Earth is 0.1-0.15 million tons in China, contributing to over 90% of world total production. Advantageous extraction techniques of Rare Earth from Baotou mixed Rare Earth minerals, bastnaesite, and ion-adsorption clays of Rare Earth deposits have been developed in China. The separation and purification technologies have also achieved rapid development. The commercially applied processes for Rare Earth hydrometallurgy are summarized in the present paper. With the large demands and rapid development of Rare Earth, the issues of resources and environment are more prominent. According to the China Ministry of Environmental Protection, Rare Earth producers must meet the "Emission Standards of Pollutants from Rare Earth Industry" or be shut down. This Review gives an overview of the important progresses in the Rare Earth environment-friendly separation and industrial application, achieved in recent years, by Chemists in China. These achievements have already incurred worldwide impacts, which possess profound significance in supporting and further directing the Rare Earth industry in China. Based on the development of the Rare Earth industry, comprehensive utilization and cleaner production should still be focused on in the future, to support the sustainable development.

Advances in Rare Earth Permanent Magnetic Materials

Rare Earth permanent magnetic materials have become the fastest and largest industry in the development of China's Rare Earth applications. In 2014, sintered Nd-Fe-B magnet production reached 135 thousand tons in China, about four fifths of the world. China has become the world's largest Rare Earth permanent magnet production base, is also an important Rare Earth permanent magnet application market. A number of national projects were completed on Rare Earth permanent magnetic materials in the aspects of basic research for application, such as, in high performance sintered magnet permanent magnetic materials industry breakthroughs in key technologies has made, a number of core intellectual property, material performance stability, with the production of high grade sintered Nd-Fe-B magnet, part of the performance of the products reach the advanced level in the world. In recent years, Rare Earth permanent magnet in bulk materials, nanoparticles, magnetic thin film and rare-earth magnet recovery technologies made great progress. In the development of Rare Earth permanent magnet industry technology will be closely around the industry demand of low carbon economy and Rare Earth permanent magnetic materials and device applications, the whole industry chain of balanced development, with Rare Earth resources balanced and efficient use and lead China's Rare Earth permanent magnet industry key technology upgrade as the core, through the industrial planning and policy guidance, perfect technology development and risk investment mechanism, accelerate the new Rare Earth permanent magnetic material industry cultivation and development, the promotion of research a dragon pattern of industrial development.

Advances in Other Rare Earth Magnetic Materials

Using adiabatic demagnetization technology to obtain ultra-low temperature is a well-know cooling technique. It has been used for more than 80 years. Due to the superior prospect, researches about the magnetic cooling materials working in the low, middle or room temperature range have also attracted great attention. Magnetocaloric effect and materials have become focus in magnetic physics and material physics. In recent years, the discovery of giant magnetocaloric materials greatly promoted the development of room-temperature magnetic refrigeration technology. In January of the year 2015, the state enterprise of Haier announced the first wine cooler based on magnetic cooling technique in the International Consumer Electronics Show, USA, indicating the high possibility of broad application of the magnetic cooling technique in household appliances. Our basic researches in the magnetocaloric effect, ingredient patent, raw material resources have a strong soft capital advantage. The well-known magnetic refrigeration material La-Fe-Si alloy was discovered by Chinese scientists, which was applied for a patent. All these show that we are in the active position in the future competition of magnetic refrigeration materials. However, the collaborative innovation still lacks. According to the developing trends of magnetic refrigeration materials, mechanism, technology over the world, China should strengthen basic researches through focusing on the fundamental problems, such as the relationship between the rich magnetic structure, phase transition and magnetocaloric effect in Rare Earth materials, multicaloric effect driven by multifield. Meanwhile, developing new magnetic refrigeration materials, new technology, new magnetic refrigerator are also our important goals. We hope to construct an interdisciplinary team to promote the development and application of Rare Earth magnetic refrigeration materials.

Magnetostrictive material is a kind of smart material. Its length and volume change with the change of the magnetization state, which can realize the conversion between electromagnetic energy and mechanical energy. Giant magnetostrictive materials have become an indispensable material in underwater acoustic field, and have been widely used in the fields of high power ultrasonic, actuator and sensor. In recent years, it has made some breakthroughs in the magnetostrictive mechanism, the preparation technologies and the new alloy systems in the Rare Earth giant magnetostrictive materials. At present, this material has been widely used in many fields of national defense and national economic development. In the future, we should focus on the key technology and equipment of the Rare Earth giant magnetostrictive materials, the research of low cost Rare Earth giant magnetostrictive materials and the comprehensive performance evaluation method and platform construction of Rare Earth giant magnetostrictive materials.

In recent years, the increasing of working frequency of electromagnetic devices needs higher resonance frequency of microwave absorbing materials used. Research groups in both Lan Zhou University and Central Iron and Steel Research Institute have theoretically studied to improve the microwave permeability of the material by going beyond the limit of snooker and control the natural resonance frequency of the material in the range of 5-20 GHz. It is pointed out that the Rare Earth magnetic materials with easy planar and/or easy cone anisotropy can be developed as a new type of microwave magnetic materials. On the basis of this, a lot of experiments were done to fabricate several different crystal structures of easy planar microwave Rare Earth magnetic materials. And these materials have been used for microwave absorption and anti electromagnetic interference.

Advances in Rare Earth Catalytic Materials

Rare Earth elements possess 4f orbitals without full electron occupancy and lanthanide contraction, which results in their unique catalytic performance when they are used as active components or as catalyst supports. Currently, Rare Earth catalytic materials play an important role in such areas as the petroleum chemical industry, the catalytic combustion of fossil fuels, automotive emissions control, the purification of industrial waste air, and solid solution fuel cells. In this paper, the application of Rare Earth based catalysts, the recent research progress of Rare Earth catalytic materials including relative theoretical research are reviewed . Current situation of domestic and foreign and development trends of Rare Earth catalytic materials are discussed.

Advances in Rare Earth Hydrogen Storage Material

The Rare Earth hydrogen storage material is an important function material in the field of the hydrogen application. At present, the application products of the material are $LaNi_5$ system AB_5-type and RE-Mg-Ni system $AB_{2-3.8}$-type, which are used for the negative electrode materials in metal hydride-nickel (MH-Ni) batteries and the gas phase hydrogen storage device. The research progress of the material in 2010-2015 was reviewed from five aspects in this chapter, and was compared at home and abroad. Finally, the development trends and prospects of this material are forecasted.

The first part introduced the Rare Earth hydrogen storage material for the cathode in MH-Ni battery. The contents included the optimization of material composition, the adjusting and controlling of the material structure, the heat treatment and surface treatment technology of the materials, the introduction of second phase with the catalytic activity to the material, and so on. The purpose was to obtain the materials with high power, high capacity, low self-discharge, long-life or low temperature/high temperature/wide temperature application features, or to adjust and improve the comprehensive performance of materials, or to reduce material cost.

Kawasaki Heavy Industries, Ltd. reported the effects of pretreatment of the $MlNi_{4.00}Co_{0.45}Mn_{0.38}Al_{0.3}$ (Ml: Lanthanum rich misch metal) alloy powders in 12 M NaOH solutions with 0.05 M $NaBH_4$ at 383 K for 3h and the performance of 6 Ah prismatic traction battery. The electrochemical performance of the battery was effectively improved by the pretreatment of alloy powders with a $NaOH/NaBH_4$ solution. Tsinghua University carried out the magnetic annealing for $Nd_{0.75}Mg_{0.25}$ ($Ni_{0.8}Co_{0.2}$) $_{3.8}$ hydrogen storage alloys at different temperatures. The obstacle of transportation for hydrogen proton decreases and the rate properties are improved with the annealing temperature increasing. Inner Mongolia xi'aoke Hydrogen Storage Alloy Co., Ltd. invented the (Ml, Sm, Mg) (Ni,Al,Co,Mn) $_{3.1-4.2}$ hydrogen storage alloy containing Sm, Mg elements. Compared to a traditional AB_5 type hydrogen storage alloy, the specific discharge capacity of the alloy electrode is higher 20%–30%. CNRS discovered that a new ternary La_5MgNi_{24}(1:4) phase with stacking structure (space group R-3m) formed at higher temperature than the (5:19) and (2:7) ones when the phases (2:7) ; (5:19) ; (1:4) and (1:5) coexisted for all $La_{0.85}Mg_{0.15}Ni_{3.8}$ samples synthesized by SPS (Spark Plasma Sintering) technique at different temperature from

1083K to 1173K. In contrast, the cycling stability showed better resistance to corrosion for the samples containing larger amount of (5:19) phase. The Changchun Institute of Applied Chemistry (CIAC) synthesized the hydrogen storage alloy with hyper entropy change properties by the heterogeneous diffusion reaction of $AB_{4.7}$-type $MmNi_{4.3}Al_{0.3}Fe_{0.05}Sn_{0.05}$ alloy and rejoined lithium metal. Compared with the traditional AB_5-type alloy, discharge capacity increased more than three times in the low temperature of 237K or 243K. Lanzhou University of Technology discovered that Gd element could effectively reduce and restrained the forming of $CaCu_5$-type phase in the annealing La-Mg-Ni alloy.

The second part introduced the Rare Earth hydrogen storage material for gas phase hydrogen storage system. India IIT Guwahati developed a 2-D mathematical model for predicting the minimum charging/discharging time of the metal hydride based hydrogen storage device by varying the number of cooling tubes embedded in it. This study was extended to 3-D mathematical model for predicting the hydriding and dehydriding characteristics of $LmNi_{4.91}Sn_{0.15}$ based hydrogen storage device with 60 embedded cooling tubes (ECT) using COMSOL Multiphysics 4.3. The numerically predicted hydrogen storage capacity (wt.%) and amount of hydrogen desorbed (wt.%) were compared with experimental data and found a good accord between them.

The third part introduced the fundamental research work of Rare Earth hydrogen storage material. Scholars at home and abroad applied the various physical and chemical theories, the mathematical models, and the new technology to study hydrogen storage material structure, properties and their mutual relations, which has important guidance value for the science and efficient application development work of hydrogen storage materials.

The fourth part introduced the research and development work for new Rare Earth hydrogen storage materials, which covered the RE-Mg-based hydrogen storage alloy, the AB_2-type and AB_4-type RE-Mg-Ni-based hydrogen storage alloy, the Rare Earth hydrogen storage alloywithout Mg element, and perovskite (ABO_3) oxide with hydrogen storage capabilities.

The fifth part introduced the advanced manufacture technology of hydrogen storage material, such as rapid quenching (RQ) , or rapid solidification (RS) /strip-casting (SC) , or melt spinning (MS) with the cold speed of 10^5-10^6 K/s, and the gas atomization (GA) of melt, as well as the heat treatment technology of hydrogen storage material. For Mg-based hydrogen storage alloys, it is difficult to control the alloy composition using melting process at high temperature due to the high vapor pressure and low melting point of magnesium, and that the very fine powder formed magnesium volatilization becomes a potential safety hazard. Santoku Corpotsuki Takayukiirie Toshi disclosed a safe and industrially advantageous production method for producing a Rare

Earth-Mg-Ni-based hydrogen storage alloy.

China possesses the numerous R&D teams in the field of Rare Earth hydrogen storage material, and has carried out a broader range of research work. However, compared with foreign research work, the cooperative research work was less, the application technology laged behind, the depth of the fundamental research was insufficient.

Rare Earth hydrogen storage material has still broad development prospects as an important function material using hydrogen energy. It is the development trend of this discipline to continue to improve properties of the material to meet the rapid development needs of MH-Ni battery and hydrogen storage-hydrogen transport device, speed up the research on the new application technology of the materials to play a greater role, carry out theoretical research or summary experiment results so as to guide the material composition design and manufacture the materials according with expectant structure in a controlled manner, and develop the new Rare Earth hydrogen storage materials system with higher performance.

Advances in Rare Earth Luminescent Materials

Rare Earth luminescent materials have been widely used in many fields and have become one of the major Rare Earth application fields in China.

Rare Earth luminescent materials are used in great quantities for lighting, chief among which is the Rare Earth energy-saving lamps. The quality of the Rare Earth phosphor for trichromatic lamp at home has reached the level of analogous product abroad and our country has become the world's major producer of Rare Earth luminescent materials and its lamps. Along with the rapid development of white LED in lighting field since 2011, the production and sales of Rare Earth trichromatic lamp and phosphors have slipped sharply in our country.

The research, development, and industrialization of the Rare Earth phosphor for white LED have been the popular issue in the field of lighting and luminescent materials. In recent years, a lot of research work was focused on the white LED phosphor and remarkable progress has been achieved. For the YAG:Ce phosphor used in blue（460nm）LED chips, the luminescence efficiency and color rendering were improved by doping and modifying. Aluminate yellow phosphor with a small particle size and high crystallinity was successfully developed. In particular, nitride red phosphor can be produced under ambient or high pressure in our country. Furthermore, a lot of work has been done on the luminescent properties of Rare Earth materials under the excitation of violet light (400nm) or UV (360nm, etc.)

In recent years, LCD-based flat panel display dominates the market. As a result, the CRT, PDP, FED, and other displays with Rare Earth luminescent material gradually withdrew from the historical stage.

Long afterglow, upconversion, and Rare Earth light conversion materials are developing rapidly in the field of special Rare Earth luminescent materials, which have a potential to be one of enormously and widely used special Rare Earth materials in the future.

Upconversion luminescence has become a research hotspot in the recent years, due to its unique property and applications in many fields.

The synthesis and combination with other performances for the multipurpose of Rare Earth luminescent nanomaterials have become one of research hotspots, especially the controlled synthesis of upconversion nanomaterials and their application in biomedicine. The emergency detection system and industrialization platform have been established on the basis of Rare Earth upconversion nanomaterials.

Lanthanide-complexes-based electroluminescent materials are also one of the research hotspots, due to its good color purity, high quantum efficiency, and excellent application prospects, on which many reports have been published at home and abroad. However, there are some serious issues such as poor stability and short decay time for most organic light emitting device (OLED).

The competition in Rare Earth luminescent materials research is very intense. Owing to imitation products and lack of original achievements and patents, the overall research level of Rare Earth luminescent materials in China still lags behind some other foreign countries. In particular, the industry of Rare Earth luminescent materials in China is entering a crucial turning point. We need more innovation.

To develop novel rare-earth luminescent materials, we should deeply carry out the basic research of Rare Earth luminescence theory, explore new preparation strategy, and extend new application of Rare Earth luminescence materials.

Advances in Rare Earth Superconductors

Prior to 1986, the superconductors that were used in most application were alloys and compounds like NbTi, Nb3Sn, V3Sn, and NbN, but these materials were used only in liquid helium in very low temperature at about 4.2 K due to the low superconducting transition temperature. In 1987, the superconducting Rare Earth-Ba-Cu oxide was discovered. With transition above 77 K, these materials held enormous promise and ushered in an intense period of research and application development. However, manufacturing quasi-crystalline wires proved exceptionally difficult. In the last 27years, major breakthroughs have made multi-km lengths of wire, 3-inch double side thin films, and 100 mm diameter single domain bulk possible, although costs remain stubbornly high due to complex processing and limited demand up to now. In this paper the recent development of the superconducting Rare-Earth-Ba-Cu oxide was reviewed.

Advances in Rare Earth Crystals

Recent developments and research status of laser crystals and scintillation crystals composed of rare-earth elements in their matrix or doped with rare-earth elements. Depending on the laser applications, the laser crystals are divided to following classes, (1) near-infrared high power laser crystals, (2) near-infrared middle and low power laser crystals in near-infrared wavelength range, (3) mid-infrared laser crystals, (4) visible laser crystals, and (5) self-Raman laser crystals. Several important laser crystals have been mainly introduced, such as Nd:YAG, Yb:YAG, Nd:YLF, Yb:CaF$_2$, Tm:YLF, and Tm:YAP. There will be two future development trends for laser crystals.The first will be to develop high-quality and large-size laser crystals. And the second will be to develop new laser crystals with novel structure and laser performances.

Scintillation crystals are classified into silicate, aluminate and halide crystals, which contain Lu,Gd,La,or Y in their matrix and Ce,Pr,or Eu as their activators. The most successful achievement in the past years is the mass production of lutetium oxyorthosilicate crystals (LYSO:Ce), improvement of properties by means of codoping with Ca ions, as well as its application as detectors of PET. Ce and Pr-doped LuAG crystals grown by the Czochralski method are critically important in the case of hard X-ray and γ-ray detection. A new ultra-efficient single-crystal family-multicomponent garnets composed of Gd and Ga cations in aluminium garnet GGAG:Ce, efficiently decreases the trapping effects, prevents ionization-induced quenching of the Ce^{3+} excited state and increases the light output almost three times compared to LuAG:Ce. Rare Earth halide scintillation crystals, such as $LaBr_3$:Ce are the best commercially available scintillator. Scintillation detectors based on this crystal have shown most positive properties with respect to the detection of γ-rays compared to previously known materials. Ce doped elpasolite scintillation crystals present high light output, good energy resolution and thermal neutron detection efficiency and will become the most promising scintillator for neutron and gamma detectors. Several Eu doped alkali earth compounds, including SrI_2 as well as recently reported $CsBa_2I_5$ and Cs (Sr, Ba) I_3 shows very good energy resolution of 2.6% ~ 3.9% at 662 keV and a high light output of about 80000 ~ 12000 photons MeV^{-1}. Even though, reabsorption is still one of the disadvantages of this system, together with its low tolerance to moisture and high price of the high pure non-hydrous raw materials.

Compared to the developed countries, we are better at enlarging the crystal size, improving the crystal qualities as well as modifying the growth technology, however we are poorer in the discovering new compounds and their novel applications with excellent performance. Therefore, it's necessary for us to enforce fundamental research to explore the mechanism and obtain achievements with our own intelligence property in the future.

Advances in Applications of Rare Earth in Steel, Iron and Nonferrous Metals

Steel and nonferrous metals have always been used as the main structural materials for human beings. They are the foundation of national industrialization and being regarded as the king of the engineering structural materials. Their dominate position is difficult to shakefor a period of timein the future. In the 21st century, energy saving and environmental pollution reduction has become the common issues concerned by the countries around the world. Lightweight materials are able to reduce the energy consumption and have a very important significance for the conservation of energy and of environment. Therefore, the lightweight alloys such as aluminum, magnesium and titanium alloys are being applied broadly in the industry. Rare Earth containing light alloys with high strength and heat resistance are the essential engineering structural materials in the aerospace industry. Along with gradually strict laws on the automobile exhaust emission and automobilerecycling, the western auto industry expected that the average amount of magnesium alloys used in a car will hit 100-120 kg, then the total amount of magnesium alloys usedin the autoindustrywill be over 5 million tons and that of Rare Earth will be over 1 million tons. Thus, the development of the large-scaled automobilecomponents of Rare Earth containingaluminum or magnesium alloys is a very important application filed for the Rare Earth resource in the 21st century.

The present paper summarizes the last scientific development on the applications of Rare Earth in steel, iron and nonferrous metals in China and other countries around the world. This paper also analyzes the differences between China and other countries in the application of Rare Earth in above-mentioned fields and proposes a development trend of Rare Earth in the field of steel and nonferrous metals. Overall, China's applications of Rare Earth in steel and nonferrous metals rank in the forefront of the world. These applications significantly contribute to the developments of the aerospace industry, the national economy and society, and play a positive role on the improvement of comprehensive national strength of China.

Advances in Rare Earth Polymer Additives

Research and application of rare-earth compound as polymer processing additives, including non-poisonous rare-earth stabilizer, rare-earth coupling agent, rare-earth β- nucleator, rare-earth photo-sensitizer, rare-earth light converting agent, antibacterial agent, rare-earth additive for manufacturing fine dinier nylon filaments are reviewed.

Advances in Rare Earth Glass

This report introduces the current situation, classification and application of the rare-earth optical glass and colored glass such as filter glass, arts and crafts glass as well as opaque glass, and analyzes the research dynamics and existing gap between domestic and foreign countries through patent data while the possible development trend in the future was put forward.

Advances in Rare Earth Ceramics Materials

Based on lanthanide unique physical and chemical properties, especially for optics and magnetism, Rare Earth ceramics is an important functional material for laser, scintillation, luminescence, illumination, superconduction, magnetization, photoelectric modulation and other extent applications. Here we present a review on its recent studies following the literature published mainly in the last five years, and try to give possible improvement trends in this field. At first, the excellent functions of main advanced functional material systems including transparent optical ceramics, nano-ceramics, glass ceramics and superconducting ceramics are illustrated as well as their current problems and challenges. That following this is the development on synthesis and fabrication, which introduces several advanced sintering approaches obtainable and suitable for particular ceramics, more for transparent ceramics. Then three dimensional electron diffraction technology and synchrotron source based measurements are taken as the samples for modern pioneering characterizations. In addition, as the most important subject in modern material research, computational calculation and simulation as well as their applications in Rare Earth ceramics materials are also mentioned, where the concepts and importance of energy band engineering as well as defect engineering are emphasized. Furthermore, other subjects not included in the above, such as searching for novel materials, Rare Earth doped conventional materials and specific ceramics for nuclear energy are also summarized. After the above description, we can compare the achievements between China and developed countries and then conclude that we still fall significantly behind the foreign groups in product performance, industrialization and intellectual property, though there is little difference in basic research. At last, according to the review and the require of Chinese Rare Earth economy, we think transparent optic functional ceramics as the most importance Rare Earth ceramics in need of more attention and interesting in future.

索 引